FIT FÜRS
abi

GEOGRAPHIE WISSEN

Schroedel

Fit fürs Abi – Geographie ▶ Wissen

für Schülerinnen und Schüler zur Vorbereitung auf das Abitur

Winfried Waldeck

Bildquellenverzeichnis: BBR Bonn 2004, Information zur Raumentwicklung, Heft 7/2005: 67.1; Dr. Peter Güttler, Berlin: 13.1, 27.1, 39.1, 57.1, 63.1, 68.1, 69.1, 73.1, 77.1, 78.1, 85.1, 89.1, 91.1, 92.1, 96.1, 100.1, 101.1, 103.1, 105.1, 107.1, 109.1, 110.1, 111.1, 149.1, 157.2, 160.1, 165.1; Gerhard Mester, Wiesbaden: 143.1; Seydlitz Geographie – Themenbände – Physische Geographie, 978-3-507-52340-1, Abb. 18.1: 7.1; Planeten im Vergleich; Seydlitz Geographie – Themenbände – Physische Geographie, 978-3-507-52340-1, Abb. 6.1 (T. Heidolph, Kottgeisering): 10.1.; Seydlitz Geographie – Ausgabe 1998 für die Sekundarstufe II Nord – Schülerband 1 (Kl.11), 978-3-507-52308-1: 39.2; Seydlitz Geographie – Ausgabe 2004 für Gymnasien in Niedersachsen – Schülerband 5 / 6, 978-3-507-52670-9, S. 208 (Fischer, Oelixdorf): 47.1; Seydlitz Geographie – Themenbände – Stadtgeographie, 978-3-507-52344-9, Abb. 22.1 (Winfried Waldeck, Dannenberg): 93.2; Seydlitz Geographie – Themenbände – Europa im Wandel, 978-3-507-52343-2, Abb. 72.2 (Airbus Deutschland GmbH, Hamburg): 96.2; Seydlitz Weltatlas Projekt Erde. Ausgabe Niedersachsen und Bremen, S. 111, Nr. 3 (Wostok, Berlin): 110.2; Seydlitz Geographie – Themenbände – USA / Kanada – Russland / Ukraine, 978-3-507-52345-6, Abb. 76.2 (Klohn, Vechta): 117.2; Seydlitz Geographie – Themenbände – USA / Kanada – Russland / Ukraine, 978-3-507-52345-6, Abb. 30.2 (Astrofoto, Sörth): S. 121; Seydlitz Geographie – Ausgabe 1999 für die Sekundarstufe I an Gymnasien in Niedersachsen – Schülerband 2, 978-3-507-52609-9, Abb. 105.2 (Picture Alliance, Frankfurt/M./dpa): S. 123; Seydlitz Geographie – Ausgabe 1999 für die Sekundarstufe I an Gymnasien in Baden-Württemberg – Schülerband 4, 978-3-507-52603-7, Abb. 58.1 (Mager, Zell): 126.1; Seydlitz Geographie – Themenbände – Stadtgeographie, 978-3-507-52344-9, Abb. 165.3: 130.2; Seydlitz Geographie – Ausgabe 1999 für die Sekundarstufe I an Gymnasien in Hessen – Schülerband 2 (Kl. 8/9), 978-3-507-52621-1, Abb. 138.2 (Staatliches Reisebüro China, Beijing): 141.1; Seydlitz Geographie – Ausgabe 2003 für Gymnasien in Bayern – Schülerband 8, 978-3-507-52803-1, Abb. 170 B (MARKUS): 144.1; Seydlitz Geographie – Ausgabe 2003 für Gymnasien in Bayern – Schülerband 8, 978-3-507-52803-1, Abb. 128.3 (Schmidtke, Melsdorf): 154.1; Seydlitz Geographie – Ausgabe 2004 für Gymnasien in Sachsen – Schülerband 5 (Kl. 9), 978-3-507-52629-7, Abb. 65.3 (Bricks, Erfurt): 155.2; Seydlitz Geographie – Ausgabe 1999 für die Sekundarstufe I an Gymnasien in Niedersachsen – Schülerband 2, 978-3-507-52609-9, Abb. 168.2 (Verlag M. Friedel, Steingau-Dietramszell): 163.1; Winfried Waldeck, Dannenberg: 9.1, 11.1, 152.1

Alle übrigen Schaubilder/Karten: Westermann Kartographie/Technisch Graphische Abteilung, Braunschweig

Trotz intensiver Recherchen ist es uns in einigen Fällen nicht gelungen, die Inhaber der Bildrechte zu ermitteln. Wir bitten diese, sich mit dem Verlag in Verbindung zu setzen.

ISBN 978-3-507-**23026**-2

Druck [2] / Jahr 2008

Umschlaggestaltung: Janssen Kahlert Design & Kommunikation, Hannover
Gesamtherstellung: imprint, Zusmarshausen
Druck und Bindung: Westermann Druck GmbH, Zwickau

Inhalt

Begriffe im Text, die **blau gedruckt** sind, finden Sie im Glossar erläutert.

Vorwort

Dass ich erkenne, was die Welt
Im Innersten zusammenhält
Goethe: „Faust". Erster Teil

Dieser hohe Anspruch des Dr. Faust in seinem ersten Auftritt des Schauspiels kann mit dem vorliegenden Band „Geographie – Wissen" zumindest teilweise erfüllt werden, und zwar ohne große Probleme, wie noch gezeigt wird. Sie haben sich für ein modernes, mit zahlreichen Abbildungen ausgestattetes und inhaltlich klar gegliedertes Buch entschieden, das Ihnen eine große Hilfe bei der Vorbereitung auf das Abitur sein dürfte. Mit diesem Band wird das erforderliche Fachwissen vermittelt; im Ergänzungsband **Geographie ⦿ Training** aus der gleichen Reihe sind konkrete Aufgabenbeispiele zur Vorbereitung auf die Abiturprüfung abgedruckt. Da in jeder Abiturprüfung ein umfangreiches eigenes Vorwissen in die Bearbeitung der Aufgaben eingebracht werden muss – als sogenannte Transferleistung –, kommen Sie nicht umhin, sich durch Mitschrift und Mitarbeit im Geographieunterricht schlau zu machen. Wie Sie dabei geschickt vorgehen können, wird ebenfalls im Vorwort angesprochen.

Einen **Gesamtüberblick** über das grundlegende Geographie-Wissen in der Oberstufe des Gymnasiums bzw. in der Gesamtschule bietet Ihnen dieses Buch, das daher auch für eine Gesamtwiederholung bestens geeignet ist. Die Grafiken und Übersichten ergänzen den Text ideal, indem sie das vermittelte Sachwissen und die Zusammenhänge in anschaulicher Form darstellen. Spezielle Informationskästen vermitteln in knapper Form Methodenkompetenz bzw. vertiefen das eigene Wissen. Abbildungen, Übersichtskästen und Aufzählungen innerhalb des Textes verbessern den intellektuellen Zugang zu den Inhalten, indem sie diese klar gliedern und visualisieren, d.h. grafisch verdeutlichen. Vergleichen Sie ruhig mit anderen Abitur-Hilfen, die zum Teil aus reinen Fließtexten bestehen bzw. äußerst dürftig mit Grafiken ausgestattet sind. Außerdem wird in diesem Band das übersichtliche Doppelseiten-Prinzip verfolgt, das heißt, dass ein Themenbereich zumeist eine Doppelseite einnimmt, in Ausnahmefällen drei bis vier Seiten. Mit einem Umfang von 24 Seiten nimmt das **Glossar** einen breiten Raum ein und ermöglicht das Lernen grundlegender geographischer Fachbegriffe.

Über das reine Fachwissen hinaus vermittelt die Geographie ein breites Allgemeinwissen, was schon an den Überschriften im Inhaltsverzeichnis deutlich wird. Diese besondere Funktion des Schulfachs Geographie wird auch im Rückblick von ehemaligen Schülerinnen und Schülern immer wieder betont. Mit dem Fach Geographie lernen Sie also nicht nur für die Schule, sondern tatsächlich für das Leben; Sie gewinnen räumliche und inhaltliche Orientierung und sind in der Lage, die Zukunft verantwortungsvoll mitzugestalten. Daher werden Ihnen die meisten der hier behandelten Themen zugänglich sein. Wenn bestimmte Themen Sie überhaupt nicht interessieren, fangen Sie zunächst mit den Themen an, die Sie besonders interessieren bzw. die Sie in der Schule unbedingt bearbeiten müssen. Wie Sie im Einzelnen sinnvoll mit den Texten arbeiten, erfahren Sie ebenfalls im Vorwort. Doch zunächst zur **Gliederung**:

1. Das Buch beginnt mit der **Physischen Geographie**, der naturwissenschaftlichen Seite der Geographie. Diese wurde lange Zeit sträflich vernachlässigt, gewinnt aber mit wachsenden Umweltproblemen und mit Flächennutzungskonflikten wieder stark an Bedeutung. Auch für die Erforschung von Naturkatastrophen ist die Physische Geographie sehr wichtig. Die allererste Doppelseite soll Ihnen zeigen, dass wir auf einem Planeten mit vergleichsweise besonders günstigen Lebensbedingungen existieren und auf dem „Raumschiff Erde" durch das lebensfeindliche Weltall fliegen.
2. Im Zweiten Kapitel geht es um die **Ökozonen** der Erde, um Großräume mit jeweils sehr unterschiedlichen Lebensbedingungen. Die Gefährdung dieser unterschiedlichen Großräume durch den wirtschaftenden Menschen wird von Wissenschaftlern mit Krankheitsbildern beschrieben, sogenannten Syndromen. Diese haben zumeist geographische

Bezeichnungen, da sie in bestimmten Regionen besonders deutlich auftreten. In diesem Kapitel kommt also zu den besonderen naturräumlichen Bedingungen wie Klima, Relief, Boden und Vegetation der Mensch hinzu, der teilweise sehr stark in den Naturhaushalt eingreift.

3 bis 8

In den folgenden Kapiteln werden die führenden **Räume der Weltwirtschaft** betrachtet, die allesamt auf der Nordhalbkugel liegen. Die Rede ist von der sogenannten Triade: USA – EU – Japan. Ausgangspunkt der Betrachtung ist Deutschland, das Ihnen am besten vertraut ist, gefolgt von der EU insgesamt und ergänzt durch die Gemeinschaft Unabhängiger Staaten (GUS) als östliche Nachbarregion der EU. Dann folgen die USA und Japan.

3 **Deutschland:** Inhaltliche Schwerpunkte sind Naturräume und Naturschutz, Bevölkerung, Stadtentwicklung und räumliche Disparitäten, also Entwicklungsunterschiede zwischen Regionen mit verschiedenartiger Wirtschaftsstruktur. Auch die für die Gestaltung der Zukunft wichtige Raumordnungspolitik wird angesprochen.

4 **Europa:** In diesem Kapitel geht es um die Merkmale Europas, um den europäischen Einigungsprozess, um die naturräumlichen Grundlagen sowie um die Bereiche Bevölkerung und Migration. Neben den räumlichen Schwerpunkten Frankreich (Disparitäten) und Alpenregion werden Ansätze der europäischen Zusammenarbeit behandelt.

5 **Gemeinschaft Unabhängiger Staaten (GUS):** Im Mittelpunkt stehen die Chancen und Probleme der eurasischen Atommacht Russland. Das Raumbeispiel Ukraine schlägt gedanklich die Brücke zurück zu Europa. Das Aralsee-Syndrom in Mittelasien verdeutlicht die Ursachen und Folgen menschlicher Eingriffe in ein empfindliches Ökosystem.

6 **USA:** Am Beispiel der USA werden zunächst die Merkmale einer Weltmacht gezeigt. Es folgen die Themen Naturraum und Naturrisiken, Bevölkerung und Besiedlung sowie die drei Wirtschaftssektoren. Den Abschluss bildet das Thema Stadtland USA mit dem Raumbeispiel Los Angeles.

7 **Japan:** Hier liegen die inhaltlichen Schwerpunkte auf den Naturrisiken und der hohen räumlichen Konzentration der Bevölkerung, gefolgt vom Aufstieg zur Wirtschaftsmacht – besonders der Rolle der Industrie – und auf der Megastadt Tokio.

8 **Volksrepublik China:** Die Volksrepublik China ist einerseits auf dem Weg zur wirtschaftlichen und politischen Weltmacht, andererseits besitzt sie noch Merkmale eines Entwicklungslandes – vor allem in den ländlichen Regionen des Hinterlandes. Daher bildet dieses Kapitel einen gedanklichen Übergang zum Thema Entwicklungsländer.

9 **Entwicklungsländer** bzw. Schwellenländer: In diesem Kapitel, das in allen Bundesländern ein wichtiger Schwerpunkt der Abiturprüfung ist, werden die globalen Disparitäten beschrieben und die Entwicklungstheorien und -strategien ebenso erläutert wie die sogenannte Bevölkerungsexplosion. Die Themen Migration und Metropolisierung sind ebenfalls wichtige Zukunftsfragen. Die konkreten Raumbeispiele in diesem Kapitel stammen aus Lateinamerika: Mexiko-Stadt als Problemregion, Bolivien als Entwicklungsland und Brasilien als klassisches Schwellenland.

Hinweis: Burkina Faso als armes afrikanisches Entwicklungsland wird im Zusammenhang mit der Sahelzone im → Kapitel 2.5 betrachtet. Dieses Land gehört nach Definition der Vereinten Nationen zu den Least Developed Countries (LLDC), den am wenigsten entwickelten Ländern der Erde.

10 **Globalisierung:** Auch dieses Kapitel besitzt eine hohe Bedeutung für die Zukunft, dies gilt auch für die weitere wirtschaftliche Entwicklung in Deutschland. Beispiele sind der Welthandel, die globalen Finanzzentren, die BASF als „Global Player", die Globalisierung des Tourismus und nicht zuletzt die Auswirkungen der Globalisierung auf die klassischen Staaten und Nationalökonomien – Stichwort: Staatszerfall. In diesem Kapitel wird gedanklich der Bogen geschlagen zum Anfang („Planet Erde").

Die hier abgebildete Karikatur dient zum einen der inhaltlichen Veranschaulichung und der

Auflockerung – wie alle Abbildungen in diesem Buch. Zum anderen hilft sie Ihnen gezielt, sich an gerade diese Doppelseite zu erinnern. Sie werden später vermutlich sagen können, wo sich diese Abbildung befindet und was sie beinhaltet (visuelles Gedächtnis). Außerdem können Sie im Idealfall auch Inhalte aus dem Text mit Hilfe dieser Abbildung rekonstruieren, wenn Ihnen deren Verankerung im Gedächtnis gelingt. Gedanklich schlägt die Karikatur die Brücke zum Eingangszitat aus Goethes „Faust". Dr. Faust schloss nämlich einen Pakt mit dem Teufel, um zur Erkenntnis zu gelangen.

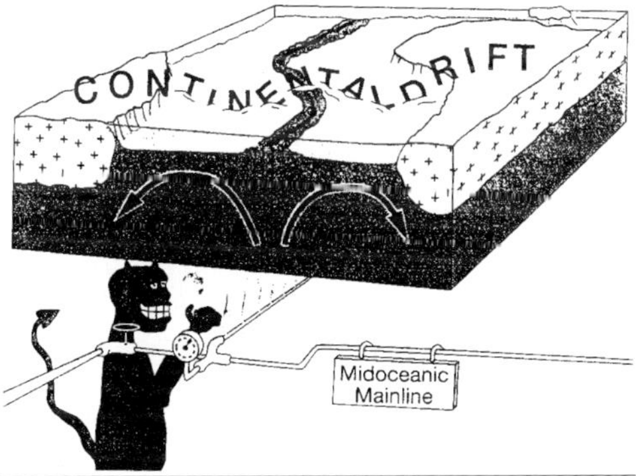

7.1 Karikatur zur Plattentektonik

Im Großhirn gibt es verschiedene Wahrnehmungsfelder, die je nach Eingangskanal aktiviert werden (→ Abb. 9.1). Sie leiten die eingegangenen Sinnesreize bzw. Informationen zu sogenannten Assoziationsfeldern weiter (eine Assoziation ist eine gedankliche Verknüpfung), die über die gesamte Großhirnrinde verteilt sind. Dort können sie schließlich als dauerhafte Erinnerung gespeichert werden. Das Gedächtnis besteht nach einer gängigen Vorstellung aus drei verschiedenen Stufen:

Das sensorische Gedächtnis registriert alle Reize bzw. Informationen, die der Mensch über seine Sinnesorgane wahrnimmt. Es hält die eingegangenen Informationen maximal 1,5 Sekunden lang bioelektrisch fest, also nur vorübergehend. Beim Lesen z. B. werden die Buchstaben so lange festgehalten, dass sie zusammenhängend als Wörter wahrgenommen und registriert werden können. Durch ständige Kontrollprozesse im Gehirn wird entschieden, ob die Informationen an den nächsten Speicher weitergeleitet werden. Die meisten Reize bzw. Informationen werden aber sofort gelöscht – ähnlich dem Löschen einer unwichtigen digitalen Fotografie.

Das Kurzzeitgedächtnis hält die ausgewählten weitergeleiteten Informationen – ebenfalls bioelektrisch – mehrere Sekunden bis zu maximal einer Minute lang fest. Durch bewusste Wiederholung kann die Speicherdauer beliebig verlängert werden. Da die Aufnahmekapazität des Kurzzeitgedächtnisses sehr gering ist, können maximal 7 Elemente aufgenommen werden: 7 Buchstaben – 7 Zahlen – 7 Wörter. Es wird daher auch mit dem begrenzten Arbeitsspeicher eines Computers verglichen.

Erst **das Langzeitgedächtnis** ist das eigentliche Gedächtnis, in dem Informationen auf biochemischem Wege dauerhaft gespeichert werden. Durch biochemische Verbindungen entstehen sogenannte Gedächtnisspuren, die allerdings nicht ständig abrufbar sind, sondern bei Bedarf aktiviert werden müssen. Ähnlich wie beim Computer müssen bestimmte Inhalte in bestimmten Dateien abgespeichert werden, die dann später zufällig oder bewusst geöffnet werden können.
Aus diesem Modell ergibt sich für Ihr eigenes Lernen, dass Sie möglichst ungestört und entspannt arbeiten sollten, um sich völlig auf die Inhalte konzentrieren zu können. Außerdem sollte die Aufnahme der neuen Lerninhalte über möglichst viele Eingangskanäle erfolgen, damit die Verarbeitung an mehreren Stellen im Gehirn gleichzeitig abläuft.

Welcher Lerntyp sind Sie?
Je nachdem, welche Sinneskanäle als Zugang zum Gehirn und dort wiederum zum Langzeitgedächtnis am besten funktionieren, werden folgende Lerntypen unterschieden:

Der visuelle Lerntyp nimmt Informationen am besten durch Sehen bzw. Betrachten auf. Er liest Texte aufmerksam durch und speichert sie zusammen mit den dazugehörigen Abbildungen. Später kann er sich genau an den Seitenaufbau und an die Inhalte erinnern (fotografisches Gedächtnis). Auf diesen weit verbreiteten Lerntyp ist der vorliegende Band von vornherein ausgerichtet durch sein abwechslungsreiches Layout mit Doppelseiten sowie mit verschiedenen Textbausteinen, Aufzählungen und Abbildungen.

Der auditive Lerntyp lernt am besten durch Zuhören. Er bewegt die Lippen beim Lesen, liest sich manchmal Texte auch laut durch und führt Selbstgespräche. Bei Gesprächen mit anderen hört er meist sehr aufmerksam zu, achtet auf die Sprechbewegungen der anderen und registriert die Inhalte zusammen mit der jeweiligen Stimme, an die er sich später sehr gut erinnert. Dieser Lerntyp sollte die Texte des Buches selbst akustisch speichern (z. B. auf einem MP3-Player) und wiederholt hören.

Der motorische Lerntyp lernt am besten durch eigenes Schreiben und durch das Gestalten z. B. von Mindmaps, Übersichten und Lernplakaten. Er bewegt sich gern im Zimmer, wippt auf dem Stuhl und benutzt unbewusst Hände und Füße. Dieser Lerntyp sollte nicht immer ruhig sitzen, sondern sich körperliche Bewegung während des Lernens „genehmigen".

Der kommunikative Lerntyp lernt gewissermaßen nebenbei während des Gedankenaustausches mit anderen Menschen. Er sollte seine Sichtweisen und Ideen vortragen, anderen die Zusammenhänge erklären und über offene Fragen und Probleme diskutieren. Dazu sollte als Vorbereitung auf das Abitur eine feste Lerngruppe gebildet werden.
Hinweis: Langjährige Beobachtungen und Erfahrungen haben ergeben, dass diejenigen Schülerinnen und Schüler, die sich regelmäßig gemeinsam in einer Arbeitsgruppe auf das Abitur vorbereiten, die besten Ergebnisse in den Prüfungen erzielen.

Den größten Lernerfolg erzielen Sie, wenn Sie verschiedene Eingangskanäle gleichzeitig nutzen. Denn wir behalten vom Lernstoff

- durch (Zu)Hören etwa 20 %
- durch Sehen/Betrachten etwa 30 %
- durch Hören und Sehen etwa 50 %
- durch Gespräche etwa 70 %
- durch vielseitige eigene Aktivitäten etwa 90 %

Daher sollten Sie sich auch aktiv in den Unterricht einschalten, z. B. mit der **TQ3L-Methode:**
Tune-In: Schalten Sie sich aktiv in das Unterrichtsgeschehen ein, machen Sie mit und ziehen Sie sich nicht zurück. Nur durch eine aktive Teilnahme am Unterricht gestalten Sie diesen mit und profitieren davon.
Question: Stellen Sie sinnvolle Fragen. Dadurch erschließen Sie die Inhalte und Probleme am besten und bringen den Unterricht voran.
Look at the Speaker: Halten Sie ständig Blickkontakt zur Lehrkraft, um Ihr Interesse zu signalisieren und um immer ansprechbar zu sein.
Listen: Hören Sie stets aufmerksam und kritisch zu, auch bei Ihren Mitschülerinnen bzw. Mitschülern, um immer auf dem letzten Stand der Diskussion zu sein.
Look over: Stellen Sie gelegentlich für sich selbst Zusammenhänge her, um den inhaltlichen roten Faden zu erkennen und um Inhalte besser einordnen und damit auch abspeichern zu können.

Die **Notizen**, die Sie während des Unterrichts gemacht haben, sollten möglichst noch am selben Tag durchgearbeitet und übersichtlich in Reinschrift übertragen werden. So profitieren Sie doppelt vom Unterrichtsgeschehen, das beim Durcharbeiten der Notizen nochmals an Ihrem geistigen Auge vorbeizieht. Der Anteil dessen, was Sie dauerhaft im Gedächtnis speichern, wird dadurch erheblich gesteigert. Gliedern Sie Ihre Aufzeichnungen durch deutliche Überschriften mit farbigen Unterstreichungen. Lassen Sie für Anmerkungen und Notizen einen großzügigen Rand auf der ungelochten Seite (mindestens 5 cm breit). Dann können Sie spätere Ergänzungen und Korrekturen mühelos einarbeiten – eventuell in einer anderen Farbe.

Sortieren Sie Ihre überarbeiteten Mitschriften nach Datum geordnet in einen Schnellhefter (ist besser zu transportieren) oder in einen DIN-A4-Ordner (ist bequemer durchzublättern und zu ergänzen) ein. Benutzen Sie Registerblätter zum schnellen Auffinden bestimmter Themen.

Wiederholen Sie den Lernstoff abschnittsweise in gewissen Abständen schon geraume Zeit vor einer Klausur bzw. vor der eigentlichen Abi-

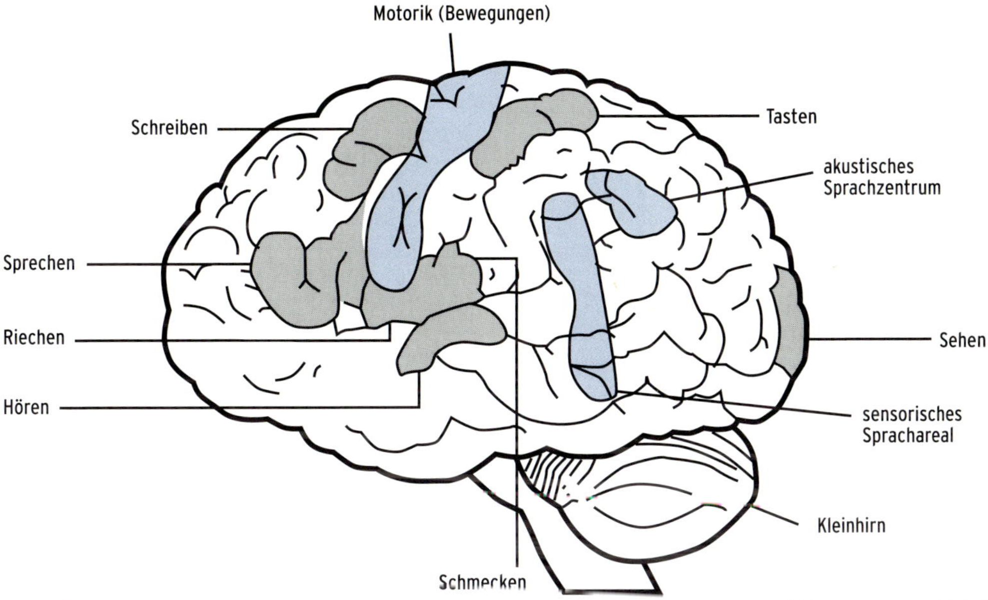

9.1 Wahrnehmungsfelder im Großhirn

turprüfung. Wenn Sie die Unterrichtsnotizen spätestens nach einem Tag überarbeiten, sollten Sie den Stoff in der Regel nach drei bis fünf Tagen nochmals aufmerksam durchlesen bzw. durcharbeiten und nach ein bis zwei Wochen ein drittes Mal.

Nutzen Sie die Möglichkeiten einer **Lernkartei** für geographische Fachbegriffe für Ihre Wiederholung. Übertragen Sie die wichtigsten Fachbegriffe aus dem Unterricht und aus diesem Buch auf Karteikarten (DIN A6, liniert). Auf der Vorderseite steht der Begriff, auf der Rückseite die Definition/Erklärung in Kurzform. Gehen Sie schrittweise alle Karteikarten durch. Stecken Sie die Karteikarten, deren Fachbegriffe Sie beherrschen, nach hinten und lassen Sie die für Sie schwierigen Begriffe vorn. Lernen Sie nicht mehr als 15 bis 20 Fachbegriffe pro Tag.
Um die inhaltlichen Zusammenhänge in diesem Buch besser zu verstehen und sich einzuprägen, nutzen Sie als Lesetechnik die **PQ4R-Methode**:

Preview (Vorausschau): Überfliegen Sie maximal ein Kapitel und verschaffen Sie sich durch diagonales Lesen einen ersten Überblick über den Aufbau und die Inhalte dieses Kapitels. Da dieses Buch klar gegliedert ist, auch innerhalb der Doppelseiten, dürfte Ihnen eine erste Gliederung leichtfallen.
Questions (Fragen): Formulieren Sie nach dem ersten Durchlesen eigene Fragen an den Text. So erfassen Sie das Wesentliche und erkennen eventuell bereits Wissenslücken. Sie können auch den einzelnen Teilabschnitten eigene Überschriften geben.
Read (Lesen): Hiermit ist das genaue, aufmerksame Lesen gemeint, das auch Einzelheiten in den Blick nimmt. Nach jedem Teilabschnitt sollten Sie wieder eigene Fragen schriftlich formulieren. Diese können Sie später – ohne die Textvorlage – sinnvoll zur inhaltlichen Wiederholung nutzen, indem Sie mündlich oder schriftlich Antworten formulieren.
Reflect (Nachdenken): Denken Sie in aller Ruhe über den gelesenen Text nach und stellen Sie Zusammenhänge zwischen den Inhalten her, z. B. graphisch durch ein Wirkungsgefüge oder durch eine Mindmap.
Recite (Vortragen): Tragen Sie die wichtigsten Inhalte des Textes sich selbst laut als Selbstkontrolle vor oder besser noch einer Arbeitsgruppe.
Review (Rückblick): Fassen Sie rückblickend die wichtigsten Inhalte des gelernten Abschnitts in wenigen Sätzen schriftlich zusammen.

1_Physische Geographie

1.1 Planet Erde

Die Erde gehört zu den inneren Planeten des Sonnensystems (→ Abb. 10.1). Um die besonderen Bedingungen für die Entstehung des Lebens auf der Erde deutlich zu machen, bietet sich ein Vergleich mit den Nachbarplaneten an.

Venus: Mit einem Durchmesser von 12100 km am Äquator ist die Venus fast so groß wie die Erde. Die mittlere Entfernung von der Sonne liegt bei 108 Mio. km, die Umlaufzeit beträgt 225 Tage und die Dauer einer Drehung um die eigene Achse (Rotation) 121 Erdentage. Ein Venustag dauert also mehr als 116 Tage. Die Venus rotiert im Gegensatz zu den anderen Planeten gegenläufig, also von Ost nach West. Die Venus empfängt ungefähr die doppelte Strahlung der Erde, ihre Durchschnittstemperatur müsste demnach zwischen 20 und 30 °C liegen. Allerdings besteht die **Atmosphäre** der Venus zu über 95 % aus Kohlendioxid. Trotz der hohen Abstrahlung in den Weltraum (**Albedo**) aufgrund der geschlossenen Wolkendecke heizt der **Treibhauseffekt** (→ Seite 22 f.) die untere Atmosphäre auf bis zu 465 °C auf. Die Gashülle des Planeten, die eine Ausdehnung von etwa 100 km hat, übt auf die Oberfläche einen Druck von etwa 90 Atmosphären aus. Dieser Druck herrscht auf der Erde in 900 Meter Wassertiefe. Dazu kommen Niederschläge aus Schwefelsäure-Tröpfchen und Stürme, die sich mit einer Geschwindigkeit von 400 km/h um den Planeten bewegen. Innerhalb von vier Erdentagen umrunden sie einmal die Venus.

Erde: Die Erde hat am Äquator einen Durchmesser von 12756 km. Die mittlere Entfernung von der Sonne liegt bei 150 Mio. km. Die Umlaufzeit um die Sonne beträgt 365,25 Tage, eine Drehung um die Erdachse (Rotation) dauert 23 h 56 min. 71 % der Erdoberfläche sind von Wasser bedeckt. Die Oberflächentemperatur liegt zwischen −70 bis +56 °C. Die Atmosphäre besteht zu 78 % aus Stickstoff und zu 21 % aus Sauerstoff. Dazu kommen unter anderem Edelgase sowie Kohlendioxid.

Mars: Der Mars hat am Äquator einen Durchmesser von 6800 km. Seine Masse entspricht nur etwa einem Zehntel der Erdmasse. Die mittlere Entfernung von der Sonne liegt bei 228 Mio. km. Die Umlaufzeit um die Sonne beträgt ein Jahr und 321 Tage. Eine Mars-Rotation dauert 24 h 37 min. Die Atmosphäre hat eine sehr geringe Dichte. Ihr Druck an der Oberfläche liegt bei 5 bis 7 Millibar. Sie besteht zu 95 % aus Kohlendioxid. Die Temperatur am Mars-Äquator beträgt mittags +16 bis +24 °C und sinkt nachts bis auf −70 °C ab. Die tiefste Temperatur wird an den Polen gemessen (−130 °C). Da die Marsachse um 25 Grad geneigt ist, besitzt dieser **Planet** Jahreszeiten wie die Erde (→ Abb. 11.1). Die Pole sind im Winter mit einer dünnen Schicht aus Wassereis und Kohlendioxid-Schnee (Trockeneis) bedeckt. Diese Schicht schmilzt im Sommer ab. Es gibt zahlreiche Krater, erloschene Vulkane (bis 24 km hoch), **Canyons** und Trockentäler. Seit etwa 100 Mio. Jahren gibt es auf dem Mars keinen **Vulkanismus**, keine **Erdbeben** und keine **Gebirgsbildung** mehr, da die Wärmequelle im Marsinneren erloschen ist.

Das „Raumschiff Erde" bietet also im Vergleich mit den Nachbarplaneten die besten Bedingungen für die Entstehung von Leben. Dazu kommen weitere Vorteile:

10.1 Planeten im Vergleich

- Für alle Planeten gemeinsam (→ Abb. 10.1) gilt, dass der Sonnenwind (solarer Wind), eine Teilchenstrahlung aus Protonen und Elektronen, die energiereiche und lebensbedrohliche kosmische Strahlung bis jenseits des Pluto zurückdrängt, also mehr als sechs Milliarden Kilometer weit.
- Der aus Eisen und Nickel bestehende Erdkern (→ Seite 12) erzeugt wie ein gigantischer Dynamo ein Magnetfeld um die Erde, das diese vor dem Sonnenwind schützt.
- Im Gegensatz zum Mars ist die Masse der Erde – und somit auch ihre Schwerkraft – groß genug, um Wasser und Gase an sich zu binden, die vor allem aus vulkanischer Aktivität stammen. Daher existieren Ozeane und eine Atmosphäre auf der Erde.
- Die Ozonschicht in der Stratosphäre in 30 bis 50 km Höhe schützt die Erde weitgehend vor der energiereichen UV-Strahlung.
- Das Kohlendioxid der ursprünglichen Erdatmosphäre konnte im Laufe der Erdgeschichte gebunden werden: im Kalkgestein, in den Ozeanen, in den Pflanzen und damit auch in fossilen Brennstoffen sowie im Boden.
- Ohne den **natürlichen Treibhauseffekt** der Atmosphäre hätte die Erde eine mittlere Oberflächentemperatur von −18 °C; tatsächlich aber liegt diese bei +15 °C.
- Unter den herrschenden Temperaturbedingungen kommt auf der Erde Wasser in festem, flüssigem und gasförmigem Zustand vor. Chemische Reaktionen laufen weder zu langsam, noch zu schnell ab, und organische Verbindungen bleiben stabil.
- Durch das System Erde – Mond mit seinem gemeinsamen Schwerpunkt noch im Erdinnern wird die Lage der Erdachse stabilisiert und eine zu rasche Veränderung der Jahreszeiten und damit auch der Temperaturverhältnisse wird verhindert.
- Die Tages- und die Nachtzeiten sind nicht so lang, dass die Unterschiede von Ein- beziehungsweise Ausstrahlung und damit auch die Temperaturunterschiede zu groß werden. Auch die Photosynthese der Pflanzen ist gewährleistet.

Tag und Nacht entstehen durch die Drehung der Erde um die eigene Achse (von West nach Ost). Daher wird eine Seite von der Sonne beleuchtet, die andere Seite liegt im Schatten. Die Jahreszeiten entstehen dadurch, dass die Erdachse nicht senkrecht zur Umlaufbahn steht, sondern um 23,5 Grad geneigt ist (Schiefe der **Ekliptik**). Während eines Umlaufs der Erde um die Sonne (= 1 Jahr) wird im Nordsommer die Nordhalbkugel stärker beleuchtet und erhält dadurch mehr Wärme-Energie von der Sonne als die Südhalbkugel (→ Abb. 11.1). Die Sonne steht am 21. Juni über dem nördlichen Wendekreis (23,5° N) im **Zenit**. Im Nordwinter ist es umgekehrt, und die Sonne steht am 21. Dezember über dem südlichen Wendekreis (23,5° S) im Zenit. Am 21. März und am 23. September steht die Sonne senkrecht über dem Äquator, und Tag und Nacht sind an diesen beiden Tagen überall auf der Erde gleich lang (je 12 Stunden). Durch die Jahreszeiten wird das Klima auf unserer Erde entscheidend mitbestimmt.

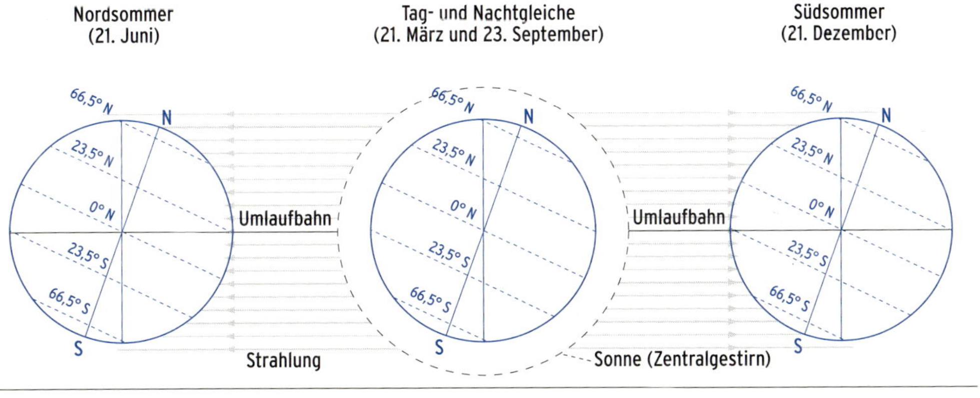

11.1 Entstehung der Jahreszeiten

Die Planeten entstanden vor knapp 5 Mio. Jahren aus dem solaren Restnebel, der nur 5 % der Masse, aber 95 % der Bewegungsenergie unseres Sonnensystems enthält. Die Erde wuchs vor allem durch Kollisionen mit Planetoiden und durch **Meteoriten**einschläge. Dazu kam die Anlagerung von Materie aufgrund der Schwerkraft. Durch die dabei freigesetzte Energie und durch radioaktive Zerfallsprozesse im Erdinnern wurde unser Planet zunächst glutflüssig. In diesem Zustand bildeten sich – abhängig vom spezifischen Gewicht ihrer Bestandteile – die Schalen der Erde aus. So sanken z. B. die Metalle in den Erdkern, und die leichteste Materie bildete die Erdkruste. Die ersten Teile der Erdkruste erkalteten vor ca. vier Milliarden Jahren. Von außen nach innen werden folgende Schalen unterschieden:

Die Erdkruste ist die dünne, erkaltete und feste Außenhaut unseres Planeten. Sie umfasst die aus Basalten bestehende, schwere ozeanische Kruste (6 – 8 km mächtig) und die leichtere, aus Silikatgesteinen zusammengesetzte kontinentale Kruste (bis zu 70 km mächtig). Zusammen mit der obersten, festen Schicht des Erdmantels bildet die Erdkruste die sogenannte **Lithosphäre**, die Gesteinshülle unseres Planeten. Sie ist insgesamt zwischen 80 bis maximal 150 km dick, im kontinentalen Bereich aber dicker als im ozeanischen. Die mobilen Platten der Erde sind Lithosphäre-Platten (→ Abb. 13.1).

Der Erdmantel: Die Platten bewegen sich auf der Asthenosphäre, einer zähflüssigen und damit beweglichen Schicht mit einer Temperatur von ca. 1200 °C in 300 km Tiefe. Die Asthenosphäre gehört – wie die darüber liegende feste Schicht – zum Oberen Erdmantel. Darunter folgt nach einer Übergangszone (400 – 660 km) der Untere Erdmantel, der am unteren Rand bis zu 3700 °C heiß ist. Insgesamt reicht der Erdmantel bis in 2900 km Tiefe. Im Erdmantel finden – angetrieben durch radioaktiven Zerfall und durch die hohe Temperatur des Erdkerns – langsame Konvektionsvorgänge statt: Kühlere Gesteinspakete sinken an den Subduktionszonen in die Tiefe, während heißere Gesteinspakete an den ozeanischen Rücken aufsteigen (→ Abb. 12.1). Direkt aus dem Übergangsbereich zwischen Mantel und Kern steigen sogenannte Mantel-Plumes (Konvektionsströme) auf und durchbrechen als „Hot Spots“ die Erdkruste. Beispiele sind Island im nördlichen mittelatlantischen Rücken und die Hawaii-Inseln.

Der Erdkern besteht vermutlich überwiegend aus Eisen und Nickel. Im äußeren, flüssigen Erdkern finden starke Konvektionsvorgänge statt, die diesen Bereich kräftig durchmischen. Die Temperaturen liegen bei 3700 – 4600 °C. Der innere Kern ist aufgrund des unvorstellbar hohen Drucks von 3,5 Mio. Atmosphären wieder fest. Im Erdkern wird vermutlich durch das „Ausfrieren“ von Eisen am festen inneren Kern eine hohe latente Schmelzwärme erzeugt. Eine besondere Bedeutung gewinnt der Erdkern durch die Erzeugung des irdischen Magnetfeldes. Dazu ist eine schnelle Konvektion (Aufstieg von erhitzter Materie) im äußeren Erdkern erforderlich.

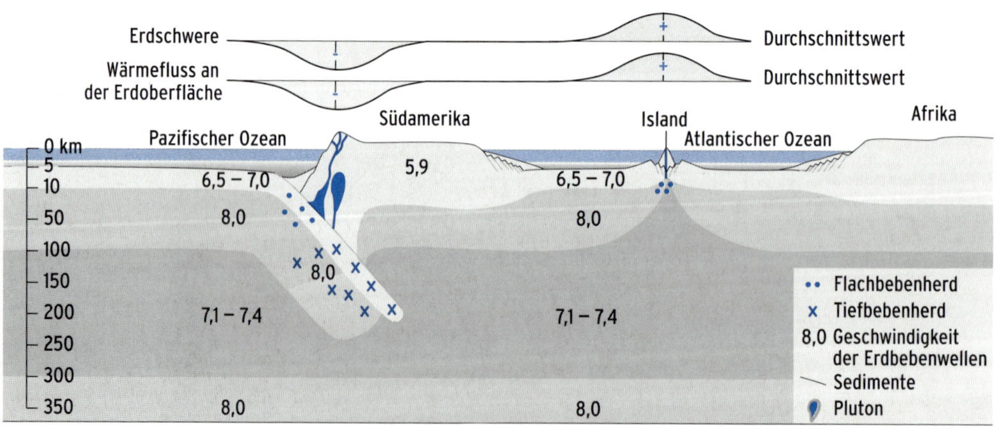

12.1 Erdkruste und Oberer Mantel

1.2 Plattentektonik

1.2.1 Einführung

Durch ein weltweites Netz von Messstationen konnte die Erdbebenforschung (Seismologie) Erkenntnisse über den Aufbau des Erdinnern gewinnen, besonders über den Bau von Erdkruste und Oberem Erdmantel. Dort, wo eine plötzliche Geschwindigkeitsänderung von Erdbebenwellen auftritt, eine sogenannte **Diskontinuität**, muss ein anderes Gesteinsmaterial vorliegen oder ein Phasenwechsel zwischen fest und flüssig (→ Abb. 12.1). Die Meeresforschung ermittelte schließlich seit den 1960er-Jahren das Alter der Ozeanböden und legte damit den Grundstein für die Theorie der **Plattentektonik**. Die wichtigsten Aussagen dieser Theorie sind:

- Die **Lithosphäre** (Gesteinshülle der Erde) gliedert sich in verschieden große Platten (→ Abb. 13.1), die durch Plattengrenzen voneinander getrennt sind.
- Diese Platten bewegen sich auf der **Asthenosphäre**, der zäh fließenden, plastischen Schicht des Oberen Mantels (→ Abb. 12.1) mit einer durchschnittlichen Geschwindigkeit von etwa 1–10 cm pro Jahr (maximal bis zu 18 cm pro Jahr). In einem kurzen geologischen Zeitraum von einer Million Jahren macht dies bereits 10 bis 100 km aus. Dabei ändern Ozeane und Kontinente ständig ihre Umrisse und ihre geographische Lage verschiebt sich.
- Durch die ständige Neubildung ozeanischer Kruste an den mittelozeanischen Rücken, ausgedehnten untermeerischen Gebirgszügen, dehnen sich die Ozeane einerseits weiter aus (**sea-floor spreading** → Karikatur Seite 7). Andererseits muss ozeanische Kruste unter die Kontinente abtauchen (**Subduktion**), da die Oberfläche der Erde gleich groß bleibt (→ Abb. 12.1). Auch die kontinentale Kruste kann durch **Gebirgsbildung** stark verkürzt werden (→ Seite 16/17).

Drei Typen von **Plattengrenzen** werden unterschieden:

1. **Divergierende Plattengrenzen.** Diese befinden sich zumeist am Scheitel der bereits erwähnten mittelozeanischen Rücken, aber auch in intrakontinentalen Grabenbrüchen wie dem Ostafrikanischen Graben. Dort wird die Kruste gedehnt und somit Lava gefördert (→ Abb. 12.1).
2. **Konvergierende Plattengrenzen.** Wenn sich zwei Platten aufeinander zubewegen, taucht meist die schwerere ozeanische Platte ab und es entsteht ein Tiefseegraben. In größerer Tiefe wird die Platte wieder aufgeschmolzen (→ Abb. 12.1). Hier finden generell Kollisionen statt (→ Seite 16/17).
3. An **Transformgrenzen** werden Platten horizontal gegeneinander verschoben, was aber nicht reibungslos verläuft und starke **Erdbeben** verursachen kann (Beispiel: San Andreas Fault, Kalifornien).

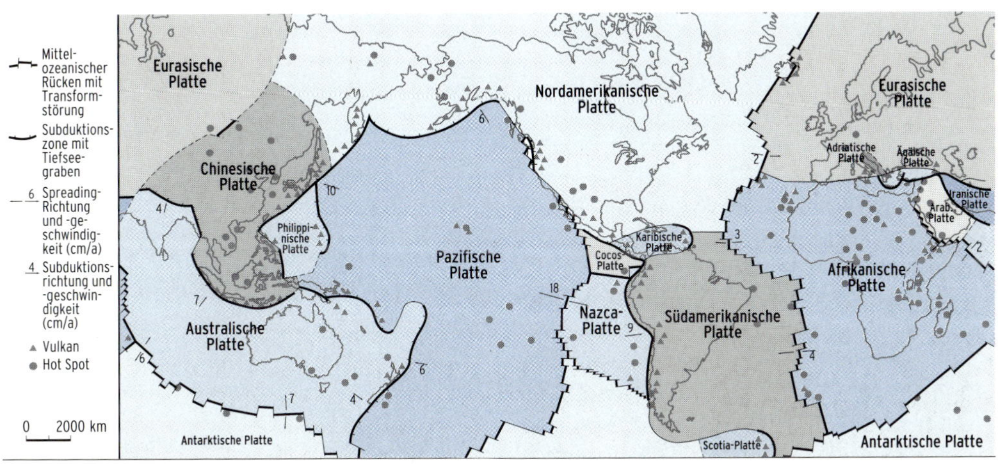

13.1 Das Plattenmosaik der Lithosphäre

1.2.2 Erdbeben

Etwa 90 Prozent aller Beben sind tektonische Beben, entstehen also meist an den Plattengrenzen, ganz vereinzelt auch im Innern von Platten. Daher treten sie fast ausschließlich an den mittelozeanischen Rücken (→ Abb. 13.1), an den **Subduktions- und Kompressionszonen** sowie entlang von Transformstörungen (→ Abb. 14.1) auf. Ursache all dieser Beben sind Spannungen zwischen unterschiedlichen Gesteinspaketen an den Plattengrenzen. Die Verschiebung der Platten zueinander verläuft nicht kontinuierlich, sondern meist klemmen die Platten aneinander fest, bis sie sich ruckartig und unter Freisetzung von teilweise großer Energie verschieben. Neben den **Erdbeben** gibt es auch Seebeben. Gelegentlich treten im Zusammenhang mit Seebeben **Tsunamis** auf, zerstörerische Flutwellen an den Küsten. Dazu muss das untermeerische Beben z. B. an einer Subduktionszone die Wassersäule über dem Erdbebenherd in Schwingung versetzen. Während Tsunamis auf hoher See kaum zu bemerken sind, laufen sie an den flacheren Küsten zu großer Wellenhöhe auf. Auch im Zusammenhang mit **Vulkanismus** können Erdbeben entstehen: Wenn es beim Aufstieg von Magma zu Spannungen im umgebenden festen Gestein kommt, können sich diese ruckartig lösen. Eine weitere Ursache von Erdbeben kann der Einsturz unterirdischer Hohlräume sein, oft auch infolge von Bergbau.

Erdbeben werden mit Hilfe von Seismographen gemessen, die nach dem Massenträgheitsgesetz funktionieren: Während das Gehäuse eines Seismographen fest mit dem Untergrund verbunden ist und im Falle eines Bebens mitschwingt, behält eine frei aufgehängte schwere Kugel mit einem Schreiber im Inneren des Gehäuses ihre Ruhelage bei.

Die **Erdbebenwellen** breiten sich vom Erdbebenherd (Hypozentrum) in alle Richtungen aus, größtenteils auch ins Erdinnere, und können damit auch zur Erforschung des Schalenbaus der Erde genutzt werden:

- Die sogenannten **Primärwellen** (P-Wellen) schwingen genau in der Ausbreitungsrichtung. Es kommt abwechselnd zu Phasen der Verdichtung und damit Belastung und zu Phasen der Entspannung des Gesteins.
- Die **Sekundärwellen** (S-Wellen) schwingen senkrecht zur Ausbreitungsrichtung. Es kommt zur wellenförmigen Hebung und Senkung des Untergrunds.
- Die **Langzeitwellen** (L-Wellen) breiten sich mit geringerer Geschwindigkeit nur auf der Erdoberfläche aus.

Zur Bestimmung der Stärke eines Erdbebens gibt es zwei gebräuchliche Skalen:

- Die nach oben offene **Richterskala** misst die Energie und damit die Stärke eines Bebens. Die Stärke wird mit einer Dezimalzahl angegeben. Die Richterskala ist logarithmisch aufgebaut. Daher setzt z. B. ein Erdbeben der Stärke 3 zehnmal soviel Energie frei wie ein Erdbeben der Stärke 2. Das stärkste bislang gemessene Beben hatte die Stärke 8,9 auf der Richterskala.
- Die **Mercalli-Skala** stuft die Beben dagegen nach ihrer Wahrnehmung durch den Menschen und nach den Auswirkungen auf Gebäude und Landschaften ein.

>> BEISPIEL: Nordanatol. Verwerfung

Ein bekanntes Beispiel für eine Transformgrenze ist die Nordanatolische Verwerfung im Norden der Türkei. Sie verläuft vom Osten des Landes bis nach Istanbul und zum Marmara-Meer im Nordwesten. Die Anatolische Platte wird zwischen zwei Großplatten förmlich zerrieben: der Eurasischen Platte mit der eingelagerten Schwarzmeer-Platte im Norden und der Afrikanischen Platte sowie der Arabischen Platte im Süden bzw. Südosten. Dabei wird die Anatolische Platte nach Westen gedrückt und bildet die langgezogene Erdbebenzone im Norden (siehe die Jahreszahlen der Erdbeben).

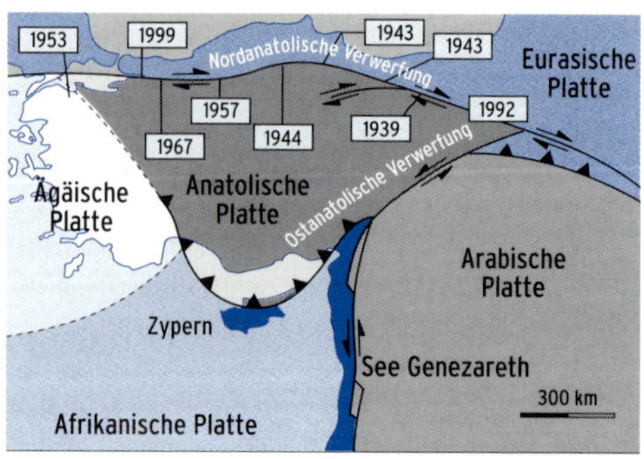

14.1 Türkei – Plattengrenzen

1.2.3 Vulkanismus

Ebenso wie die Erdbeben ist auch der Vulkanismus eng mit plattentektonischen Bewegungen verknüpft. Die bedeutendsten vulkanischen Aktivitäten der Erde sind an den Scheitelgräben der mittelozeanischen Rücken zu finden. Letztere haben eine Gesamtlänge von etwa 70 000 Kilometern. Schmelzflüssiges Magma steigt an diesen Dehnungsstrukturen auf (→ Abb. 12.1), erkaltet im Meerwasser und schließt die Lücken, die durch die seitliche Driftbewegung der Platten entstehen. Weltweit werden pro Jahr durchschnittlich ca. 7 km^3 Magma gefördert; davon entfallen allein auf die mittelozeanischen Rücken ca. 5 km^3. Nur an wenigen Stellen reichen die untermeerischen Vulkane über den Meeresspiegel hinaus.

Island gilt als Sonderfall, da dort so viel Magma gefördert wurde, dass eine größere Insel entstanden ist. Daher wird unter Island von vielen Wissenschaftlern ein **„Hot Spot"** im Erdinneren vermutet, ein heißer Fleck am Äußeren Erdkern, über dem ständig Magma bis an die Oberfläche aufsteigt. Auf Island lassen sich die typischen Vorgänge an einem mittelozeanischen Rücken gut beobachten: Der **Grabenbruch**, der durch die Insel verläuft und teilweise in der Landschaft sichtbar ist, bildet die geologische Grenze zwischen der Nordamerikanischen Platte und der Eurasischen Platte (→ Abb. 13.1). Auch das Alter der für diesen Vulkanismus typischen, basischen Basaltgesteine nimmt nach außen hin zu. Auf Island dominieren Spaltenvulkane, längliche vulkanische Strukturen. Dazu kommen einzelne Zentralvulkane (s.u.), die zum Teil unter dem größten Gletscher Europas liegen, dem Vatnajökull.

Der **Ätna auf Sizilien** dagegen ist ein komplex aufgebauter Zentralvulkan mit einem ausgeprägten, hohen Vulkankegel (→ Abb. 15.1). Er entstand dort, wo die Afrikanische Platte unter die Eurasische Platte abtaucht und wo sich zugleich verschiedene kleinere Brüche und Bruchsysteme kreuzen. Damit liegt er – wie zahlreiche andere Vulkane weltweit – in einer Subduktionszone (→ Abb. 13.1). Die meisten Vulkane dieses Typs liegen um den Pazifischen Ozean herum im sogenannten „Zirkumpazifischen Feuerring". Der vorherrschende Vulkantyp in den Subduktionszonen ist der kegelförmige Schichtvulkan (Stratovulkan), der aus übereinandergeschichteten Lavaströmen und vulkanischen Lockermaterialien (vor allem Asche) besteht. Effusive Ausbrüche (Austritt von Lavaströmen) und explosive Ausbrüche (Asche und vulkanische Bomben werden herausgeschleudert) wechseln einander ab. Damit ist der Ätna keineswegs ein harmloser Vulkan, auch wenn er von den Touristen – im Gegensatz zu den Einheimischen – immer wieder unterschätzt wird. Trotz der damit verbundenen Gefahren – wie vulkanische Beben, Lavaströme, vulkanische Bomben und Glutwolken – werden Vulkanhänge vom Menschen überall dort, wo das klimatisch möglich ist, intensiv agrarisch genutzt. Das liegt an den mineralstoffreichen Böden, die durch vulkanische Asche „gedüngt" werden oder auf älteren Lavaströmen entstanden. So sind nicht nur die Hänge des Ätna dicht besiedelt (→ Abb. 15.1), sondern auch die Vulkaninsel Java in Indonesien, die Philippinen oder Japan. Im Unterschied zu Erdbeben können Vulkanausbrüche mittlerweile mit großer Wahrscheinlichkeit vorhergesagt werden, sodass die Menschen rechtzeitig evakuiert werden können.

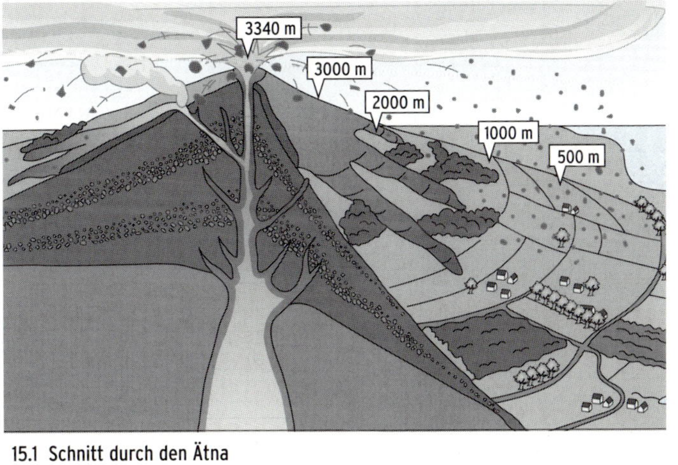

15.1 Schnitt durch den Ätna

1.2.4 Gebirgsbildung

Motor der **Gebirgsbildung** ist die aus dem Erdinnern stammende Wärmeenergie, die nach oben aufsteigt (Konvektion) und an den Scheitelgräben der mittelozeanischen Rücken als glutflüssiges Magma die Erdkruste nicht nur durchbricht (→ Abb. 12.1), sondern auch ständig neu aufbaut. Da keine ozeanische Platte älter ist als 220 Millionen Jahre, bedeutet dies, dass etwa in diesem Zeitraum die gesamte Fläche der Ozeane und damit 72 Prozent der Erdoberfäche in den Subduktionszonen verschluckt werden. In diesen Bereichen taucht die schwerere ozeanische Platte ab, es kommt zu Erdbeben und **Vulkanismus**.

Auch innerhalb der Kontinente kann es durch aufsteigendes und aufgestautes Magma zur Dehnung der Erdkruste und zur Bildung von Grabenbrüchen kommen. Beispiele sind der Oberrheingraben und der Ostafrikanische **Grabenbruch**. Diese Gräben können sich weiter öffnen und schließlich ein schmales Meer bilden, wie z. B. das Rote Meer. Öffnet sich dieses Meer immer weiter (Atlantik), so sinkt die ältere ozeanische Kruste am Rand weiter ab und wird mit Sedimenten bedeckt.
Irgendwann kann sich der Prozess der Öffnung umkehren: Der Ozean wird dann vom Rand her durch **Subduktion** langsam wieder eingeengt wie heute der Pazifik. Die Einengung geht durch die Subduktion der ozeanischen Kruste immer weiter. So sind das Mittelmeer, das Schwarze Meer und Teile des Kaspischen Meeres Reste der Tethys, eines Randmeeres des früheren Superozeans Panthalassa. Kollidieren schließlich zwei kontinentale Platten, wie die Indische und die Eurasische Platte, so entstehen hohe Faltengebirge wie der Himalaya.

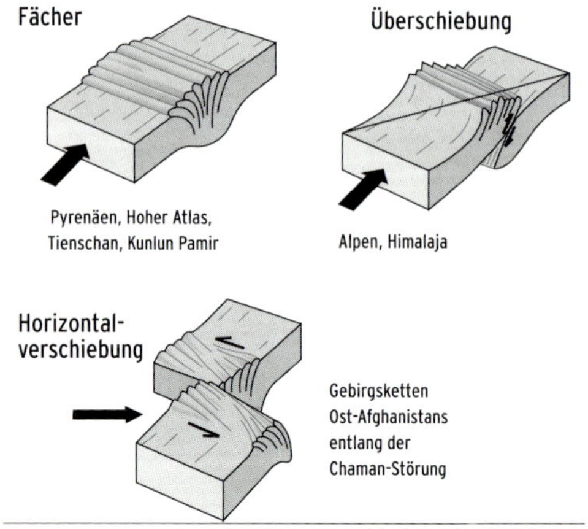

16.1 Architektonische Grundbaupläne von Gebirgen

In 250 Millionen Jahren wird das Mittelmeer vermutlich ganz verschwunden sein und die Afrikanische sowie die Eurasische Platte werden im Bereich eines Hochgebirges zusammengewachsen sein. Der Atlantik könnte dann ein Binnenmeer inmitten eines neuen Superkontinents sein – wie Pangäa (= die gesamte Erde) vor 250 Millionen Jahren. Etwa alle 500 Millionen Jahren sollen sich ein Superkontinent und ein Superozean bilden, bis dann aufgrund des Hitzestaus im Untergrund der riesige Kontinent wieder zerfällt. Dieser Vorgang wird nach einem Wissenschaftler **Wilson-Zyklus** genannt.

Gebirge entstehen also durch Kollision an Plattengrenzen. Dabei gibt es fünf Möglichkeiten:

1. Kollision **ozeanische Platte – ozeanische Platte.** Eine der beiden Platten muss abtauchen, und es entstehen Inselbögen, verbunden mit Erdbeben und Vulkanismus. Ein Beispiel sind die Antillen.
2. Kollision **ozeanische Platte – kontinentaler Schelf.** Die ozeanische Platte taucht ab und es entstehen Gruppen größerer Inseln wie Indonesien oder Japan, ebenfalls verbunden mit Erdbeben und Vulkanismus.
3. Kollision **ozeanische Platte – kontinentale Platte.** Die ozeanische Platte taucht ab und es entstehen Gebirgsketten wie die Kordilleren an der Westküste Amerikas. Dieser Vorgang ist ebenfalls verbunden mit Erdbeben und Vulkanismus.
4. Kollision **kontinentale Platte – kontinentale Platte.** Bekanntestes Beispiel ist der Himalaya. Da beide Platten etwa gleich schwer sind, kommt es zu einer starken Krustenverdickung, zur Fächerbildung und Faltung oder sogar zur Überschiebung von Gesteinspaketen (→ Abb. 16.1). Dabei treten Erdbeben auf.
5. **Horizontalverschiebung kontinentaler Kruste.** Hierbei können – wie im Osten Afghanistans oder im Norden Anatoliens

(→ Abb. 14.1) – durch seitlichen Druck Gebirgsketten entstehen.

Normalerweise ist die kontinentale Erdkruste, deren mittlere Dichte 2,8 g/cm^3 beträgt, 30 bis 40 km dick. Sie „schwimmt" auf dem obersten, festen Erdmantel, der mit 3,3 g/cm^3 eine höhere Dichte besitzt. Aufgrund der **Kompression** von Krustenmaterial durch Faltung und Überschiebung reicht die Erdkruste unter dem Himalaya bis in eine Tiefe von 70 Kilometern. Das Gebirge wird daher so lange herausgehoben, bis das isostatische Gleichgewicht zwischen dem leichteren Krustenmaterial und dem schwereren Oberen Mantel wieder herstellt ist. **Verwitterung** (vor allem Frostsprengung), Schwerkraft und **Erosion** verhindern ein zu hohes Wachstum des Gebirges und sorgen schließlich in einem langen Zeitraum für die Einebnung (Einrumpfung) des früheren Hochgebirges.

Ist ein Kontinent eingerumpft, dann reagieren die Gesteine auf erneuten Druck nicht mehr plastisch, sondern mit der sogenannten Bruchtektonik. Grabenbrüche und Verwerfungen entstehen, Pultschollen und Horste werden herausgehoben, wie z. B. der Harz.

1 **Trias** (220 Mio. Jahre vor heute)
Alle damaligen Kontinente hängen zusammen und bilden den Superkontinent Pangäa. Ein einziger Superozean, Panthalassa, umgibt Pangäa. Die Tethys ist ein Randmeer dieses Superozeans.

2 **Obertrias** (200 Mio. Jahre vor heute)
Durch den Hitzestau unter dem Superkontinent beginnt dieser entlang von Grabenbrüchen aufzubrechen; Afrika trennt sich ab und wandert zunächst nach Süden.

3 **Oberjura** (140 Mio. Jahre vor heute)
Der Südpenninische Ozean hat sich entwickelt. Die Adriatische Platte als Sporn der Afrikanischen Platte ragt nach Nordosten. Die Laurasische Platte bricht auseinander.

4 **Unterkreide** (110 Mio. Jahre vor heute)
Die Adriatische Platte hat sich von der Afrikanischen Platte getrennt und driftet nach Norden. Dabei taucht der Südpenninische Ozean in einer Subduktionszone ab. Der Nordpenninische Ozean hat sich geöffnet und drückt den Mittelpenninischen Mikrokontinent (**Terrane**) nach Süden.

5 **Oberkreide** (75 Mio. Jahre vor heute)
Die Adriatische Platte und der Mittelpenninische Mikrokontinent kollidieren. Dabei muss der Mikrokontinent abtauchen und wird von der Adriatischen Platte überfahren. Teile der ozeanischen Platte werden bei der Gebirgsfaltung mit hochgeschleppt. In großer Tiefe werden die Gesteine unter hohem Druck und hoher Temperatur umgewandelt (**Metamorphose**).

6 **Alttertiär** (35 Mio. Jahre vor heute)
Der Nordpenninische Ozean wurde verschluckt und die Adriatische Platte rammt schließlich die Eurasische Platte.

7 **heute**
Die Hebung der Alpen dauert an. Die Eurasische und die Adriatische Platte sind an einer Nahtstelle (**Sutur**) zusammengeschweißt worden. Im nördlichen und im südlichen Alpenvorland sind große Molassebecken mit mächtigen Sedimentpaketen entstanden.

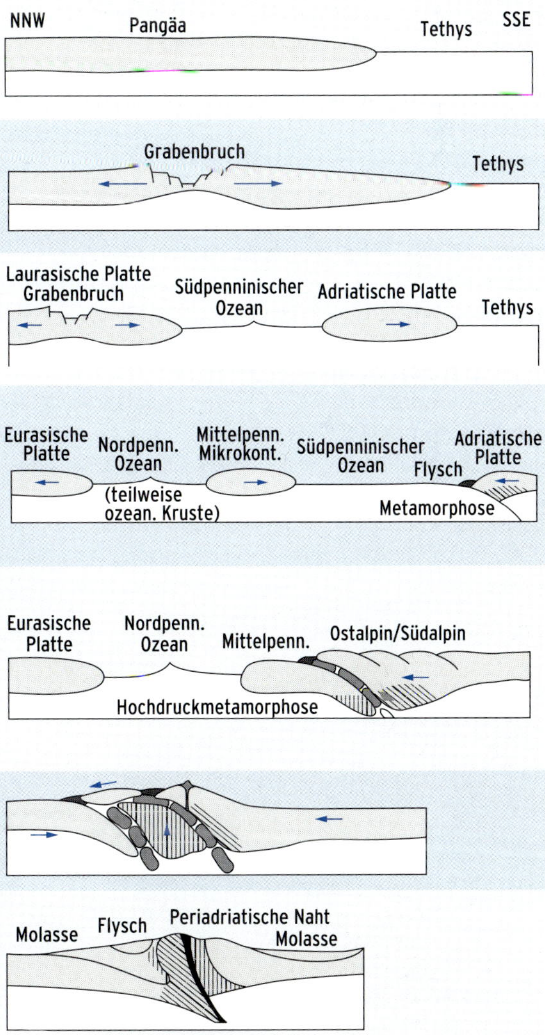

17.1 Alpenbildung im Profil

1.3 Kreislauf der Gesteine

Der Motor für die Bildung und Abtragung von Gebirgen und damit auch für den Kreislauf der Gesteine sind endogene (innenbürtige) Kräfte des Planeten Erde. Sie beruhen auf der Erdwärme aus dem Erdinnern und bewirken an der Erdoberfläche Erdbeben, Vulkanismus und Gebirgsbildung. Dazu kommen die Schwerkraft aufgrund der großen Masse des Planeten und exogene (außenbürtige) Kräfte wie Erosion und Transport von verwittertem Gesteinsmaterial durch fließendes Wasser, Eis und Wind.

Ohne Erdwärme und damit ohne Plattentektonik gäbe es keine weitere Gebirgsbildung. Vor etwa 4,1 Milliarden Jahren hatte die Erde ihre höchste Durchschnittstemperatur, seither kühlt sie durch ständige Abgabe von Erdwärme an den Weltraum aus. Der Wärmeverlust eines Himmelskörpers ist abhängig vom Verhältnis der Oberfläche zur Masse. Letztere kann – je nach Größe – eine bestimmte Wärmemenge speichern. Das Verhältnis von Oberfläche zu Masse ist im Vergleich zur Erde (= 1) für den Mond (6) und für den Mars (2,5) wesentlich ungünstiger. Daher kamen auf dem Mond plattentektonische Vorgänge bereits vor etwa einer Milliarde Jahren zum Stillstand, auf dem Mars vor ca. 100 Millionen Jahren. Die Erde befindet sich seit etwa einer Milliarde Jahren in einem plattentektonischen Zeitfenster mit Gesteinskreisläufen, das sich schätzungsweise in 500 Millionen Jahren schließen wird. Das Antlitz der Erde wird dann erstarren.

Mit der Hebung von Gesteinen beginnt ihre Verwitterung. Grundsätzlich werden dabei die physikalische und die chemische Verwitterung unterschieden, sind aber nicht immer klar zu trennen:
Ein wichtiger Faktor der **physikalischen Verwitterung** ist die Druckentlastung bei der Hebung des Gesteins an die Erdoberfläche. Durch die damit verbundene Ausdehnung können sich Brüche und Klüfte im Gestein bilden. Ein weiterer wichtiger Faktor ist die Frostsprengung, da sich Wasser beim Gefrieren um neun Volumenprozente ausdehnt und in Gesteinsklüften und -rissen einen zerstörerischen Druck entwickeln kann, wenn es von oben zufriert. Die Rolle von starken Temperaturwechseln zwischen Tag und Nacht in der Wüste ist noch umstritten. Einen Grenzbereich zur chemischen Verwitterung spielt das Wachstum von Salzkristallen bei der Verdunstung von Lösungen in Gesteinsklüften.
Bei der **chemischen Verwitterung** wird immer die ursprüngliche chemische Zusammensetzung von Mineralien verändert. Sie läuft fast immer über Substanzen, die in Wasser – auch in Regenwasser – gelöst sind. Beispiele:

- Bei der Oxidation verbinden sich Eisen oder andere Mineralien des Gesteins mit dem Luftsauerstoff.

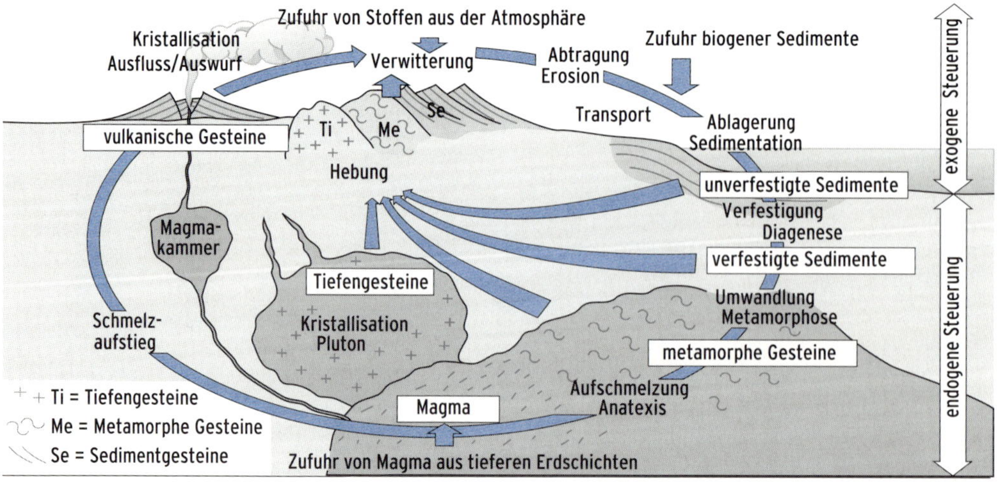

18.1 Kreislauf der Gesteine

- Bei der Karbonatisierung werden Kalkgesteine durch Kohlensäure gelöst, die aus Kohlendioxid und Wasser entsteht.
- Bei der Hydrolyse reagiert leicht ionisiertes Wasser mit Silikat-Gesteinen (enthalten SiO_4).

Wenn Gestein verwittert ist, unterliegen lose Gesteinstrümmer zunächst der **Massenbewegung**, das heißt, dem **Transport** hangabwärts durch die Schwerkraft. Wasser kann eine wichtige Rolle bei der Massenbewegung spielen, da es sowohl als Schmiermittel dienen als auch das Gewicht der Gesteinstrümmer erhöhen kann und dadurch die Bewegung hangabwärts beschleunigt. Nach der zunehmenden Geschwindigkeit der Gesteinstrümmer wird von Bodenkriechen bzw. Bodenfließen (Solifluktion), von **Muren** und Schlammströmen sowie von Bergstürzen gesprochen. Fast alle verwitterten Gesteinstrümmer werden durch Flüsse vom Oberlauf bis zur sogenannten **Erosionsbasis** transportiert. Meist bis zum Meer, manchmal nur bis zu einem Binnensee. Im Falle des Rheins ist die erste Erosionsbasis der Bodensee, am Schluss folgt die Nordsee (NN = Normal Null). Sowohl im Bodensee als auch in der Nordsee werden wegen der plötzlich nachlassenden Fließgeschwindigkeit Sedimente an der Mündung abgelagert und es bildet sich ein Flussdelta. Flussaufwärts von der Mündung gräbt sich der Fluss immer tiefer in den Untergrund ein (Tiefenerosion). Als sogenannte Erosionswaffe dient dabei das transportierte Gesteinsmaterial, das sich sogar in Felsen einschneiden kann. Die eiszeitlichen Gletscher haben die Böden und den Gesteinsuntergrund Skandinaviens flächenhaft abgehobelt und bis zum Rand der Mittelgebirge transportiert (→ Abb. 55.1). Abtragung und Transport durch Wind und Wellen sind dagegen nur von regionaler Bedeutung.

Auf Verwitterung, Abtragung und Transport folgt schließlich die **Sedimentation**:

- Der Wind kann je nach Geschwindigkeit Schluffe bzw. Sande mit einem Korndurchmesser von 0,01 bis hin zu 2 mm transportieren und lagert diese in Form von Dünen ab.
- Die Korngröße der Flusssedimente wird bei abnehmendem Gefälle und damit bei nachlassender Fließgeschwindigkeit immer kleiner. Im Oberlauf werden noch – durch den Transport gerundete Gerölle – abgelagert, flussabwärts folgen Kies, Sand, Schluff und Ton.
- Gletscher übernehmen die Schwerarbeit bei Erosion und Transport. Der größte vom skandinavischen Gletschereis nach Norddeutschland transportierte „erratische Block" oder **Findling** ist der Buskam in der Ostsee vor Rügen mit einem geschätzten Gewicht von 1500 Tonnen und einem Umfang von ca. 40 Metern an der Wasseroberfläche. Durch Gletscherflüsse wurden im unmittelbaren Gletschervorland meist Sande abgelagert, es entstanden **Sander**flächen.

Nach der Ablagerung (**Sedimentation**) kann die **Verfestigung der Sedimentgesteine** (**Diagenese**) durch Auspressung von Wasser bzw. durch Verkittung erfolgen. Wird das Gestein anschließend unter hohem Druck bzw. hoher Temperatur umgewandelt, so liegt eine **Metamorphose** vor. Die völlige oder teilweise Wiederaufschmelzung der Sediment- oder Tiefengesteine wird als Anatexis bezeichnet.

Gesteinsarten

I. Magmatische Gesteine
- Plutonite (Tiefen- oder Intrusivgesteine): Sie sind in der Erdkruste erstarrt und wegen der langsamen Erkaltung grobkörnig. Einzelminerale konnten auskristallisieren und sind erkennbar. Beispiel: Granit – Hauptminerale: Feldspat, Quarz und Glimmer.
- Vulkanite (Erguss- oder Effusivgesteine): Sie sind an der Erdoberfläche erstarrt. Wegen der raschen Erkaltung haben sie eine feinkörnige Grundmasse mit größeren Einsprenglingen. Beispiel: Basalt.

II. Sedimentgesteine
- Klastische Sedimente: Diese sind aus Verwitterungsprodukten entstandene Ablagerungen (griechisch klásis = zerbrechen); Beispiel: Sandsteine
- Chemische Sedimente: Diese entstehen durch die Ausscheidung gelöster Stoffe, z.B. Kalkstein, Gips, Salzgestein
- Biogene Sedimente: Diese werden durch Organismen aufgebaut:
  - Durch Pflanzen: z.B. Torf oder Kohle
  - Durch Tiere: z.B. Korallen- oder Muschelkalk
  - Durch abgestorbenes Plankton: Erdöl bzw. Erdgas

III. Metamorphe Gesteine
- Sie entstehen durch Umwandlung von magmatischen und von Sedimentgesteinen unter hohem Druck und hoher Temperatur. Beispiele sind Tonschiefer (aus Tonen und vulkanischen Tuffen), Gneise (aus Graniten) und Marmor (aus Kalksteinen).

1.4 Wasserkreislauf

Wasser ist in reiner Form eine durchsichtige, geruchslose und geschmacksneutrale Flüssigkeit mit der chemischen Formel H_2O. In natürlichen Vorkommen enthält es Mineralstoffe und Salze in unterschiedlicher Konzentration. Das reinste Wasser nach dem Regenwasser ist das Wasser des Baikalsees in Ostsibirien. Wasser ist die **Grundlage des Lebens** auf der Erde, denn es ist für alle biochemischen Prozesse erforderlich. Wasser in den Weltmeeren und in der **Atmosphäre** ist der wichtigste Faktor des Wärmetransports auf der Erde – durch Meeresströmungen und durch die atmosphärische Zirkulation. Außerdem verhindert es durch den natürlichen **Treibhauseffekt** eine zu starke Ausstrahlung in den Weltraum und damit eine zu starke Abkühlung der Erde. Als einziger **Planet** des Sonnensystems hat die Erde Wasser in allen drei **Aggregatzuständen** (→ Abb. 20.2).

Etwa 97 Prozent des Wassers auf der Erde sind in flüssiger Form in den Ozeanen enthalten, nur drei Prozent sind Süßwasser in Gletschern, Flüssen und Seen sowie im Boden als Grundwasser. Ein großer Teil des Süßwassers ist derzeit in Form von Gletschereis gebunden – vor allem im Antarktischen und im Grönländischen Eisschild. Dass das Wasser auf der Erde überwiegend in flüssiger Form vorkommt, ist für das Leben ein glücklicher und zugleich notwendiger Umstand. Nur maximal zehn Prozent des Süßwassers sind potenziell als **Trinkwasser** und damit als das wichtigste Lebensmittel verfügbar – allerdings nicht überall auf der Welt in gleicher Menge und Qualität. So entfallen z. B. 20 Prozent der Süßwasser**reserven** der Erde allein auf den Baikalsee. Russland insgesamt kontrolliert damit 25 Prozent der globalen Süßwasservorräte. Sauberes Süßwasser gilt wegen seiner regionalen Knappheit als Rohstoff der Zukunft (→ Seite 111).

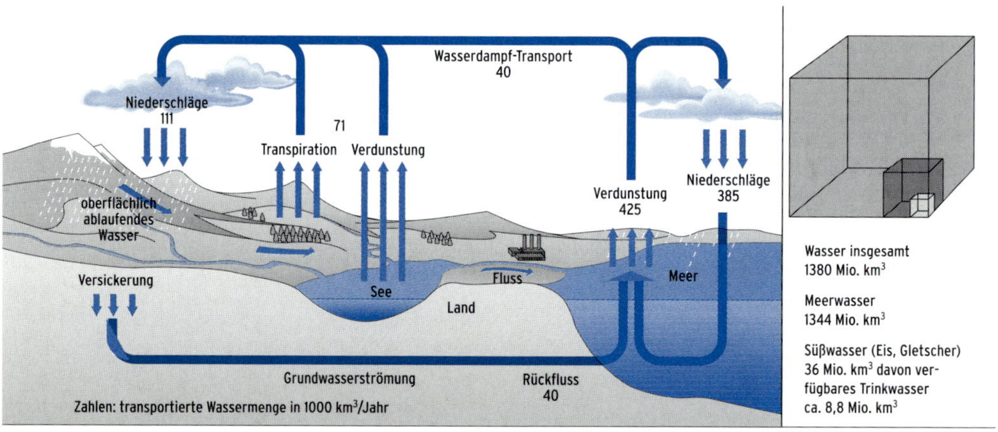

20.1 Wasserkreislauf und Wasservorräte

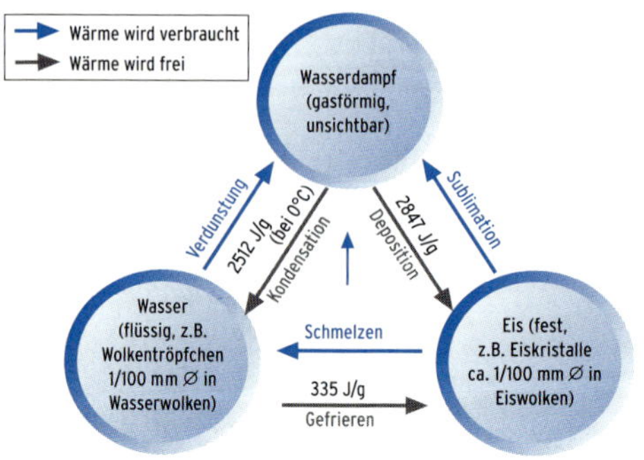

20.2 Wasser in der Atmosphäre

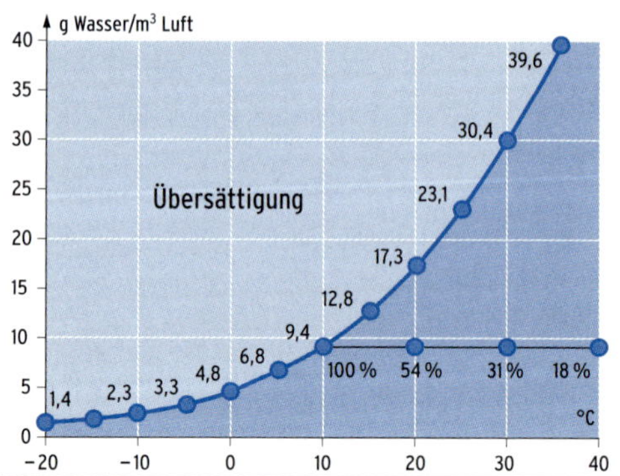

20.3 Taupunktkurve

Motor für den **Wasserkreislauf** ist die Sonnenenergie, die für die Verdunstung von Wasser- und Bodenoberflächen sowie von der Vegetationsdecke (Transpiration) verantwortlich ist und das Wasser unter hohem Energieaufwand vom flüssigen in den gasförmigen Zustand umwandelt. So verdunstet jährlich über den Weltmeeren – vor allem in den Tropen – eine Wassermenge von 425 000 km^3 (→ Abb. 20.1). Davon fallen nur 385 000 km^3 als Niederschlag ins Meer zurück. Die fehlenden 40 000 km^3 gehen als Regen oder Schnee über den Kontinenten nieder. Damit wird nicht nur Feuchtigkeit transportiert, sondern auch **latente Wärme**, die wegen des Energieverbrauchs bei der Verdunstung im Wasserdampf enthalten ist und bei der Kondensation wieder an die Umgebung abgegeben wird. Deshalb ist dieser Teil des Wasserkreislaufs äußerst wichtig für den **Wärmetransport** z. B. aus den Tropen in die außertropischen Klimazonen.

Über dem Festland selbst werden durch Verdunstung bzw. durch die Transpiration der Pflanzen pro Jahr 71 000 km^3 Wasser an die Atmosphäre abgegeben. Somit stehen insgesamt 111 000 km^3 Wasser für Niederschläge über den Kontinenten zur Verfügung. Davon fließen etwa 41 000 km^3 über die Flüsse und über Grundwasserströme ins Meer zurück. Damit ist der Wasserkreislauf geschlossen.

Ohne den Wasserkreislauf wäre der Gesteinskreislauf mit **Verwitterung**, **Erosion**, Transport und **Sedimentation** nicht denkbar. Wasser – in flüssiger und zum Teil auch in fester Form – ist somit für die Modellierung der Erdoberfläche von herausragender Bedeutung. Für mindestens die letzte Milliarde Jahre, also im plattentektonischen Zeitfenster, war die Wassermenge auf der Erde konstant.

Die Menge Wasserdampf (in g pro m^3), die die Luft aufnehmen kann, ist abhängig von ihrer Temperatur. Je wärmer sie ist, desto mehr Feuchtigkeit kann sie aufnehmen. Dieser Zusammenhang wird auch im Alltag beim Föhnen der Haare genutzt. Die Aufnahmekapazität variiert stark: 1,4 g/m^3 sind es bei minus 20 °C, knapp 40 g/m^3 dagegen bei plus 36 °C (→ Abb. 20.3). Werden bei einer bestimmten Lufttemperatur 100 Prozent Luftfeuchtigkeit erreicht, so kondensiert der Wasserdampf an **Aerosolen**, kleinsten Partikeln in der Luft. In einem komplexen Wachstumsprozess können sich aus den kleinen Wassertröpfchen (Nebel bzw. Wolken) auch Regentropfen, Schneeflocken oder Hagel bilden, die schließlich als **Niederschlag** fallen.

Ab dem Erreichen des **Kondensationsniveaus** nimmt die Temperatur aufsteigender Luftmassen mit der Höhe nicht mehr trockenadiabatisch ab (minus 1 °C pro 100 m), sondern **feuchtadiabatisch** (minus 0,5 °C pro 100 m → Abb. 21.1). Der Grund für die geringere Temperaturabnahme nach dem Einsetzen der Kondensation liegt im Freiwerden der bei der Verdunstung verbrauchten Energie (→ Abb. 20.2). Haben sich die Luftmassen abgeregnet, so erfolgt der anschließende Temperaturanstieg beim Absinken wieder **trockenadiabatisch** und erzeugt so den Föhneffekt, der auch für die Tropische Zirkulation wichtig ist (→ Abb. 25.1).

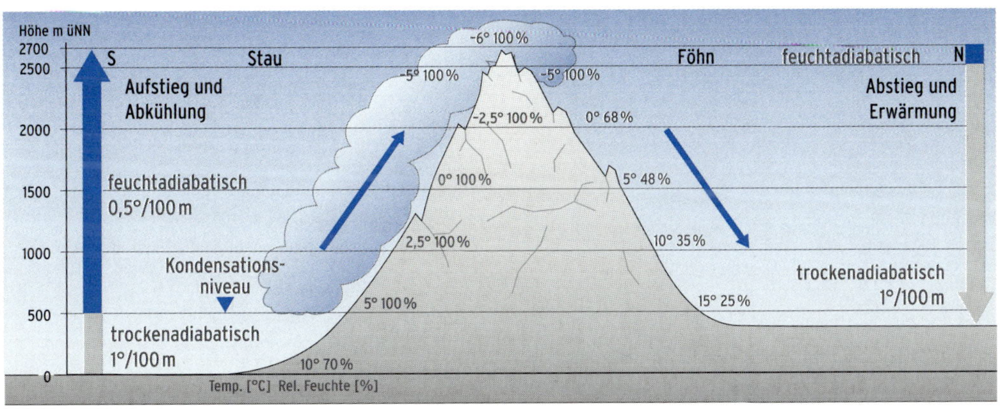

21.1 Steigungsregen und Föhn

1.5 Die Atmosphäre

Die **Atmosphäre** ist die Lufthülle der Erde. Sie wird durch die Schwerkraft festgehalten und macht die Rotationsbewegung der Erde mit. Daher merken wir nicht, dass sich die Erde z. B. am Äquator mit einer Geschwindigkeit von ca. 1700 km/h um ihre Achse dreht. Die Atmosphäre ist auch ein Schutzschild vor kleineren festen Himmelskörpern (**Meteoriten**), von denen die meisten beim Eintritt in die Erdatmosphäre aufgrund der Reibungshitze verglühen. Sie ist in verschiedene Stockwerke gegliedert, die klar voneinander abgegrenzt sind (→ Abb. 22.1)

- Die **Exosphäre** beginnt in ca. 400 km Höhe und ist die oberste Schicht der Atmosphäre. In 800 km Höhe werden im Van-Allen-Strahlengürtel Temperaturen von mehreren 1000 Grad Celsius erreicht, hervorgerufen durch den Sonnenwind. In etwa 1000 km Höhe geht die Exosphäre in den luftleeren und extrem kalten Weltraum über.
- Die **Ionosphäre** beginnt in etwa 90 km Höhe. An ihrer Untergrenze beträgt der Luftdruck nur noch ein Hundertstel des Luftdrucks am Boden. Aufgrund der sehr hohen Temperaturen von bis zu 1000 °C wird sie auch als Thermosphäre bezeichnet.
- Die **Mesosphäre** liegt in einer Höhe zwischen etwa 50 und 90 km. Mit nach oben abnehmenden Temperaturen bis minus 80 °C bildet sie die kalte mittlere Schicht der Atmosphäre.
- Die **Stratosphäre** beginnt über den Polen in etwa 10 km Höhe und über dem Äquator in etwa 18 km Höhe. Sie reicht bis in 50 km Höhe, wird kaum noch vom Wettergeschehen beeinflusst und ist fast frei von Wasserdampf. Auch die **Ozonschicht** gehört zur Stratosphäre.
- Die **Troposphäre** ist die unterste Schicht der Atmosphäre, die an den Polen bis in 10 km Höhe, am Äquator bis in 18 km Höhe reicht. Die Troposphäre enthält die atmosphärische Luftfeuchtigkeit und ist der Bereich des Wettergeschehens (Atmosphärische Zirkulation). Die Troposphäre wird kaum von der Sonne direkt erwärmt, sondern in erster Linie von der Erdoberfläche her. Daher nimmt die Temperatur im Mittel um 0,65 °C pro 100 m ab und fällt bis zur Tropopause, der Grenzschicht zur Stratosphäre, auf minus 50 bis minus 80 °C ab.

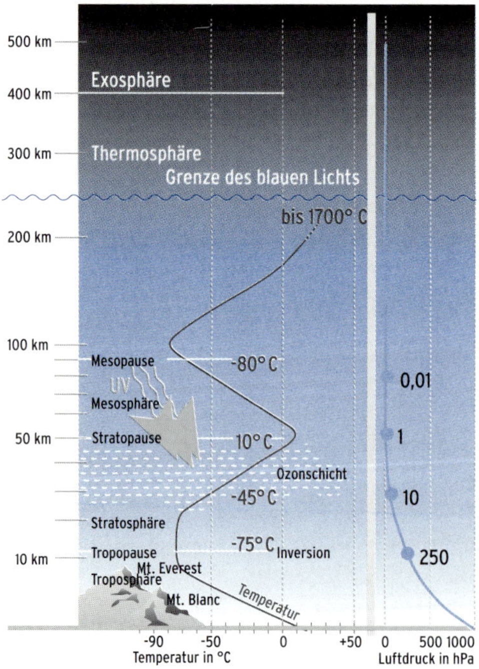

22.1 Stockwerkbau der Atmosphäre

Ihre höchste Dichte hat die **Atmosphäre** auf Meeresniveau (NN). Dort übt sie – dem Gewicht einer Wassersäule von 10,13 m Höhe entsprechend – einen Druck von 1013 Hektopascal (hPa) aus. In 5500 m Höhe ist nur noch etwa die Hälfte des Normaldrucks vorhanden, in 11 000 m Höhe ein Viertel. Das kann z. B. beim Höhenbergsteigen zu gesundheitlichen Problemen führen, da mit der Höhe der Sauerstoffgehalt der Luft entsprechend abnimmt. In 5500 m Höhe liegt er bei 50 Prozent des Wertes in Meereshöhe. Verkehrsflugzeuge mit einer Flughöhe zwischen 10 000 und 11 000 m benötigen daher spezielle Druckkabinen.

Das Gasgemisch der Atmosphäre besteht in trockenem Zustand aus folgenden Bestandteilen (Volumenprozente; Werte leicht gerundet):

- Stickstoff 78 %
- Sauerstoff 21 %
- Argon 0,94 %
- Kohlendioxid 0,03 %

Dazu kommen sogenannte Spurengase: Neon, Helium, Methan, Krypton, Wasserstoff, Lachgas,

Xenon, Kohlenmonoxid, Schwefelwasserstoff und Ozon. Ihre Anteile werden in Millionstel bzw. Milliardstel gemessen (ppm = parts per million oder ppb = parts per billion – amerikanisches Englisch für Milliarde).

Der Wasserdampf aus der Atmosphäre sammelte sich in den Urozeanen. Der **Wasserkreislauf** begann (→ Seite 20). Durch die Niederschläge konnte immer mehr Kohlendioxid aus der Atmosphäre ausgewaschen werden und wurde in den Ozeanen, in kalkigen Sedimentgesteinen, in fossilen Brennstoffen, im Boden und in der Vegetation gelagert. Im Laufe der letzten 3,8 Milliarden Jahren sorgte die pflanzliche Fotosynthese für die Produktion des atmosphärischen Sauerstoffs. Aus freien Sauerstoffatomen konnte sich auch die Ozonschicht der Erde bilden.

Im Zusammenhang mit der Erdatmosphäre ist immer wieder die Rede vom **Treibhauseffekt**. Dieser Begriff ist eine bildhafte Umschreibung für die Erwärmung der Atmosphäre. Die Wirkungen der Treibhausgase der Atmosphäre sind vom Prinzip her vergleichbar mit der Glasabdeckung eines Treibhauses: Die kurzwellige Sonnenstrahlung kann fast ungehindert durch die Atmosphäre bis zur Erdoberfläche gelangen, wo sie in langwellige Wärmestrahlung umgewandelt wird. Vergleichbar mit einer Heizplatte geht dann die Erwärmung der Atmosphäre von der Erdoberfläche aus. Dabei wird durch die **Treibhausgase** verhindert, dass die infrarote Wärmestrahlung komplett an den Weltraum abgegeben wird. Im Unterschied zum Treibhaus ist die Erdatmosphäre nämlich nach oben offen und es kann durchaus Wärmeverluste durch Ausstrahlung geben, besonders in klaren Nächten. Diese Zwischenspeicherung von Wärmeenergie durch den natürlichen **Treibhauseffekt** war Voraussetzung für die Entstehung von insgesamt gemäßigten, positiven Temperaturen, für den Wasserkreislauf und für die Entstehung des Lebens.

Am natürlichen **Treibhauseffekt** sind vor allem Wasserdampf (zu 65 %), Kohlendioxid (zu 15 %), und Ozon (zu 10 %) beteiligt. Beim sogenannten anthropogenen, also vom Menschen verursachten Treibhauseffekt dagegen spielen die Spurengase Kohlendioxid und Methan sowie die vom Menschen hergestellten, chemisch äußerst stabilen FCKW die Hauptrolle (→ Tab. 23.1). Die FCKW sind Fluorchlorkohlenwasserstoffe, die lange Zeit als Kühlmittel benutzt wurden und inzwischen verboten sind. Sie wirken nicht nur als langlebige Treibhausgase, sondern tragen erheblich zur **Zerstörung der Ozonschicht** vor allem über den Polargebieten der beiden Erdhalbkugeln bei. Um die Erzeugung von Treibhausgasen vor allem in den Industrieländern zu reduzieren, wurde 1997 das **Kioto-Protokoll** beschlossen, aber noch nicht überall ratifiziert.

Treibhausgase	CO_2	CH_4	N_2O	Ozon	FCKW
gegenwärtige Konzentration in ppm	370	1,65	0,31	0,02	0,00052
Verweildauer in der Atmosphäre in Jahren	10	7 – 10	150	0,10	90
gegenwärtiger atmosph. Trend in %/Jahr	+ 0,4	+ 1,10	+ 0,25	ungewiss	+ 5
Beitrag zum Treibhauseffekt in %	50	19	4	8	17
Klimawirksamkeit bezogen auf ein Molekül CO_2	1	32	150	2000	16 000
antropogene Quellen	fossile Brennstoffe, Waldrodung, Bodenerosion	Reisanbau, Rinderhaltung, Mülldeponien, Verbrennung von Biomasse, Naturgas	fossile Brennstoffe, Verbrennung von Biomasse, N-haltiger Dünger, Bodenkultivierung	indirekt durch NO_2, CH_4, CO und Kohlenwasserstoff in der Troposphäre	Kältemittel, Verschäumungsmittel, Treibgase

23.1 Charakteristische Daten der Treibhausgase

1.6 Atmosphärische Zirkulation

1.6.1 Grundlagen

Den größten Anteil der einfallenden Sonnenenergie erhalten die Tropen. Die Gründe dafür liegen vor allem in der Kugelgestalt der Erde. So fällt die Strahlung in den Tropen fast immer senkrecht bzw. mit einem sehr steilen Winkel ein. Der Flächenanteil zwischen 20° N und 20° S beiderseits des Äquators liegt bei einem Drittel der gesamten Erdoberfläche. Außerdem ist der Meeresanteil in den Tropen relativ hoch, wodurch die Aufnahme von Wärme begünstigt wird. An den Polen dagegen ist die **Rückstrahlungskapazität** (**Albedo**) aufgrund der Eisbedeckung großer Flächen sehr hoch und die Sonne steht selbst während der Polartage nicht sehr hoch am Himmel. Ohne den globalen Wärmetransport (→ Abb. 24.1) durch Luft- und Meeresströmungen läge die Jahresdurchschnittstemperatur am Äquator bei +39 °C und an den Polen bei −44 °C. Tatsächlich aber liegt die Jahresdurchschnittstemperatur am Äquator bei +26 °C, am Nordpol bei −23 °C und am Südpol bei −33 °C.

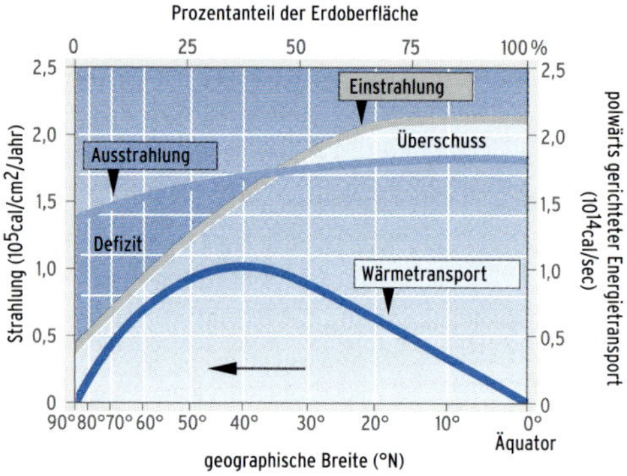

24.1 Wärmebilanz und Wärmetransport

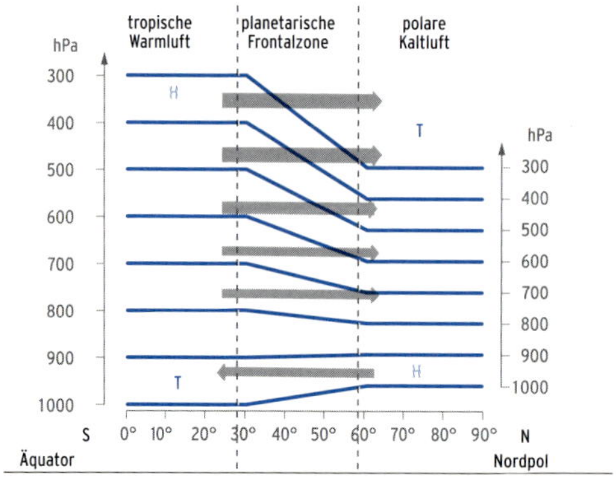

24.2 Planetarische Druckverteilung in der Atmosphäre

Theoretisch müsste die atmosphärische Zirkulation daher einem einfachen Muster folgen (→ Abb. 24.2): In den Tropen wird die Luft vom Boden her sehr stark erwärmt, dehnt sich aus und steigt auf (Konvektion). Am Boden bildet sich aufgrund des Luftmassendefizits ein Tiefdruckgebiet (Bodentief), die äquatoriale Tiefdruckrinne. In der Höhe entsteht ein Luftmassenüberschuss und dadurch ein Hochdruckgebiet (Höhenhoch). An den Polen kühlt die Luft am Boden aus und wird dichter – es entsteht ein Hochdruckgebiet (Bodenhoch). Aus der Höhe sinkt ständig Luft nach, dort entsteht ein Tiefdruckgebiet (Höhentief). Da der Wind wegen der Gradientkraft immer vom Hoch zum Tief weht, sollte ein einfacher Kreislauf entstehen (→ Abb. 24.2).

Doch so einfach ist es nicht: An der **planetarischen Frontalzone**, im Bereich des stärksten **Luftdruckgefälles** in der Höhe – auch wegen der unterschiedlichen Höhenausdehnung der Troposphäre – wird der polwärts wehende Wind durch die **Corioliskraft** nach rechts umgelenkt und weht isobarenparallel (→ Abb. 24.3). Dieser Höhenwind umströmt die Erde als **Jetstream** mit einer Geschwindigkeit von 100 – 500 km/h und kann auch wellenförmig verlaufen.

In der Realität ergibt sich daher ein komplizierterer Aufbau der atmosphärischen Zirkula-

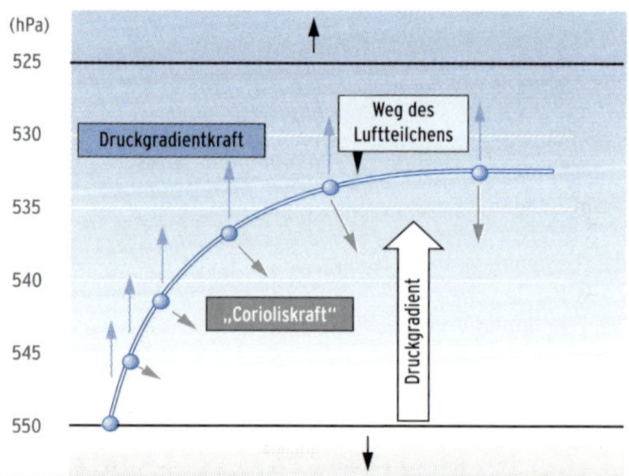

24.3 Isobarenparalleler Wind in großer Höhe

tion (→ Abb. 25.1): Am Äquator wird der Boden durch die im **Zenit** stehende Sonne stark aufgeheizt und damit auch die Luft darüber. Diese feuchte Luft steigt auf, und der darin enthaltene Wasserdampf kondensiert und verstärkt den Aufstieg der Luft. Es bilden sich hohe Gewitterwolken (Cumulonimbus), zum Teil auch **Gewittercluster** mit einem Durchmesser von 100 und mehr Kilometern, die aus einem weiten Umkreis feuchte Warmluft in die äquatoriale Tiefdruckrinne saugen. Beim **feuchtadiabatischen** Aufstieg kühlt sich die labil geschichteten Luft um 0,5 °C pro 100 Meter ab. In der Höhe strömt die Luft polwärts aus den Gewitterwolken aus und sinkt im Bereich der Wendekreise ab. Beim Absinken erwärmt sie sich **trockenadiabatisch**, das heißt um 1 °C pro 100 Meter. Diese sehr warmen, absinkenden Luftmassen liegen wie ein Deckel über den bodennahen Luftschichten, die trotz starker Erwärmung nicht aufsteigen und kondensieren können. Diese Sperrschicht wird als **Passatinversion** bezeichnet. Sie ist der wichtigste Grund für die Entstehung der ausgedehnten Wendekreiswüsten (bekanntestes Beispiel: die Sahara). Die Passate strömen als Nordostpassate (auf der Nordhalbkugel) bzw. als Südostpassate (auf der Südhalbkugel) zur ITC zurück, wo sie aufeinandertreffen. Genau dies meint der Begriff **ITC**: An der **Innertropischen Konvergenzzone** strömen Nordost- und Südostpassat zusammen und durchbrechen die Passatinversion. Die tropische Zirkulation wird wegen ihrer scheinbaren Geschlossenheit oft gesondert betrachtet und als **Hadley-Zelle** bezeichnet. Die Hadley-Zelle entsteht hauptsächlich durch thermische Prozesse.

Auch in den Polargebieten sind die thermischen Prozesse entscheidend: Über der kalten Meeres- oder Eisoberfläche entsteht ein Kältehoch, in der Höhe darüber ein polares Höhentief. Die Durchmischung der tropischen und der polaren Luftmassen wird dagegen durch dynamische Tiefdruckgebiete, wandernde **Zyklonen**, an der planetarischen Frontalzone verursacht (→ Seite 26/27). Innerhalb der **Zyklonen** gibt es eine **Warmfront**, an der wärmere Luftmassen auf kühlere aufgleiten, und eine **Kaltfront**, an der kältere polare bzw. subpolare Luftmassen vorstoßen. Die dynamischen Tiefdruckgebiete entstehen unterhalb des **Jetstreams** bei dessen Aufstieg, werden zunächst von diesem mitgerissen und scheren in der Regel polwärts aus der Höhenströmung aus. Voraussetzung für ihre Entstehung ist eine horizontale Temperaturdifferenz von mindestens 6 °C am Boden. Auch dynamische Hochdruckgebiete entstehen unterhalb des Jetstreams – jedoch bei dessen Absinken. Sie scheren in der Regel äquatorwärts aus der Höhenströmung aus und verbinden sich danach mit dem subtropischen Hochdruckgürtel.

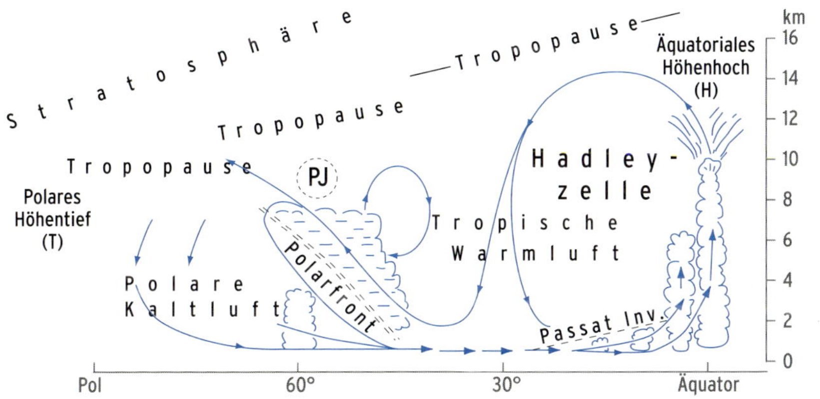

Polares Kältehoch (H)	Subpolare Tiefdruckrinne (T)	Suptropischer Hochdruckgürtel (H)	ITC (T)	Druckgürtel
Polare Ostwinde	Außertropische Westwinde	Passat-kreislauf		Windgürtel

25.1 Vertikalschnitt durch die meridionale Querzirkulation

1.6.2 Die Zirkulation in den Mittelbreiten

Als Mittelbreiten wird der Bereich zwischen den Subtropen und der subpolaren Zone bezeichnet. Sie werden bestimmt durch den von West nach Ost wehenden **Jetstream** in etwa 10 km Höhe und durch westliche Winde in den unteren Luftschichten. Hier beherrschen dynamische Tiefdruckgebiete (**Zyklonen**) mit ergiebigen Niederschlägen das Wettergeschehen im größten Teil des Jahres. Da die Zyklonen mit der Höhenströmung von West nach Ost wandern und sich gegen den Uhrzeigersinn drehen, ergibt sich für den Beobachter in Westeuropa eine charakteristische Abfolge beim Wettergeschehen (→ Abb. 26.1):

1. An der **Warmfront** gleitet leichtere Warmluft subtropischen Ursprungs auf kältere stationäre Luftschichten auf. In der Höhe kündigen zunächst dünne Schleierwolken aus Eis, sogenannte Cirren (Einzahl: Cirrus) die herannahende Zyklone an. Anschließend bezieht sich der Himmel mit hoher Schichtbewölkung (Altostratus), zumeist noch ohne Niederschläge. Erst die dann folgende, dichte und tiefer hängende Schichtbewölkung mit hoher vertikaler Erstreckung (Nimbostratus) bringt länger anhaltende, ergiebige Niederschläge in Form des sogenannten Landregens.
2. Nach dem Durchzug des ausgedehnten Niederschlagsgebietes folgt auch am Boden der **Warmluftsektor**. Das Wetter beruhigt sich, die Temperaturen steigen und es können sich verbreitet Schönwetterwolken (Cumuluswolken = Haufenwolken) bilden, ohne dass Niederschläge fallen.
3. Nach der Wetterberuhigung folgt der Vorstoß von frischer, kalter Polarluft in den Warmluftsektor. Die Warmluft wird rasch nach oben verdrängt und es bilden sich hoch reichende Schauerwolken (**Cumulonimbus**), zum Teil mit Hagel und Gewittern, die den Wetterumschwung begleiten. Die Temperatur sinkt hinter der **Kaltfront** rasch ab und es bilden sich weiter Regenschauer, bis sich die Wetterlage schließlich wieder stabilisiert.

Wenn die **Kaltfront** mit ihren dichteren Luftmassen die Warmfront einholt, entsteht eine sogenannte **Okklusion**, ein Zusammenschluss der kälteren Luftmassen am Boden. Die Warmluft wird wie in einer nach oben offenen Schale in die Höhe gehoben und es kann sich vorübergehend ein durchgehendes Niederschlagsgebiet oberhalb der **Okklusion** bilden. Wenn die Temperaturunterschiede völlig ausgeglichen sind, löst sich die Zyklone auf.

Auf der **Bodenwetterkarte** vom 31. Dezember 1993 (→ Abb. 27.1) sind die beiden für Westeuropa wichtigen, gegensätzlichen Druckgebilde gut zu erkennen: das Islandtief im Nordwesten und das Azorenhoch im Südwesten. Außerdem ist im äußersten Norden mit Kern über Spitzbergen ein junges Tiefdruckgebiet zu erkennen. Das Tiefdruckgebiet mit Kern über der Nordsee befindet sich im Reifestadium, da es sowohl Warm- und Kaltfront besitzt als auch teilweise bereits okkludiert ist. Die Okklusion über dem Bottnischen Meerbusen und dem Baltikum ist als Überrest einer Zyklone anzusehen, die sich schließlich völlig auflösen wird. Die Auflösung wird voraussichtlich über dem Weißen Meer nordwestlich von Archangelsk im Norden Russlands erfolgen. Das Weiße Meer gilt als „Zyklonenfriedhof" Europas. Somit sind auf der Wetterkarte fast alle Entwicklungsstadien einer Zyklone zu erkennen, die auch als „Zyklonenfamilie" bezeichnet werden. Die Hochdruckgebiete im Mittelmeerraum gehören zum subtropischen Hochdruckgürtel und weisen Temperaturen im zweistelligen positiven Bereich auf. Dagegen ist das Hochdruckgebiet im Nordosten

26.1 Querschnitt durch eine Zyklone

Grönlands mit minus 19 °C bereits ein polares Kältehoch. Über der eurasischen Landmasse haben sich aufgrund der geringen Wärmespeicherkapazität der Kontinente und aufgrund der nächtlichen Ausstrahlung in den Weltraum Hochdruckgebiete mit sehr geringen Temperaturen gebildet, so z. B. das Hoch im Osten bei Nischni Nowgorod (−18 °C). Die Windrichtung zeigt immer zu den Symbolen der Stationen hin. In der Regel weht der Wind gegen den Uhrzeigersinn in Tiefdruckgebiete hinein und im Uhrzeigersinn aus Hochdruckgebieten heraus.

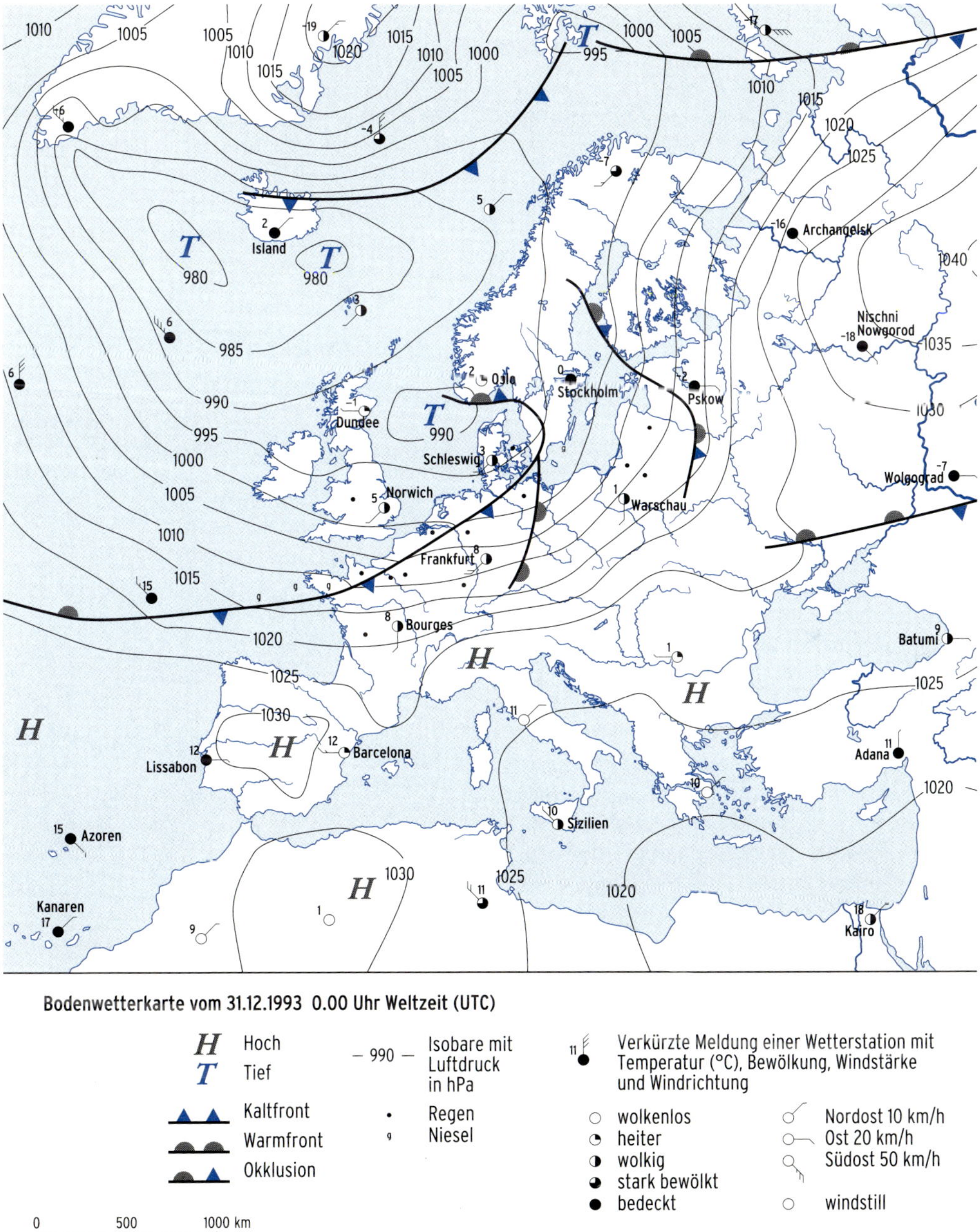

27.1 Bodenwetterkarte (31.12.1993)

1.6.3 Vom Wettergeschehen zum Klimasystem

Wetter kann definiert werden als eine Kombination von atmosphärischen Parametern (Messgrößen), die zu einem bestimmten Zeitpunkt an einem bestimmten Ort gemessen werden:

- Lufttemperatur als Ergebnis von Ein- bzw. Ausstrahlung
- Luftdruck und **Drucksystem**
- Relative Luftfeuchtigkeit und Verdunstung
- Bewölkung und Niederschlag
- Windgeschwindigkeit und -richtung

Es gibt ein objektives (messbares) und subjektives (individuell unterschiedlich empfundenes) Wetter. Die gefühlte Temperatur z. B. ist abhängig von der gemessenen Temperatur einerseits und von der auskühlenden Wirkung des Windes andererseits, dem sogenannten Wind-Chill-Faktor, der besonders bei negativen Außentemperaturen wirksam wird und sowohl von der Windstärke als auch von der Luftfeuchtigkeit abhängt. Mit dem Begriff **Wetterlage** wird das aktuelle Wettergeschehen in einer größeren Region zusammengefasst, z. B.:

- Niederschlags- und Temperaturverhältnisse
- Drucksystem (Hoch- oder Tiefdruckgebiet)
- Luftströmung (Richtung u. Geschwindigkeit)
- Bewölkungsgrad und Strahlungsintensität

Die **Witterung** umfasst dagegen schon einen längeren Zeitraum (mind. mehrere Tage) innerhalb einer für die jeweilige Jahreszeit charakteristischen Großwetterlage, wie z. B. kaltes Hochdruckwetter mit Frosttagen im mitteleuropäischen Winter. Da die Witterungsperioden eines Jahres von den Einstrahlungsbedingungen (Sonnenstand und Bewölkung) sowie von der atmosphärischen Zirkulation bestimmt werden, leitet der Begriff Witterung über zu dem des Klimas.

Mit dem Begriff **Klima** werden die für eine Klimastation bzw. für eine unterschiedlich große Region typischen atmosphärischen Parameter und bodennahen Witterungsbedingungen für einen längeren Zeitraum zusammengefasst – in der Regel für mindestens 30 Jahre. Dabei werden vor allem die Durchschnittswerte der Temperatur und die Niederschlagssummen aufgezeichnet. Auch Extremwerte werden erfasst, fallen aber wegen der Bildung von Mittelwerten über einen längeren Zeitraum nicht so stark ins Gewicht.

Am weitesten verbreitet ist die sogenannte **effektive Klimaklassifikation**, die auf den beiden wichtigsten Messgrößen beruht, Temperatur und Niederschlag. Die **genetische Klimaklassifikation** unterscheidet dagegen die Klimate nach ihrer Entstehung im System der atmosphärischen Zirkulation. Die genetische Klimaklassifikation kann stark vereinfacht in einem Modell dargestellt werden:

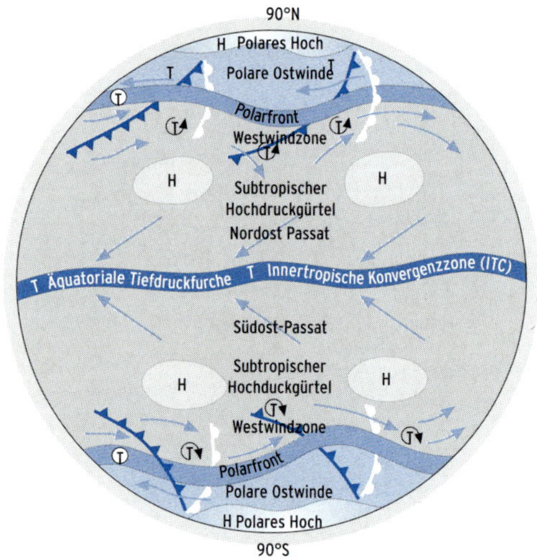

Drucksystem:	Windgürtel:
Polares Kältehoch	---
---	Polare Ostwinde
Subpolare Tiefdruckrinne	---
---	Westwindzone
Subtropischer Hochdruckgürtel	---
---	**Passatwinde**
Äquatoriale Tiefdruckrinne	---

28.1 Luftdruckgebiete und Windgürtel der Erde im März und im September

Durch die jahreszeitliche Verschiebung der **Windgürtel**, durch die unterschiedliche Verteilung von Land und Meer auf der Erde, durch warme bzw. kalte Meeresströmungen sowie durch die Lage und Höhe von Gebirgen wird dieses Modell in der Realität stärker differenziert.

GEO-PRAXIS: Klimadiagramme auswerten

Die weltweit am weitesten verbreiteten **Klimadiagramme** stellen in einer übersichtlichen und einheitlichen Form die wichtigsten klimatischen Messreihen einer Station dar. Jedes Klimadiagramm besitzt drei Achsen und zwei Kurven. Auf der waagerechten Achse sind die einzelnen Monate des Jahres abgetragen. Auf der linken senkrechten Achse ist die Temperatur in Grad Celsius, auf der rechten der Niederschlag in Millimetern eingetragen. Als zusätzliche Information sind über dem Klimadiagramm der Name der Station – oftmals auch die Koordinaten –, die Höhe über dem Meeresspiegel, die Jahresdurchschnittstemperatur und die Jahressumme der Niederschläge angegeben.

Die Temperatur- bzw. Niederschlagswerte auf den senkrechten Achsen werden einander im Verhältnis 1:2 gegenübergestellt. 10 °C auf der Temperaturachse entsprechen demnach 20 mm auf der Niederschlagsachse. Anhand dieser in der Praxis bewährten Formel lässt sich erkennen, ob in einem bestimmten Zeitraum des Jahres humide (Niederschlag > Verdunstung) oder aride (Verdunstung > Niederschlag) Klimaverhältnisse vorherrschen und damit auch Wassermangel. Hier wird die Verdunstung also auf dem Umweg über die Temperaturverhältnisse ermittelt. Inzwischen ist in einigen Diagrammen auch die potenzielle Landschaftsverdunstung eingetragen, die z. B. die Vegetationsdecke in einer bestimmten Klimazone mit berücksichtigt. Die beiden vorliegenden Klimadiagramme sind – wie die meisten – nach dem klassischen Verfahren gezeichnet worden. Da sich die Kurven zu einem bestimmten Zeitpunkt schneiden, kann auf Millimeterpapier der humide bzw. aride Zeitraum genau ermittelt werden, ebenso die Wachstumszeit (Monate mit einer Durchschnittstemperatur über 5 °C).

München liegt in einer Höhe von 527 m über dem Meer in Oberbayern. Auf den Meeresspiegel reduziert läge die Jahresdurchschnittstemperatur bei etwa 10 °C (500 m = 5 mal 0,5 °C = 2,5 °C). So oder so liegt München in der gemäßigten Zone, die über eine Jahresdurchschnittstemperatur von 8 °C definiert wird. Aufgrund der Binnenlage und der Höhe sackt die Temperatur im Januar und im Februar auf unter 0 °C. Sie steigt im Sommer nicht über 17 °C. Das Klima ist ganzjährig humid. Besonders im Sommer werden wegen der stärkeren Erwärmung der Landflächen wandernde Tiefdruckgebiete (**Zyklonen**) der Westwindzone angesaugt, die regenreiche Luft vom Atlantik bringen und sich am Alpenrand stauen können. Die Niederschläge steigen im Sommer auf ihr Maximum von ca. 180 mm pro Monat (Juli). Über 100 mm pro Monat wird die rechte Skala gestaucht, um auch höhere Werte problemlos darstellen zu können.

Rom liegt fast auf Meereshöhe in Mittelitalien. Mit einer Jahresdurchschnittstemperatur von 16 °C gehört es bereits zu den Subtropen, die mit etwa 18 °C definiert werden. Kein Monat liegt unter 7 °C, die wärmsten Monate sind Juli und August mit 27 bzw. 26 °C. Im Juli wird auch das Niederschlagsminimum gemessen mit etwa 5 mm. Das Niederschlagsmaximum fällt im Herbst (Oktober und November mit jeweils 140 mm), wenn sich das Mittelmeer stark erwärmt hat und sich Zyklonen über dem Golf von Genua entwickeln. Kennzeichen für das Mittelmeerklima oder **Westseitenklima** der Subtropen ist der Wechsel zwischen einer ariden Jahreszeit im Sommer und einer humiden Jahreszeit im Herbst bzw. im Winter, so wie es auch in Rom festgestellt werden kann.

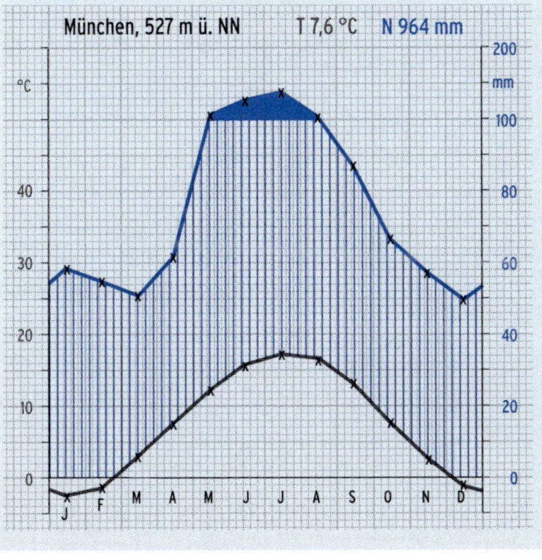

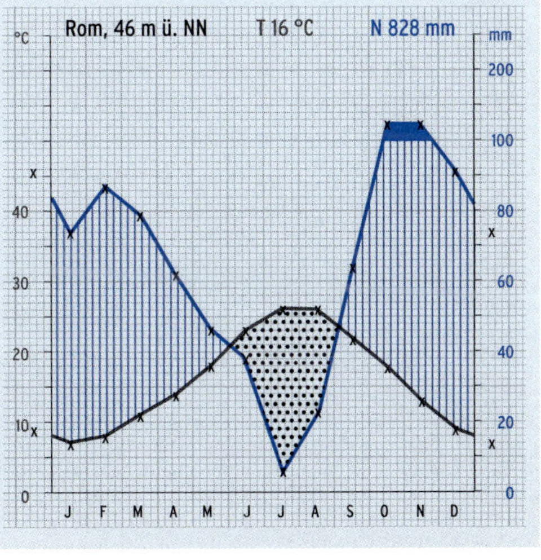

2_Ökozonen

2.1 Ökosysteme und ihre Gefährdung

Unter einem Ökosystem versteht man die Wechselwirkungen zwischen Lebewesen und ihrem Lebensraum. Der Lebensraum von Pflanzen und Tieren (Flora und Fauna) wird als **Biotop** oder Habitat bezeichnet. Einerseits leben Pflanzen und Tiere – darunter auch die Bodenlebewesen – in Abhängigkeit von folgenden abiotischen oder leblosen Faktoren: Bodensubstrat (als Verwitterungsprodukt des Ausgangsgesteins), Relief, Wasser und Klima. Andererseits können sie ihren Lebensraum auch entscheidend verändern. So sind z. B. für die Bildung und Entwicklung von Böden Bodenlebewesen erforderlich, und das Klima wird durch Art und Dichte der Vegetationsdecke beeinflusst.

Die Zusammenhänge zwischen den Lebewesen und ihrer natürlichen Umwelt können in einem ganz einfachen Modell dargestellt werden (→ Abb. 30.1). Dabei bildet die waagerechte mittlere Fläche einen Landschaftsausschnitt der Erdoberfläche und mithin ein Biotop. Das Klima steuert die Entwicklung des Ökosystems dieses Landschaftsausschnittes, der auf einem bestimmten geologischen Bau basiert. Klima und geologischer Bau gemeinsam steuern die Entwicklung des Reliefs. Die Verbindungen zwischen den sechs grundlegenden Strukturelementen dieses Modells stehen für die wechselseitigen bzw. einseitigen Beziehungen innerhalb eines Systems. Das Modell besticht durch seine klare und einfache Form und prägt sich daher besonders gut ins Gedächtnis ein.

Komplexer ist demgegenüber das zweite Modell (→ Abb. 30.2), in dem Relief und Gesteine als geologischer Bau herausgezogen werden. Dafür wird das Klima in das Modell integriert und der Begriff **Bios** wird in der Klammer als Vegetation bzw. Tierwelt erläutert. Die ausschlaggebenden Prozesse sind weit nach oben bzw. unten versetzt worden: die von der Sonne als gigantischem Kernfusionsreaktor ausgehende Globalstrahlung und die von der Erdwärme – Restwärme aus der Entstehungszeit der Erde und radioaktive Zerfallsprozesse – angetriebene **Plattentektonik**. Letztere ist sowohl für die **Gebirgsbildung** (Relief) als auch für die Ausgangsgesteine in einer **Landschaft** verantwortlich. Die wichtigsten Verflechtungen im natürlichen Ökosystem werden durch Pfeile gekennzeichnet.

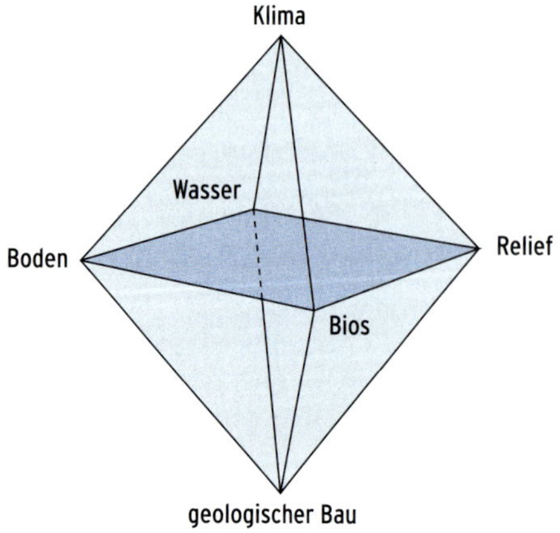

30.1 Allgemeines Strukturmodell der Landschaft

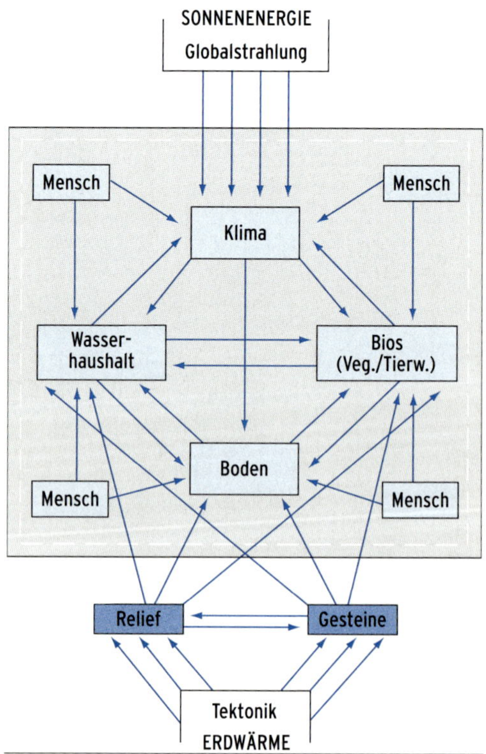

30.2 Wirkungsgefüge der Landschaft

Als weiteres, die Landschaft gestaltendes bzw. zerstörendes Element taucht in diesem Modell der Mensch als gesonderter Faktor auf. Seit dem Erscheinen des Menschen werden Landschaften und damit auch Ökosysteme grundlegend verändert bzw. zerstört, zunächst durch das Feuer, später dann durch die Viehzucht (anfangs als Nomadismus) und – noch wichtiger – durch den Ackerbau seit der sogenannten neolithischen Revolution in der Jungsteinzeit. Durch die Landwirtschaft entstehen Kultur- anstelle der Naturlandschaften. Auch ökologische Probleme treten bereits früh auf, so z. B. durch den Holzraubbau der Antike im Mittelmeerraum. Mit der industriellen Revolution, mit der **Bevölkerungsexplosion** und mit der weltweiten Verstädterung beginnt die grundlegende Umgestaltung weiter Teile der Erde zu einer technisch geprägten künstlichen Umwelt: Eisenbahnen, Autobahnen, Kanäle, Industrie- und Stadtlandschaften. Fossile Brennstoffe wie Steinkohle, Erdöl und Erdgas werden innerhalb kürzester geologischer Zeiträume zur Energiegewinnung verbrannt. Dadurch werden Luftschadstoffe und Treibhausgase freigesetzt, die das globale ökologische Gleichgewicht gefährden. Die massiven Eingriffe des Menschen in die natürlichen Ökosysteme werden vom „Wissenschaftlichen Beirat der Bundesregierung Globale Umweltveränderungen (WBGU)" als **Syndrome** bezeichnet, als anthropogene Schädigungsmuster. Diese Schädigungsmuster stehen einer nachhaltigen, zukunftsorientierten Nutzung entgegen und sind zumeist auf komplexe Ursachen zurückzuführen. Dabei werden **sechs drängende globale Umweltprobleme** genannt:

- Klimawandel (anthropogener **Treibhauseffekt**)
- Umweltschäden durch Chemikalien: Ozonabbau in der Stratosphäre und Eintrag langlebiger organischer Schadstoffe in die Umwelt
- Gefährdung der Weltmeere
- Verlust biologischer Vielfalt und Entwaldung
- Bodendegradation (= Bodenschädigung oder sogar Bodenzerstörung)
- Verknappung und Verschmutzung der Süßwasser**reserven**

Sechzehn wichtige Schädigungsmuster, die auf Übernutzung, Fehlentwicklungen oder Entsorgungsprobleme zurückzuführen sind, werden mit einprägsamen geographischen bzw. inhaltlichen Bezeichnungen aufgelistet (→ Abb. 31.1). Am bekanntesten dürfte aus dem Geographie-Unterricht aller Bundesländer das sogenannte **Sahel-Syndrom** sein, das nach der gleichnamigen **Ökozone** in Westafrika benannt wurde.

Übernutzungssyndrome	1 **Sahel-Syndrom:** landwirtschaftliche Übernutzung marginaler Standorte
	2 **Raubbau-Syndrom:** Raubbau an natürlichen Ökosystemen
	3 **Landflucht-Syndrom:** Umweltdegradation durch Strukturwandel traditioneller Anbaumethoden
	4 **Dust-Bowl-Syndrom:** nichtnachhaltige industrielle Bewirtschaftung von Böden und Gewässern
	5 **Katanga-Syndrom:** Umweltdegradation infolge Extraktion nicht erneuerbarer **Ressourcen**
	6 **Tourismus-Syndrom:** Umweltdegr. durch Erschließung und Umgestaltung von Naturregionen für Tourismus
	7 **Verbrannte-Erde-Syndrom:** Umweltdegradation durch militärische Nutzung
Entwicklungssyndrome	8 **Aralsee-Syndrom:** fehlgeleitete oder gescheiterte Großprojekte mit zielgerichteter Umgestaltung der Umwelt
	9 **Grüne-Revolution-Syndrom:** Umweltdegradation durch Transfer standortfremder landwirtschaftlicher Produktionsmethoden
	10 **Kleine-Tiger-Syndrom:** Umweltdegradation durch Wirtschaftswachstum mit hoher Eigendynamik
	11 **Favela-Syndrom:** Urbanisierung und umweltgefährdendes Verhalten in menschlichen Siedlungen
	12 **Suburbia-Syndrom:** Zersiedelung und Ausweitung von Infrastruktur als Kennzeichen umweltbelastender **Agglomeration**
	13 **Havarie-Syndrom:** lokale, singuläre Industriekatastrophen mit längerfristigen Auswirkungen
Entsorgungssyndrome	14 **Hohe-Schornstein-Syndrom:** Umweltdegradation infolge Entsorgung durch Verdünnung von Schadstoffen in Luft und Wasser
	15 **Müllkippen-Syndrom:** Umweltprobleme bei Entsorgung durch Verdichtung und Deponierung von Abfallstoffen
	16 **Altlasten-Syndrom:** Umweltdegradation durch lokale Kontamination, Abfallakkumulation und Altlasten

31.1 Übersicht über die Syndrome des globalen Wandels *Quelle: WBGU Jahresgutachten 1999*

2

2.2 Ökozonen im Überblick

Eine **Ökozone** oder Landschaftszone ist ein Großraum der Erde in einer bestimmten geographischen Breitenlage mit weitgehend einheitlichen Bedingungen für Flora und Fauna sowie für den wirtschaftenden Menschen. Dass die Anordnung der Ökozonen von der Breitenlage abhängt, liegt an der Kugelgestalt der Erde und an der Schiefe der **Ekliptik**, der Neigung der Erdachse gegenüber der Erdbahnebene um 23,5° (→ Abb. 11.1). So erhalten die mathematischen Tropen (von 23,5° N bis 23,5° S) den höchsten Anteil der Strahlungsenergie von der Sonne. Über diesem Bereich der Erdoberfläche steht die Sonne fast immer senkrecht, zweimal im Jahr sogar genau senkrecht (Zenitstand). Genau über den Wendekreisen steht sie jeweils nur einmal im Jahr im **Zenit**, außerhalb der Tropen nie. In den Polargebieten (66,5 – 90° Nord bzw. Süd) geht die Sonne mindestens einen Tag lang nicht auf (Polarnacht) bzw. nicht unter (Polartag). An den Polen selbst geht sie ein halbes Jahr nicht auf und ein halbes Jahr nicht unter. In dem Zeitraum, in dem sie nicht untergeht, steht sie in einem so flachen Winkel am Himmel, dass die Sonnenstrahlen einen weitaus längeren Weg durch die **Atmosphäre** haben als in den Mittelbreiten oder gar in den Tropen. Aus den bislang genannten Gründen ergibt sich die einfachste Gliederung der Erde in **mathematisch abgegrenzte Klimazonen**:

- Tropen: 0 – 23,5° Nord bzw. Süd
- Mittelbreiten: 23,5 – 66,5° Nord bzw. Süd
- Polargebiete: 66,5 – 90° Nord bzw. Süd

Aufgrund des Wärmetransportes und des jahreszeitlich wechselnden Sonnenstandes entstehen in der Realität mindestens **vier große thermische Klimazonen**:

- Polare und subpolare Klimate: Jahresmitteltemperatur um und unter 0 °C
- Klima der gemäßigten Breiten: Jahresmitteltemperatur um 8 °C
- Subtropisches Klima: Jahresmitteltemperatur um 18 °C
- Tropisches Klima: Jahresmitteltemperatur um 25 °C

Werden diese Klimazonen weiter nach ökologischen Merkmalen und damit Bedingungen unterteilt, so ergeben sich **neun Ökozonen** der Erde (→ Abb. 33.1). Diese Einteilung ist das einfachste und zugleich noch realistische Modell der Ökozonen. Es lässt sich wegen seiner Anschaulichkeit gut einprägen. Die wichtigsten Merkmale der neun Klimazonen werden in Form einer Tabelle unterhalb der Karte aufgelistet. Einzelne dieser Ökozonen werden im Laufe dieses Kapitels noch genauer betrachtet. Im vorliegenden, stark vereinfachten Modell kommen bereits die Form und Größe der Kontinente, das Relief und der Einfluss der Meeresströmungen zum Tragen. So fehlt z. B. auf den Südkontinenten die boreale (nördliche) Nadelwaldzone, die sich auf den großen Landmassen der Nordkontinente durch deren schnelle Erwärmung im Sommer als breiter Gürtel herausbildet.

Aus Gründen der Anschaulichkeit wurde bei den Subtropen nicht unterschieden zwischen dem Westseiten- bzw. Mittelmeerklima (mit Winterregen und trockenen Sommern) einerseits und dem **Ostseitenklima** (mit ganzjährig auftretenden Niederschlägen und vor allem mit feuchten, warmen Sommern) andererseits. Aus diesem Unterschied ergeben sich ganz unterschiedliche ökologische Bedingungen für die Vegetation und für die menschliche Nutzung. Folgende Gebiete gehören zu den beiden subtropischen Ökozonen:

- **Westseitenklima** oder **mediterranes Klima**: Mittelmeerraum und Teile des Nahen Ostens, Kalifornien, Mittelchile, Kapland in Südafrika, Südwest- und Südaustralien
- **Ostseitenklima**: Südchina, Südosten der USA, Südbrasilien, Uruguay und Argentinien um den Rio de la Plata, Ostküste der Republik Südafrika, Südostaustralien und die Nordinsel Neuseelands

Das Westseitenklima geht über die subtropischen Steppen, z. B. in Nordafrika, über in die subtropischen Bereiche der Wüsten, in denen nachts auch Fröste auftreten können. Im vorliegenden, stark vereinfachten Modell wurden die subtropische und die tropische Trockenzone unter Einschluss der Halbwüsten und der Dornsavanne zu den großen Wüsten bzw. Halbwüstengebieten im Bereich der Wendekreise zusammengefasst. Feucht- und Trockensavannen wurden zur sogenannten wechselfeuchten Tropenzone zusammengefasst. **Höhenstufen** der Vegetation fehlen ganz.

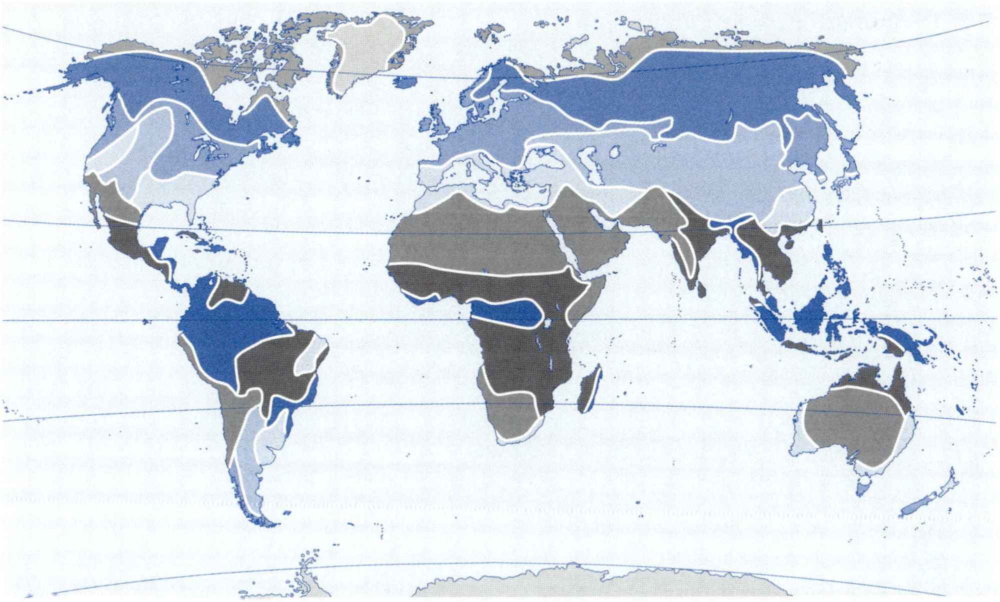

geogr. Gürtel		Ökozone	Klimazone	JT (°C)	NS (mm)	humide Monate	Boden	natürliche Vegetation	agrare und forstliche Nutzung
polarer Gürtel		polare Kältewüste	polares Eisklima	< -15	< 200	12	Strukturböden weitgehend ohne Bodenbildung	weitgehend pflanzenfrei; Kältewinde	ohne landwirtschaftliche Nutzung
polarer Gürtel		subpolare Tundra	subpolares Klima	< -10	< 300	12	Tundragley und braune arktische Böden, Moorböden	Tundra; subpolare Wiesen; flechtenreich	ohne Anbau; nomadische Weidewirtschaft
polarer Gürtel		kaltgemäßigte boreale Nadelwaldzone	kaltgemäßigte Zone	± 0	300 - 600	12	Podsole und Moorböden	**Taiga**; artenarme Nadelwälder, Moore	Waldwirtschaft; kleinflächige Landwirtschaft mit schnellreifenden Kulturpflanzen (Roggen, Kartoffeln)
Gürtel der Mittelbreiten	gemäßigte Zone	kühlgemäßigte Laub- und Mischwaldzone	kühlgemäßigte Zone	6 - 12	400 - 700	12	Braunerde, Lessiv (Fahlerde), Rendzina	sommergrüne Laub- und Mischwälder mit Heiden	großflächig Ackerbau, Milchviehhaltung, Waldwirtschaft, Sonderkulturen
Gürtel der Mittelbreiten	gemäßigte Zone	winterkalte Steppen und Wüsten	kühlgemäßigte Steppen und Wüstenklimate	5 - 15	100 - 500	2 - 8	Schwarzerden, Salzböden, Wüstenböden	kalte Steppen (artenreich, Gräser und Kräuter bis Zwergstrauch), Halbwüsten	großflächig Ackerbau, Getreide und Sonderkulturen, extensive Weidewirtschaft
Gürtel der Mittelbreiten	subtropische Zone	warmgemäßigte Subtropen	warmgemäßigte Subtropenzone	12 - 21	400 - 1200	6 - 12	braune und rote mediterrane Böden, Rendzina	artenreiche Hartlaubflora, Hochgrasfluren	Landwirtschaft mit frostempfindlichen und trockenresistenten Kulturen, z. T. Bewässerungswirtschaft
Gürtel der Mittelbreiten	subtropische Zone	tropisch-subtropische Trockenzonen	subtropisch-tropische Trockenklimate	18 - 28	100 - 400	0 - 4	braune und rotbraune Böden, Vertisole, Wüsten- und Halbwüstenboden	Dornstrauch- und Sukkulentenflora, artenarm, offene Kurzgrasfluren	Anbau mit Bewässerungswirtschaft, nomadische Viehhaltung, Anbau trockenheitsresistenter Kultupflanzen
tropischer Gürtel		wechselfeuchte Tropenzonen	sommerfeuchtes Tropenklima	21 - 28	400 - > 1000	4 - 10	rotbraune Böden, Roterden	Trocken- und Feuchtsavanne mit halbimmergrünen Regenwäldern, Hochgrasfluren	Wanderfeldbau, Mischkulturen mit wärmeliebenden Kulturpflanzen
tropischer Gürtel		immerfeuchte Regenwaldzone	tropisches Regenwaldklima	26 - 29	> 1500	12	Rotlehme, Laterite	artenreicher, immergrüner Regenwald, Mangrove	Wanderfeldbau, Plantagenwirtschaft, feuchte- und wärmeliebende Kulturpflanzen

33.1 Die Ökozonen der Erde im Überblick

2.3 Bodenbildung und Bodentypen

Böden entstehen auf verwittertem Ausgangsgestein unter dem Einfluss von Klima und Vegetation. Sie bilden die oberste, belebte Schicht der Erdkruste zwischen Lithosphäre (Gesteinshülle) und **Atmosphäre**. Diese **Pedosphäre** (Bodenschicht) ist die dünnste aller Schichten bzw. Hüllen der Erde. Dennoch ist sie von herausragender Bedeutung als Standort der Pflanzen (Produzenten) und damit als Lebensgrundlage für Tiere und Menschen (Konsumenten). Zugleich enthalten die Böden eine Vielzahl von **Bodenlebewesen** als sogenannte Destruenten, die das anfallende organische Material wieder abbauen und für den Nährstoffkreislauf aufbereiten. Böden sind darüber hinaus wichtig als Filter für die Neubildung von Grundwasser mit Trinkwasserqualität durch Versickerung.

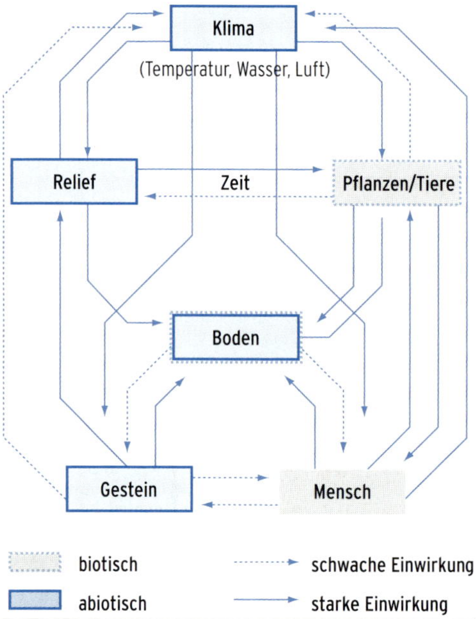

34.1 Bodenbildende Faktoren

Die **Bodenbildung** ist ein extrem langsamer Vorgang, denn die Entwicklung von einem Zentimeter Humusschicht benötigt 100 bis 300 Jahre. Daher hat die Entstehung eines fruchtbaren Ackerbodens in Mitteleuropa mit einer Humusschicht von 30 – 40 cm Mächtigkeit mindestens 3000 Jahre erfordert. Angesichts der langsamen Bodenentwicklung stellt die **Bodenerosion**, die Abtragung der fruchtbaren Ackerkrume, vor allem durch Wasser, aber auch durch Wind, ein gravierendes Problem dar. Ebenso stellt die Vergiftung der Böden durch Schadstoffe aus der Industrie, aus dem Verkehr und aus der modernen Landwirtschaft die Lebensgrundlage der Menschheit in Frage.

Nach dem Durchmesser des verwitterten Materials werden die **Bodenarten** unterschieden:

- Steinböden (> 200 mm)
- Kiesböden (2 – 200 mm)
- Sandböden (0,02 – 2 mm)
- Schluff- und Tonböden (< 0,02 mm)

Lehmböden enthalten Sand sowie 20 – 50 % Schluff und Ton. Mergel bzw. Löss haben einen Kalkanteil von 20 – 40 % und sind daher sehr fruchtbar. Kalkböden (Rendzina, Plural: Rendzinen) haben zwar einen Kalkanteil von mehr als 40 %, sind aber nicht so fruchtbar wie Mergel bzw. Löss.

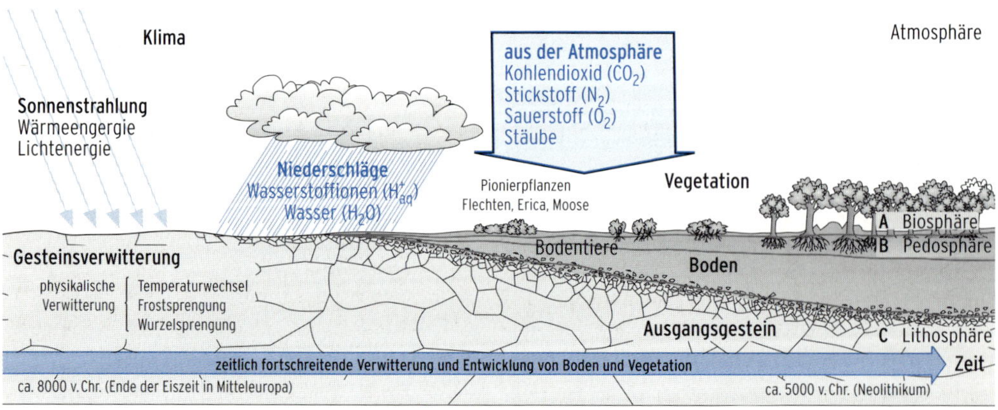

34.2 Schema für Bodenbildungsprozesse

Humus besteht aus umgebauter organischer Substanz und aus anorganischen Verwitterungsprodukten, vor allem aus Tonmineralen. Zusammen bilden sie große und stabile Ton-Humus-Komplexe, die in der Lage sind, Ionen anzulagern und damit Nährstoffe vorübergehend an sich binden zu können, sie also pflanzenverfügbar zu machen. Bei den Tonmineralen wird zwischen **Zweischicht-** und **Dreischicht-Tonmineralen** unterschieden:

- Die **Zweischicht-Tonminerale** der Tropen können nur an ihren Außenflächen Kationen als Nährstoffe für Pflanzen vorübergehend an sich binden. Daher ist ihre Kationen-Austausch-Kapazität (KAK) und zugleich ihre Fruchtbarkeit gering.
- Die **Dreischicht-Tonminerale** der gemäßigten Breiten können dagegen sowohl an den Innenflächen, als auch an den Außen- und Bruchflächen Kationen vorübergehend absorbieren. Ihre Kationen-Austausch-Kapazität ist hoch und daher auch ihre Fruchtbarkeit.

Zweischicht-Tonmineral	Dreischicht-Tonmineral

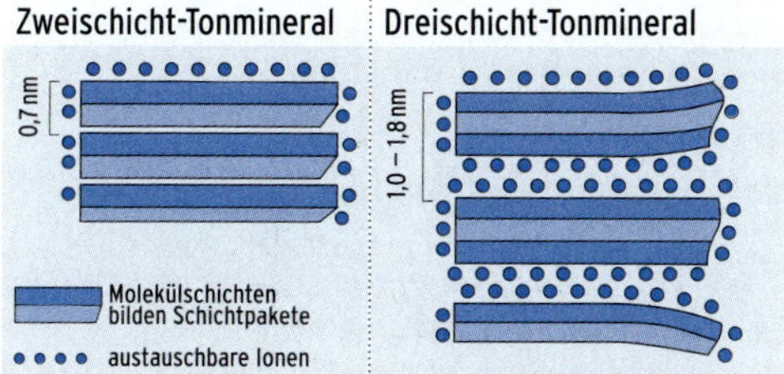

Zweischicht-Tonmineral	Dreischicht-Tonmineral
z. B. Kaolinit (von Kau ling, Berg in China, Fundort von Prozellanerde = Kaolin)	z. B. Montmorillonit (von Montmorillon, Ort in Frankreich, hier erstmals festgestellt)
Schichtenabstand nicht variabel, nicht quellbar, Ionen-Adsorption nur an Außen- und Bruchflächen	Schichtflächenabstand variabel, gut quellbar durch Eintritt von Wasser, Ionen-Adsorption vorwiegend an „inneren" Oberflächen sowie an Außen- und Bruchflächen

35.1 Tonminerale

Die wichtigsten **Bodenhorizonte** sind der A-, der B- und der C-Horizont. Entscheidend für die Fruchtbarkeit ist der A-Horizont (→ Abb. 34.2). Nach der Art und Abfolge der Bodenhorizonte werden die **Bodentypen** der großen Klimazonen, aber auch die **azonalen Bodentypen** unterschieden (→ Tab. 35.2).

Podsol – boreale Nadelwälder und kühl-humide Bereiche der Mittelbreiten
Russisch für Bleicherde. Voraussetzung für die Entstehung sind niedrige Temperaturen und hohe Niederschläge, eine saure Rohhumusschicht (besonders bei Nadelwäldern) und ein nährstoffarmes Ausgangsgestein. Die Rohhumusschicht wird kaum zersetzt, die Huminsäuren schwemmen Nährstoffe, Tonminerale sowie Eisen- und Aluminiumverbindungen aus dem Oberboden (Bleichhorizont) in den Unterboden, wo sie eine harte, wasserundurchlässige und nicht durchwurzelbare Ortsteinschicht bilden.

Braunerde – feuchte Mittelbreiten
Diese Böden bilden sich auf kalkarmen Ausgangsgesteinen. Aus eisenhaltigen Mineralien entstehen Eisenoxide bzw. -hydroxide, die für die braune Färbung sorgen. Dreischicht-Tonminerale dominieren. Auf die dunkle Humusdecke (A-Horizont) folgt ein brauner, verlehmter Oberboden (B-Horizont), der kaum merklich in das Ausgangsgestein (C-Horizont) übergeht.

Schwarzerden – kontinentale winterkalte Steppen der Mittelbreiten
Die Schwarzerden gelten als fruchtbarste Böden der Erde. Sie entstehen v. a. auf mineral- und kalkreichem, feinkörnigem Löss. Die Gras- und Krautvegetation liefert im Frühjahr und Frühsommer eine große Menge leicht zersetzbaren organischen Materials, das im Laufe der Zeit einen bis zu 80 cm mächtigen humosen A-Horizont bildet. Dreischicht-Tonminerale, mächtige Tonhumus-Komplexe und Kalkgehalt sorgen für die hohe Bodenfruchtbarkeit. Auswaschung und Zersetzung sind wegen des niederschlagsarmen Klimas begrenzt.

Rotbraune Savannenböden – Tropen: wechselfeuchte Savannen
Die in der Regenzeit vorherrschende chemische Verwitterung zersetzt das Ausgangsgestein tiefgründig. Zweischicht-Tonminerale wie Kaolinit herrschen vor. Eisen und Aluminium bleiben im Oberboden und sorgen für die Färbung. Da auch Silikat-Verbindungen im Oberboden erhalten bleiben, sind sie fruchtbarer als die Tropischen Roterden. Bezeichnung: Fersiallitische Böden (Ferrum-Silizium-Aluminium)

Tropische Roterden – immerfeuchte Tropen und Feuchtsavannen mit kurzer Trockenperiode
Hohe Niederschläge und hohe Temperaturen sorgen für eine tiefgründige chemische Verwitterung des Ausgangsgesteins (bis 50 m tief). Auch Silikate werden zersetzt und vom ständigen Sickerwasserstrom ausgewaschen, ebenso die Nährstoffe. Aluminium- und Eisenoxide reichern sich im Oberboden an, daher auch die Bezeichnung ferrallitische Böden. Zweischicht-Tonminerale mit geringer Bodenfruchtbarkeit entstehen.

35.2 Bodentypen

2.4 Tropischer Regenwald

2.4.1 Das Ökosystem

Der tropische Regenwald liegt in den immerfeuchten Gebieten beiderseits des Äquators. Die Niederschläge erreichen meist Werte von 2000 – 4000 mm/Jahr. Die Maxima liegen kurz nach dem Zenitstand der Sonne im April bzw. im Oktober, also nach der Tag- und Nachtgleiche am 21. März bzw. 23. September eines Jahres. Die mittleren Tagestemperaturen betragen zwischen 25 und 27 °C. Alle Tage sind wegen der äquatornahen Lage fast gleich lang. Mit einer Fläche von rund 12,5 Mio. km^2 nahm der tropische Regenwald zu Beginn des 20. Jahrhunderts noch 8,4 % des Festlandanteils der Erde ein. Noch heute sind hier rund 60 % aller Pflanzenarten, 80 % aller Insektenarten und 90 % aller Primatenarten der Erde zu finden. 25 % aller Arten kommen nur in den tropischen Regenwäldern vor. Wegen ihrer biologischen Vielfalt (Fachbegriff: **Biodiversität**) gelten die tropischen Regenwälder als **biologische Hot-Spots** der Erde.

Mit der Vernichtung des tropischen Regenwaldes sterben vermutlich bis zu 50 000 Arten pro Jahr aus. Viele von diesen Arten sind noch nicht erforscht und hätten aufgrund der in ihnen enthaltenen Wirkstoffe vielleicht eine wichtige Rolle in der Medizin spielen können. So ist z. B. das Chinin aus dem Chinarindenbaum in Amazonien seit langem ein bekanntes Heilmittel gegen Malaria.

Wegen der starken Bewölkung und des hohen Wasserdampfgehaltes in der Luft ist der Anteil der diffusen Sonneneinstrahlung mit 40 % sehr hoch. Der weitaus größte Teil der hohen Einstrahlung dient wiederum der Verdunstung, die mehr als 1000 mm/Jahr erreicht, maximal 1200 mm. Damit enthält die Luft in den immerfeuchten Tropen sehr viel Verdunstungswärme (**latente Wärme**). Fast täglich entstehen hohe Gewitterwolken (**Cumulonimbus**) oder sogar mächtige **Gewittercluster**, aus denen Tagesniederschläge von bis zu 50 mm fallen können. Das feuchtwarme Klima ruft ein üppiges Pflanzenwachstum mit einem Trockengewicht der Pflanzenmasse von 21 – 29 Tonnen pro Hektar und Jahr hervor. In diesem Zusammenhang wird auch von einer hohen **Phytomassenproduktion** gesprochen. Zum Vergleich: In den Wäldern der feuchten Mittelbreiten West- und Mitteleuropas liegt dieser Wert bei 8 – 13 t/ha/a, in den Nadelwäldern der Borealen Zone bei 4 – 8 t. Der **Blattflächenindex**, also die (einseitige) Blattfläche in Quadratmetern bezogen auf die Grundfläche in Quadratmetern, liegt im tropischen Regenwald bei 8 – 12. Charakteristisch sind der Stockwerk-Aufbau und die Brettwurzeln (→ Abb. 37.1) sowie zwei besondere Pflanzenarten:

- **Lianen** sind holzige Rankgewächse, die mit geringem Stoffumsatz große Höhen und damit günstige Lichtverhältnisse erreichen, da sie sich auf hohe Bäume stützen.
- **Epiphyten** sind Aufsitzerpflanzen wie die Orchideen oder Bromelien, die vor allem auf Ästen wachsen und von der hohen Luftfeuchtigkeit profitieren.

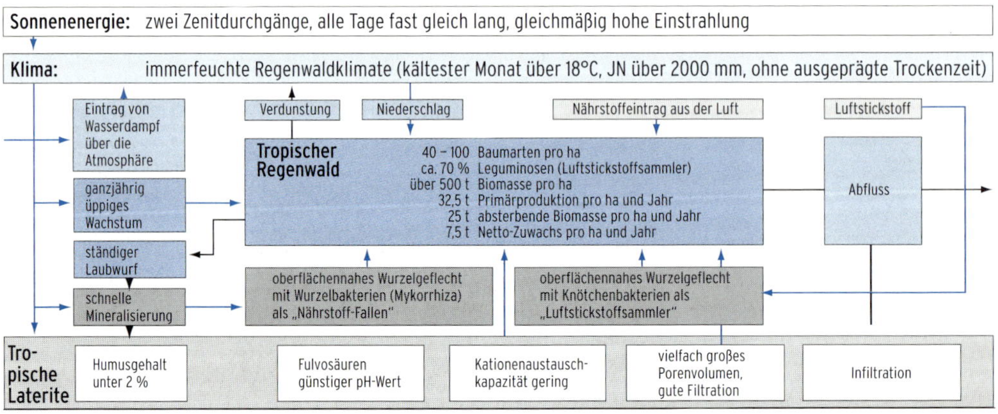

36.1 Ökosystem tropischer Regenwald

Unter den Klimabedingungen der immerfeuchten Tropen findet eine tiefgründige chemische **Verwitterung** des Ausgangsgesteins statt. Bis in 30 m Tiefe entstehen als Umwandlungsprodukte sowohl Eisen- und Aluminium-Oxide als auch Tonerden aus **Zweischicht-Tonmineralen**, wie z. B. Kaolinit. Das unverwitterte Ausgangsgestein mit Silikatverbindungen steht erst in Tiefen von 50 bis maximal 100 m an. Der vorherrschende Umwandlungsprozess der chemischen Verwitterung im sauren und daher aggressiven Sickerwasserstrom ist der Abbau von Silikaten (Desilifizierung). Die tropischen Böden sind daher chemisch sauer bis sehr sauer, und die Aluminium-Oxide wirken toxisch auf die Pflanzen. Die Bodenfruchtbarkeit ist gering.

Die Nachlieferung mineralischer Nährstoffe erfolgt nur in Gebieten mit aktivem **Vulkanismus** oder durch Zersetzung von Laub und anderen Pflanzenresten bzw. durch Nährstoffeinträge aus der Luft. So konnte z. B. festgestellt werden, dass Wüstenstaub aus der Sahara den Amazonas-Regenwald düngt. Der kräftige Nordostpassat weht den aufgewirbelten Staub nach Westen auf den Atlantik hinaus und bis nach Südamerika, wo er von den Gewitterzellen über dem tropischen Regenwald angesaugt wird. Die Staub- und Sandpartikel bestehen aus verwittertem und zerriebenem Gestein sowie aus Resten organischer Substanzen, sind also sehr fruchtbar. Schätzungsweise 500 Mio. t Staub werden jährlich von Nordafrika über den Atlantik nach Südamerika verfrachtet. Nur so können letztlich die hohen Verluste im angeblich „geschlossenen Nährstoffkreislauf" des tropischen Regenwaldes ausgeglichen werden.

GEO-PRAXIS: Diagramm auswerten

Thermoisoplethendiagramme sind eine besondere Form des Flächendiagramms, die auch in Abiturprüfungen vorgelegt wird.

Innerhalb des Diagramms kann für jede beliebige Tages- und Jahreszeit einer Klimastation die Durchschnittstemperatur abgelesen werden. Auf der x-Achse sind alle Monate des Jahres eingetragen, auf der y-Achse ist die Uhrzeit von 0 bis 24 Uhr eingetragen. Die Zeitpunkte mit gleicher Temperatur sind durch Linien (Isoplethen) miteinander verbunden. Aus Gründen der Übersichtlichkeit werden die Flächen zwischen den Isoplethen meist farbig abgestuft.

Bei Pará handelt es sich um ein **Tageszeitenklima** der Innertropen, denn die Temperaturunterschiede innerhalb eines Tages sind größer als innerhalb eines Jahres (7 °C gegenüber 2 – 3 °C). Die Tageszeiten von Sonnenaufgang, Sonnenhöchststand und Sonnenuntergang sind durch waagerechte, gestrichelte Hilfslinien angegeben, der Zenitstand der Sonne (zweimal im Jahr) durch senkrechte, punktierte Linien.

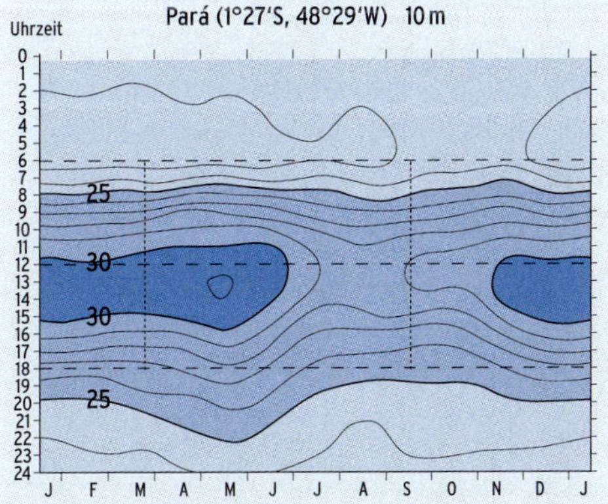

37.1 Thermoisopletendiagramm Pará

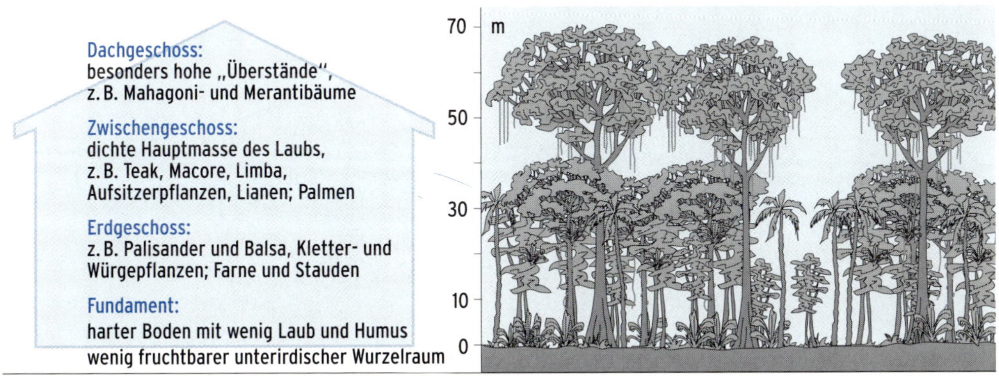

37.2 Stockwerk-Aufbau des Regenwaldes

2.4.2 Abholzung des Regenwaldes – das Raubbau-Syndrom

Von der einfallenden Globalstrahlung (= 100 %) gehen im geschlossenen Regenwald 75 % in die Verdunstung, in die Transpiration der Pflanzen und in den Wärmetransport. Nur 15 % werden in den Weltraum reflektiert, 10 % gehen als langwellige Wärmestrahlung in den Weltraum verloren (= Ausstrahlung, → Abb. 38.1). Vom gesamten Jahresniederschlag fließen nur 5 % oberflächlich ab, 35 % versickern. Der geringe Anteil des Oberflächenabflusses ist auf die **Interzeption** zurückzuführen, das Auffangen der Niederschläge durch das geschlossene und mehrfach übereinander gestaffelte Blätterdach der dichten Vegetation (→ Stockwerk-Aufbau, Abb. 37.2). Damit ist auch die **Erosionsrate** sehr gering. Kohlendioxid wird hauptsächlich in der großen Pflanzenmasse gebunden und gespeichert.

Wird der Regenwald abgeholzt und großflächig für den Ackerbau mit einjährigen Kulturen genutzt, wie z.B. Reis, Mais, Hirse, Maniok oder Yams, so ist das ökologische Gleichgewicht gestört (→ Abb. 38.2). Von der einfallenden Globalstrahlung werden nun je 25 % reflektiert bzw. ausgestrahlt. Es fällt weniger als die Hälfte der vorherigen Niederschläge (45 %). Je fast die Hälfte davon versickert bzw. fließt oberflächlich ab und trägt den tiefgründig verwitterten Boden ab. Die Erosionsrate liegt bei 2–5 t/ha/a. Die Flüsse trüben sich durch die Sedimentfracht. Auf den kahlen, abgeholzten und abgeernteten Flächen bilden sich Windhosen, die die oberste dünne Bodenkrume forttragen (**Deflation**). Außerdem wird durch die Brandrodung Kohlendioxid an die **Atmosphäre** abgegeben und verstärkt den **Treibhauseffekt**.

Die Vernichtung des tropischen Regenwaldes schreitet unaufhaltsam voran (→ Abb. 39.1). So übertraf im Jahr 2004 allein die abgeholzte Regenwaldfläche in Brasilien die Gesamtfläche Belgiens (30 500 km^2). Auf den Plätzen zwei und drei folgten Indonesien mit 11 000 km^2 und die Demokratische Republik Kongo mit 7500 km^2. Für die Abholzung gibt es verschiedene Ursachen:

- Das hohe Bevölkerungswachstum und die weit verbreitete **Armut** in allen tropischen Entwicklungsländern, die ungerechte Landbesitzverteilung v.a. in Brasilien und die ungleiche Bevölkerungsverteilung in Indonesien sind wichtige Gründe für den zunehmenden **Siedlungsdruck** auf die letzten verbliebenen Regenwaldflächen unseres Planeten.
- Straßenbauprojekte und die forstwirtschaftliche Nutzung zuvor unerschlossener Regenwaldgebiete machen den Weg frei für den **Brandrodungswanderfeldbau** durch Kleinbauern oder ehemals Landlose. In Indonesien wird die Agrarkolonisation der Regenwaldgebiete im Transmigrasi-Programm sogar staatlich gefördert.
- Bei zu kurzen Brachezeiten – je nach Bodenqualität sind 8 bis 30 Jahre erforderlich – verringert sich die Bodenfruchtbarkeit drastisch und viele Kleinbauern müssen abwandern.

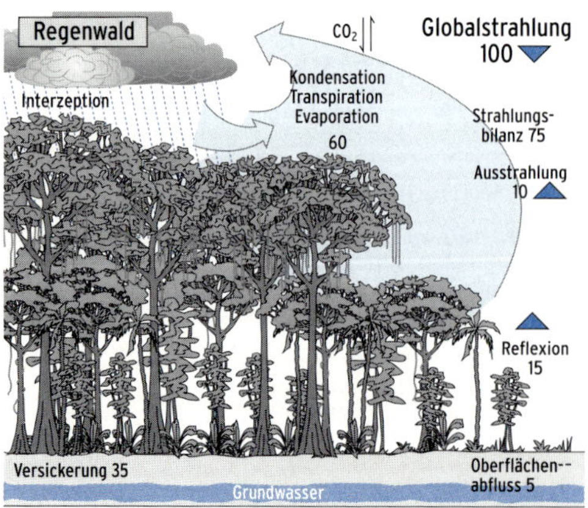

38.1 Wasserkreislauf und Strahlungsbilanz vor ...

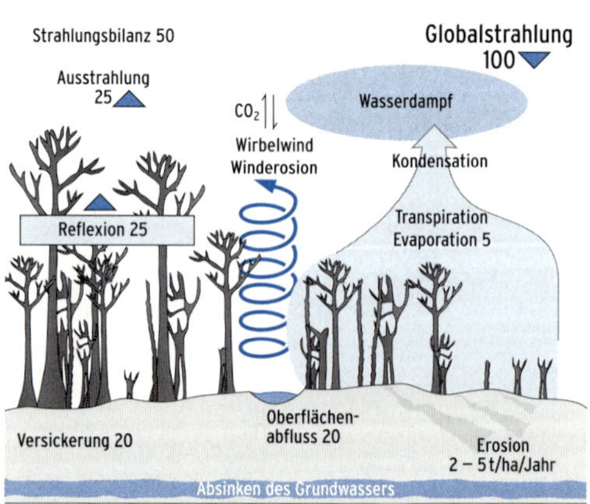

38.2 ... und nach der Abholzung

- Vor allem in Amazonien roden große Viehwirtschaftsbetriebe den Regenwald vom Rand her, von der Feuchtsavanne, um den wachsenden und lukrativen Markt für Rindfleisch zu bedienen. Die Nachfrage geht inzwischen zum größten Teil von der wachsenden wohlhabenden Mittelschicht in Lateinamerika, Südasien und Ostasien aus. Durch die Viehweiden wird die Biomasse pro Hektar auf 20 Tonnen reduziert. Dabei ernährt ein Hektar weniger als ein Rind.
- Inzwischen wird zwar die selektive Forstwirtschaft im tropischen Regenwald propagiert, aber noch längst nicht überall praktiziert. Damit ist das gezielte Fällen einzelner, besonders großer Bäume einer begehrten Holzart gemeint. Doch die Erschließungsschneisen und das Fällen selbst zerstören weiterhin größere Waldflächen, erhöhen den Druck auf bestimmte Baumarten und machen den Weg frei für Kleinbauern. Die Nachfrage nach Tropenholz ist in den Industrieländern des Nordens, besonders in Japan, weiterhin hoch.
- In Südostasien werden große Regenwaldflächen abgeholzt und anschließend in Ölpalmen-Plantagen umgewandelt, da die Nachfrage nach Palmöl für die Nahrungsmittel- und v. a. für die Kosmetikindustrie weltweit stark steigt.
- Der Bau von Staudämmen und der Abbau von Bodenschätzen – so z. B. im Gebiet von Grande Carajas in Brasilien – verursacht regional eine erhebliche Zerstörung des tropischen Regenwaldes. Bei der Goldgewinnung wird zumeist Quecksilber verwendet, das zunächst die Flüsse, dann die Fische und schließlich die Menschen vergiftet.

Jede Minute werden 40 Hektar tropischer Regenwald vernichtet

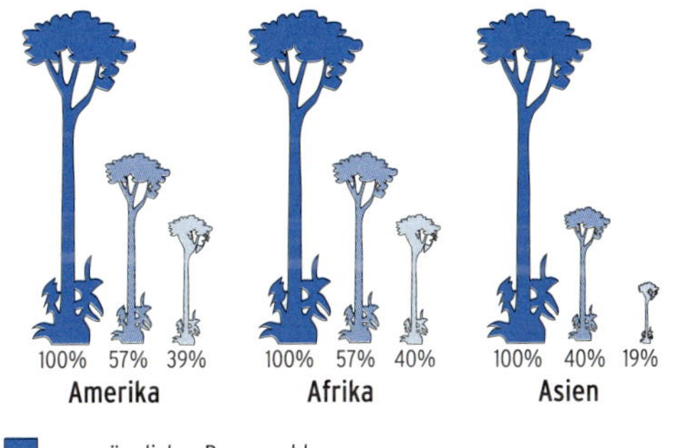

39.1 Regenwaldvernichtung

GEO-PRAXIS: Karikaturen auswerten

Der Begriff **Karikatur** kann vom italienischen Substantiv „caricatura" mit der Bedeutung „das Übertriebene, das Überladene" hergeleitet werden. In der Karikatur wird ein Aspekt eines aktuellen Themas herausgegriffen, zeichnerisch und damit auch inhaltlich überspitzt dargestellt und so auf ein Kernproblem reduziert. Im Sinne einer parteilichen Stellungnahme des Karikaturisten handelt es sich um eine Art visueller Satire. Karikaturen enthalten immer Kritik an Personen, Zuständen oder Entwicklungen. Hinweise zur Auswertung:

- Wann entstand die Karikatur (Zeitbezug)?
- Welches Thema/Problem wird zeichnerisch verzerrt dargestellt?
- Auf welche grafischen Symbole greift der Karikaturist zurück?
- Welche zusätzlichen Informationen geben Texte bzw. Sprechblasen in der Karikatur?
- Wie lautet die inhaltliche Gesamtaussage?
- Ist die Karikatur inhaltlich und gestalterisch überzeugend?

Die vorliegende Karikatur greift den Streit zwischen den Industrie- und den Entwicklungsländern über die Schuld am **Treibhauseffekt** auf. Ein übergewichtiger Amerikaner in einem Straßenkreuzer mit hohem Energieverbrauch will einen armen Südamerikaner daran hindern, einen Baum zu fällen. Er sagt übersetzt: „He, Freundchen, wir brauchen diesen Baum, um uns vor dem Treibhauseffekt zu schützen". Dieser einseitige Vorwurf an die armen Menschen in den Entwicklungsländern wirkt angesichts des Verbrauchs fossiler Energieträger in den Industrieländern geradezu absurd.

39.2 Karikatur

WISSEN: Savannen

Dornsavanne
- 2 bis 4,5 Monate humid
- 300 bis 500 mm Niederschlag pro Jahr
- fersiallitische Böden (enthalten Eisen, Aluminium und Silikate)
- Vegetation: Dornwälder und Dornsavannen mit kleinen Blättern (z. B. Mimosen) und/oder der Reduktion von Blättern zu Dornen; Wasserspeicherung bei Flaschenbäumen und Euphorbien; Gräser maximal 0,8 m hoch

Trockensavanne
- 4,5 bis 7 Monate humid
- 500 bis 1000 mm Niederschlag pro Jahr
- fersiallitische Böden (s. o.)
- Vegetation: Regengrüne Trockenwälder und Trockensavannen (**Savanne** = Grasland); tief wurzelnde Bäume können das Grundwasser erreichen und bleiben das ganze Jahr grün (Baumsavanne); Gräser maximal 1 m hoch (Kurzgrassavanne)

Feuchtsavanne
- 7 bis 9,5 Monate humid
- 1000 bis 2000 mm Niederschlag/Jahr
- fersiallitische Böden (s. o.), im feuchteren äquatorialen Klima auch extrem unfruchtbare ferrallitische Böden (Fe und Al, ohne Silikate)
- Vegetation: Regen- und immergrüne **Savannen** und Feuchtwälder; Baumwuchs höher als in Trockensavanne; Artenvielfalt größer; Graswuchs > 1 m, z. T. über 2 m („Elefantengras") = Hochgrassavanne

40.1 Gliederung der wechselfeuchten Tropen

2.5 Desertifikation – Sahel-Syndrom

2.5.1 Ökosystem Sahelzone

Sahel (arabisch: Ufer) nannten Karawanenreisende den Raum südlich der Sahara, der ihnen nach der gefahrvollen Durchquerung der größten Wüste der Erde wie ein rettendes Ufer vorkam. Als **Sahelzone** im engeren Sinne gilt der Bereich der Dornsavanne (→ 40.1 und Abb. 40.2). Im weitesten Sinne reicht die **Sahelzone** von der Halbwüste im Norden bis weit in die Trockensavanne im Süden hinein. Als ungefähre Grenzlinien werden dann die 100-mm-Isohyete im Norden und die 1000-mm-Isohyete im Süden verwendet. Dabei ist allerdings zu beachten, dass gerade die hohe **Niederschlagsvariabilität**, die Schwankung der Niederschlagsmenge von Jahr zu Jahr oder zwischen gewissen Zeiträumen (Dürrejahre bzw. Feuchtjahre), das wichtigste klimatische Merkmal der Sahelzone ist und zugleich das größte Problem für die agrarische Nutzung. Ursache für die hohe Niederschlagsvariabilität ist das unterschiedlich weite Vorrücken der **Innertropischen Konvergenzzone (ITC)** mit ihren Gewitterzellen und den feuchten äquatorialen Luftmassen von der Guineaküste nach Norden ins Innere Westafrikas. Eine mittlere Niederschlagsvariabilität von 20 – 30 % ist kennzeichnend für den nördlichen Kernraum der Sahelzone, insbesondere für die Dornsavanne. Das semiaride Klima schränkt die Nutzungsmöglichkeiten durch den Menschen erheblich ein. Erst ab mindestens vier Regenmonaten mit zusammen mindestens 400 mm Niederschlag ist Ackerbau möglich.

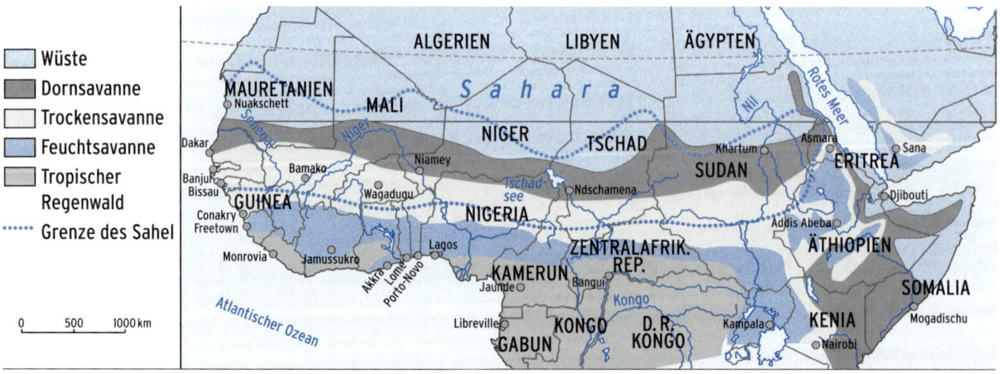

40.2 Sahelzone

Die **Desertifikation** ist der vom Menschen verursachte Landschaftswandel im Randbereich zu den Trockengebieten der Erde durch agrarische Übernutzung und durch Abholzung, der zur flächenhaften Verwüstung ganzer Landstriche führt (= **Sahel-Syndrom**).

In einer **Strukturskizze** können die wichtigsten Kausalketten, die zur flächenhaften Desertifikation in der Sahelzone führen, anschaulich dargestellt werden (→ Abb. 41.1). Eine Strukturskizze entsteht meist als Ergebnis einer Sachtext-Erschließung. Dabei werden die wichtigsten Fachbegriffe im Sachtext markiert, inhaltlich geklärt und dann in einer verallgemeinernden und zugleich übersichtlichen Strukturskizze dargestellt. Logische Zusammenhänge (Ursachen – Folgen – Randbedingungen) werden durch Pfeile oder Verbindungslinien verdeutlicht. Zur vereinfachten Darstellung komplexer Zusammenhänge und auch als visuelle Unterstützung für das Gedächtnis eignen sich Strukturskizzen daher besonders gut.
Allerdings kann eine solche Vereinfachung auch andere Erklärungsansätze für eine Problematik völlig ausblenden, wenn sie nur auf einem Sachtext eines Autors mit einer ganz besonderen Sichtweise bzw. Erklärung der Problemzusammenhänge beruht. Eindimensionale Erklärungsansätze berücksichtigen z.B. nur die klimatischen bzw. naturräumlichen Bedingungen (**geodeterministischer Ansatz**). Oder aber sie stellen – wie im vorliegenden Fall – das Bevölkerungswachstum als Hauptursache der Desertifikation heraus. Komplexere Erklärungsansätze für die Sahel-Problematik berücksichtigen darüber hinaus folgende Zusammenhänge:

- Zusammenwirken physisch-geographischer (naturräumlicher) und anthropogener (vom Menschen verursachter) Faktoren
- Einflüsse historisch-politischer Faktoren, z.B. die Rolle der Kolonialmacht Frankreich
- Bedeutung interner und externer Ursachen für die gesellschaftliche, wirtschaftliche und politische Entwicklung in den Sahelstaaten
- Erklärung der regionalen Umweltzerstörung in der Sahelzone durch globale wirtschaftliche und politische Entwicklungen (= Syndrom-Ansatz)

Trotz dieser Einwände ist die vorliegende Strukturskizze durchaus berechtigt, da sie die Einflüsse des Bevölkerungswachstum auf die Desertifikationsprozesse im Ökosystem Sahelzone erläutert.

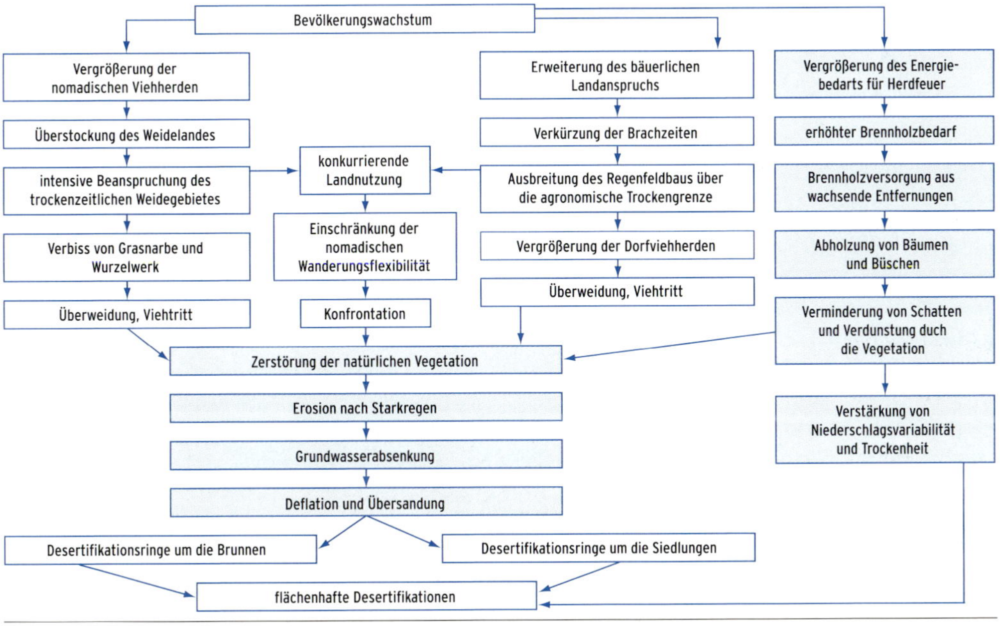

41.1 Sahelzone und Desertifikation – Strukturskizze

2.5.2 Sahelstaat Burkina Faso

WISSEN: Burkina Faso

Burkina Faso ist ein **Binnenland (Landlocked Country (LLC))** in Westafrika. Auf der Staatsfläche von 274 200 km² lebten im Jahr 2003 etwa 12 Millionen Menschen, das sind ca. 44 Einwohner pro km². Mit einem **Bruttonationaleinkommen** von 300 US-$ pro Einwohner gehört Burkina Faso zu den ärmsten Entwicklungsländern der Erde. Knapp 50 % der Bevölkerung sind jünger als 15 Jahre. Das Bevölkerungswachstum ist mit 2,3 % pro Jahr sehr hoch. Die **Lebenserwartung** ist mit 43 Jahren sehr gering, die Alphabetisierungsrate mit 34 % (Männer) bzw. 14 % (Frauen) ebenfalls. Zusammen mit dem geringen Bruttonationaleinkommen nimmt Burkina Faso daher nach dem Index der menschlichen Entwicklung (**Human Development Index = HDI**) weltweit nur Rang 175 von 177 ein. Mehr als 90 % der Beschäftigten sind in der Landwirtschaft tätig und damit unmittelbar vom Dürre-Risiko in der **Sahelzone** abhängig. Wichtigstes Exportprodukt ist die Baumwolle mit 54 % des Exportwertes, gefolgt von Tieren und tierischen Nahrungsmitteln (21%).

Die **komplexe thematische** Karte auf → Seite 43 zeigt die naturräumliche und die agrarräumliche Gliederung des Landes. Die natürliche Vegetation besteht im Süden Burkina Fasos aus Feuchtsavanne, im mittleren Teil aus Trockensavanne und im Nordosten aus Dornbuschsavanne. Diese Klima- und Vegetationszonen beinhalten ein unterschiedliches Agrarpotenzial:

- Im Nordosten werden meist weniger als 5 % der Fläche mit kleinen, anspruchsloseren Hirsearten (Pennisetum) bestellt, die eher Trockenheit vertragen. Ansonsten wird diese Region durch jahreszeitlich wechselnde, nomadische Weidewirtschaft genutzt. Sie entspricht also vom Agrarpotenzial her der Sahelzone im engeren Sinne.
- Im größten Teil des Landes, im Bereich der Trockensavanne, herrscht der Anbau von Sorghum (anspruchsvollere Hirseart, sog. große Hirse) in Verbindung mit kleiner Hirse (s. o.) und Erdnussanbau vor. Im Umland größerer Ortschaften wird dieser Anbau auf mehr als 20 % der Fläche betrieben, in eher peripheren Gebieten auf weniger als 20 % der Fläche. In Verbindung damit wird Rinderhaltung auf kleinen Flächen betrieben.
- Im Südwesten des Landes, im größten Teil der Feuchtsavanne, wird überwiegend Sorghum in Verbindung mit Mais angebaut, der relativ viel Feuchtigkeit benötigt. Neben Sorghum und Mais werden auch hier kleine Hirsearten, Erdnüsse und Knollenfrüchte (z. B. Yams) als typische Kulturpflanzen der Feuchtsavanne angebaut. Auch hier ist der Anbau im Umland größerer Ortschaften und am Schwarzen Volta intensiver als im restlichen Gebiet. Im Südwesten werden mit Baumwolle, Nassreis und Erdnüssen auch die wichtigsten Cash Crops des Landes angebaut, das heißt, Nahrungsmittel für den Verkauf auf dem Weltmarkt.

Die unterschiedliche agrarische Nutzung der Vegetationszonen und die zunehmende Intensität des Anbaus von NO nach SW ist auf die unterschiedlichen klimatischen Bedingungen zurückzuführen. Letztere sind in der Karte direkt durch die beiden Klimadiagramme dargestellt, indirekt durch die Grenzsäume zwischen den Vegetationszonen.

- Das Klimadiagramm von Bobo-Dioulasso liegt mit fünf ariden und sieben humiden Monaten nach der Klassifizierung von TROLL und PAFFEN genau auf der Grenze zwischen Trocken- und Feuchtsavanne. Der Niederschlag liegt bei etwa 1200 mm (siehe Atlas).
- Das Klimadiagramm von Ouahigouya liegt mit vier humiden und acht ariden Monaten nach TROLL/PAFFEN an der Südgrenze der Dornbuschsavanne. In der Karte wird dies nur durch die Nutzung deutlich, nicht aber am Grenzsaum. Die Niederschlagssumme liegt bei 800 mm (Atlas).

Die Dürrewahrscheinlichkeit nimmt in Burkina Faso von SW nach NO immer mehr zu: Ist im SW etwa alle fünf Jahre mit einer Dürre zu rechnen, so kann im NO fast ständig auch mit mehrjährigen Dürren gerechnet werden. Im größten Teil des Landes, in der Trockensavanne, muss alle 2 – 4 Jahre mit einer Dürre gerechnet werden (siehe Atlas). Die traditionellen Nutzungssysteme hatten dieser Gefahr Rechnung getragen. Doch wurden diese durch die Einführung des **Cash-Crop-Anbaus** in der Kolonialzeit, durch die starke Bevölkerungszunahme und durch Maßnahmen der **Entwicklungshilfe**, wie z.B. den Bau von Tiefbrunnen, aus dem Gleichgewicht gebracht.

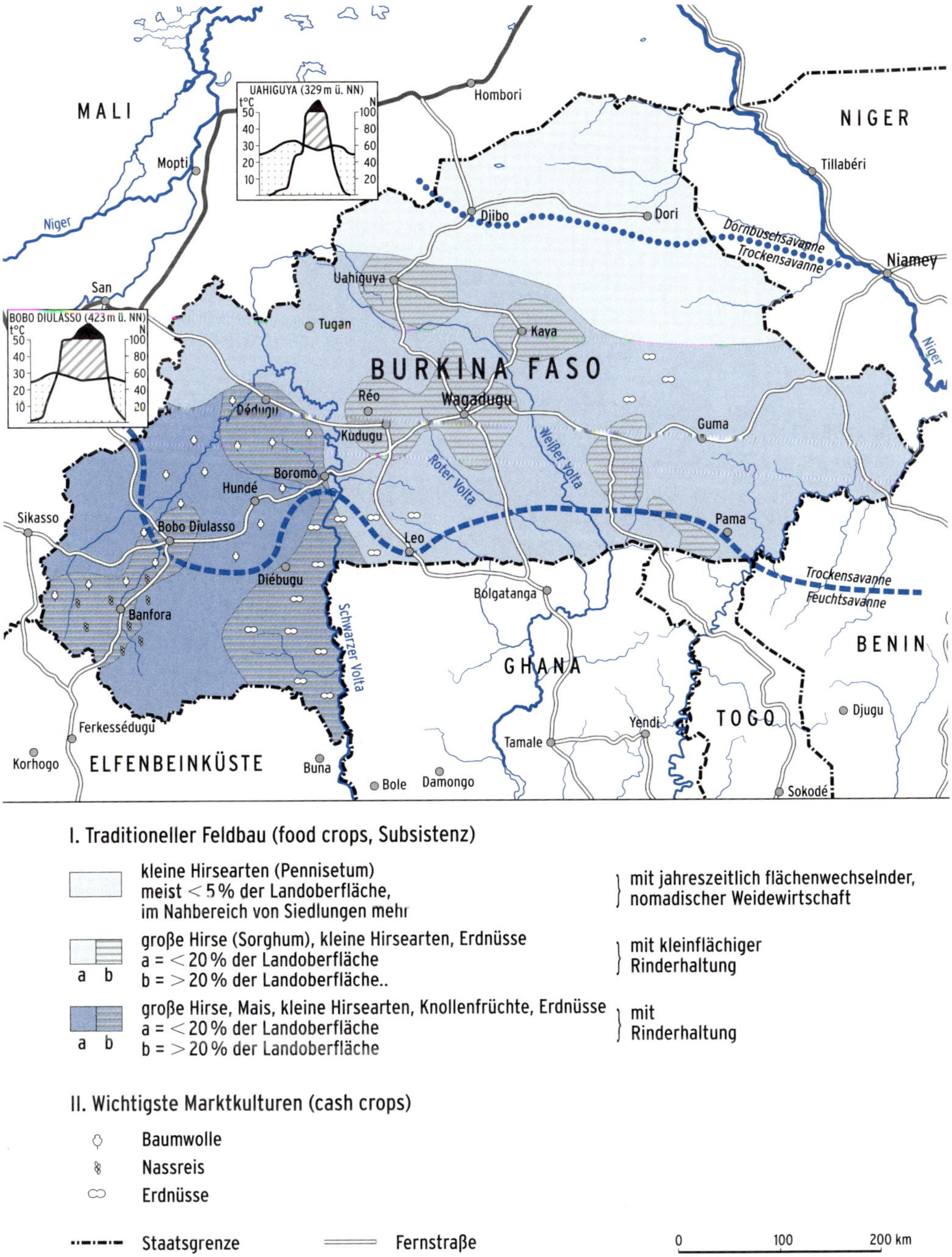

43.1 Burkina Faso – agrarräumliche Gliederung

WISSEN: Mittelmeerraum

Die natürliche Vegetation des Mittelmeerraumes wurde durch Abholzung, Ackerbau und Weidewirtschaft vor allem seit der Antike sowohl zurückgedrängt als auch verändert. Die gesamte Waldfläche ging in den letzten zwei Jahrtausenden um etwa zwei Drittel zurück. Eine Übernutzung durch ungeregelte Abholzung und Weidewirtschaft führte zu einer **Degradation** der natürlichen Vegetation, also zu einer stufenweise erfolgenden Verarmung. Folgende Stufen der **Degradation** werden unterschieden:

- Hartlaubwälder
- Strauchgesellschaften (Macchie)
- Zwergstrauchgesellschaften (Garrigue)
- Kraut- und Grasgesellschaften (Trift)
- vegetationsarme Felsfluren
- vegetationsfreie Felsfluren

Wird die übermäßige Nutzung eingestellt, so kann in langen Zeiträumen wieder eine schrittweise **Sukzession** der Vegetationsformationen erfolgen. Die vegetationsarmen bzw. -freien Stufen werden auch als **Verkarstung** bezeichnet, wegen der im Mittelmeerraum vorherrschenden und dann (fast) völlig freiliegenden Flächen aus hellem Kalkstein. Durch Lösungsvorgänge im Gestein entstanden und entstehen weiterhin die typischen Landschaftformen des Karstes. Die Böden wurden im Laufe der Zeit durch die beträchtlichen winterlichen Niederschläge abgetragen (erodiert), sodass sowohl die natürliche Sukzession als auch die anthropogene Aufforstung stark erschwert werden. Aufforstungen erfolgten zumeist durch teilweise exotische Kiefernarten oder durch trockenheitsresistente Eukalyptusarten aus Australien.

2.6 Mediterrane Subtropen

2.6.1 Das Ökosystem

Keine andere Klimazone ist so kleinräumig und zugleich so weit über die Erde verteilt wie die mediterranen Subtropen (→ Seite 33). Ihr Vorkommen beschränkt sich auf die Westseite der Kontinente zwischen 30° und 45° Nord bzw. zwischen 30° und 38° Süd. Das größte zusammenhängende Teilgebiet bildet der gesamte **Mittelmeerraum**, nach dem diese Klimazone benannt wurde. Im Gegensatz zu den Tropen herrscht hier ein Jahreszeitenklima mit deutlichen Unterschieden in der Tageslänge zwischen den heißen Sommern und den relativ milden Wintern. Um das subtropische Klima gegen die Tropen abzugrenzen, wird die 13°-Isotherme des kältesten Monats herangezogen. Als Abgrenzung gegen die gemäßigten Breiten gilt dagegen die 2°-Isotherme des kältesten Monats. In den mediterranen Subtropen gibt es neben den genannten thermischen auch hygrische Jahreszeiten, durch unterschiedliche Feuchtigkeit bestimmte: In den heißen und trockenen Sommermonaten stehen sie unter dem Einfluss der tropisch-subtropischen Hochdruckgürtel, in den milden und regenreichen Wintern dagegen beherrschen wandernde Tiefdruckgebiete (Zyklonen) der subpolaren Tiefdruckrinne das Wettergeschehen.

Die Vegetation musste sich an diese ungünstigen klimatischen Bedingungen anpassen, denn im Sommer, zur Zeit der hohen Temperaturen, fallen keine Niederschläge. In den relativ milden Wintern können dennoch Fröste und Schneefall bis in die Ebenen auftreten. Als Anpassung entwickelte sich die sogenannte Hartlaubvegetation, deren Blätter die Transpiration, die Wasserabgabe zur Kühlung, im Sommer auf ein

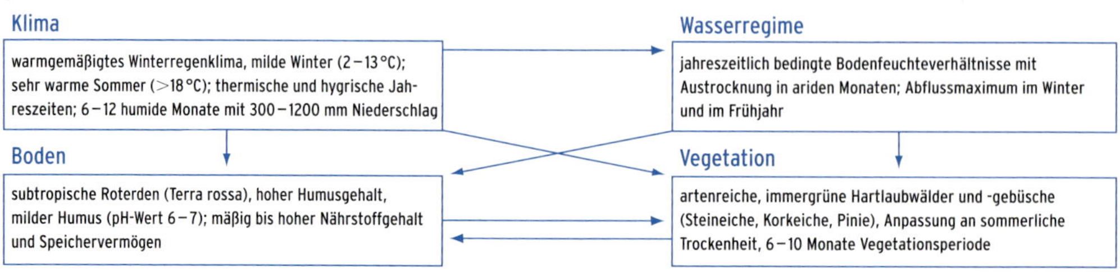

44.1 Ökologische Faktoren „mediterrane Subtropen“

Minimum reduzieren können. Die dicke und verdichtete Blattoberseite schützt die Pflanzen sowohl vor Verdunstung als auch vor Frösten. Die Spaltöffnungen auf der Blattunterseite sind als Schutz vor Verdunstung verengt und tief versenkt. Zugleich können die Pflanzen im Sommer ihre Zellsaftkonzentration erhöhen und damit Wasser auch aus trockeneren Bodenschichten bzw. aus tieferen Bodenschichten ziehen. Wichtige Vertreter der Hartlaubvegetation sind der Ölbaum als Charakterpflanze des Mittelmeerklimas schlechthin, die Steineiche und der Oleander. Andere Anpassungsformen an die Sommerhitze und -trockenheit sind schirmähnliche Kronen sowie Nadeln bei der Pinie, kleine Blätter wie bei der Zypresse oder ein Verdunstungsschutz aus Wachs wie beim Lorbeer.

Wichtige traditionelle **Nutzpflanzen** sind der Ölbaum (s. o.) und die Weinrebe, die als Tiefwurzler Feuchtigkeit aus tieferen Bodenschichten zu ziehen vermag. Der Hartweizen entwickelt sich im relativ milden Winter aus dem Samenkorn zur Pflanze und ist im Frühling oder Frühsommer erntereif, bevor die oberen Bodenschichten wieder völlig ausgetrocknet sind. Durch die Mauren wurde der ausgeklügelte traditionelle Bewässerungsfeldbau eingeführt. Seither werden im Mittelmeerraum auch Nutzpflanzen mit hohem Wasserbedarf im Sommer kultiviert, wie Apfelsinen oder Tomaten. Neuere Entwicklungen der Landwirtschaft sind Foliengewächshäuser mit dem Anbau von Salat und Gemüse auch im Winter und der Einsatz von motorbetriebenen Tiefpumpen.

>> BEISPIEL: Klimadiagramm Valencia

Das **Klimadiagramm** von Valencia an der spanischen Mittelmeerküste zeigt die Merkmale des mediterranen Klimas und die agrarischen Nutzungsmöglichkeiten sehr deutlich. Mit einem Mittelwert von 10 °C im Januar und 24 °C im August kann das Klima von Valencia als ausgesprochen mild bezeichnet werden. Allerdings ist der Zeitraum von Anfang Mai bis Anfang September zu trocken für die Landwirtschaft. Das größte Niederschlagsdefizit (V > N) herrscht im Juli. Die mittlere Niederschlagssumme liegt mit 422 mm knapp über dem Grenzwert für den Regenfeldbau (Hartweizen), wobei die **Niederschlagsvariabilität** ein Problem darstellt. Prinzipiell ist die Region für den Bewässerungsfeldbau geeignet, es fehlen aber die ständig Wasser führenden Flüsse. Auch die Versorgung der städtischen Bevölkerung und der Industrie mit Trink- bzw. Brauchwasser ist in einer Großstadt mit knapp 800 000 Einwohnern ein großes Problem.

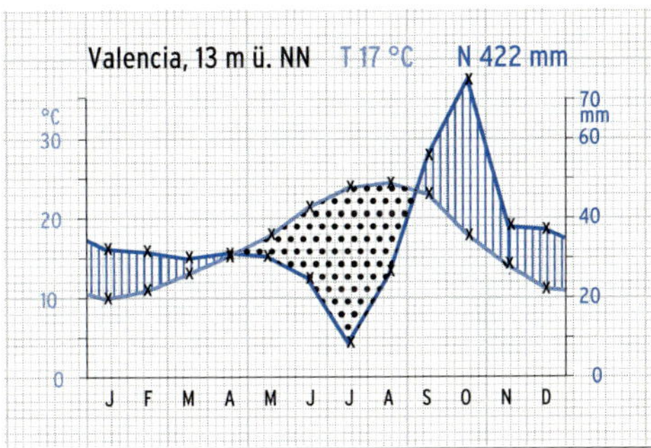

45.1 Klimadiagramm von Valencia

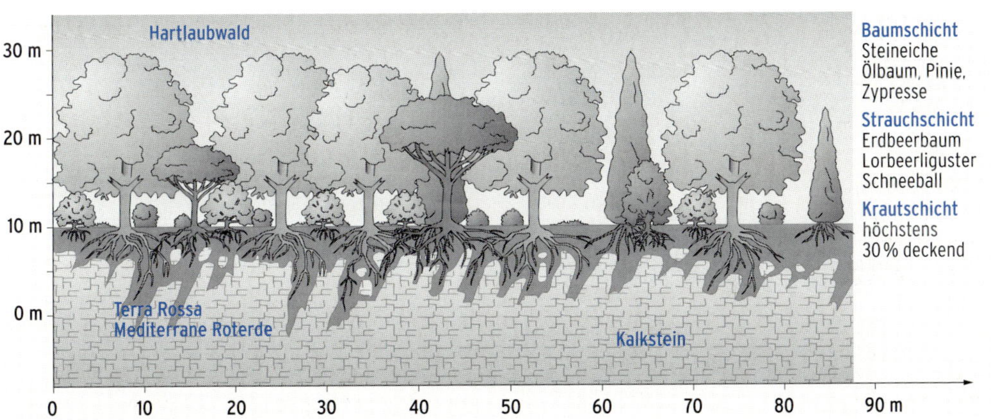

45.2 Vegetation und Boden in den mediterranen Suptropen

2.6.2 Massentourismus im Mittelmeerraum

Nach dem Zweiten Weltkrieg entwickelte sich der Mittelmeerraum schrittweise zum wichtigsten Urlaubsziel Europas. Inzwischen besuchen jährlich mehr als 100 Mio. Touristen die Küsten des Mittelmeeres, das zur „Badewanne Europas" wurde. Mehrere Voraussetzungen waren für diese Entwicklung erforderlich:

- die Einführung des bezahlten Urlaubs und die wachsende Urlaubszeit
- der langsam steigende Wohlstand in Westeuropa nach 1950 (Massenkonsumgesellschaft)
- die mit dem wachsenden Wohlstand einsetzende Motorisierung breiter Bevölkerungsschichten in Verbindung mit einem niedrigen Öl- und damit auch Benzinpreis
- der Bau von Autobahnen v.a. in Frankreich, Italien und Spanien sowie die Entwicklung komfortabler Wohnwagen und Wohnmobile
- der seit 1965 einsetzende Charterflugverkehr zusammen mit dem Angebot von Pauschalreisen; dadurch Reduzierung der Reisezeiten, der Reisekosten und der Übernachtungskosten; ebenso Erweiterung der Reisedistanzen
- weitere Kostensenkung durch Billigflugangebote v.a. auf den Mittelstrecken seit etwa 2000
- Preissenkung durch großes Hotelangebot und Konkurrenz sowohl der Zielländer am Mittelmeer als auch der Reiseanbieter untereinander

Heute ist beispielsweise fast die gesamte spanische Mittelmeerküste von der Costa Brava (Wilde Küste) im Norden bis zur Costa del Sol (Sonnenküste) im Süden für den Tourismus erschlossen (→ Abb. 46.1). Dort reihen sich Campingplätze, Ferienhaussiedlungen, Zweitwohnsitze, Apartmentanlagen, Yachthäfen, Hotels, Pensionen, Restaurants, Bars und Diskotheken scheinbar endlos aneinander und verdichten sich örtlich zu regelrechten **Bandstädten** mit Hochhauskomplexen, wie z. B. Benidorm (→ Seite 47). Infolge der Übererschließung ergeben sich folgende Probleme im Mittelmeerraum:

- **Ökologische Probleme** entstehen durch den hohen Wasser- und Energieverbrauch der Urlauber, durch den anfallenden Müll, durch das Abwasser und durch die Luftverschmutzung infolge des motorisierten Individualverkehrs (z. B. Mietwagen). Auch die Ökobilanz der Urlaubsflugzeuge ist umstritten. Dazu kommen die **Flächenversiegelung** durch Bebauung, Straßen und Autobahnen sowie der Verlust natürlicher Lebensräume entlang der Küste.
- **Wirtschaftliche Probleme** in den Zielgebieten entstehen durch die marktbeherrschende Stellung der großen Reisekonzerne, durch die Konkurrenz der Zielländer untereinander und durch die Abhängigkeit von der Konjunktur und vom Ölpreis.

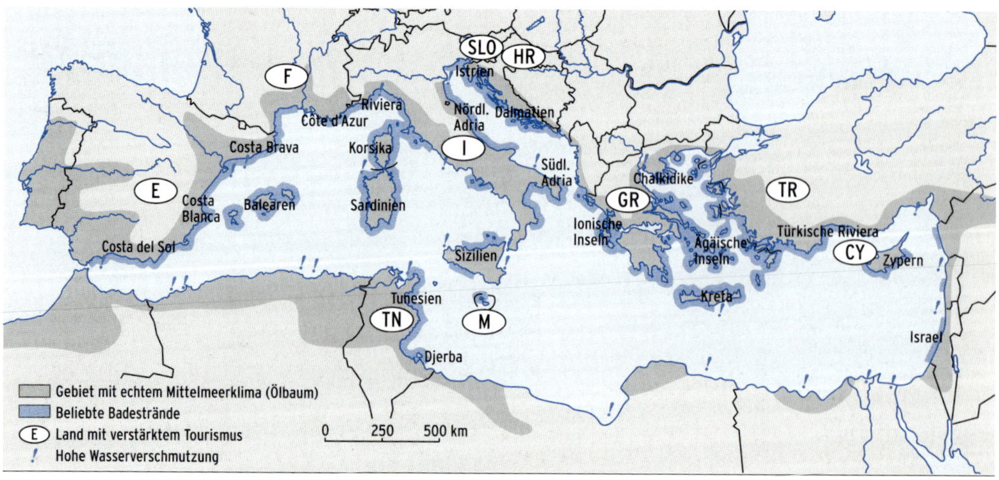

46.1 Mittelmeerraum: beliebte Ferienziele und Wasserqualität

2

GEO-PRAXIS: Texte und Bilder auswerten

Massentourismus – Fallbeispiel Benidorm

Der folgende journalistische Text setzt sich mit dem **Massentourismus** in Benidorm an der Costa Blanca (Weiße Küste) im Südosten Spaniens auseinander. Im Gegensatz zu einem normalen Sachtext werden bildhafte Ausdrücke und ein subjektiver Stil verwendet. Der Text enthält aber viele grundlegende Informationen zum Massentourismus am Beispiel von Benidorm:

Wenn es Nacht wird an der spanischen Mittelmeerküste, bleibt ein zwölf Kilometer langer Streifen taghell. Darüber schwebt wie eine rosa Wolke der Widerschein von Abermillionen Lichtern aus Hochhäusern, Straßenschluchten, Disco-Gärten und von Restaurant-Terrassen. In Benidorm geht nie die Sonne unter. Hatte das Fischerstädtchen bis Anfang der 1950er-Jahre noch 2700 Einwohner, so sind heute in Benidorm 62 000 Bürger gemeldet. Auf 3788 Hektar Stadtgebiet existieren 135 Hotels, Apartmenttürme mit einer Kapazität von über 60 000 Gästebetten. An manchem August-Tag vergnügen sich 400 000 Touristen an den beiden nach Süden gerichteten Sandstränden, in Cafés und beim Shopping. Der Moloch verbuchte im vergangenen Jahr fast 10,2 Millionen Übernachtungen.

Heute sind die Quartiere sogar im schlechtesten Monat Dezember zu drei Vierteln belegt. Und im Unterschied etwa zu Teneriffa ist Benidorm keineswegs von Rentnern übervölkert. Es liegt im Trend, gerade auch bei jugendlichen Disko-Freaks. Noch sind 40 Prozent der Urlauber Spanier und 36 Prozent Briten. Aber auch immer mehr Deutsche entdecken Benidorm, denn es gilt als chic.

Die an Manhattan erinnernde Wolkenkratzer-Silhouette Benidorms und das gepflegte Ambiente gefallen gerade Kleinstädtern. Geschwader von Müllmännern säubern den Sand zwischen den adretten blau-weißen Liegen und Schirmen von Hand. 250 Polizisten in kurzen Hosen geben Fremden ein Gefühl von Sicherheit. „Wir leben von der Mittelklasse", sagt Bürgermeister Pérez Devesa, und er möchte das Publikum nicht austauschen, höchstens „verbessern". Sein Ziel: eine „Galaxie der Qualität". Seine Zielgruppe: all jene Europäer, die sich den Traum von der weißen Villa in einer entlegenen Bucht nicht leisten können und stattdessen im Hochhaus-Dschungel von Benidorm und an vollen Stränden kontrollierbare Erlebnisse suchen.

Das Konzept geht auf. Die Gemeinde empfing im vergangenen Jahr elf Prozent aller Touristen Spaniens und kassierte 3,6 Milliarden Euro, ein Zehntel der im Land erzielten Tourismuseinnahmen. Dabei ist der Moloch umweltfreundlich. Nur 140 Liter Wasser verbraucht ein Gast pro Tag (in Orten mit Chalet-Bebauung sind es 600 Liter). 97 Prozent davon werden als Brauchwasser wieder verwendet. Benidorm sei „die effizienteste Maschine des Massentourismus in Spanien", befindet das renommierte Rotterdamer Architektenbüro MVRDV.

Nach: Helene Zuber: Galaxie der Qualität. In: „Der Spiegel", Nr. 20/2002, Seite 151

47.1 Benidorm

2.7 Borealer Nadelwald

2.7.1 Das Ökosystem des borealen Nadelwaldes

Mit einer Fläche von knapp 20 Mio. km² und einem Festlandsanteil von rund 13 % gehört die boreale Klimazone zu den größeren **Ökozonen**. Als einzige Ökozone kommt sie nur auf der Nordhalbkugel der Erde vor, die sie in einem Gürtel von 700 bis maximal 2000 km Breite (Nord–Süd) völlig umspannt. Dass sie nur auf der Nordhalbkugel vorkommt, liegt an der Verteilung der Landmassen: Mit Nordamerika und der eurasischen Landmasse konzentrieren sich die Festländer der Erde auf der Nordhalbkugel. Das Festland erwärmt sich im Sommer so schnell, dass die Wachstumszeit (100 bis 170 Tage mit mehr als 5 °C) trotz des kalten Winters für die Entstehung ausgedehnter Nadelwälder ausreicht. Die immergrünen Nadelbäume der borealen Klimazone besitzen kälte- und trockenheitsresistente Nadeln, die mindestens zwei Jahre am Baum bleiben. Die Nadeln können sofort zu Beginn des kurzen, aber warmen Sommers (→ Abb. 49.1) mit der Photosynthese beginnen. Durch eine Frosthärtung im Spätherbst können die Nadeln Wintertemperaturen von bis zu −40 °C aushalten – statt normalerweise maximal −7 °C. Im Frühjahr findet dann eine Enthärtung statt und die Photosynthese beginnt. Dort, wo die Wintertemperaturen unter −40 °C liegen, werden die Fichten und Kiefern durch nadelabwerfende Lärchen abgelöst, die in Ostsibirien und vor allem in Jakutien ein großes Verbreitungsgebiet besitzen. Die winterliche Schneedecke schützt die Wurzeln vor der extrem niedrigen Lufttemperatur.

Große Gebiete besonders im Norden des borealen Nadelwaldes liegen im Bereich des **Dauerfrost- oder Permafrostbodens**. Dieser schadet dem Wald nicht, sondern reguliert in kontinentalen Gebieten mit relativ geringen Niederschlägen von 200–500 mm den Wasserhaushalt der Pflanzen. Die Herbstniederschläge werden über den Winter im **Dauerfrostboden** gebunden und erst im frühen Sommer, wenn die obere Bodenschicht taut, wieder an die Baumwurzeln abgegeben. Durch die isolierende Wirkung schützen der Nadelwald und die teils mächtige Streuauflage den Permafrostboden vor der starken sommerlichen Einstrahlung und damit vor dem tiefgründigen Auftauen. Wenn der Wald durch Abholzung oder durch Feuer vernichtet wird, kann es in Permafrostgebieten zur Bildung von Sümpfen und Seen kommen.

48.1 Boden und Vegetation im borealen Nadelwald

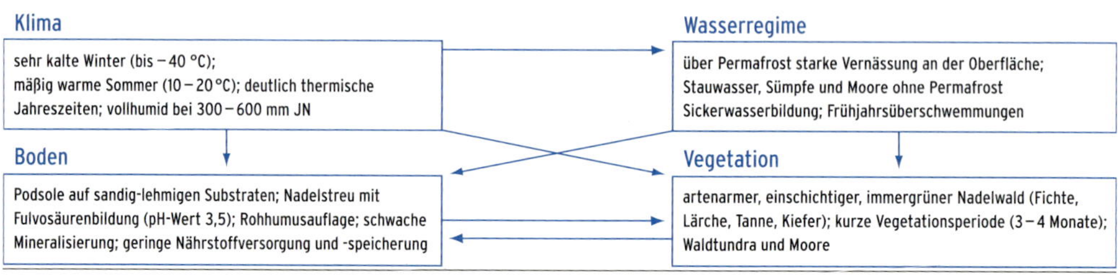

48.2 ökologische Faktoren der borealen Nadelwaldzone

Der größte Teil des borealen Nadelwaldgürtels liegt auf ehemals vergletscherten Gebieten, die keinen oder nur einen dünnen mineralischen Oberboden besitzen. Die meisten Nährstoffe sind in der Streuschicht gebunden, die wegen der Gerbstoffe bzw. Harze der Nadeln Fulvosäuren bildet, Huminsäuren mit gelbbrauner oder rotbrauner Färbung. Durch den sauren Sickerwasserstrom werden die Eisen- und Aluminiumoxide im Boden gelöst und abwärts transportiert. Es entstehen die für diese Klimazone charakteristischen Podsolböden. Die Zersetzung der Nadelstreu dauert mit rund 350 Jahren fast hundertmal so lange wie in Laubwäldern der gemäßigten Breiten. Daher spielen natürlich entstandene Feuer – z. B. durch Blitzschläge – eine wichtige Rolle für die Freisetzung der in der Streu enthaltenen Nährstoffe (u. a. Stickstoff) und für die Regeneration des Ökosystems.

>> BEISPIEL: Irkutsk

Das Thermoisoplethendiagramm von Irkutsk zeigt die mittleren Temperaturen nach Jahreszeit bzw. Tageszeit. Es handelt sich um ein typisches Jahreszeitenklima, denn die Temperaturunterschiede innerhalb eines Jahres sind sehr viel höher als die innerhalb eines Tages. Erkennbar ist das am fast senkrechten Verlauf der Linien gleicher Temperatur innerhalb des Diagramms. Als mittleres Maximum werden im Juli mehr als +25 °C am frühen Nachmittag erreicht. Das Minimum der mittleren Temperaturen liegt bei −26 °C frühmorgens Anfang Januar. Die Temperaturamplitude zwischen Sommer und Winter liegt also bei 50 K, daher handelt es sich um ein hochkontinentales Klima mit starker Auskühlung im Winter und schneller Erwärmung im Sommer. Der Grund: Irkutsk liegt inmitten der größten Landmasse der Erde, in Asien, auf 52° 16′ Nord. Die Jahresmitteltemperatur liegt bei nur −1 °C, daher gehört Irkutsk zur Klimazone des **borealen Nadelwaldes**.

Irkutsk (52° 16′ N, 104° 19′ N) 491 m

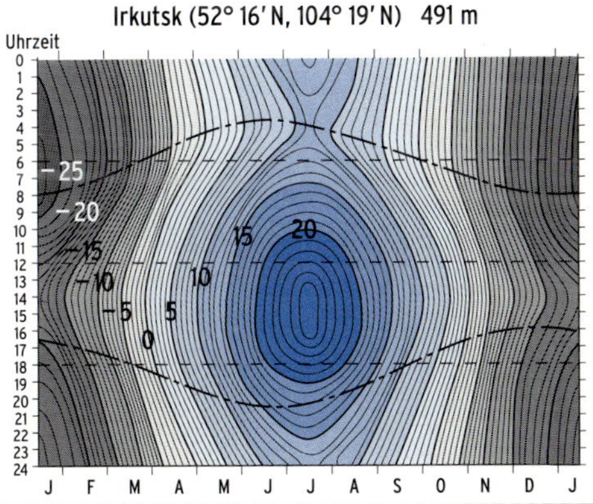

49.1 Irkutsk

TAIGA IN GEFAHR

Die Bezeichnung **Taiga** für den borealen Nadelwald Russlands stammt aus dem Jakutischen, einer Turksprache in Ostsibirien. Das Holz der Taiga ist eine der wertvollsten natürlichen **Ressourcen** Russlands. Problematisch ist die übermäßige Abholzung der Taiga im Kahlschlagverfahren insbesondere in Sibirien und im Fernen Osten des Landes. Dort werden heute jährlich vier Millionen Hektar abgeholzt, und zwar zum großen Teil von Konzernen aus Südkorea, Japan und Nordamerika. Dieser Ausverkauf der natürlichen Ressourcen Russlands ist auch aus ökologischer Sicht zu kritisieren: In den Permafrostgebieten hat sich schon die Hälfte der abgeholzten Flächen in Sumpfland verwandelt, und bei stärkerer Hangneigung wird die dünne Bodendecke schnell abgetragen. Eine Regeneration des ursprünglichen borealen Nadelwaldes ist nach der Versumpfung bzw. **Bodenerosion** nicht mehr bzw. nur in sehr langen Zeiträumen möglich. Weitere Gefahren drohen der **Taiga** durch das Waldsterben, also vor allem durch Emissionen von Schwefeldioxid, Stickoxiden, Fluorwasserstoff und Ammoniak aus veralteten Industriebetrieben. Durch die Schadstoffe wird der ohnehin schon saure Podsolboden noch saurer und aggressiver, die Feinwurzeln werden geschädigt und der Nährstofftransport zu den Nadeln wird gestört. Durch die Bildung von schwefliger Säure bei Niederschlägen werden die Nadeln direkt geschädigt. Da die Taiga allein in Sibirien und im Fernen Osten doppelt so groß ist wie der Regenwald am Amazonas, haben Eingriffe in dieses Ökosystem Folgen für das Weltklima, denn die Nadelbäume und die Streuschicht sind wichtige Senken für Kohlendioxid.

WISSEN: Baikalsee

Mit einer Fläche von 31500 km² ist der Baikalsee etwas größer als Belgien. Er entstand in einem **Grabenbruch** an der Grenze zwischen der Eurasischen und Chinesischen Platte (→ Seite 13). Der Baikalsee ist mit 1620 Metern der tiefste See der Erde. Da der Wasserspiegel des Sees bei 455 m über NN liegt, reicht die tiefste Stelle des Sees 1165 m unter den Wasserspiegel des Pazifiks. 20 % der globalen und mehr als 80 % der russischen oberflächigen Trinkwasserreserven entfallen allein auf dieses Gewässer. Das Fassungsvermögen entspricht dem aller fünf großen Seen Nordamerikas zusammen. Tier- und Pflanzenwelt des Sees sind einzigartig. Von den mehr als 2000 Arten im Wasser und in den Uferzonen sind rund 1500 endemisch, das heißt, sie kommen nur hier vor. Wichtigste Tierart ist der Kleinkrebs Epischura, der das Seewasser ständig filtert und so für die sprichwörtliche Reinheit des Baikalwassers sorgt.
Mit einem Alter von mehr als 25 Millionen Jahren gilt der Baikalsee als der älteste See der Erde. Ende 1996 nahm die **UNESCO** den Baikalsee und seine Uferzone in die Liste des **Weltnaturerbes** auf, um dieses einzigartige Ökosystem auch für die nachfolgenden Generationen zu erhalten.

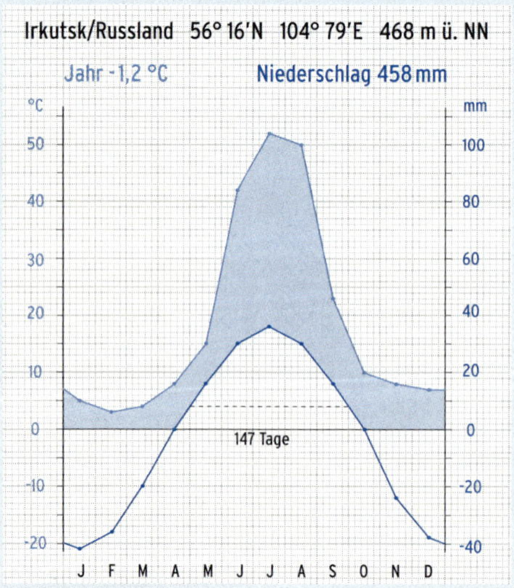

50.1 Klimadiagramm Irkutsk

2.7.2 Baikalsee in Gefahr

Die Belastung und Gefährdung des Baikalsees wird bei der Auswertung der thematischen Karte auf Seite 51 deutlich:

- Die Quellen intensiver Luftverschmutzung liegen am Oberlauf der Angara im Industriegebiet zwischen Irkutsk und Tscheremchowo. Bei Westwind-Wetterlagen werden die Luftschadstoffe zum Baikalsee transportiert und können dort eingetragen werden. Auf dem Wege dorthin wird das bis zu 2574 m hohe Baikalgebirge am Westrand des Sees gestreift, wo stellenweise ein starkes Waldsterben zu beobachten ist.
- Eine intensive Wasser- und Luftverschmutzung geht außer von den Zellstoff- und Papierfabriken in Baikal'sk und Selenginsk auch von der nahen Großstadt Ulan-Ude aus. Eine erhebliche Wasserverschmutzung dürfte auch von der Hauptstadt der Mongolei, Ulaanbaatar (Ulan Bator) ausgehen, die an einem der Quellflüsse der Selenga liegt und mehr als eine halbe Million Einwohner hat (Atlas). Die Abwässer werden unmittelbar in den See eingeleitet oder aber durch die Selenga dorthin transportiert. Die gasförmigen Schadstoffe verbleiben in der Baikalregion (Baikal'sk) oder werden über südöstliche Luftströmungen dorthin verfrachtet. Aufgrund der Beckenlage des Baikalsees treten insbesondere bei **Inversionswetterlagen** im Winter hohe Schadstoff-Konzentrationen in der Luft auf.
- Dazu kommt die lokale Luft- und Wasserverschmutzung aus Ufergemeinden und Nebentälern, die auf lange Sicht die Umweltbelastung des Baikalsees verstärken.
- Beim Holztransport durch Flößerei versinken immer wieder Stämme im Wasser. Auch das trägt zur Verschmutzung des Sees bei.

Da der Wasseraustausch im Baikalsee mindestens 66 Jahre dauert, halten sich eingeleitete Schadstoffe sehr lange. Um den See und die Uferzone zu schützen, wurde ein Schutzkonzept mit Zonierung vorgestellt. Für die Zone 1 mit streng begrenzter Naturnutzung, die den See und seine unmittelbare Uferzone umfasst, sind folgende Maßnahmen vorgesehen:

- Einstellung der Zelluloseproduktion und Umstellung der Werke in Baikal'sk und Selenginsk
- Installation von Abgasreinigungsanlagen in den Wärmekraftwerken der Umgebung
- mittelfristige Umstellung der Energieerzeugung auf Erdgas
- Entwicklung des Fremdenverkehrs und der handwerklichen Volkskunst am See, insbesondere Entwicklung des sanften Tourismus auf der Insel Ol'chon; generell Entwicklung des tertiären Sektors

Die Ziele für die Zone 2, die Pufferzone mit begrenzter Naturnutzung im östlichen Hinterland des Sees einschließlich der Großstadt Ulan-Ude, sind dagegen sehr viel allgemeiner und unverbindlicher formuliert.

Völlig außen vor und somit ohne Auflagen bleiben das Industriegebiet von Irkutsk bis nach Tscheremchowo im Westen, also das Hauptquellgebiet der Luftverschmutzung in der Baikal-Region, sowie das großflächige **Einzugsgebiet** der Selenga im **Entwicklungsland** Mongolei (Atlas).

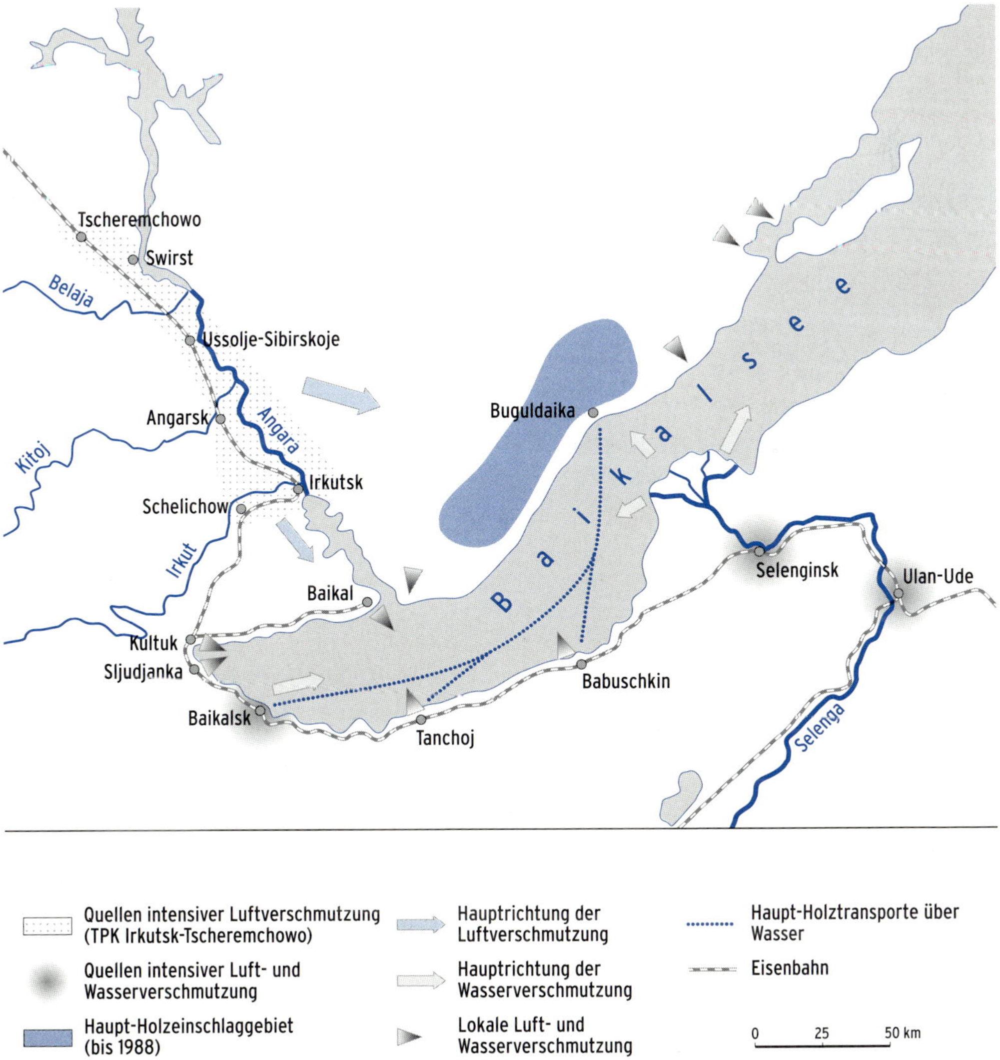

51.1 Umweltbelastung am südlichen Baikalsee

3_Deutschland

3.1 Föderalismus und Raum

Im Unterschied zu zentralistischen Staaten besitzen die Regionen in föderalistischen Staaten wesentlich mehr Rechte und bilden ein politisches und wirtschaftliches Gegengewicht zur Hauptstadtregion. Das **Verkehrsnetz** verbindet die Hauptstadt und die Regionalhauptstädte miteinander bzw. untereinander. Letztere bilden wichtige Knotenpunkte im Verkehrsnetz. Der **Föderalismus** ist geschichtlich und politisch zu erklären: Die Regionen bildeten früher eigene Staaten oder bedeutende Provinzen und sollen die Dominanz des Zentrums verhindern. Außerdem geht es um bürgernahe politische Entscheidungen und um die Schaffung bzw. Erhaltung regionaler Identitäten in einem Staat.
Ausgeprägte föderalistische Staaten sind neben der Bundesrepublik Deutschland z. B. die Schweiz, Belgien, Indien sowie die USA. In Deutschland wollten die Siegermächte nach dem Zweiten Weltkrieg mit den Bundesländern ein politisches Gegengewicht zur Hauptstadt schaffen. Die Bundesländer beruhen im Wesentlichen auf geschichtlich gewachsenen Strukturen bzw. Grenzen (→ Abb. 52.1). So waren Bayern, Württemberg und Sachsen bis zur Reichsgründung 1871 selbstständige Königreiche gewesen, ebenso Hannover bis zur Annektion durch Preußen 1866. Preußen galt als militaristischer Staat und wurde in einzelne Bundesländer aufgeteilt. Weitere selbstständige Einheiten waren die Großherzogtümer Baden, Mecklenburg und Sachsen gewesen. Die Herzogtümer Schleswig und Holstein hatten bis 1864 zum Königreich Dänemark gehört. Als letzte freie Reichsstädte bildeten die Hansestädte Hamburg und Bremen eigenen Stadtstaaten. Aus den preußischen Kernprovinzen im Osten bzw. aus den preußischen Rheinprovinzen im Westen wurden die übrigen Bundesländer gebildet. Eine wichtige Rolle bei der Entstehung von Rheinland-Pfalz und dem Saarland im Westen spielten die Grenzen der französischen Besatzungszone im Westen bzw. das Ergebnis der Volksabstimmung im Saarland 1957.

52.1 Bundesländer in Deutschland

Wegen der erheblichen Unterschiede bei der Fläche, bei der Bevölkerungszahl und bei der Wirtschaftskraft zwischen den Bundesländern (→ Tab. 53.1) werden seit langem Forderungen nach einer **Ländergebietsreform** gestellt, verbunden mit Zusammenlegungen. Ein auch in der Öffentlichkeit viel diskutiertes Modell sieht die Reduzierung der Zahl der Bundesländer von 16 auf 9 vor, um Einsparungen zu erzielen, um wirtschaftlich größere Einheiten zu bilden und auch, um das West-Ost-Gefälle abzubauen:

- „Nordstaat": Schleswig-Holstein, Hamburg und Mecklenburg-Vorpommern
- „Nordweststaat": Niedersachsen, Bremen und Sachsen-Anhalt
- Berlin-Brandenburg (→ Seite 53)
- Nordrhein-Westfalen (unverändert)
- Rheinland-Pfalz-Saarland
- Hessen-Thüringen
- Sachsen (unverändert)
- Baden-Württemberg (unverändert)
- Bayern (unverändert)

Ein weiterer Streitpunkt im föderalen System der Bundesrepublik Deutschland ist der **Länderfinanzausgleich**.

Länderfusion Berlin-Brandenburg?

Einer Zusammenlegung der Bundesländer Berlin und Brandenburg schien Mitte der 1990er-Jahre nichts entgegenzustehen. 1995 unterzeichneten Berlin und Brandenburg einen Staatsvertrag über die Bildung eines gemeinsamen Bundeslandes, den sogenannten Neugliederungsvertrag. Diesem Vertrag stimmten beide Länderparlamente getrennt am 22. Juni 1995 jeweils mit einer Zweidrittelmehrheit zu. Er enthielt u. a. folgende Vereinbarungen:

- Der Name des gemeinsamen Bundeslandes wird Berlin-Brandenburg sein.
- Im Wappen wird der rote brandenburgische Adler auf der Brust das Berliner Bärenwappen tragen.
- Beim Finanzausgleich zwischen der Stadt Berlin und dem künftigen gemeinsamen Land soll die Sonderstellung Berlins ohne Zeitbegrenzung erhalten bleiben.
- Die Nettokreditaufnahme soll in Berlin und in Brandenburg reduziert werden (umgerechnet 2,3 bzw. 1,5 Mrd. Euro).
- Der Sitz von Regierung und Parlament des neuen Bundeslandes Berlin-Brandenburg wird Potsdam sein.

In der vertraglich vorgesehenen Volksabstimmung am 5. Mai 1996 sprach sich die Mehrheit der Bevölkerung gegen die **Länderfusion** aus. Trotz der offensichtlichen Vorteile einer gemeinsamen Verwaltung und Landesplanung, trotz des Einsparpotenzials und trotz der gestärkten Stellung des neuen Bundeslandes vor allem im Osten Deutschlands überwog die Skepsis gegenüber dem Vorhaben. Diese gründete neben strukturellen Unterschieden vor allem auf folgenden Argumenten:

- Berlin mit 3,4 Millionen Einwohnern hätte eine demografische und strukturelle Dominanz besessen und sich politisch immer gegenüber Brandenburger Interessen durchsetzen können.
- Auch finanziell hätte Berlin seine Interessen als Millionenstadt gegenüber den vergleichsweise kleinen Städten und Gemeinden in Brandenburg besser durchsetzen können.
- Die Bildung einer regionalen Identität im erst 1990 neu geschaffenen Bundesland Brandenburg wäre behindert worden.

Ein weiterer Anlauf zu einem politischen Zusammenschluss von Berlin und Brandenburg ist für das Jahr 2010 geplant.

Bundesland	Flächenanteil in %	Bev.anteil in %	Anteil am BIP in %	Arbeitsl.quote in %	Länderfin.ausgl. in Mrd. € ger.
Schleswig-Holstein	4,4	3,4	3,1	9,7	0
Hamburg	0,2	2,1	3,6	9,9	−0,7
Mecklenburg-Vorpommern	6,5	2,1	1,4	20,1	+0,4
Niedersachsen	13,3	9,7	8,6	9,6	+0,4
Bremen	0,1	0,8	1,1	13,2	+0,4
Sachsen-Anhalt	5,7	3,1	2,1	20,5	+0,5
Berlin	0,3	4,1	3,6	18,1	+2,7
Brandenburg	8,3	3,1	2,1	18,8	+0,5
Nordrhein-Westfalen	9,6	21,9	21,9	10,0	0
Rheinland-Pfalz	5,6	4,9	4,4	7,7	+0,3
Saarland	0,7	1,3	1,2	9,5	+0,1
Hessen	5,9	7,4	9,1	7,9	−1,9
Thüringen	4,5	2,9	2,0	16,7	+0,5
Sachsen	5,2	5,2	3,6	17,9	+0,9
Baden-Württemberg	10,0	13,0	14,8	6,2	−2,2
Bayern	19,8	15,1	17,4	6,9	−1,9
Deutschland	100,0	100,0	100,0	10,5	

53.1 Übersicht über die Bundesländer *nach: Fischer Weltalmanach 2005. Frankfurt/Main 2004*

3.2 Naturraum und Naturschutz

3.2.1 Naturräumliche Gliederung

Um die folgenden Beschreibungen richtig zu verstehen, werden eine physisch-geographische und eine geologische Karte von Deutschland benötigt. Beide finden sich in jedem guten Schulatlas. Ganz vereinfacht gesehen kann Deutschland von Norden nach Süden in vier große naturräumliche Einheiten gegliedert werden:

- Norddeutsches Tiefland
- Mittelgebirgsschwelle
- Alpenvorland
- Nördliche Kalkalpen

An der **Nordseeküste** liegen Düneninseln, zum Teil mit Geestkernen, die zu den touristisch attraktivsten Landschaften Deutschlands gehören. Zwischen den Inseln und dem durch Seedeiche gegen Sturmfluten geschützten Festland liegt das einzigartige Wattenmeer, das in Deutschland als Nationalpark geschützt ist. Die eingedeichten Küstengebiete der Nordsee bestehen aus Meeresablagerungen. Es handelt sich um die teilweise unter dem Meeresspiegel liegenden Marschgebiete. Auch die **Ostseeküste** weist streckenweise eine Dünenküste mit Sandstränden auf, die ebenfalls intensiv touristisch genutzt wird. Der größte Teil des **Norddeutschen Tieflandes** wurde erst in den Eiszeiten durch Gletscherablagerungen aus Skandinavien aufgebaut (→ Abb. 55.1). Die Ablagerungen des Gletschers werden als Moränen bezeichnet. Nach der Entstehungszeit werden folgende Gebiete unterschieden:

- Das **Jungmoränenland** mit dem Nördlichen Landrücken und einem bewegten Relief entstand in der Weichsel-Eiszeit (Alpenraum: Würm-Eiszeit) von 72 000 bis 8000 vor Christus.
- Das **Altmoränenland** mit dem Südlichen Landrücken und einem ausgeglicheneren Relief entstand in der Saale-Eiszeit (Alpenraum: Riß-Eiszeit) von 280 000 bis 125 000 vor Christus.

Die typische Landschaftsabfolge in einem durch Eiszeiten geprägten Raum wird als glaziale Serie bezeichnet (→ Abb. 55.1):

- Die flache bis kuppige **Grundmoränenlandschaft** lag unter dem Gletscher und weist vor allem wenig entkalkte, fruchtbare Böden auf.
- Im Bereich der **Endmoränenzüge**, die die Eisrandlagen markieren und vor allem beim Vorstoß der Gletscher aufgeschoben wurden, entstanden durch die Gletscherzungen auch Vertiefungen, die zum Teil bis heute von Seen gefüllt sind, sogenannten Zungenbeckenseen. Diese Seen bilden zusammen mit den Höhenzügen der Endmoränen touristisch attraktive Landschaften, wie z. B. die Mecklenburgische Seenplatte. Die Böden sind größtenteils sandig bis steinig. Daher herrschen hier Waldgebiete vor.
- Vor den Endmoränenzügen wurden durch die Gletscherflüsse im Sommer bzw. am Ende der Eiszeiten die flach geneigten Sander**flächen** aufgeschüttet, die nur sehr karge Sandböden besitzen.
- Die Gletscherflüsse mündeten in die breiten Urstromtäler, die das Norddeutsche Tiefland in die Nordsee entwässerten und teilweise noch heute entwässern, wie das Elbe-Urstromtal. Die Sand- und Moorböden sind zum Teil vernässt und von Dauergrünland, Wald und Mooren bedeckt. Viele Abschnitte dieser Urstromtäler sind heute wichtige **Feuchtbiotope** und Biosphärenreservate.
- Am Rand der Mittelgebirge und in deren Senken wurde von den Gletscherwinden feiner Sand und Staub abgelagert, der sogenannte Löss. Die Lössbörden gehören zu den fruchtbarsten Agrarräumen Deutschlands.

Die geologisch ältesten und am höchsten aufragenden Teile der Mittelgebirgsschwelle gehören dem sogenannten Grundgebirge an und bestehen aus Granit, Gneis und Schiefer (→ Seite 19).

- Der Harz mit dem 1142 m hohen Brocken ragt weit aus der Norddeutschen Tiefebene heraus und ist touristisch dicht erschlossen.
- Das Rheinische Schiefergebirge gliedert sich in Sauerland, Rothaargebirge, Westerwald und Taunus östlich des Mittelrheins sowie Eifel und Hunsrück westlich davon.
- Im Osten bzw. Südosten Deutschlands bilden Erzgebirge, Thüringer Wald, Fichtelgebirge, Oberpfälzer Wald und Bayerischer Wald die markantesten und zugleich höchsten Mittelgebirgszüge. Im Bayerischen Wald liegt an

der Tschechischen Grenze der gleichnamige Nationalpark.

- Schwarzwald und Odenwald bilden im Südwesten eine scharfe Begrenzung zum Grabenbruch der Oberrheinischen Tiefebene.

Große Gebiete der Mittelgebirgsschwelle entstanden erst später, im **Erdmittelalter**:

- Teile des Weserberglandes (unter anderem der Solling), Hessisches Bergland und Pfälzerwald werden aus Buntsandstein aufgebaut, der unter Wüstenbedingungen entstanden ist und nur unfruchtbare Böden besitzt.
- Teile der **Buntsandsteingebiete** bilden zusammen mit Muschelkalk-, Keuper- und Juraschichten das Schwäbisch-Fränkische Schichtstufenland. Schwäbische und Fränkische Alb begrenzen die Mittelgebirgsschwelle nach Südosten.

Der **Grabenbruch der Oberrheinischen Tiefebene** setzt sich über die Hessische Senke und den Leinegraben (Raum Göttingen) nach Norden fort und bildet neben dem tief eingeschnittenen Tal des Mittelrheins und dem Elbtal bei Dresden eine der wichtigsten Leitlinien des Nord-Süd-Verkehrs in Deutschland. Die Oberrheinische Tiefebene und ihre Randgebiete sind neben der **Niederrheinischen Bucht** bei Köln und dem **Zollernalbgraben** auf der Schwäbischen Alb die am stärksten durch Erdbeben gefährdeten Regionen Deutschlands.

Das jüngste und noch immer aktive **Vulkangebiet** ist die Eifel, vor allem der Bereich um den Laacher See. Weitere Vulkangebiete sind z. B. der Westerwald, die große Vulkanruine des Vogelsberges in Mittelhessen und der Kaiserstuhl bei Freiburg im Breisgau.

Eine geologische Besonderheit ist das Nördlinger Ries zwischen Schwäbischer und Fränkischer Alb: Es entstand durch einen **Meteoriteneinschlag (Impact-Struktur)**.

Das **Alpenvorland** war im Tertiär Senkungsgebiet und zeitweise vom Meer bedeckt. Es wurde durch Sedimente aus dem Alpenraum aufgeschüttet (Molassebecken), die am Alpenrand eine Mächtigkeit von bis zu 5000 Metern erreichen. Im Süden überprägte der jüngste Eisvorstoß aus den vergletscherten Alpen, die Würmeiszeit (s. o.), die Landschaft. Es entstanden fruchtbare Grundmoränengebiete, markante Endmoränenzüge und Schotter, Kies- und Sandablagerungen als Teile der glazialen Serie (s. o.). Wichtige Zungenbeckenseen des Alpenvorlandes sind der Bodensee, der Starnberger See und der Chiemsee, die heute touristische **Schwerpunkträume** bilden.

In den schroffen **Nördlichen Kalkalpen**, einer für den Tourismus sehr attraktiven Hochgebirgslandschaft, wird mit der Zugspitze (2963 m über NN) die größte Höhe in Deutschland erreicht.

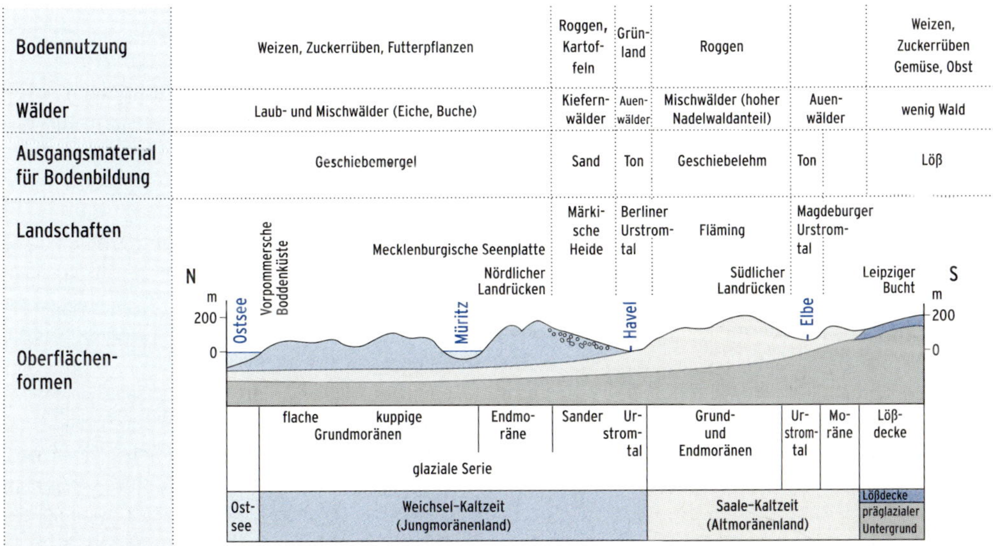

55.1 Schematisches Profil durch das norddeutsche Tiefland

3.2.2 Naturschutz und Landschaftsschutz

Der **Nationalpark-Gedanke** stammt aus den USA. Ziel der Einrichtung von Nationalparken ist der Schutz besonders schöner oder seltener Naturlandschaften oder aber naturnaher Kulturlandschaften, um diese für die nachfolgenden Generationen zu erhalten. In Deutschland müssen **Nationalparke** großräumig abgegrenzt sein und eine Fläche von mindestens 1000 Hektar (= 10 km^2) umfassen. Die größten Nationalparke liegen an der Küste von Nord- bzw. Ostsee (→ Abb. 57.1). Dort stehen die Wattenmeerbereiche der Küstenländer und Hamburgs bzw. Teile der Boddenküste in Vorpommern unter strengem Schutz. Dadurch soll das einzigartige Ökosystem in naturnahem Zustand erhalten werden. Vor allem schädigende Eingriffe des Menschen sollen verhindert werden. Die Nutzung z. B. durch Fischfang und Tourismus ist hier stark eingeschränkt, andernorts sind Land- und Forstwirtschaft stärker betroffen. Um dennoch wirtschaftliche Aktivitäten der ortsansässigen Bevölkerung zu ermöglichen, wird eine **räumliche Zonierung** vorgenommen. So gibt es streng geschützte Kernzonen, Übergangsbereiche und frei zugängliche Bereiche, z. B. Ortslagen. Durch Informationszentren und spezielle Lehrpfade werden die unvermeidlichen Touristenströme konzentriert und gelenkt, denn Nationalparke erweisen sich – wie in den USA – als Besuchermagnete. Untersuchungen im Bayerischen Wald haben ergeben, dass viele Touristen ausschließlich wegen des gleichnamigen Nationalparks anreisen, 90 % davon mit dem eigenen Auto. Jährlich werden dort mehr als 1 Mio. Besucher registriert. Da die Stellplätze für Pkw im Nationalpark nicht mehr ausreichen, verbinden Pendelbusse die außerhalb liegenden Großparkplätze mit den wichtigsten Ausflugszielen bzw. mit den Ausgangs- und Endpunkten der Wanderrouten.

Naturparke sind in sich geschlossene, großflächige Gebiete mit einem besonderen Landschaftsbild, zum Teil auch mit ganz besonderen Ökosystemen. Daher beinhalten sie großräumige Landschaftsschutzgebiete mit bestimmten Nutzungsauflagen und auch kleinräumigere Naturschutzgebiete mit strengen Schutzbestimmungen. Die landwirtschaftliche Nutzung ist meist nur wenig intensiv, da es sich zumeist um naturräumlich benachteiligte Gebiete mit geringer Bevölkerungsdichte handelt (meist unter 50 Einwohner/km^2). Wirtschaftliche Nutzung, Landschaftspflege und Naturschutz müssen in Einklang gebracht werden mit den Interessen des Tourismus. Da die Naturschutz-Auflagen – außer in kleineren Teilbereichen – nicht sehr streng sind, umfassen die deutschen Naturparke (→ Abb. 57.1) mehr als 20 % der Staatsfläche. Sie sind räumlich auf die Mittelgebirgsschwelle konzentriert. Ursprüngliches Ziel ihrer Einrichtung war die touristische Erschließung und dadurch auch die wirtschaftliche Entwicklung strukturschwacher ländlicher Räume. Zielgruppe waren Erholung suchende Menschen aus den benachbarten Ballungsräumen. So wurde z. B. der Naturpark Elbufer-Drawehn im Nordosten Niedersachsens vor allem für Touristen aus Hamburg eingerichtet. Dazu wurden mit staatlicher und mit EU-Förderung Erschließungsstraßen wie die landschaftlich attraktive Elbuferstraße, Wanderparkplätze, Wanderwege und Aussichtstürme eingerichtet. Später kamen Fahrrad- und Reitwege dazu sowie kulturelle Angebote.

Biosphärenreservate (→ Abb. 57.1) werden durch die UNESCO, die Organisation der Vereinten Nationen für Bildung, Wissenschaft und Kultur, im Rahmen des Programms „Der Mensch und die Biosphäre" *(Man and Biosphere)* seit 1970 ausgewiesen. Es handelt sich um großräumige und repräsentative Ausschnitte von Natur- und Kulturlandschaften, in denen die Mensch-Umwelt-Beziehungen im Rahmen von Umweltforschung und -erziehung untersucht werden. Sie dienen der Erhaltung, Entwicklung oder Wiederherstellung einer durch traditionelle und vielfältige menschliche Nutzungsformen geprägten Landschaft. Damit können in dicht besiedelten Regionen, wie z. B. in Mitteleuropa, auch solche Ökosysteme erforscht und geschützt werden, die erst durch den wirtschaftenden Menschen entstanden sind. Im Mittelpunkt des Interesses steht also die historisch gewachsene Biotop- und Artenvielfalt einer Kulturlandschaft. Biosphärenreservate sind in verschiedene Zonen unterteilt:

- Die **Kernzone** besteht aus zum Teil kleinräumigen und streng überwachten Naturschutzgebieten. Sie dient dem Schutz der verbliebenen Reste der Naturlandschaft.
- Die **Pflegezone** dient der Erhaltung historisch gewachsener Kulturlandschaften und schirmt die Kernzone gegen negative Einflüsse nach außen ab.
- Die **Entwicklungszone** ist der Lebens-, Wirtschafts- und Erholungsraum der Bevölkerung bzw. von Touristen. Sie dient der Erprobung von naturverträglichen Wirtschaftsformen und von Renaturierungsmaßnahmen zur Behebung von Landschaftsschäden (= Regenerationszone).

Das **Schutzzonenkonzept** der Biosphärenreservate wurde seit dem Jahr 1972 auch auf Nationalparke übertragen, um diese ökologisch weiterentwickeln und räumlich ausdehnen zu können.

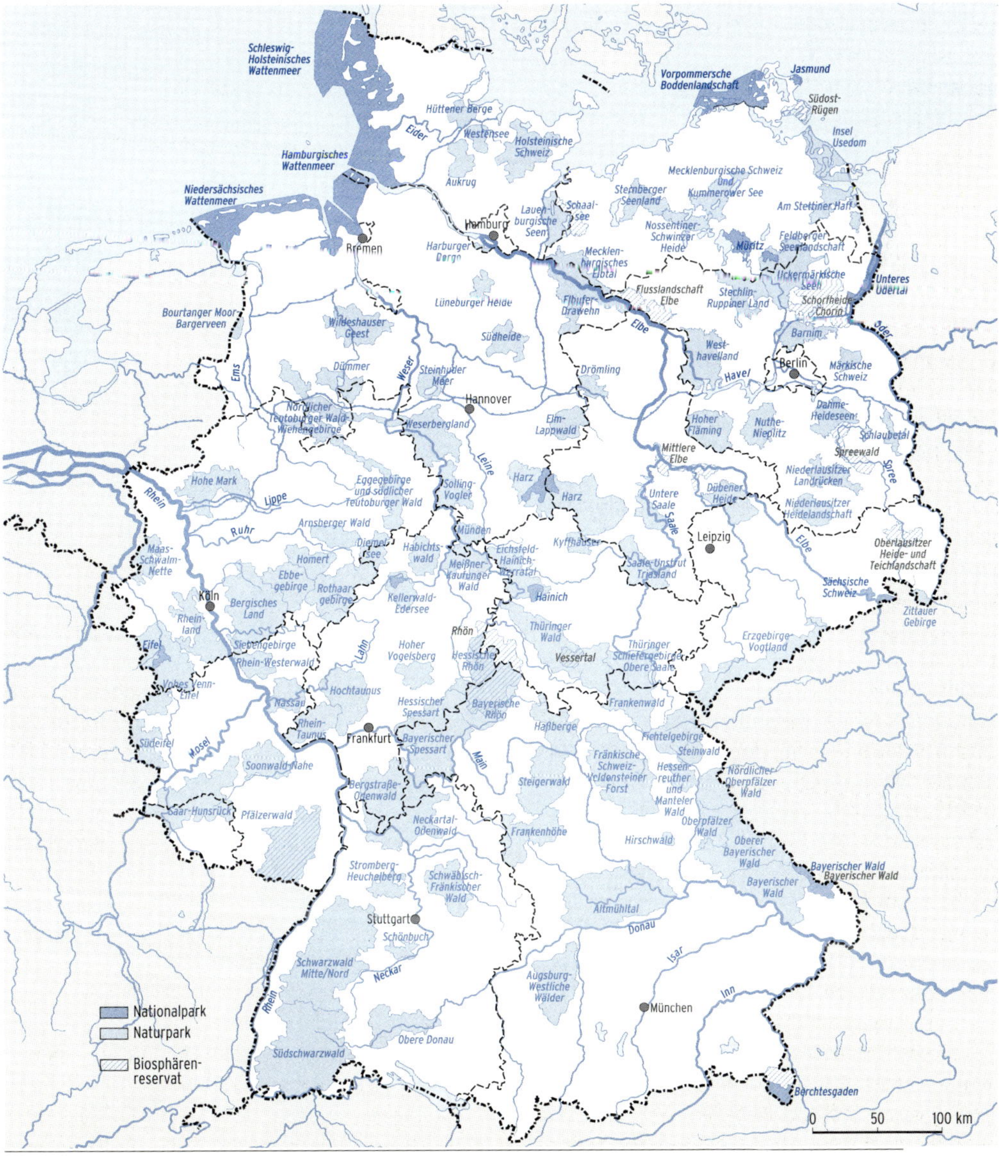

57.1 Nationalparks, Naturparks und Biosphärenreservate in Deutschland

3.3 Bevölkerung

Nach der Russischen Föderation mit rund 143 Millionen Einwohnern ist Deutschland mit 82,5 Millionen Einwohnern (2005) der bevölkerungsreichste Staat Europas. Allerdings ist die Bevölkerungszahl rückläufig. Bevölkerungsprognosen unter Einbeziehung einer kontinuierlichen Zuwanderung sehen folgende Einwohnerzahlen für Deutschland voraus:

- 82 Mio. Einwohner (2025)
- 75 Mio. Einwohner (2040)

Als entscheidend für die Bevölkerungsentwicklung eines Staates gilt die **Gesamtfruchtbarkeitsrate** (*Total Fertility Rate* – TFR). Diese Rate steht für die tatsächliche Zahl der Geburten pro Frau in der reproduktiven Altersphase von 15 bis 45 Jahren. Um die Bevölkerungszahl stabil zu halten, ist eine TFR von 2,1 erforderlich. In Deutschland liegt die TFR nur bei 1,3. Die Geburtenrate liegt bei 0,9 Promille, die Sterberate dagegen bei 1,0 Promille. Daraus resultiert ein negativer Bevölkerungssaldo von – 0,1 Promille. Viele junge Menschen – Frauen **und** Männer – entscheiden sich für Kinderlosigkeit oder aber für ein bis maximal zwei Kinder. Der Hauptgrund für diese Entscheidung sind die sogenannten „**Opportunitätskosten**", das heißt, die Einkommensverluste durch die Erziehungszeiten und den finanziellen Versorgungsaufwand für die Kinder. Damit verbunden sind Einbußen beim Lebensstandard sowie Einschränkungen beim Lebensstil.
Die durchschnittliche **Lebenserwartung** lag im Jahr 2005 bei 79 Jahren (männlich: 76 Jahre/ weiblich: 81 Jahre).

Mit sinkender Geburtenrate wird die **Überalterung** weiter zunehmen. Schon heute ist der Anteil älterer Menschen in Deutschland sehr hoch. So war im Jahr 2005 ein knappes Drittel der Bevölkerung älter als 48 Jahre, etwa ein Viertel war älter als 60 Jahre. Diese Zahlen entsprechen in etwa auch den Angaben im Bevölkerungsdiagramm (→ Wissenskasten „Altersaufbau", oben) für das Jahr 2000. Nach Prognosen des Statistischen Bundesamtes wird 2050 mehr als die Hälfte der deutschen Bevölkerung älter als 48 Jahre sein und etwa ein Drittel 60 Jahre und älter (→ Wissenskasten „Altersaufbau", unten). In der Zukunft verschlechtert sich daher der sogenannte **Altersquotient**, die Relation der 15 bis 64-Jährigen (= Bevölkerung im erwerbsfähigen Alter) zu den über 65-Jährigen (= Rentner). Während der Altersquotient 1995 noch 4,4 betrug, so wird er im Jahr 2050 ohne Zuwanderung bei 1,8,

WISSEN: Altersaufbau

Der Altersaufbau eines Staates wird in der Regel mit einem speziellen Balkendiagramm dargestellt, das die prozentuale oder absolute Verteilung nach Altersgruppen zeigt. Die sogenannte Urnenform ist typisch für hoch entwickelte Industrieländer oder Massenkonsumgesellschaften wie Deutschland (2000) oder Japan mit stark sinkender Geburtenrate und hoher Lebenserwartung.

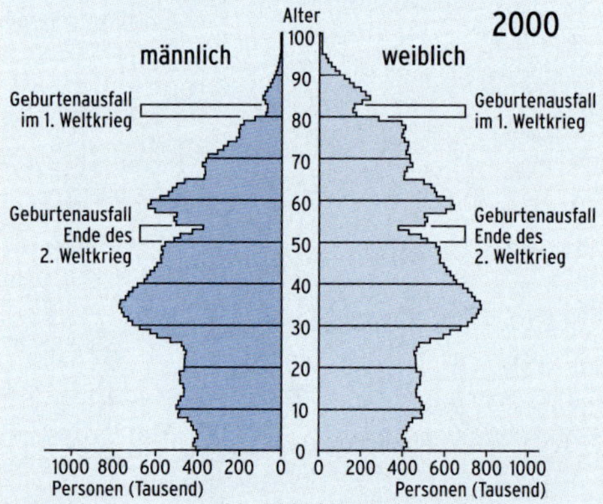

Bei der Pilzform mit starker Überalterung handelt es sich für Deutschland um eine reine Prognose für das Jahr 2050. Die Bevölkerungszahlen des Jahres 2000 wurden fortgeschrieben, ohne allerdings die mögliche Zuwanderung zu berücksichtigen.

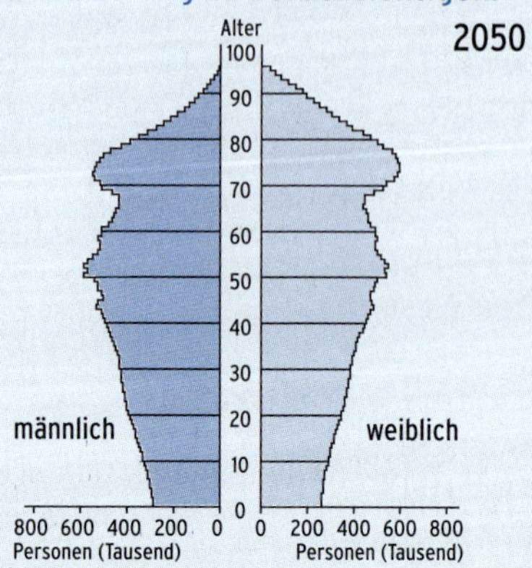

mit einer Nettozuwanderung von 200 000 bis 250 000 Personen pro Jahr bei 2,1 liegen. Das bedeutet zugleich hohe Lasten für die erwerbstätige Bevölkerung: Auf je zwei Erwerbstätige kommt 2050 rechnerisch ein Rentner, bei hoher Arbeitslosigkeit sind es entsprechend mehr. Daher ist eine gezielte Einwanderungs- und Integrationspolitik von großer Bedeutung für die Bevölkerungsentwicklung.

Im Jahr 2004 lag der **Ausländeranteil** in Deutschland bei 8,8 % der Gesamtbevölkerung (Schweiz: 20,5 %). Von den in Deutschland lebenden Ausländern stammen die meisten aus folgenden Staaten (Stand Ende 2005):

- Türkei 1 760 000
- Italien 541 000
- ehem. Jugoslawien 525 000
- Polen 327 000
- Griechenland 310 000
- Russ. Föderation 186 000

Die **regionale Bevölkerungsentwicklung** ist das Ergebnis von natürlichem Bevölkerungssaldo einerseits und **Wanderungssaldo** andererseits. Beim **natürlichen Bevölkerungssaldo** werden Geburten- und Sterberate (in Promille) gegeneinander verrechnet, beim Wanderungssaldo dagegen Zuwanderungs- und Abwanderungsrate (in Promille). Wird z. B. die regionale Bevölkerungsentwicklung in Deutschland von 1990 bis 2001 betrachtet, so ergibt sich ein deutliches West-Ost-Gefälle. Während nämlich in den alten Bundesländern die Bevölkerungszahl um 6,1 % stieg, sank sie in den neuen Bundesländern um 5,8 %. In einzelnen Regionen der alten Bundesländer lag die jährliche Wachstumsrate in diesem Zeitraum bei mehr als +2 %, wie beispielsweise im Landkreis Lüneburg und im Raum Wolfsburg/Gifhorn. Umgekehrt schrumpfte die Bevölkerung in zahlreichen Regionen der neuen Bundesländer jährlich um zum Teil mehr als −2 %, wie im Landkreis Rügen und in der Westprignitz in Brandenburg. Ausnahmen sind das nähere Berliner Umland, das Umland von Rostock und Halle an der Saale sowie der Kreis Nordwest-Mecklenburg.

Eine jährliche Bevölkerungsabnahme weisen in den alten Bundesländern flächenhaft vor allem Teile des Ruhrgebietes und das Saarland auf. Dazu kommen Kernstädte, die durch Strukturprobleme Bevölkerung verlieren. Beispiele sind Wilhelmshaven, Bremerhaven und Kiel im Norden sowie Zweibrücken in der Pfalz. Teilweise wird die Bevölkerungsabnahme der Großstädte aber auch durch die **Suburbanisierung** ausgelöst, durch die Abwanderung aus den Kernstädten in deren Umland. Die Menschen bleiben dann aber innerhalb derselben Stadtregion.

WISSEN: Demografisches Gewicht

Die verzerrte Karte der Bevölkerungsverteilung nach Bundesländern in Deutschland zeigt das hohe demografische Gewicht Nordrhein-Westfalens und innerhalb desselben des Ruhrgebiets. Außerdem wird die Bedeutung der Stadtstaaten Berlin, Hamburg und Bremen in Norddeutschland sichtbar. Insbesondere das Übergewicht Berlins gegenüber Brandenburg wird in dieser Art der Darstellung deutlich, daneben auch die herausragende Bedeutung Hamburgs in einem möglichen Nordstaat gemeinsam mit Schleswig-Holstein und Mecklenburg-Vorpommern. Die Bevölkerungszahl ist in einer Demokratie ausschlaggebend für die Zahl der Wählerstimmen und damit für die politischen Einfluss- und Durchsetzungsmöglichkeiten einer Region. Dazu kommt die Bedeutung als Absatzmarkt.

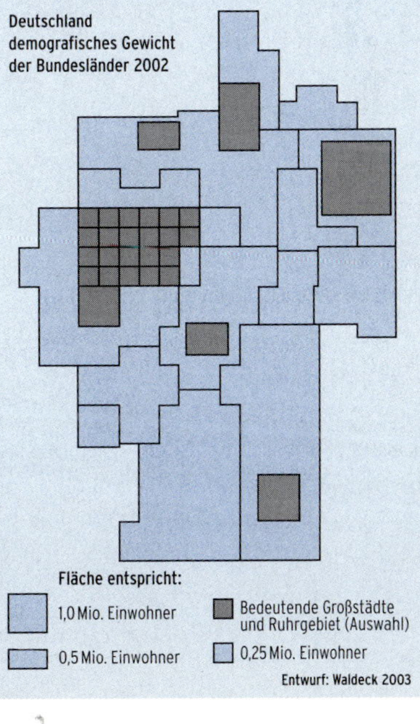

3.4 Stadtentwicklung in Deutschland

3.4.1 Phasen der Stadtentwicklung

Römische Stadtgründungen

Die ersten Städte in Deutschland wurden westlich des Rheins und südlich der Donau durch die Römer gegründet. Römische Städte hatten ein geometrisches Straßennetz, eine Stadtmauer mit Stadttoren, verschiedene Wohngebiete, einen rechteckigen Marktplatz (Forum) und öffentliche Gebäude der Verwaltung. Dazu kamen Tempel – später auch erste Kirchen –, Amphitheater, Circus Maximus und Thermen. Bekannte Beispiele römischer Städte in Deutschland sind Trier, Köln und Mainz. Die Blütezeit der römischen Städte in Deutschland lag im 3./4. Jahrhundert nach Christus.

Die gewachsene mittelalterliche Stadt

Keimzellen späterer Städte entstanden nach den Zerstörungen der Völkerwanderungszeit erst wieder im 8./9. Jahrhundert: Solche Keimzellen waren befestigte karolingische Königshöfe an Heer- und Handelsstraßen, sogenannte Burgen oder Pfalzen. Auch bischöfliche Burgen oder Klosterburgen dienten als Ausgangspunkt für die Stadtentwicklung. In Anlehnung an solche Burgen entstanden Kaufmannssiedlungen, sogenannte Wiks. Bis 1150 wuchsen diese mittelalterlichen Städte durch Stadterweiterungen. Dabei wurden die Vororte durch Erweiterung des Mauerrings in die Stadtgrenzen einbezogen und dadurch zu Stadtvierteln.
Das Verbreitungsgebiet der gewachsenen mittelalterlichen Stadt reichte bis an die **Elbe-Saale-Linie** im Osten.

Geplante Städte des Mittelalters

Zwischen 1150 und 1250 entstanden planmäßig angelegte Städte im Westen des Reichsgebietes zur Verdichtung des Städtenetzes durch Kaiser und Territorialherren und östlich der Elbe-Saale-Linie im Rahmen der sogenannten Ostkolonisation, der planmäßigen Besiedlung der von Slawen bewohnten Gebiete. Der große, fast quadratische Markt bildete den Mittelpunkt der Städte im Osten, und das Straßennetz war annähernd oder streng geometrisch angelegt (Bestes Beispiel: Neubrandenburg).

Das heutige **Berlin** entstand an Handelswegen über die Spree im Rahmen der Ostkolonisation aus den beiden Städten Berlin im Nordosten und Cölln im Südwesten des Spreeübergangs. Urkundlich als Städte erwähnt wurden Berlin und Cölln erstmals um 1240.

WISSEN: Mittelalterliche Städte

- **scharfe Abgrenzung zum Umland (Stadtmauer mit Toren) und typische Silhouette (besonders Burgen und Kirchtürme)**
- **enges und verwinkeltes Straßennetz, zum Teil mit längeren Handelsstraßen quer durch die Stadt über den Marktbereich**
- **Gliederung in verschiedene Wohngebiete nach Entstehungszeit, nach Kirchspielen, Berufsgruppen (Gilden) und sozialem Status**
- **enge Verbindung von Wohnen und Arbeiten auf engem Raum in einem Haus**
- **Ausdruck des sozialen Status durch Bauhöhe und Baumaterial des Gebäudes**
- **Stadtrechte: unter anderem Befestigungsrecht, Marktrecht, Stapelrecht, Münzrecht, Gerichtsbarkeit**

Städte der Neuzeit

Vom 16. bis zum 18. Jahrhundert entstanden im Zeitalter der Renaissance bzw. später während des Absolutismus vor allem planmäßig angelegte Residenzstädte. Auch vorhandene Städte wurden umgestaltet und erhielten als Ausdruck des fürstlichen oder königlichen Herrschaftsanspruchs geometrische Formen. Die wichtigsten Straßenachsen wurden auf das Schloss als Machtzentrum ausgerichtet, wie z. B. in Karlsruhe. Auch Park- und Gartenanlagen wurden nach französischem Vorbild streng geometrisch angelegt. Breite Alleen durchzogen die Stadt, wie beispielsweise in **Berlin** der Kurfürstendamm. Die Stadtbefestigungen wurden nach dem Vorbild des französischen Festungsbaumeisters Vauban mit Bastionen ausgestattet. Berlin war etwa um 1450 zur Residenzstadt der Kurfürsten von Brandenburg geworden, mit der Gründung des Königreiches Preußen im Jahr 1701 wurde es weiter aufgewertet und nach Westen und Süden erweitert.

Die Stadt im Industriezeitalter

Im 19. und bis zur Mitte des 20. Jahrhunderts wuchsen die Städte in Deutschland vorrangig durch die Industrialisierung. Der wachsende Arbeitskräftebedarf zog zahlreiche Zuwanderer aus peripheren ländlichen Regionen an. Dazu kam die hohe Geburtenrate seit der Mitte des 19. Jahrhunderts. Die Großstädte wuchsen ins Umland. Durch die Gründung des Deutschen Kaiserreiches 1871 wurde Berlin zum politischen Zentrum Deutschlands und zum wichtigsten Verkehrsknotenpunkt. Um die Jahrhundertwende wurde Berlin auch zur größten Industriestadt Deutschlands. Da die beiden wichtigsten Betriebe (Siemens und AEG) zur Elektroindustrie gehörten, spricht man auch vom Aufstieg Berlins zur „Elektropolis". Die Einwohnerzahl Berlins stieg von rund 550 000 im Jahr 1861 auf 2,1 Millionen im Jahr 1912. Erst durch die Eingemeindungen von 1920 erhielt Berlin seine heutige Flächenausdehnung von rund 890 km². Groß-Berlin wurde damals zu einer der flächengrößten und bevölkerungsreichsten **Metropolen** der Erde, in Bezug auf die Einwohnerzahl nur übertroffen von New York und London. Bis 1943 stieg die Bevölkerungszahl der Stadt in den neuen Stadtgrenzen auf knapp 4,5 Millionen, das bisherige absolute Maximum. Groß-Berlin entwickelte sich in den 1920er-Jahren zum nationalen und internationalen Wirtschafts-, Finanz-, Wissenschafts- und Kulturzentrum.

Der gravierendste Einschnitt in der Stadtentwicklung waren die flächenhaften Zerstörungen durch die alliierten Bombenangriffe im Zweiten Weltkrieg und durch die Straßenkämpfe 1945. Mit dem Mauerbau von 1961 wurde die Teilung der Stadt vorerst besiegelt. Berlin wurde zur Frontstadt des Kalten Krieges, West-Berlin war eine Enklave innerhalb der früheren DDR. Erst nach der deutschen Wiedervereinigung von 1990 begann wieder eine normale Stadtentwicklung, gefördert durch den Umzug der Regierung von Bonn nach Berlin.

>> BEISPIEL: Berlin Kreuzberg

Der Stadtteil Berlin-Kreuzberg gehört zum sogenannten **Wilhelminischen Mietshausgürtel**, der sich von 1850 bis 1900 entwickelte und ringförmig um den historischen Kern liegt. Die Bevölkerungsdichte liegt hier noch heute bei über 16000 Ew./km². Ursprünglich war Kreuzberg 1840 als Luisenstadt mit einem abwechslungsreichen Grundrissplan entworfen worden, der interessante Plätze, Grünflächen und Sichtachsen vorsah. Durch Grundstücks- und Wohnungsspekulanten wurde nicht nur die geschlossene Blockrandbebauung mit vier- bis fünfgeschossigen Mietshäusern hochgezogen, sondern auch die Seitenflügel und Quergebäude um den engen Hinterhof (siehe Grundrissplan). Dadurch und durch die Aufteilung sowie Überbelegung der einzelnen Wohnungen entstanden die hohen Wohndichten und die menschenunwürdigen Wohnverhältnisse.

Gebaut für das ärmere Bürgertum Berlins, das durch die Expansion der **City** aus dem Stadtkern verdrängt wurde, sowie für Zuwanderer aus den ländlichen Provinzen, waren die Wilhelminischen Mietshäuser reine Renditeobjekte mit minimalen Wohnstandards. Zahlreiche Hinterhof- und Stockwerksfabriken verschlechterten das Wohnumfeld und damit die Lebensbedingungen in der damals „größten Mietskasernenstadt der Welt" zusätzlich. Nach dem Zweiten Weltkrieg entwickelte sich Kreuzberg – wie Wedding im Norden – zum Ziel ausländischer Immigranten mit der Tendenz zur **Ghettobildung**. Durch Sanierungsprogramme wurde zwar die Wohnsituation verbessert, allerdings wurden auch ärmere Mieter verdrängt.

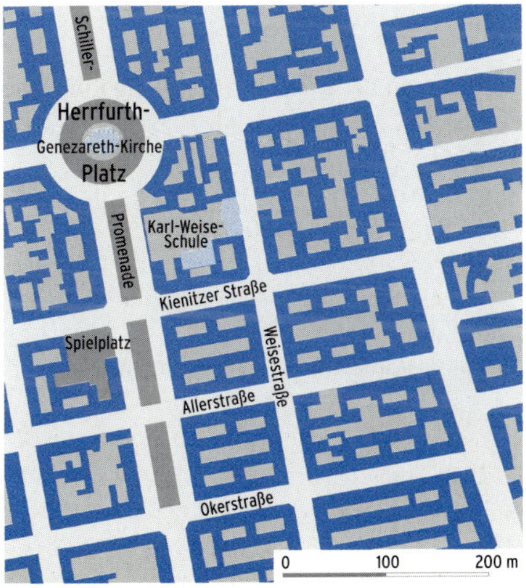

3.4.2 Berlin – Stadtstruktur

Die → Karte 62.1 zeigt die räumlichen Grundstrukturen Berlins nach Stadtbezirken. Dabei werden die Stadtbezirke nach ihren wichtigsten Funktionen und nach ihren baulichen und sozialen Merkmalen unterschieden.

- Der ursprüngliche Kern der **Stadt** liegt im Bezirk Mitte. Hier hat sich seit der Wiedervereinigung 1990 allmählich eine gemischte Dienstleistungscity entwickelt, die das Image von Berlin prägt – zusammen mit Bundestag, Bundeskanzleramt und repräsentativen Bauten wie Brandenburger Tor und Siegessäule im angrenzenden Bezirk Tiergarten.
- Die Bezirke Wedding, Prenzlauer Berg, Friedrichshain und Kreuzberg liegen als Teile des Wilhelminischen Mietshausgürtels (→ Seite 61) mit hoher Bebauungs- und Bevölkerungsdichte ringförmig um den Bezirk Mitte herum. In diesen Innenstadtbezirken steht die Wohnbevölkerung an verkehrsgünstig gelegenen Standorten unter Verdrängungsdruck durch expandierende Geschäfts- und Büronutzungen aus der angrenzenden **City**.
- Die westlich angrenzenden Bezirke Charlottenburg, Wilmersdorf und Schöneberg beherbergen Teilbereiche der City West, die in der Zeit der Teilung (1945 bzw. 1961 bis 1989/90) stark expandierte und in angrenzende Wohngebiete eindrang.
- Nach außen folgt eine sektorale Nutzungsstruktur. So sind die Wohnstädte Nord-Ost geprägt durch die in der früheren DDR entstandenen **Großwohnsiedlungen** in industriell vorgefertigter **Plattenbauweise**, fast reine **Satellitenstädte** mit Wohnfunktion. Bekanntestes Beispiel ist Marzahn mit knapp 60 000 Wohnungen und rund 150 000 Einwohnern auf ca. sechs Quadratkilometern.
- Den Gegenpol zu den Wohnstädten Nord-Ost bildet die Wohnregion Süd-West, ein Sektor mit zahlreichen durchgrünten Villenvierteln, die hier vor allem in der Gründerzeit des Deutschen Reiches nach 1871 entstanden.
- Die gemischten Wohnbezirke im Norden und im Süden umfassen Verkehrs- und Gewerbeflächen, aber auch Wohngebiete unterschiedlichsten Standards, wie die Großwohnsiedlung Märkisches Viertel im ehemaligen Westberlin bis hin zu Villenvierteln wie in Frohnau – beide im Norden Reinickendorfs.
- Eine eigene Entstehungsgeschichte haben Spandau im Nordwesten und Köpenick im Südosten, die als mittelalterliche Stadtgründungen bereits 1197 bzw. 1209 entstanden, also noch vor Berlin und Cölln. Während Spandau stärker durch Gewerbe- und Verkehrsflächen geprägt wird, zeichnet sich der Bezirk Köpenick als Naherholungsgebiet aus mit dem Müggelsee und mit ausgedehnten Waldgebieten.

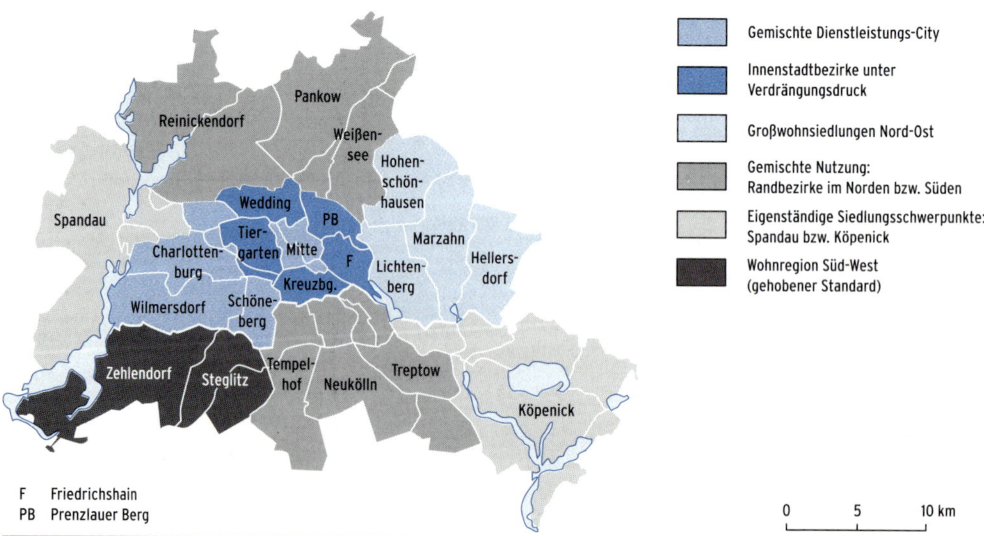

62.1 Berlin – räumliche Strukturen nach Stadtbezirken

3.4.3 Berlin-City

Die → Karte 63.1 zeigt die maximale Ausdehnung der City in der Berliner Innenstadt. Innerhalb des Citybereiches sind auch kleinere Wohngebiete vorhanden, die wegen der generalisierten Darstellung nicht extra ausgewiesen werden konnten. Etwas optimistisch ist der Bereich zwischen der City West um den Zoologischen Garten und der City Ost im Gebiet Potsdamer Platz/Gleisdreieck ausgefüllt worden, der erst noch zusammenwachsen muss. Auch im Bereich Lehrter Bahnhof, der inzwischen nach dem Konzept der Deutschen Bahn als Berliner Hauptbahnhof dient, fehlen bislang noch die für eine City typischen Nutzungen. Daher handelt es sich bei dieser Karte eher um eine Planungskarte, die die zukünftige Entwicklung vorwegnimmt. Dabei wird für die Zukunft von einer Überlastung des Citybereiches ausgegangen, sodass in einem Ring um die City herum **Entlastungszentren** geplant werden, die an den vier genannten Kreuzen (gemeint sind die Kreuzungen von Hauptverkehrsachsen) liegen sollen. Allerdings kann es bei einer solchen Planung zum Bedeutungsverlust des eigentlichen Citybereiches kommen, der eine zu starke Konkurrenz durch die neuen Zentren am (geplanten) Autobahn-Innenring erfährt. Gut zu sehen sind die bandartigen Ausläufer der City an den Ausfallstraßen.

WISSEN: City

Als City wird im Deutschen das Hauptgeschäftszentrum einer Großstadt bezeichnet. Im amerikanischen Englisch wird dagegen vom *Central Business District* (CBD) gesprochen. In der City konzentrieren sich einerseits Kaufhäuser, hoch spezialisierte Einzelhandelsgeschäfte des eher seltenen Bedarfs (Boutiquen) und Filialen großer Einzelhandelsketten, die die hohen Ladenmieten der Citylagen aufbringen können. Auch spezialisierte Dienstleistungen (Banken, Versicherungen, Immobilienagenturen, Reisebüros, Facharztpraxen, Anwaltskanzleien...) finden hier ihren günstigsten Standort. Die Bebauung ist sehr dicht, Miet-, Pacht- und Bodenpreise erreichen ihre höchsten Werte innerhalb der Stadtregion. Zugleich besitzt die City die beste Erreichbarkeit im öffentlichen Personennahverkehr. Die Folge sind große Einpendlerströme der Beschäftigten im Tertiären Sektor und zugleich zahlreiche Einkaufspendler. Bei einer Expansion der City wird die noch verbliebene Wohnbevölkerung am Cityrand verdrängt, denn Laden- und Büromieten sind höher als Wohnungsmieten. Aufgrund von **Fühlungsvorteilen** bilden sich innerhalb eines Citybereiches meist **Standortgemeinschaften** heraus.

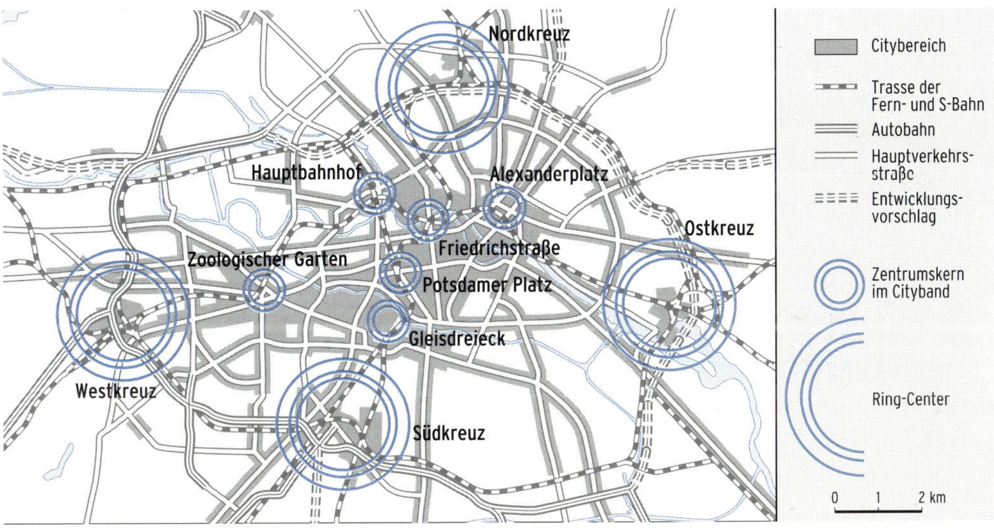

63.1 Dienstleistungszentren an den Kreuzen

3.4.4 Städtesystem

Aus geschichtlichen Gründen fehlt in Deutschland – im Gegensatz zu Frankreich – eine Primatstadt, eine Metropole, die alle anderen Städte des Systems an Größe, Wirtschaftskraft, politischer und kultureller Bedeutung weit übertrifft. Bis zur vergleichsweise späten politischen Einheit 1871 bestand Deutschland aus Einzelstaaten mit jeweils eigener Hauptstadt. Diese blieb auch später für ihre Region bestimmend. Wichtige Funktionen einer Metropole verteilten und verteilen sich noch immer auf die bedeutendsten Großstädte, Verkehrsknotenpunkte und Kulturzentren im Westen bzw. Osten Deutschlands:

1. **Hamburg** (Handel, Printmedien, Konsulate)
2. **München**(Hauptstadt Bayerns, Filmmedien, neue Technologien)
3. **Frankfurt** (Banken, Börse, Messe, Flughafen)
4. **Stuttgart** (Hauptstadt von Baden-Württemberg, Industrie, Messen)
5. **Köln** (TV-Medien, Versicherungen, Messen)
6. **Düsseldorf** (Hauptstadt von Nordrhein-Westfalen, Banken, Mode, Messen)
7. **Hannover** (Hauptstadt von Niedersachsen, Messezentrum)
8. **Leipzig** (Messe und Industrie)
9. **Dresden** (Hauptstadt von Sachsen, neue Technologien)
10. **Bonn** (vorübergehend Hauptstadt)

Insgesamt ist heute das Städtesystem in Deutschland ausgeglichener als in Frankreich. Dies wird auch begünstigt durch das föderale politische System in Deutschland, das den Regionen wichtige Entscheidungskompetenzen zubilligt. Daher besitzen auch die regionalen Zentren mehr Bedeutung. Das Verkehrsnetz verbindet die Regionalmetropolen untereinander und mit Berlin.

WISSEN: Rang-Größen-Regel

Mit Hilfe der **Rang-Größen-Regel** lassen sich Zusammenhänge zwischen der Größe einer Stadt und ihrem Rang im Städtesystem eines Staates oder einer Region aufzeigen. Der deutsche Geograph AUERBACH hat die Rang-Größen-Regel 1913 formuliert. Sie besagt, dass in ausgewogenen Städtesystemen die Einwohnerzahl (P) einer Stadt des Rangplatzes n in etwa dem n-ten Teil der Einwohnerzahl der größten Stadt entspricht. Daher gilt: $P_n = P_1 : n$
Dabei werden alle Städte des betrachteten Systems in absteigender Reihe nach ihrer Einwohnerzahl geordnet.

Für die grafische Darstellung der Rang-Größen-Verteilung in einem bestimmten Städtesystem werden auf der y-Achse die Einwohnerzahlen und auf der x-Achse die Rangplätze eingetragen. Im Idealfall ist die Stadt auf Rangplatz 2 halb so groß wie die größte Stadt, die Stadt auf Rangplatz 3 ein Drittel so groß, usw. Bei einer logarithmischen Skalierung der y-Achse erhält man statt einer Kurve im Idealfall eine Gerade. Durch die Grafik gewinnt man einen ersten Eindruck vom demografischen Gewicht der Städte in einem System.

Bei der Dominanz der größten Stadt spricht man von einer Primatverteilung (vgl. Paris). Bei zwei annähernd gleich großen **Metropolen** in einem System ergibt sich eine bipolare Verteilung. Problematisch ist allerdings die Wahl des statistischen Bezugsraumes für die Angabe der Stadtgröße(n). Die Zahl für das administrative Stadtgebiet führt zu anderen Ergebnissen als die Zahl für die Stadtregion bzw. die **Agglomeration**, zumal diese innerhalb eines Systems von Stadt zu Stadt anders definiert sein kann. Außerdem wird die unterschiedliche räumliche Verteilung der Städte in einem Staat oder in einer Region nicht berücksichtigt.

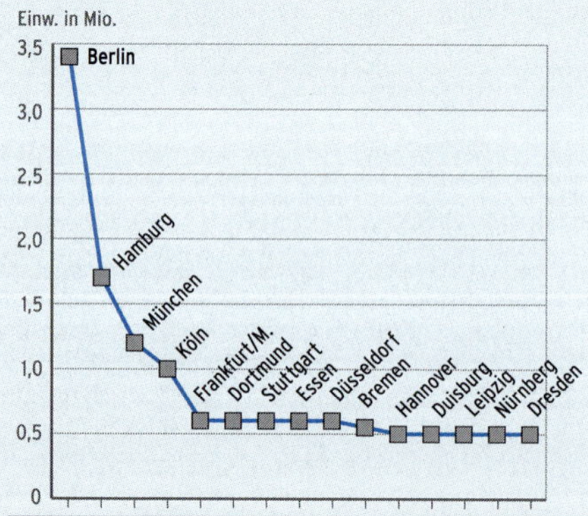

64.1 Rang-Größen-Regel
Quelle: Fischer Weltalmanach 2005

3.4.5 Zentrale Orte und Metropolen

Die Bedeutung von Städten hängt nicht automatisch von ihrer Größe ab, sondern vor allem von den Funktionen für ihre Einwohner selbst und für die Bewohner des Umlandes, ihres Einzugsbereichs. Städte besitzen also einen Bedeutungsüberschuss, der Fachbegriff dafür lautet Zentralität. Die Theorie der Zentralen Orte untersucht die Funktionen von Städten und ihre Stellung in der **zentralörtlichen Hierarchie** einer Region, eines Staates und darüber hinaus auch supranational (z. B. europäische Metropolen) oder weltweit (Global Cities). Seit Mitte der 1990er-Jahre gelten Städte mit Metropolfunktionen als höchste Stufe der zentralörtlichen Hierarchie in Deutschland. Sie haben nationale und vor allem auch internationale Verflechtungen. Ihr **Einzugsbereich** wird als Metropolregion bezeichnet und hat mehrere Millionen Einwohner. Metropolen haben folgende Funktionen:

- **Entscheidungs- und Kontrollfunktionen:** Unternehmenszentralen nationaler oder transnationaler Unternehmen (Global Player) haben hier ihren Sitz. Dazu kommen staatliche oder regionale Regierungsfunktionen und Verwaltungen sowie unter Umständen supranationale Organisationen wie die Europäische Zentralbank in Frankfurt.
- **Funktion als Innovationszentrum:** Durch die hohe Dichte von Wissenschafts- und Forschungseinrichtungen sowie wissensintensiver Dienstleister entsteht ein hohes Innovationspotenzial. Außerdem ist ein vielfältiges kulturelles Angebot vorhanden. Aus einem „kreativen Milieu" heraus mit vielen persönlichen Kontakten entstehen Innovationen.
- **Gateway-Funktionen:** Eine gute nationale und internationale Erreichbarkeit durch eine hochrangige Verkehrsinfrastruktur (Flughafen, Autobahnknoten, ICE-Haltepunkt, Datenautobahnen) muss gegeben sein. Medien und Kongresse sollten eine große Rolle spielen für den Zugang zu Wissen. Als Zugang zu Märkten dienen vor allem nationale und internationale Messen und Ausstellungen.

In Deutschland gibt es neben **monozentrischen Metropolregionen** (Berlin, Hamburg und München) auch **polyzentrische Metropolregionen** wie Rhein-Ruhr und Rhein-Main (→ Abb. 67.1).

WISSEN: Theorie der Zentralen Orte

Die Theorie der Zentralen Orte wurde 1933 vom deutschen Geographen Walter CHRISTALLER entwickelt. Sie fand nach dem Zweiten Weltkrieg internationale Verbreitung und Anerkennung und wurde auch für die Raumplanung nutzbar gemacht. Ein Zentraler Ort versorgt demnach nicht nur die eigene Bevölkerung, sondern auch die Bevölkerung seines Umlandes, des sogenannten Einzugsbereiches, mit Gütern und Dienstleistungen. Er besitzt also einen Bedeutungsüberschuss (= Zentralität).

Um rentabel zu sein, benötigen zentralörtliche Einrichtungen wie Geschäfte, Büros und Praxen einen bestimmten Umsatz. CHRISTALLER geht davon aus, dass durch die randliche Überlappung der im Idealfall kreisrunden Einzugsbereiche bei flächendeckender Versorgung des Marktes ein Muster von Sechsecken entsteht. Die Einzugsbereiche sind umso größer, je spezialisierter eine zentralörtliche Einrichtung ist. Somit entwickelt sich eine **zentralörtliche Hierarchie**, eine Abstufung der Zentralen Orte nach ihrer Bedeutung.

- **Oberzentrum** = Standort hochwertiger, spezialisierter zentraler Einrichtungen im wirtschaftlichen, politischen, sozialen und kulturellen Bereich. Mindestens 100 000 Einwohner im Zentralen Ort und 250 000 – 500 000 Einwohner im **Verflechtungsbereich** (Erreichbarkeit in maximal 90 Minuten mit dem **ÖPNV**).
- **Mittelzentrum** = Standort zentraler Einrichtungen, die ein vielfältiges Infrastrukturangebot für Bevölkerung und Wirtschaft mit regionaler Bedeutung bereitstellen. Mindestens 10 000 Einwohner im Zentralen Ort und 20 000 – 40 000 Einwohner im **Verflechtungsbereich** (Erreichbarkeit in maximal 60 Minuten mit dem ÖPNV).
- **Unterzentrum** = Standort wesentlicher Versorgungseinrichtungen zur Grundversorgung der Bevölkerung. Mindestens 2000 Einwohner im Zentralen Ort und 5000 Einwohner im Verflechtungsbereich (Erreichbarkeit in maximal 30 Minuten mit dem ÖPNV).

3.5 Räumliche Disparitäten

3.5.1 Einführung und Überblick

WISSEN: räumliche Disparitäten

Unter dem Begriff **„räumliche Disparitäten"** versteht man jene Unterschiede in der Entwicklung von Staaten bzw. Regionen, die sich entscheidend auf **Lebenserwartung**, Lebenschancen, Lebensstandard, Lebensqualität und Lebensstil ihrer Bewohner auswirken.

3

Wichtige Ursachen für die Entstehung räumlicher Disparitäten sind Ungleichheiten zwischen Staaten bzw. Regionen

- in der naturräumlichen Ausstattung (Klima, Böden, **Ressourcen**);
- in der infrastrukturellen Ausstattung (Autobahnen, schnelle Bahnverbindungen, Flughäfen, Güterverteilzentren, Datenautobahnen);
- in der zentralörtlichen Ausstattung (Dienstleistungs- und Versorgungsangebot, Arbeitsplatzangebot, Bildung und **Kultur**);
- in der wirtschaftlichen Entwicklung (Bedeutung der **Wirtschaftssektoren**, Branchenstruktur und -vielfalt);
- in den politischen Einfluss- und Durchsetzungsmöglichkeiten (Wählerpotenzial, damit Zahl der politischen Repräsentanten).

Räumliche Disparitäten sind historisch gewachsen und wirken sich nachhaltig – in Entwicklungsländern sogar existenziell – auf die Lebensbedingungen der Menschen in verschiedenen Staaten bzw. Regionen aus. Die räumlichen Disparitäten sind nicht statisch zu betrachten, sondern sie können sich durch selbstverstärkende wirtschaftliche Prozesse verschärfen oder aber durch neuere wirtschaftliche Entwicklungen verringern.
Auch durch das politische System eines Staates können räumliche Disparitäten eher verstärkt (**Zentralismus**) oder eher abgebaut werden (**Föderalismus**). Die Wirksamkeit von Raumplanung und **Subventionen** in Bezug auf den Abbau räumlicher Disparitäten ist aber durchaus umstritten.

Räumliche Disparitäten existieren auf verschiedenen räumlichen Ebenen: global, zwischen verschiedenen Staaten, regional, intraregional und – innerhalb von Städten – auch lokal. Im letzteren Fall spricht man von **sozialräumlichen Disparitäten**. Ihre Erfassung ist abhängig von der Qualität der statistischen Daten und ihrer räumlichen Basis.

Wichtige ökonomische, soziale und demografische Indikatoren für die Beschreibung und Analyse räumlicher Disparitäten sind unter anderem folgende:

- BIP absolut und pro Einwohner
- Anteil der Wirtschaftssektoren am BIP
- Anteile der Beschäftigten in den **Wirtschaftssektoren**
- Branchenstruktur in Industrie und Dienstleistungen
- Arbeitslosenquote und Sozialhilfequote
- Lebenserwartung und Kindersterblichkeit
- Einwohner pro Krankenhaus/Arzt/Facharzt
- Analphabetenrate sowie Anteile mittlerer bzw. höherer Bildungsabschlüsse (z. B. Abitur oder Universitätsabschluss)
- **Erreichbarkeit** zentralörtlicher Einrichtungen (Entfernung in km bzw. Zeitaufwand)
- Bevölkerungszahl absolut und Bevölkerungsdichte
- Altersstruktur (Bevölkerungsaufbau)
- **Natürlicher Bevölkerungssaldo** (Geburten minus Sterberate) und **Wanderungssaldo** (Zuwanderung minus Abwanderung)

In der → Karte 67.1 werden drei Raumkategorien unterschieden. Kriterien der Abgrenzung sind die Erreichbarkeit der Zentren, vor allem der wichtigeren Zentren mit bedeutenden Metropolfunktionen, und die Bevölkerungsdichte, die für die Entstehung eines kreativen Milieus (→ Seite 65) benötigt wird.

Der größte **Zentralraum** ist die **Metropolregion** Rhein-Ruhr im Westen, innerhalb derer Düsseldorf, Köln, Bonn und Essen die meisten Metropolfunktionen besitzen. Es folgen die Ballungsräume Rhein-Main um Frankfurt, Mittlerer Neckar um Stuttgart und München im Süden. Die meisten Metropolfunktionen besitzen im Norden Berlin, Hamburg und Hannover. Zu erwähnen ist auch noch Leipzig. Alle anderen Metropolregionen sind dagegen eher zweitrangig. **Zwischenräume** haben eine hohe Bevölkerungsdichte und gute Verkehrsverbindungen zu den Zentren. In diesen Zwischenräumen, die auch als **Intermediäre Räume** bezeichnet werden, sind die Lebensbedingungen oftmals besser als in den großen Zentren selbst mit ihren Umweltproblemen und sozialen Spannungen. **Peripherräume** mit dünner Besiedlung und schlechter Verkehrsanbindung nehmen die größte Fläche in Deutschland ein. Sie haben keine bedeutenden Städte und gelten als **Passivräume**.

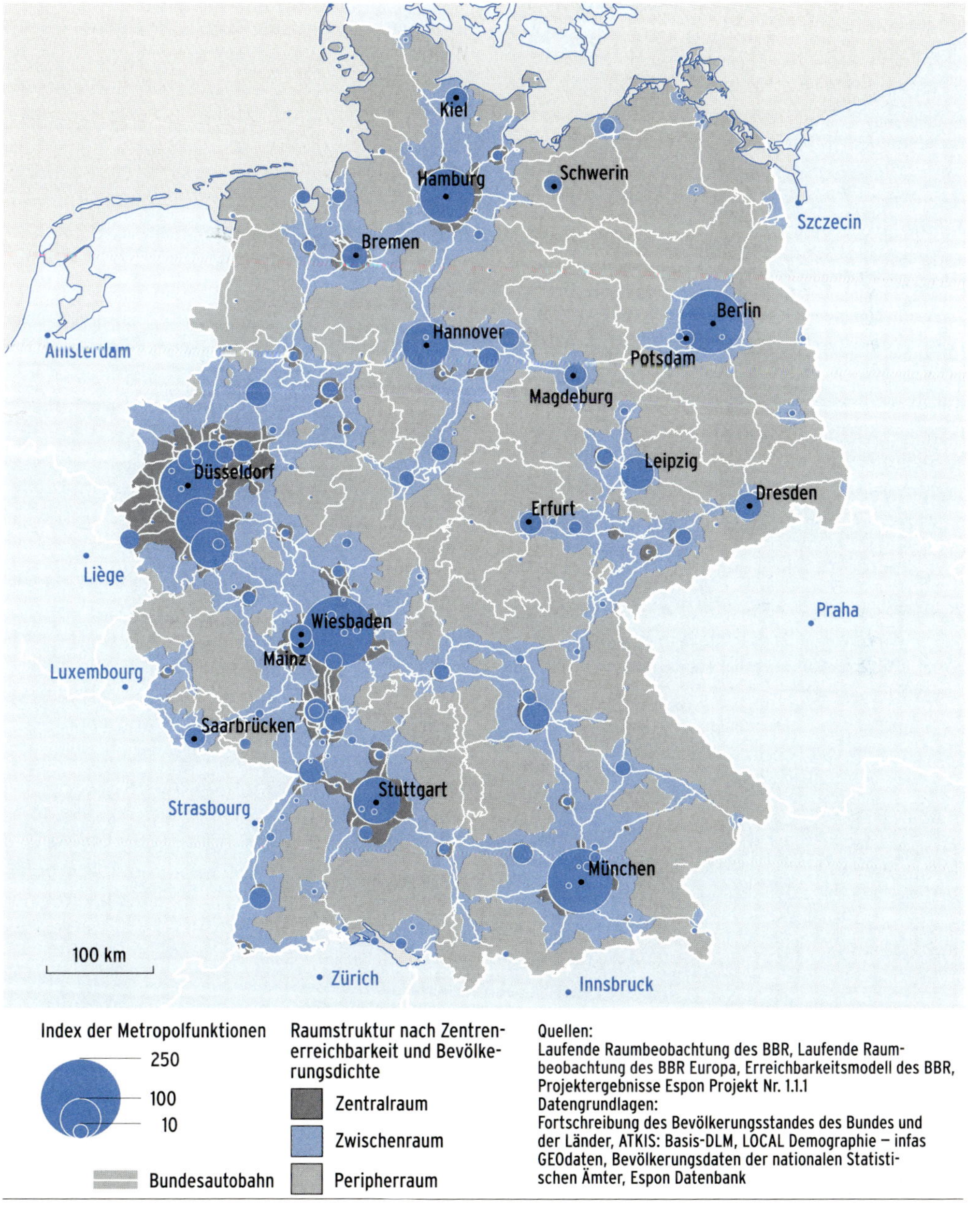

67.1 Metropolfunktionen von Städten

Quelle: BBR Bonn 2004 – Informationen zur Raumentwicklung – Heft 7.2005

3.5.2 Strukturwandel im Ruhrgebiet

Das Ruhrgebiet im engeren Sinne umfasst die polyzentrische **Agglomeration** – also den Ballungsraum mit vielen städtischen Zentren – zwischen Moers im Westen und Hamm im Osten. Dazwischen liegen als wichtigste Großstädte Duisburg, Essen, Bochum und Dortmund (→ Abb. 68.1 und 69.1).

Um 1840, also vor Beginn der Industrialisierung, lebten im Ruhrgebiet etwa 230 000 Menschen. Die meisten von ihnen waren noch in der Landwirtschaft tätig. Erst mit der beginnenden Industrialisierung nach 1850 auf der Grundlage des Steinkohlenbergbaus stieg die Bevölkerungszahl schnell an, insbesondere durch die Zuwanderung von Arbeitskräften aus dem ostelbischen Preußen und aus dem heutigen Polen. Frühere Ackerbürgerstädte wie Essen, Bochum oder Dortmund entwickelten sich zu Industriestädten. So wuchs z. B. die Bevölkerungszahl der **Stadt** Essen von gut 10 000 (1852) über 65 000 (1885) und 230 000 (1905) auf ein Maximum von knapp 750 000 (1961). Seit 1961 ist die Bevölkerungszahl wieder auf 590 000 (2005) gesunken. Andere Städte entstanden quasi aus dem Nichts, so z. B. Oberhausen, das es 1852 noch nicht gab und dessen Bevölkerungszahl von 20 000 (1885) über 52 000 (1905) bis auf 257 000 (1961) stieg. Heute hat Oberhausen rund 220 000 Einwohner. Insgesamt leben heute im Ruhrgebiet knapp 5,4 Mio. Menschen auf 4400 km^2 – die größte Zusammenballung von Großstädten in Europa.

Der gesamte Ballungsraum Rhein-Ruhr unter Einschluss der sogenannten **Rheinschiene** mit Düsseldorf, Köln und Bonn ist nach Paris und London die größte Agglomeration in Europa. Er besitzt aber – mit Ausnahme von Düsseldorf für Nordrhein-Westfalen – keine Hauptstadtfunktion und keine auch nur ansatzweise vergleichbare politische oder wirtschaftliche Entscheidungskompetenz wie Paris oder London. Dazu kommt die **administrative Zersplitterung** in viele selbstständige Städte, Kreise und Gemeinden sowie die Zugehörigkeit zu verschiedenen Regierungsbezirken.

Nur wenige Großstädte des eigentlichen Ruhrgebiets haben bedeutende **metropolitane Funktionen** und spielen eine Rolle auch über ihren engeren **Einzugsbereich** hinaus, vor allem Essen und Dortmund. Lange Zeit wurden dem Ruhrgebiet Universitäten und Fachhochschulen vorenthalten, denn ein hoher Bildungsstand wurde in Preußen und danach im Dritten Reich als Gefahr für die bestehenden Herrschaftsverhältnisse angesehen. Erst 1965 begannen an der Ruhr-Universität in Bochum die ersten Lehrveranstaltungen. Doch auch der wirtschaftliche **Strukturwandel** – die industrielle Diversifizierung und die **Tertiärisierung** – wurde lange hinausgezögert, da er nicht im Interesse der vorherrschenden **Montanindustrie** lag. Die Angst vor Veränderungen leitete das wirtschaftliche und politische Handeln. Das Image des Ruhrgebiets wurde daher bis in die jüngere Vergangenheit durch den Steinkohlenbergbau und die Stahlindustrie geprägt (→ Abb. 69.1).

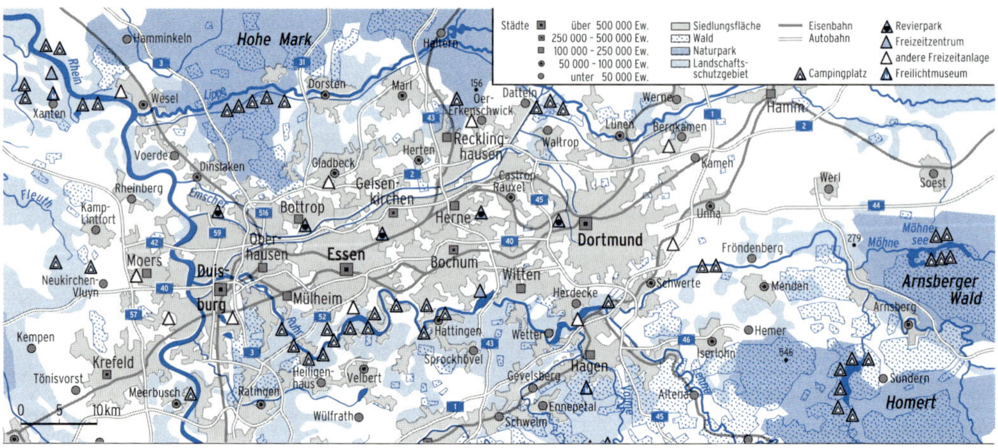

68.1 Das Ruhrgebiet

Die **Krise des Steinkohlenbergbaus** im Ruhrgebiet begann nach 1957 und hatte verschiedene Ursachen:

- Importkohle aus Übersee, zunächst vor allem aus den USA, war wesentlich leichter abzubauen – oft im Tagebau – und konnte daher trotz des weiten Transportweges noch im Ruhrgebiet billiger angeboten werden als die Ruhrkohle.
- Mit der Nordwanderung des Bergbaus im Ruhrgebiet musste die Kohle in immer größerer Tiefe abgebaut werden – derzeit bei mehr als 1000 Meter Tiefe. Außerdem sind die Kohle führenden Schichten, die **Flöze**, sehr dünn und kompliziert gelagert (Faltungen und Verwerfungen der Gesteinsschichten im Untergrund).
- Die Lohnkosten waren und sind im internationalen Vergleich sehr hoch.
- Die Nachfrage nach Kohle sank aufgrund des Einsatzes neuer Technologien in Kraftwerken, des sinkenden Koksbedarfs in der schrumpfenden Stahlindustrie und wegen der Elektrifizierung der Eisenbahn.
- Um 1970 war die Steinkohle als Energieträger vom Erdöl und um 1995 auch vom Erdgas überrundet worden.

Trotz hoher **staatlicher Subventionen** war und ist die Steinkohle auf dem heimischen Energiemarkt schon seit langem nicht mehr konkurrenzfähig. Lagen die Subventionen 1998 noch bei 5 Milliarden Euro pro Jahr, so wurden sie bis 2005 auf 2,7 Milliarden Euro pro Jahr heruntergefahren.

Die **Krise der Eisen- und Stahlindustrie** begann ab 1975 mit einem deutlichen Rückgang der Nachfrage nach deutschem Stahl. Dieser Nachfragerückgang hatte verschiedene Ursachen:

- Viele Länder der Dritten Welt hatten nach der Unabhängigkeit eigene Stahlindustrien aufgebaut, so z.B. Indien. Daher gingen traditionelle Absatzmärkte verloren.
- Gleichzeitig stieg der Importanteil z.B. von Walzstahl auf dem deutschen Markt von 24 % (1973) auf fast 50 % (1993). Vor allem die staatlichen Subventionen der Stahlindustrie in Frankreich und Italien verzerrten den Wettbewerb innerhalb der EU.
- Auch regionale Subventionen der Stahlwirtschaft durch das Saarland (Saarstahl), Bayern (Maxhütte), Bremen (Klöckner) und Niedersachsen (Georgsmarienhütte) waren problematisch und erzwangen einen Schrumpfungs- und Konzentrationsprozess im Ruhrgebiet: Fusion Krupp – Klöckner 1984, Krupp – Hoesch 1991 und Krupp – Thyssen 1998.
- Gleichzeitig erfolgte eine Spezialisierung auf hochwertige Stahlsorten und eine räumliche Konzentration auf die Rheinschiene (Duisburg). Dort konnten die Eisenerze aus Übersee mit Schubschiffen von Rotterdam direkt zu Hochöfen transportiert werden.
- Nicht zuletzt wurde Stahl im Laufe der Zeit durch andere Materialien wie Kunststoffe, Keramik oder Aluminium ersetzt. Erst 2005 stieg die weltweite Nachfrage wegen des chinesischen Wirtschaftsbooms wieder an.

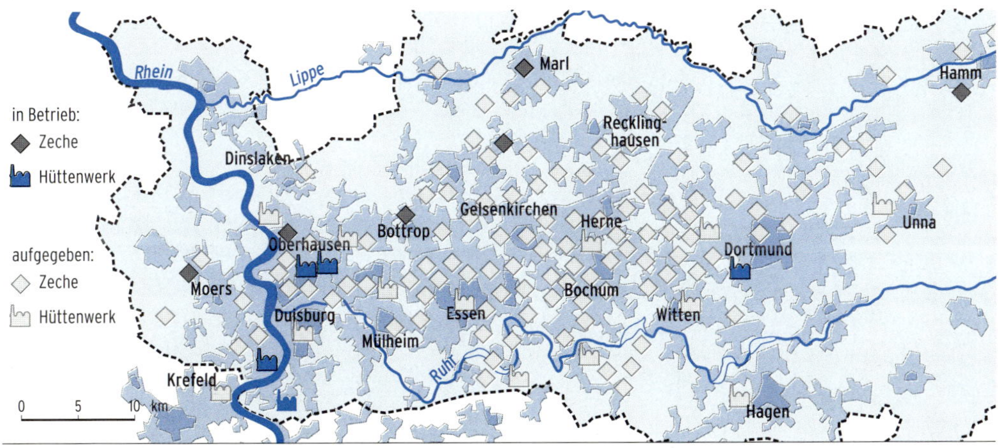

69.1 Entwicklung der Zechen- und Hüttenstandorte im Ruhrgebiet

WISSEN: Standorttheorie nach WEBER

Am Beispiel der Eisen- und Stahlindustrie lässt sich die große Bedeutung der Transportkosten für die Standortwahl eines Unternehmens sehr gut aufzeigen. Der deutsche Ökonom Alfred WEBER veröffentlichte im Jahr 1909 seine grundlegende Standorttheorie. Der sogenannte **Transportkostenminimalpunkt** liegt in der Regel zwischen Rohstoffquellen und Absatzmarkt (→ Abb.). Werden allerdings sogenannte Gewichtsverlustmaterialien für die Produktion benötigt, die hohe Transportkosten verursachen, so rückt der optimale Standort des Unternehmens näher an die Rohstoffquellen (Rohstofforientierung). Umgekehrt rückt bei Reingewichtsmaterialien mit relativ geringen Transportkosten der Produktionsstandort näher an den Absatzmarkt (Marktorientierung). Für die „Schwerindustrie" ergab sich im Laufe der Zeit infolge technologischer Veränderungen eine Verschiebung des optimalen Standorts:

Um **1850** wurden noch 4t Koks für die Erzeugung von 1t Roheisen benötigt. Daher lag der optimale Standort seinerzeit „auf der Kohle". Im Ruhrgebiet waren das vor allem die Hellwegzone von Duisburg bis Dortmund.

Um **1900** wurden immer noch 2t Koks für die Erzeugung von 1t Roheisen benötigt. Die Eisen- und Stahlwerke blieben „auf der Kohle" an ihren traditionellen Standorten.

Um **1950** wurde nur noch 1t Koks für die Erzeugung von 1t Roheisen benötigt, **1990** waren es sogar nur noch 0,5t Koks. Die Hütten wanderten „dem Erz entgegen" an Küstenstandorte wie Bremen. Zum günstigsten Hüttenstandort im Ruhrgebiet wurde Duisburg an der „Rheinschiene".

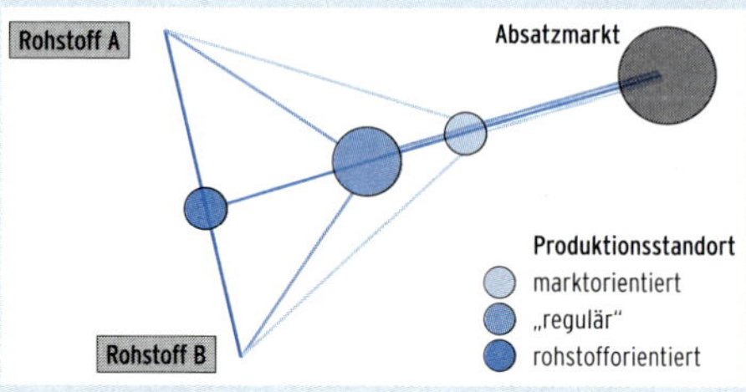

70.1 Standortdreieck nach WEBER (verändert)

Der **wirtschaftliche und soziale Strukturwandel** im Ruhrgebiet war einschneidend und kam in einigen Gebieten einer Deindustrialisierung gleich, ohne dass die entsprechende Zahl von Ersatzarbeitsplätzen im Tertiären Sektor geschaffen werden konnte. Prozentual ergab sich folgende Verschiebung der Anteile der Wirtschaftssektoren in Prozent (I = Primärer Sektor; II = Sekundärer Sektor; III = Tertiärer Sektor):

- 1960: I = 2 II = 61 III = 37
- 1980: I = 1 II = 52 III = 47
- 2005: I = 1 II = 30 III = 69

Parallel zum industriellen Schrumpfungsprozess sank die Bevölkerungszahl des Ruhrgebiets von 5,7 Mio. (1961) über 5,6 Mio. (1980) auf zuletzt 5,3 Mio. (2005). Für das Jahr 2020 wird mit einer Bevölkerungszahl von 5,0 Mio. gerechnet. Durch die Abwanderung besonders von jungen, gut ausgebildeten Menschen ergeben sich negative Folgen sowohl für die Bevölkerungsstruktur und -entwicklung als auch für die künftige wirtschaftliche Entwicklung der Region. Städten und Gemeinden gehen Kaufkraft und Steuereinnahmen verloren, gleichzeitig steigen die Ausgaben für Sozialhilfeempfänger. Zukunftsinvestitionen in die Infrastruktur sind nur noch eingeschränkt möglich, sodass die Wettbewerbsfähigkeit des Ruhrgebiets im Vergleich mit anderen deutschen und europäischen Regionen abnimmt. Besonders betroffen von einer hohen Arbeitslosigkeit sind Duisburg, Gelsenkirchen und Dortmund mit einer Arbeitslosenquote von 17,5 % und mehr (2005). Damit ist die Problematik der hohen Arbeitslosigkeit im Ruhrgebiet durchaus vergleichbar mit der in den neuen Bundesländern.

Ursprünglich aufbauend auf der Kohlechemie, haben sich an einigen Standorten im Norden des Ruhrgebiets chemische Industrien entwickelt. Diese wurden zumeist in petrochemische Betriebe mit dem Grundstoff Erdöl umgewandelt. Wichtig ist weiterhin die „Verstromung" der Kohle, also ihre Umwandlung in elektrische Energie in Kohlekraftwerken. Große Energiekonzerne im Ruhrgebiet sind heute EON-Ruhrgas, die Ruhrkohle AG (RAG) und die Rheinisch-Westfälischen Elektrizitätswerke (RWE) mit Verwaltungssitz in Essen. In Essen werden 60 % des deutschen Energieverbrauchs abgerechnet.

Auf der Tertiärisierung **des Ruhrgebiets** ruhen die größten Hoffnungen für die Zukunft. Mit erheblichen Anstrengungen wurde eine dichte Hochschullandschaft geschaffen. Nach der Ruhr-Universität Bochum (s. o.) entstanden die Universität Dortmund und die Gesamthochschulen Essen und Duisburg. Letztere wurden zur Universität Duisburg-Essen zusammengelegt. 1974 wurde die FernUniversität Hagen gegründet, mit bundesweit 44 000 eingeschriebenen Studierenden heute die größte Hochschule des Ruhrgebiets. In Witten-Herdecke wurde eine Privathochschule gegründet. Zu den sechs Universitäten kommen die Folkwang-Hochschule für Musik, Theater und Tanz in Essen sowie acht Fachhochschulen mit Abteilungen in verschiedenen Städten des Ruhrgebiets. Damit entstand hier die dichteste Hochschullandschaft in Europa mit über 160 000 Studierenden. Von diesen stammen 80 % aus der Region, 10 % kommen aus dem Ausland. Allerdings hat nur etwa ein Drittel der Unternehmen im Ruhrgebiet Kontakte zu den Forschungsbereichen von Hochschulen, die meisten von ihnen sogar nur zu Hochschulen außerhalb des Ruhrgebiets. Trotz der zahlreichen Technologie- und Gründerzentren im Ruhrgebiet mangelt es daher weiterhin an einer sinnvollen Zusammenarbeit von Wirtschaft und Forschung im Ruhrgebiet.

Dagegen begann während der Laufzeit der Internationalen Bauausstellung (IBA) Emscherpark von 1989 bis 1999 die konsequente Umwandlung des Ruhrgebiets in eine **Freizeit- und Erholungslandschaft**. Dazu gehörte die Einrichtung des Emscher Landschaftsparks mit einer Fläche von 320 km², in dem die Emscher ökologisch umgebaut wurde, Biotop-Verbundsysteme geschaffen, Industriebrachen entsiegelt und renaturiert wurden sowie Industriedenkmäler erhalten und nachgenutzt werden. Image-Kampagnen des Kommunalverbandes Ruhrgebiet (KVR) zielen auf eine veränderte Außenwahrnehmung des Ruhrgebiets.

Das bekannteste Beispiel für die jüngste Entwicklung im Ruhrgebiet ist die „Neue Mitte Oberhausen", mit der Kurzbezeichnung „CentrO". Auf der Fläche eines 1979 stillgelegten Stahlwerks entstand ein Einkaufszentrum mit drei Warenhäusern und 200 Einzelhandelsgeschäften als **Urban Entertainment Center (UEC)**.

Das **Flächendiagramm** (→ Abb. 71.1) zeigt die beobachtete (bis 1950) bzw. vermutete Entwicklung der Beschäftigtenanteile in den drei Wirtschaftssektoren:

- Primärer Sektor: Land- und Forstwirtschaft, Fischfang sowie – nicht immer – Bergbau
- Sekundärer Sektor: Bergbau (s. o.) und Energie, Handwerk und Industrie
- Tertiärer Sektor: Verkehr, Handel und Dienstleistungen

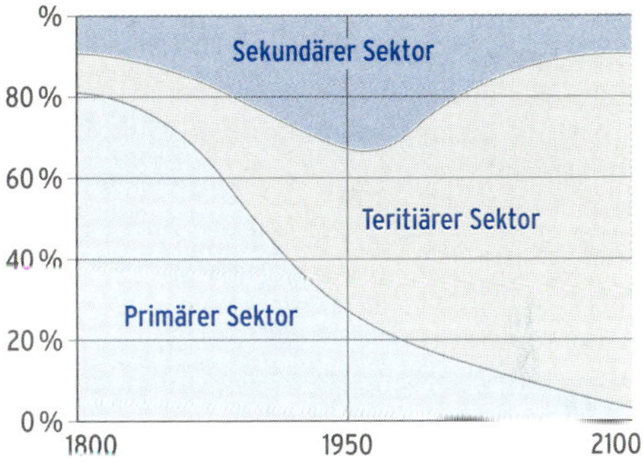

71.1 **Entwicklung der Beschäftigtenanteile in den Wirtschaftssektoren (nach FOURASTIÉ)**

Die Zuordnung des Bergbaus ist wegen des hohen technischen Aufwands nicht immer eindeutig. Auch die Stellung des Handwerks ist nicht immer einheitlich, sondern abhängig von den nationalen Statistiken und ihren Festlegungen. Dennoch lässt sich aus dem Diagramm die vom französischen Wirtschaftswissenschaftler FOURASTIÉ zwischen 1952 und 1954 entwickelte Theorie der Veränderung der Beschäftigtenstruktur ablesen:

- Der Anteil der Beschäftigten im Primären Sektor war demnach von 80 % im Jahr 1800 auf 25 % im Jahr 1950 gesunken und soll bis zum Jahr 2100 auf unter 5 % sinken.
- Der Anteil der Beschäftigten im Sekundären Sektor war von 10 % im Jahr 1800 auf etwa 30 % im Jahr 1950 gestiegen und soll schließlich wieder auf etwa 10 % sinken.
- Der Anteil der Beschäftigten im Tertiären Sektor war von 10 % im Jahr 1800 auf 40 % im Jahr 1950 gestiegen. 2100 soll der Anteil bei 85 % liegen.

Da das Modell am Beispiel Frankreichs entwickelt wurde, ist es nicht ohne weiteres auf andere Staaten übertragbar, zeigt aber allgemeine Tendenzen des **Strukturwandels**.

3.5.3 High-Tech-Region München

Im Unterschied zum Ruhrgebiet ist München ein Verdichtungsraum mit nur einem großstädtischen Kern, es dominieren im Gegensatz zum Ruhrgebiet die sogenannten weichen Standortfaktoren (→ Abb. 72.1). Im Falle von München sind dies insbesondere die hohe Lebensqualität (Freizeitwert, Kulturangebot und immer noch der Wohnwert) sowie das positive Image als Wirtschaftsstandort. Nach den Ergebnissen der verschiedenen PISA-Studien gehört sicherlich auch das Bildungsangebot (Schulen und Universitäten) zu den wichtigen weichen **Standortfaktoren**. Zusätzlich zu den in → Abb. 72.1 genannten weichen Standortfaktoren sind auch die Agglomerations- und **Fühlungsvorteile** in der Region München zu nennen:

- **Agglomerationsvorteile** sind Standortvorteile für Unternehmen unterschiedlicher Branchen, die sich bei der Ansiedlung in einem Ballungsraum oder an dessen Rand durch das Vorhandensein hochspezialisierter zentralörtlicher Einrichtungen ergeben, wie z. B. Universitäten und Technische Hochschulen, verschiedene große Bankinstitute, Steuer- und Finanzberater, Werbeagenturen und Logistik-Unternehmen. Dazu kommen die Marktnähe (z. B. als Testmarkt), ein großes Angebot von Arbeitskräften und besonders von Hochschulabsolventen sowie gute Verkehrsverbindungen (in München unter anderem der internationale Flughafen).
- **Fühlungsvorteile** sind Standortvorteile für Unternehmen derselben Branche, die sich am gleichen Standort ansiedeln. Diese ergeben sich aus dem Vorhandensein eines spezialisierten Angebots von Arbeitskräften und von hoch spezialisierten Zulieferbetrieben, Dienstleistungs- und Transportunternehmen, die sich auf diese Branche eingestellt haben.

In München hat sich beginnend mit der Ansiedlung des ursprünglich in Berlin ansässigen Siemens-Konzerns nach dem Zweiten Weltkrieg ein **High-Tech-Cluster** gebildet, eine räumliche Konzentration von Hochtechnologie-Unternehmen vor allem der folgenden drei Branchen:

- Biotechnologie (Biochemie und Gentechnik)
- Informationstechnologie (Information, Kommunikation und Software-Entwicklung)
- Luft- und Raumfahrttechnologie

Innerhalb solcher **Cluster** ist aufgrund der räumlichen Nähe die **Bildung vertikaler und horizontaler Netzwerke** leichter möglich. Dabei arbeiten die Groß- und Kleinunternehmen gleicher (horizontale Kooperation) bzw. aufeinanderfolgender (vertikale Kooperation) Produktionsstufen eng zusammen. Ein hohes **Innovationspotenzial** entsteht innerhalb eines Clusters sowohl durch intensive Kommunikation und Kooperation zwischen allen Unternehmen der gesamten **Wertschöpfungskette** eines Technologiebereichs, als auch durch den hohen Wettbewerbsdruck, der von der Nähe der Konkurrenz ausgeht. Die meisten High-Tech-Betriebe im Raum München (über 500) haben ihren Standort in der **Stadt** München. Dazu kommen viele Betriebe im Umland (30-km-Radius, → Abb. 73.1).

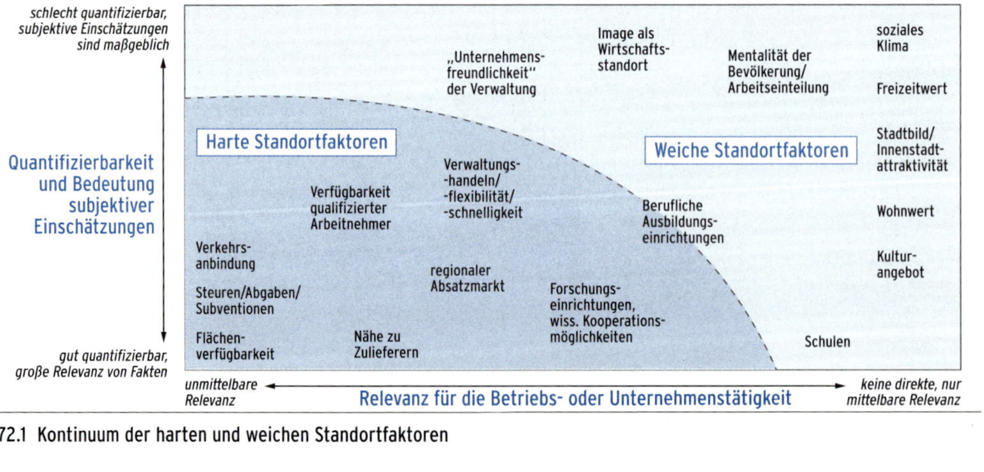

72.1 Kontinuum der harten und weichen Standortfaktoren

München ist auch als Standort des Tertiären Wirtschaftssektors bedeutend: 75 % aller Beschäftigten in der Stadt München sind in diesem Bereich tätig. Je 19 % aller Beschäftigten arbeiten in den Branchen öffentliche und private Dienstleistungen bzw. Dienstleistungen für Unternehmen, 14 % im Handel und 8 % bei Banken und Versicherungen. Ein hoher Anteil von Beschäftigten in den unternehmensbezogenen Dienstleistungen sowie bei Banken und Versicherungen gilt als Merkmal von **Metropolen**, daher spricht man auch von **metropolitanen Funktionen**. In Amerika hat sich der Begriff **FIRE-Sektor** durchgesetzt (*Finance, Insurance and Real Estate* = Finanzen, Versicherungen und Immobilien), der besonders hochwertige Tätigkeiten mit hohen Umsätzen kennzeichnet. Als Finanzplatz steht München heute nach Frankfurt an zweiter Stelle in Deutschland, mit aufsteigender Tendenz. Die zweitgrößte Bank, die Hypo-Vereinsbank, hat hier ihren Sitz. Und die drittgrößte Bank, die Dresdner Bank, wird nach ihrer Übernahme durch die Allianz von München aus gelenkt. Mit der Allianz und der Münchner Rück haben zwei der größten Versicherungsunternehmen der Welt ihren Hauptsitz in München. Außerdem werden im bundesweiten Vergleich im Raum München die höchsten Grundstücks- und Immobilienpreise bezahlt.

Im **Städtetourismus** steht München mit rund 8 Mio. Übernachtungen in Deutschland an zweiter Stelle nach Berlin. Wichtigstes Großereignis ist das Oktoberfest mit knapp 7 Mio. Besuchern jedes Jahr. Auch als **Kulturzentrum** spielt München eine wichtige Rolle:

- München als ehemalige bayerische Residenzstadt besitzt Prachtstraßen, repräsentative Gebäude und Adelspalais, die noch heute das Stadtbild prägen.
- In der Innenstadt konzentrieren sich auf engem Raum viele öffentliche Theater mit hohen Besucherzahlen und mit hoher Auslastung.
- Die bekanntesten Museen sind das Deutsche Museum, eines der größten technischen Museen der Welt, sowie Kunstmuseen und Museen der bildenden Künste.
- Die Bayerische Staatsbibliothek ist die größte Bibliothek in Deutschland.

Mehrere Universitäten (zwei Elite-Universitäten) und Fachhochschulen mit etwa 110 000 Studierenden machen München zu einem der bedeutendsten Zentren für Bildung und Forschung in Deutschland – auf qualitativ hohem Niveau mit internationalem Ruf. Dazu kommen staatliche und private Forschungsinstitute sowie das Universitätsklinikum. Auch das Europäische Patentamt ist ein wichtiger Wirtschaftsfaktor.

München
- 310 km²
- 1,2 Mio. Einwohner
- 820 000 Arbeitsplätze

Umlandkreise:
1. Freising
2. Erding
3. Ebersberg
4. Starnberg
5. Landsberg am Lech
6. Fürstenfeldbruck
7. Dachau

Umlandkreise zusammen:
- 5200 km²
- 1,2 Mio. Einwohner
- 390 000 Arbeitsplätze

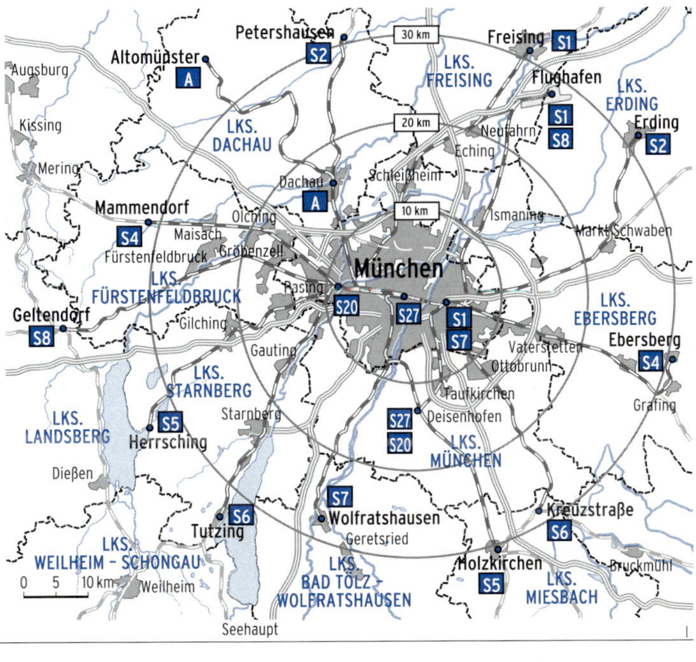

73.1 Ballungsraum München

3.5.4 Peripherraum Mecklenburg-Vorpommern

Mit durchschnittlich 75 Ew./km² ist Mecklenburg-Vorpommern das am dünnsten besiedelte Bundesland. Rechnet man noch die größeren Städte Schwerin, Wismar, Rostock, Stralsund, Greifswald und Neubrandenburg heraus, so ergibt sich für viele Landkreise eine Bevölkerungsdichte von weniger als 50 Ew./km². Dies ist der kritische Schwellenwert für eine flächendeckende **Versorgung der Bevölkerung** (Arbeit, Bildung, Einkauf) im nächstgelegenen zentralen Ort in einer zumutbaren Entfernung, das heißt mit einem bestimmten maximalen Zeitaufwand (ÖPNV oder Pkw). Die Aufrechterhaltung akzeptabler **Verkehrsverbindungen** (ÖPNV, Bau und Unterhaltung von Straßen) wird mangels Auslastung sehr teuer.

Gleiches gilt für die **Verwaltung.** So wurde im Jahr 2006 – nach der ersten **Gebietsreform** der 1990er-Jahre, bei der zahlreiche kleinere Kreise aus der DDR-Zeit zusammengelegt wurden, eine zweite Gebietsreform beschlossen, die als Ergebnis nur noch fünf große Landkreise für ganz Mecklenburg-Vorpommern vorsieht (→ Abb. 74.1). Allein in Westmecklenburg würden drei Landkreise und die kreisfreien Städte Schwerin und Wismar zusammengelegt werden. In Vorpommern sollen aus vier Landkreisen und den beiden kreisfreien Städten Stralsund und Greifswald zwei große Landkreise entstehen. Auch beim Gelingen einer Gebietsreform, die allerdings den Zeitaufwand für die Bürger bei Behördengängen erhöht, bleiben die Herausforderungen für die Zukunft groß: So soll sich allein in Vorpommern bis zum Jahr 2020 die Bevölkerungszahl um 16,7 % verringern, was die Bevölkerungsdichte noch weiter sinken ließe. In der Karte der prognostizierten Bevölkerungsentwicklung ist ein deutliches **West-Ost-Gefälle** zu erkennen, was unter anderem mit der zunehmenden Entfernung der nordöstlichen Gebiete Mecklenburg-Vorpommerns von den benachbarten westlichen Bundesländern Schleswig-Holstein (über die Autobahn A 24 auch Hamburg) und Niedersachsen erklärt werden kann.

Das West-Ost-Gefälle wird auch bei der **Arbeitslosenquote** deutlich: Während sie im Westen des Bundeslandes bei maximal 15 % und darunter liegt, beträgt sie in Vorpommern mindestens 20 %, zum Teil sogar über 25 %. Schuld an der hohen Arbeitslosenquote sind gravierende wirtschaftliche Strukturprobleme. Nach dem Ende der DDR kam das Aus für zahlreiche staatlich subventionierte Industriebetriebe im insgesamt wenig industrialisierten Norden der ehemaligen Republik. Heute arbeiten nur noch elf Prozent aller Erwerbstätigen im Sekundären Sektor. Damit ist Mecklenburg-Vorpommern das Bundesland mit dem geringsten Industriebesatz. Einen besonders starken Rückgang der Beschäftigtenzahl hatte die Werftindustrie zu verkraften – von 56 000 (1987) auf 5000 (2006). Heute ist Mecklenburg-Vorpommern das Bundesland mit dem höchsten Anteil der Erwerbstätigen im Primären Sektor – gut vier Prozent. Perspektiven werden hier in den nachwachsenden Rohstoffen für die Energiegewinnung gesehen.

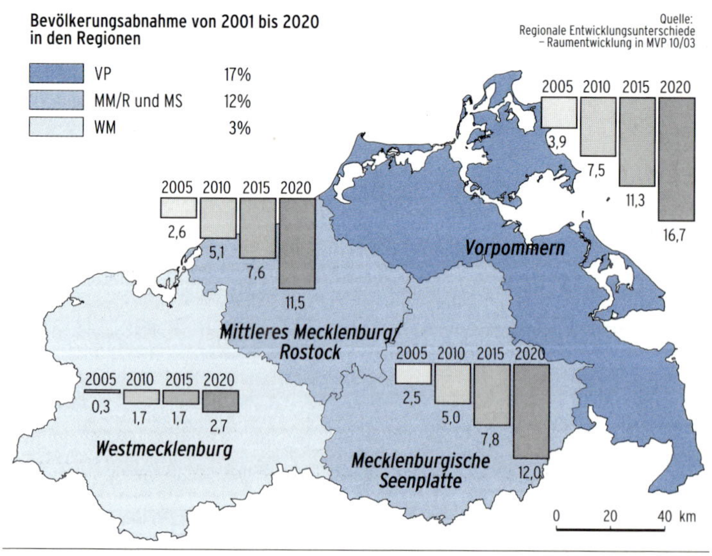

74.1 Bevölkerungsentwicklung 2001 – 2020

Auf dem **Tourismus als Entwicklungsfaktor** liegen die größten Hoffnungen für die Zukunft Mecklenburg-Vorpommerns. Dabei könnten sich die geringe Bevölkerungsdichte und der hohe Anteil naturnaher Flächen als wichtigstes Kapital erweisen. In Mecklenburg-Vorpommern werden verschiedene touristische **Schwerpunkträume** unterschieden:

- Die Mecklenburgische Ostseeküste reicht von der Lübecker Bucht im Westen bis zur Halbinsel Zingst im Osten.
- Die Vorpommersche Ostseeküste umfasst die touristisch erschlossenen Küstenbereiche der Inseln Rügen und Usedom.
- Die Mecklenburgische Seenplatte erstreckt sich im Binnenland von Schwerin im Westen nach Neubrandenburg im Osten und schließt den Nationalpark Müritz (Müritz = slawisch für „Kleines Meer") mit ein. Dieser bildet einen der größten touristischen Anziehungspunkte in der Seenplatte, sodass die Touristenströme gelenkt werden müssen.
- Dazu kommen sehenswerte Städte, wie z. B. die alte Residenzstadt Schwerin und die Hansestädte Wismar und Stralsund, die zum Weltkulturerbe der UNESCO gehören.

Allerdings ist die Auslastung der touristischen Einrichtungen und damit auch die Belastung der Natur noch sehr unterschiedlich. Während sich an der Ostseeküste bereits Überlastungserscheinungen zeigen und eine intensive touristische Nutzung eher abschreckend wirkt, leiden die Gebiete im Binnenland unter einer zu geringen Auslastung und damit unter wirtschaftlichen Problemen.

Das touristische Potenzial einer Region wird mithilfe von drei Kategorien analysiert:

1. Das **natürliche Angebot** umfasst die für den Tourismus relevante Naturausstattung einer Region. Dazu gehören z. B. Meeresküsten, Binnenseen, Flüsse, Flora und Fauna eines Gebietes (z. B. besondere Vegetationsformationen oder seltene Tierarten), Gesteinsformationen und die Reliefenergie. Unter dem Begriff Reliefenergie werden die Höhenunterschiede (Steigung des Geländes) in einer Region zusammengefasst. Besondere Naturlandschaften werden vor allem in Nationalparken geschützt.
2. Das **anthropogene Angebot** beinhaltet die vom Menschen im Laufe der Geschichte geschaffenen Kulturlandschaften, Städte, Dörfer und Baudenkmäler. Manche Landschaften sähen ohne menschliche Eingriffe eher langweilig aus. Interessante Kulturlandschaften sind durch einen kleinräumigen Wechsel von Wiesen, Weiden, Feldern und Wäldern geprägt. Besonders erhaltenswerte Natur- und Kulturlandschaften werden zusammen in Biosphärenreservaten **der UNESCO** geschützt, wertvolle Städte, Dörfer und Baudenkmäler als **Weltkulturerbe** der UNESCO.
3. Zum **abgeleiteten Angebot** gehören alle für den Tourismus geschaffenen Einrichtungen wie Feriendörfer, Hotels, Restaurants, Rad-/Reitwege, Golfplätze, Freizeitparks. Der Standard des abgeleiteten Angebots ist wichtig für das Image einer Region.

WISSEN: Tourismus in Deutschland

Die unterschiedliche wirtschaftliche Bedeutung des Tourismus für die Bundesländer wird im untenstehenden Diagramm deutlich. Dabei geht es zum einen um den absoluten Beitrag des Tourismus zum **Bruttoinlandsprodukt** (= Volkseinkommen) einer Region, dessen Größe auf der y-Achse abzulesen ist. Hier ist Bayern mit weitem Abstand führend. Auf der x-Achse kann die touristische Intensität abgelesen werden anhand der Zahl der Übernachtungen pro Einwohner. Obwohl Mecklenburg hier führend ist, bleiben die Einnahmen vergleichsweise begrenzt. Das liegt an den relativ geringen Ausgaben pro Urlauber in dieser Region.

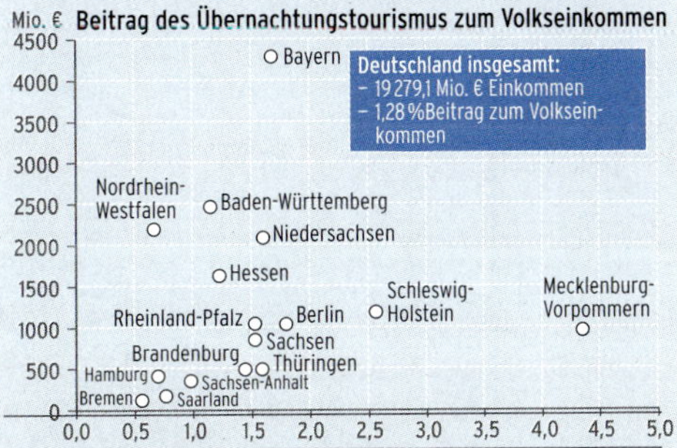

75.1 Übernachtungen pro 1000 Einwohner

Quelle: Harrer, Scherr 2003

3.5.5 Raumordnungspolitik

Unter dem Begriff Raumordnung versteht man die von der Regierung oder Verwaltung in einem Staat bzw. in einer Region angestrebte räumliche Ordnung verschiedener funktionaler Nutzungen innerhalb klar abgegrenzter Gebiete. Dazu kommt die Schaffung oder der Ausbau einer die städtischen Zentren verbindenden Infrastruktur entlang bestimmter Linienführungen (**punkt-axiales System**).

Die wichtigsten mit der **Raumordnungspolitik** verbundenen **Ziele**:

- Die Schaffung und Erhaltung gleichwertiger (nicht gleicher!) Lebensbedingungen in allen Teilräumen eines Staates bzw. einer Region zielt auf den **Abbau von räumlichen Disparitäten**. Vorrang haben die Schaffung von Arbeitsplätzen, der Erhalt eines gleichwertigen Bildungsangebotes, eine flächendeckende Energieversorgung und eine akzeptable ärztliche Versorgung in allen Teilräumen.
- Die Erhaltung der natürlichen Lebensgrundlagen ist nur möglich durch eine sparsame und schonende **Flächennutzung**; damit wird eine nachhaltige Raumentwicklung beabsichtigt und somit die Erhaltung des ökologischen Potenzials auch für zukünftige Generationen.
- Die **räumlich-funktionale Aufgabenteilung** weist einerseits dicht besiedelte Gebiete mit einem großen Arbeitsplatzangebot und hochwertiger Infrastrukturausstattung aus und andererseits dünner besiedelte Freiräume als **Vorranggebiete** z.B. für Natur- und Landschaftsschutz, Land- und Forstwirtschaft, Wasserversorgung sowie Erholung und Freizeit.

Raumordnungspolitik findet auf verschiedenen räumlichen Ebenen statt (→ Abb. 76.1):

- Supranationale (EU) oder bi- bzw. trinationale Ebene (**Euroregionen**, → Abb. 77.1)
- Nationale Ebene (Bundesraumordnungsprogramm – BROP)
- Ebene der Bundesländer (Landesraumordnungsprogramm – LROP)
- Regionale Ebene (Regionale Raumordnungsprogramme – RROP)
- Lokale Ebene (Bauleitpläne der Gemeinden mit Flächennutzungs-/Bebauungsplänen)

Alle Raumordnungsprogramme besitzen Gesetzeskraft. Sie bestehen aus einer präzisen Kartendarstellung und aus einem Textteil. Die verschiedenen Planungsebenen müssen sich miteinander abstimmen (**Gegenstromprinzip**).

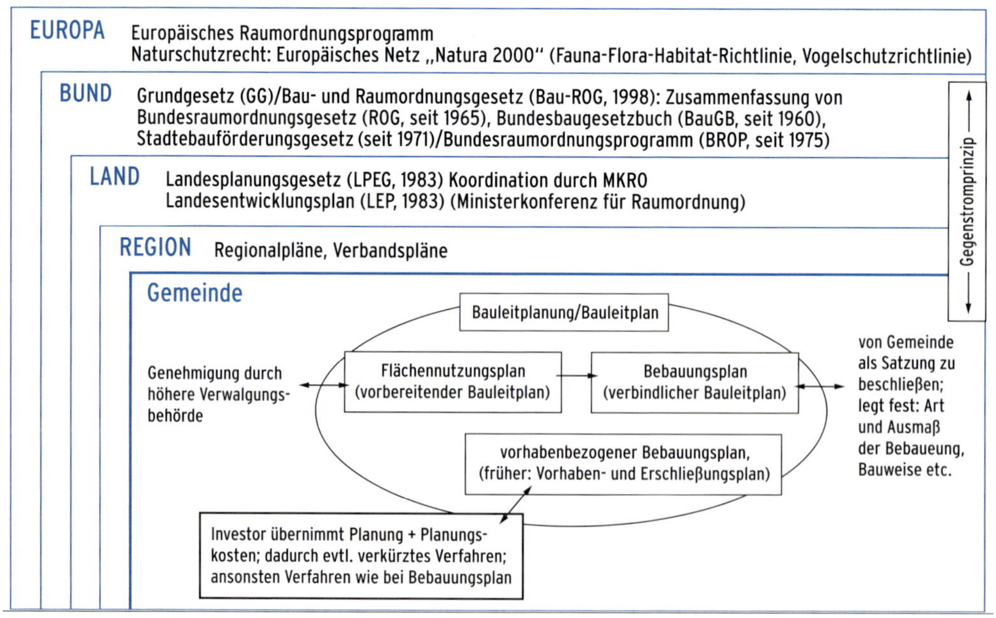

76.1 Raumplanungsebenen

Die **Instrumente der Raumordnungspolitik** sind integrale Bestandteile der Raumordnungsprogramme von Bund, Ländern und Regionen und haben Auswirkungen auf die Planung der einzelnen Kreise und Gemeinden.

Regionalisierung

Mit Hilfe der **Regionalisierung** werden Raumordnungsregionen festgelegt, meist auf der Basis von **Einzugsbereichen** einzelner Zentraler Orte. So wurden z.B. in Mecklenburg-Vorpommern die vier Raumplanungsregionen anhand der Einzugsbereiche der vier Oberzentren Schwerin, Rostock, Neubrandenburg und Stralsund/Greifswald (Oberzentrum in Funktionsteilung) abgegrenzt. Regionen mit großen Verdichtungsräumen müssen ein Oberzentrum mit mindestens 300 000 Einwohnern im Kern und eine Bevölkerungsdichte von mehr als 300 Einwohner pro Quadratkilometer aufweisen.

Punkt-axiales System

Zentrale Orte und Entwicklungsachsen bilden das sogenannte punkt-axiale System der Raumordnungspolitik auf fast allen Ebenen, von der supranationalen (EU) bis hin zur regionalen Ebene. In den Zentralen Orten konzentrieren sich neben der Bevölkerung die Einrichtungen bzw. Unternehmen des Tertiären und des Sekundären Sektors. Sie besitzen daher einen Bedeutungsüberschuss und versorgen ihr Umland, den Einzugsbereich, mit. Mit der Konzentration von Wirtschaft und Bevölkerung werden zwei Ziele umgesetzt: erstens das Ziel einer räumlich-funktionalen Aufgabenteilung und zweitens das Ziel eines sparsamen Umgangs mit Freiflächen (= **Nachhaltigkeitsgedanke**). Gut zu sehen ist das Prinzip des punkt-axialen Systems in → Abb. 77.1.

Vorranggebiete

Mit der Ausweisung von **Vorranggebieten** in den Raumordnungsprogrammen wird einer bestimmten Funktion absoluter oder relativer Vorrang eingeräumt. Während z.B. in Naturschutzgebieten eine strenge Schutzregelung für Flora und Fauna gilt (= absoluter Vorrang), geht es in Landschaftsschutzgebieten um die Erhaltung der ökologischen Vielfalt und um die Bewahrung des ökologischen Haushalts vor menschlichen Eingriffen, zugleich aber auch um den Erholungswert und die Erhaltung des Landschaftsbildes. Daher sind schädliche Eingriffe wie Abholzung (Kahlschlag) großer Flächen, Industrialisierung oder große Siedlungserweiterungen verboten. Überlagern sich bestimmte Nutzungen in einem Gebiet, kann es zu **Flächennutzungskonflikten** kommen.

WISSEN: Euroregionen

In sogenannten Euroregionen erfolgt eine grenzüberschreitende Zusammenarbeit zwischen Gebietseinheiten beiderseits von europäischen Staatsgrenzen und im Idealfall auch eine gemeinsame Raumordnungspolitik.
Wichtige Ziele sind die Überwindung der trennenden Funktion von Staatsgrenzen, der Abbau räumlicher Disparitäten zwischen den Grenzregionen und eine praktische Zusammenarbeit, die sich auf die Bereiche Umwelt und Naturschutz, Ausbau der Verkehrsinfrastruktur, Erleichterungen für Grenzpendler, Kultur, Tourismus und Sport sowie Austauschprogramme für Jugendliche und Erwachsene erstreckt.

Die 1995 von Deutschland und Polen gegründete **Euroregion Pomerania** wurde 2000 um den Süden Schwedens (Schonen) erweitert und zählt 3,5 Millionen Einwohner auf einer Fläche von 40 000 km².

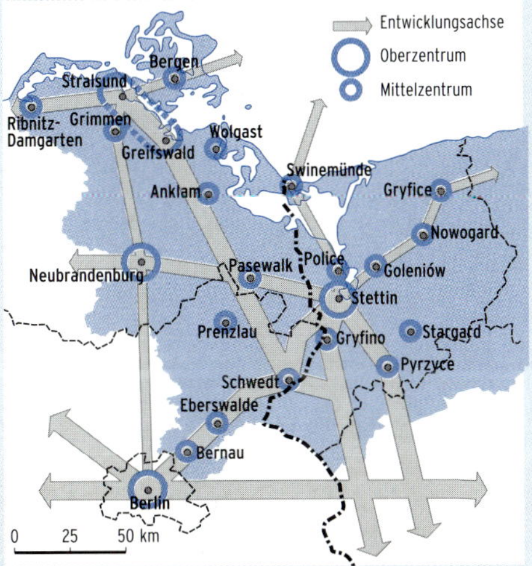

77.1 Euroregion Pomerania

3.5.6 Disparitäten in der Landwirtschaft

Die Landwirtschaft in Deutschland ist gekennzeichnet durch große Unterschiede in den naturräumlichen Voraussetzungen, in der **Betriebsgrößenstruktur** und in den Betriebsformen.

Naturräumliche Vorraussetzungen

Der fruchtbarste **Bodentyp** ist die Schwarzerde, die in Deutschland in einem Gebiet von Braunschweig und Magdeburg im Norden bis nach Leipzig und Erfurt im Süden reicht. Wichtige Voraussetzung für ihre Entstehung waren geringe Niederschläge von unter 500 mm/Jahr (Regenschatten des Harzes) und feinkörnige, kalkreiche Lössablagerungen der letzten Vereisung als Ausgangsmaterial für die **Bodenbildung**. In der Magdeburger Börde werden die höchsten Bodenwertzahlen in Deutschland erreicht, die den Wert 100 (= 100 % natürliche Ertragsfähigkeit) erhielten. Alle anderen Böden haben eine geringere Ertragsfähigkeit, und halbwegs akzeptable Bodenwertzahlen liegen bei mindestens 40 – 50. Böden mit geringen Bodenwertzahlen erfordern hohe Düngergaben, was die Betriebskosten erhöht und ggf. die Frage nach der Rentabilität eines Betriebes aufwirft. Sind die Bodenwertzahlen sehr gering (unter 40), so spricht man von **Grenzertragsböden**. Dies sind vor allem Podsolböden auf sandigen Ablagerungen der Geest (Niederdeutsch „güst" = unfruchtbar) in Norddeutschland. Auch die Höhenlagen der Mittelgebirge leiden unter hohen Niederschlägen mit starker Nährstoffauswaschung sowie unter einer kurzen Vegetationszeit (Frostgefahr im Frühjahr und im Herbst: Spätfröste bzw. Frühfröste). Die Höhenlagen über 500 m haben z. B. in Frankreich den Status benachteiligter **Berggebiete** mit entsprechenden Fördermaßnahmen.

Börden- und Gäulandschaften

Löss ist ein extrem feinkörniges (Schluff), gelblich-braunes und kalkhaltiges Lockersediment, das während der Eiszeiten aus dem Moränenschutt des Gletschervorlandes durch heftige, von den Gletscherflächen stammende Fallwinde ausgeweht wurde. Am Rand der Mittelgebirge oder in Beckenlandschaften innerhalb der Mittelgebirge wurde das äolische Sediment bei nachlassender Windgeschwindigkeit abgelagert. In den letzten 10.000 Jahren verwitterte der Lössstaub zu fruchtbarem Lösslehm mit hohen Bodenwertzahlen. Lössböden sind reich an Mineralstoffen und können sehr gut Wasser speichern.

Da die **Zuckerrübe** hohe Ansprüche an die Bodenqualität stellt, findet sie in den Gäulandschaften Süddeutschlands bzw. in den **Lössbörden** Norddeutschlands optimale Anbaubedingungen. Allerdings ist der Zuckerrübenanbau in Europa in letzter Zeit durch die hohen Preissubventionen der EU in die Kritik geraten. 2005 lag der Preis für eine Tonne Zucker in der EU bei 630 Euro. Das ist fast das Dreifache des Weltmarktpreises.

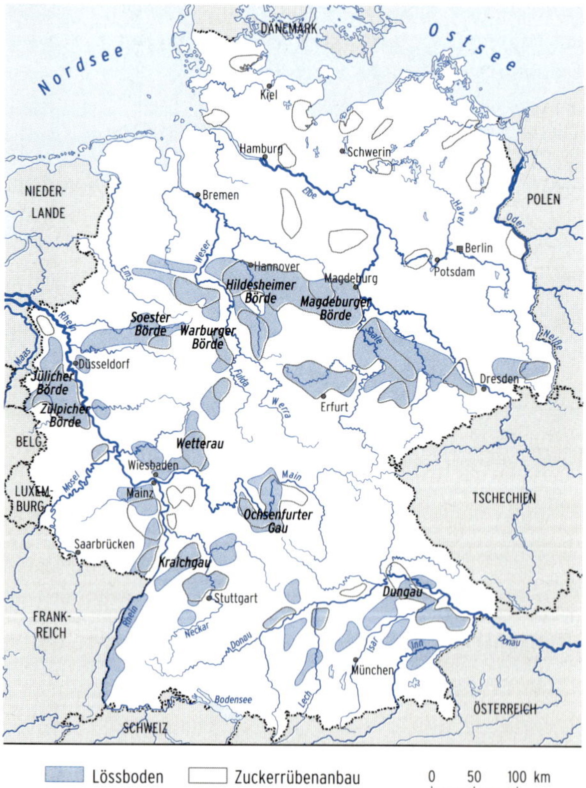

78.1 Börden- und Gäulandschaften in Deutschland

Betriebsgrößenstruktur

Die **Betriebsgrößenkonzentration** in der Landwirtschaft nimmt weiter zu. Inzwischen werden nur noch Betriebe mit einer landwirtschaftlichen Nutzfläche (LF) von mehr als 100 Hektar (ha) als zukunftsfähig eingeschätzt (→ Abb. 79.1). Regional variiert die durchschnittliche Betriebsgröße zwischen 25 ha im Südwesten und ca. 270 ha im Nordosten (Vorpommern). Mit der wachsenden Flächengröße stellt sich auch die Frage nach der Zukunft des landwirtschaftlichen **Familienbetrieb**es. Schon heute stammen viele billige Nahrungsmittel in den Supermärkten und Discountern aus sogenannten Agrarfabriken. Dies gilt insbesondere für Eier und Geflügel (Brathähnchen und Putensteaks) sowie für Schweinefleisch. Nach dem Wunsch der meisten Verbraucher dürfen Nahrungsmittel kaum etwas kosten. Die sogenannte **Massentierhaltung** führt aber zur schnellen Ausbreitung von Tierseuchen, zu ethischen Problemen bei der engen Stallhaltung und nicht zuletzt zu ökologischen Problemen im Zusammenhang mit der Entsorgung der in großen Mengen anfallenden Gülle.

GEO-PRAXIS: Lorenzkurven-Diagramm

Die **Lorenzkurve** ist eine bekannte Form des Diagramms, die die Konzentration bestimmter Sachverhalte aufzeigt. Sie ist am leichtesten von den beiden Enden her zu verstehen:

Am unteren Ende stehen die Kleinbetriebe [1] von 2 bis 10 ha, die 34 % aller Betriebe ausmachen, aber zusammen nur 4 % der landwirtschaftlichen Nutzfläche (LF) besitzen. Am oberen Ende stehen die Großbetriebe [5] mit 100 ha und mehr, die nur 7 % aller Betriebe ausmachen, aber 48 % der LF besitzen.

Das ausgeglichenste Verhältnis besteht bei der Gruppe [3] (20 bis 50 ha): 24 % der Betriebe besitzen 18 % der LF. Hätten alle Betriebe gleich viel Land, also z. B. 50 % der Betriebe 50 % der LF, so wäre die Lorenzkurve identisch mit der Geraden der Gleichverteilung. Je weiter die Lorenzkurve von der Gerade entfernt ist und sich den Achsen annähert, desto ungleicher ist die Besitzgrößenverteilung in der Landwirtschaft und desto größer ist auch der **Gini-Koeffizient**.

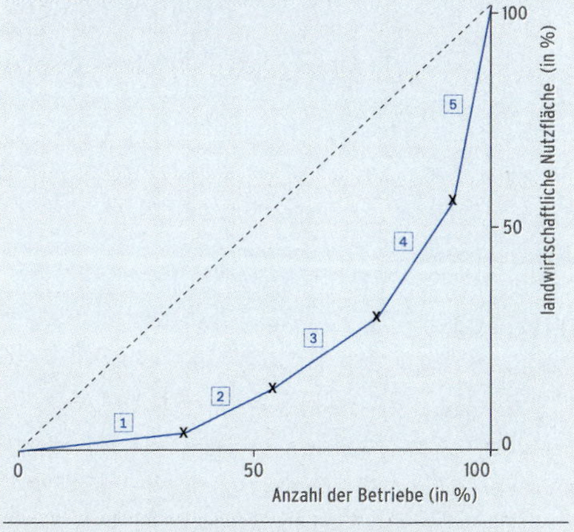

79.1 Lorenzkurve: Betriebsgrößenkonzentration

Betriebsformen

Konventionelle Großbetriebe produzieren als **offene Systeme**. Sie kaufen in großem Umfang Futtermittel zu, die meist nicht aus der Region, sondern, wie z. B. Soja, aus den USA oder aus Brasilien stammen. Soja aus den USA kann gentechnisch verändert sein und der Sojaanbau in Südbrasilien verdrängt dort die Kleinbauern. Diese wiederum sind bereits zahlreich nach Amazonien abgewandert und haben dort Teile des Regenwaldes gerodet (Brandrodung). Die **ökologische Landwirtschaft** dagegen strebt **geschlossene Kreisläufe** an, um dadurch die Umwelt zu entlasten.

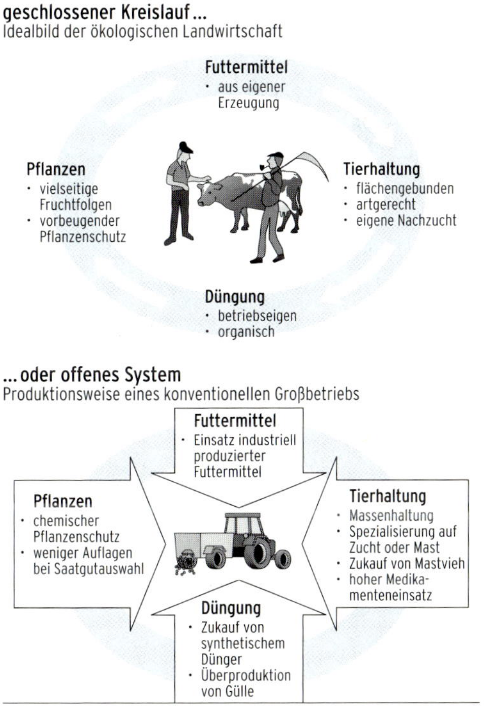

79.2 Geschlossener und offener Kreislauf

4_Europa

4.1 Europa im Überblick

Merkmale Europas

Physisch-geographisch betrachtet ist Europa eigentlich nur eine stark gegliederte Halbinsel der großen **Eurasischen Landmasse** und von dieser durch den Ural weniger scharf getrennt als Südasien durch den Himalaya. Auch ist die Bevölkerungszahl Europas mit rund 730 Millionen nur etwas mehr als halb so groß wie die Südasiens (Indien und Nachbarstaaten) mit rund 1,4 Milliarden. Dennoch wird Europa – vorwiegend aus historisch-politischen Gründen – seit jeher als eigener Kontinent betrachtet:

- In der Antike entwickelte sich ein erstes Bewusstsein von der Besonderheit des **Okzidents** (Westen) im Gegensatz zum **Orient** (Osten). Hierzu gehört auch die Entwicklung von Demokratie und Philosophie im antiken Griechenland (Athen).
- Im Mittelalter wurde durch den Gegensatz von religiöser Macht (Papst) und weltlicher Macht (Kaiser und Könige) die absolute Vorherrschaft der Religion allmählich gebrochen und der Weg freigemacht für die Aufklärung und für die Rückbesinnung auf die Antike in der Neuzeit (seit 1500).
- Die Entwicklung unabhängiger Städte mit freien Bürgern und einer eigenen Verfassung gelang nur in Europa (Freie Reichsstädte in Deutschland und Stadtrepubliken in Italien).
- Vor allem in Westeuropa entwickelten sich seit der Neuzeit wissenschaftlich-technische und philosophische Innovationszentren.
- Die europäischen Seemächte entdeckten und unterwarfen andere Erdteile. Sie bauten

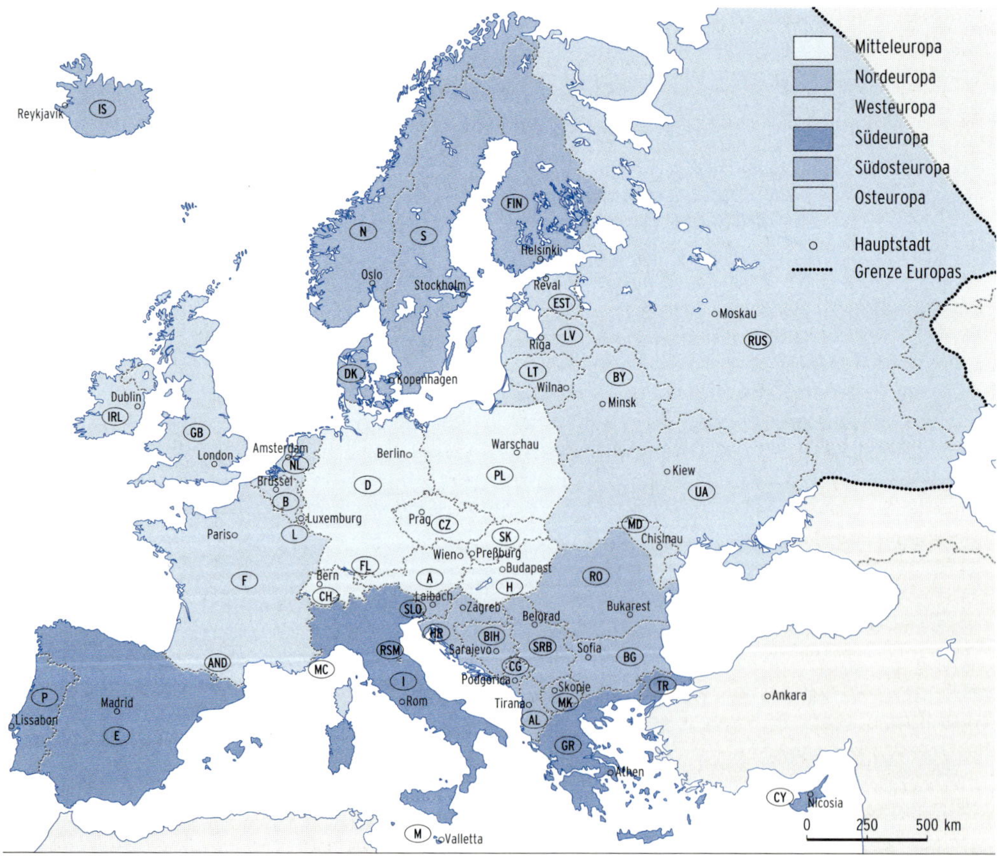

80.1 Gliederung Europas nach Teilräumen und Staaten

Kolonialreiche auf und prägten und besiedelten große Gebiete in Übersee.

- Nach den Verheerungen des Dreißigjährigen Krieges (1618–1648) entstanden in Europa souveräne Staaten und das Völkerrecht.
- Aber erst nach den leidvollen Erfahrungen und den großen Zerstörungen in beiden Weltkriegen (1914–18 bzw. 1939–45), die von Europa ausgingen und globale Auswirkungen hatten, begann die wirtschaftliche und politische Zusammenarbeit in Europa.
- Heute kann Europa nur noch gemeinsam in der globalen Konkurrenz der großen Weltwirtschaftsmächte bestehen.

Geographische Abgrenzung

Die Außengrenzen Europas sind nicht klar definiert (→ Abb. 80.1):

- Der Kamm des Ural-Gebirges ist als Ostgrenze Europas unumstritten. Diese zerschneidet aber russische Verwaltungseinheiten und teilt im Norden die Doppelinsel Nowaja Semlja in je zwei Hälften.
- Südlich des Ural-Gebirges wird meist der Ural-Fluss als Ostgrenze Europas genommen. Dann gehört aber auch ein Teilgebiet Kasachstans zu Europa und ein Teilgebiet Russlands nicht.
- Während deutsche Geographen die Manytsch-Niederung als Südostgrenze Europas betrachten, ziehen britische und russische Geographen den Hauptkamm des Großen Kaukasus heran, der zugleich politisch die Grenze Russlands gegenüber den Kaukasischen Republiken Georgien, Armenien und Aserbaidschan bildet. Demnach wäre eindeutig der Elbrus, der als Vulkan nördlich des Hauptkammes liegt, der höchste Gipfel Europas – und nicht der Mont Blanc in den französischen Alpen.
- Die Grenze Europas durch die Meerengen von Bosporus und Dardanellen verläuft quer durch den Nordwesten der Türkei und durch die größte türkische **Stadt** Istanbul. Der größte Teil der Türkei mit dem Hochland von Anatolien (Kleinasien) gehört demnach eindeutig zu Asien. Allerdings ist die Republik Zypern, der Süden der geteilten Insel, seit 2004 Mitgliedsstaat der EU, obwohl sie physisch-geographisch eindeutig in Asien liegt.

Staaten und Grenzen

Bis zum Ersten Weltkrieg (1914–1918) existierten viele der heutigen Staaten Europas noch nicht: Irland gehörte zu Großbritannien, Polen war unter Russland, Österreich-Ungarn und dem Deutschen Reich aufgeteilt worden. Finnland, die Ukraine, Weißrussland, Moldau und die Baltischen Staaten gehörten zum Zarenreich. Tschechien, die Slowakei, Slowenien, Kroatien und Bosnien waren Teilgebiete der Doppelmonarchie Österreich-Ungarn. Erst in den Pariser Friedensverträgen von 1919 entstanden viele der heutigen Staaten, um dann zum Teil wieder in der neu entstandenen **Sowjetunion** oder in **Jugoslawien** aufzugehen.

Nach dem Zweiten Weltkrieg (1939–1945) wurde die Teilung Deutschlands vollzogen. Die DDR und die Staaten Ostmitteleuropas wurden politisch, militärisch und wirtschaftlich zu **Satellitenstaaten** der **UdSSR (Union der Sozialistischen Sowjetrepubliken – kurz: Sowjetunion)**. Mit dem Fall des **„Eisernen Vorhangs"** und der Berliner Mauer 1989 setzten politische Umwälzungen ein, die in die heutige staatliche Gliederung Europas mündeten: Zunächst erfolgte die Wiedervereinigung der beiden deutschen Staaten durch den Beitritt der neuen Bundesländer (= ehemalige DDR). 1991 kam das Ende der **Sowjetunion**, deren Rechtsnachfolger Russland wurde, das auch das gesamte nukleare Waffenarsenal der ehemaligen Sowjetunion übernahm. Die ehemaligen Sowjetrepubliken Estland, Lettland und Litauen orientierten sich nach Westen und sind heute Mitgliedsstaaten von **NATO** und EU. Weißrussland, die Ukraine und Moldau sind wirtschaftlich noch immer abhängig von Russland (Erdöl- und Erdgaslieferungen aus Westsibirien). Tschechien und die Slowakei trennten sich in einem friedlichen Prozess voneinander und bilden heute zwei unabhängige Mitgliedsstaaten von NATO und EU. Das frühere Jugoslawien zerfiel in einem blutigen Bürgerkrieg in Einzelstaaten. Im Falle des Kosovo konnte der Bürgerkrieg nur durch das militärische Eingreifen der NATO beendet werden. Dabei steht der künftige Status des mehrheitlich von Albanern bewohnten Kosovo im Süden Serbiens noch nicht fest. Spannungen gibt es auch in der Republik Moldau, wo im Grenzgebiet zur Ukraine die „Republik Transnistrien" ausgerufen wurde.

4.2 Der europäische Einigungsprozess

Am Ende des Zweiten Weltkrieges 1945 waren weite Teile Europas zerstört, besonders Großstädte, Industrieanlagen und Verkehrswege. Mehr als 50 Millionen Menschen waren getötet worden, Millionen wurden vertrieben und viele Millionen lebten im Elend und hungerten. Dazu kamen die desolate wirtschaftliche Lage sowie der politische und kulturelle Niedergang eines ganzen Kontinents. Aus dieser Situation heraus kam es zu einem Umdenken: Ein wirtschaftlicher und politischer Wiederaufstieg erschien nur durch eine Zusammenarbeit über nationale Grenzen hinweg möglich. Außerdem hatten die USA ein großes Interesse an einem wirtschaftlich stabilen Westeuropa, um das weitere Vordringen der **Sowjetunion** zu verhindern. Sie unterstützten daher die Kooperation und den Wiederaufbau in Westeuropa zwischen 1947 und 1952 mit ca. 13 Mrd. US $. Die Integration der Bundesrepublik Deutschland in die **Westeuropäische Union (WEU)** und in die NATO ab 1955 wäre ohne amerikanische Hilfe niemals gelungen. Während die WEU eine politische Wertegemeinschaft ist, ist die NATO ein Verteidigungsbündnis.

Den Ausgangspunkt für die wirtschaftliche Kooperation bildete die Gründung der Europäischen Gemeinschaft für Kohle und Stahl (EGKS – auch als „Montanunion" bezeichnet) im Jahr 1951. Aus ihr entwickelte sich die 1957 gegründete Europäische Wirtschaftsgemeinschaft (EWG), die 1958 in Kraft trat. Die Gründungsmitglieder waren die **Benelux-Staaten**, Deutschland, Frankreich und Italien. 1967 wurden EGKS, EWG und die Europäische Atomgemeinschaft (EURATOM) zur Europäischen Gemeinschaft zusammengefasst. Schrittweise sollte ein gemeinsamer Wirtschaftsraum entwickelt werden, zunächst im Bereich der Landwirtschaft. Durch den Abbau der Zölle nahm der Handel zwischen den Mitgliedsstaaten zu, und besonders die deutsche Industrie profitierte vom großen gemeinsamen Markt. Ab 1973 begann die Erweite-

ÜBERBLICK: Entwicklung und Erweiterung der EU

1957	Unterzeichnung der Römischen Verträge. Diese gelten als Gründungsdokument der Europäischen Wirtschaftsgemeinschaft (EWG). Mitgliedsstaaten sind: Frankreich, Deutschland, Italien, die Niederlande, Belgien und Luxemburg (= Gründungsmitglieder)
1967	Zusammenfassung von EWG, Montanunion und Euratom zur Europäischen Gemeinschaft (EG)
1973	Beitritt des Vereinigten Königreichs, Irlands und Dänemarks zur EG (= **Westerweiterung**)
1978	Schaffung eines Europäischen Währungssystems (EWS) mit Verrechnungseinheit ECU (European Currency Unit)
1979	erste Direktwahlen zum Europäischen Parlament
1981	Beitritt Griechenlands zur EG
1986	Beitritt Spaniens und Portugals zur EG (= **Süderweiterung** der Gemeinschaft)
1987	Einheitliche Europäische Akte mit dem Ziel der Schaffung eines einheitlichen Binnenmarktes
1990	Beitritt der fünf neuen Bundesländer zur EG (= **kleine Osterweiterung**)
1992	Vertrag von Maastricht über die Europäische Union mit dem Ziel einer „Gemeinsamen Außen- und Sicherheitspolitik" (GASP) und einer engeren Zusammenarbeit in der Innen- und Rechtspolitik
1993	Verwirklichung des Europäischen Binnenmarktes mit freiem Waren-, Kapital- und Dienstleistungsverkehr
1995	Beitritt Schwedens, Finnlands und Österreichs zur EU (= **Norderweiterung**) **EU der 15**
2002	Einführung des Euro als gesetzliches Zahlungsmittel in zwölf Staaten der EU
2004	Große Osterweiterung: Beitritt der baltischen Staaten Estland, Lettland und Litauen sowie von Polen, Tschechien, der Slowakei, von Ungarn, Slowenien, Malta und Zypern (= **große Osterweiterung**) **EU der 25**
2007	Beitritt von Rumänien und Bulgarien zur EU (= **Südosterweiterung**) unter bestimmten Auflagen, z. B. Beseitigung von Defiziten im Rechtssystem
2010	oder später: Beitrittsverhandlungen werden außerdem mit Kroatien und mit der Türkei geführt.

rung der Europäischen Gemeinschaft (→ Überblick, Seite 82), die sich zu einem Erfolgsmodell für Frieden und Wohlstand entwickelte und bis heute eine hohe Anziehungskraft besitzt. Ein weiterer bedeutsamer Schritt hin zur Schaffung eines einheitlichen Wirtschaftsraumes gelang der EG 1987 mit der Einheitlichen Europäischen Akte. Bis 1992 sollte demnach ein einheitlicher Binnenmarkt entstehen. Dazu sollten noch vorhandene Handelshemmnisse beseitigt werden. Die **vier Freiheiten des Binnenmarktes** sind (Zielvorgaben):

Freier Personenverkehr: Wegfall von Grenzkontrollen (dafür aber verstärkte Außenkontrollen) und Niederlassungs- sowie Beschäftigungsfreiheit für EU-Bürger ebenso wie für Unternehmen der EU

Freier Dienstleistungsverkehr: Liberalisierung der Finanzdienstleistungen sowie Öffnung der Transport- und Telekommunikationsmärkte

Freier Warenverkehr: Wegfall von Grenzkontrollen und Umsetzung von EU-Normen und Vorschriften.

Freier Kapitalverkehr: Größere Freizügigkeit für Geld- und Kapitaltransfers, Liberalisierung des Wertpapierhandels

Der **Maastrichter Vertrag** von 1992 war die Grundlage für die Errichtung der Europäischen Union, die schrittweise erfolgen soll. Der bereits bestehenden europäischen Gemeinschaftspolitik sollten damit zwei weitere Säulen hinzugefügt werden: eine gemeinsame Außen- und Sicherheitspolitik und die Zusammenarbeit in der Innen- und Rechtspolitik. Von einer einheitlichen Außen- und Sicherheitspolitik ist die EU derzeit aber noch weit entfernt, weil zu unterschiedliche nationale Interessen und Ziele in Europa verfolgt werden. Dies unterscheidet die wirtschaftliche Großmacht Europa grundlegend von den Groß- bzw. Regionalmächten USA, Russland, China und Indien.

1978 hatten die damals neun Mitgliedsstaaten der EG die Schaffung eines Europäischen Währungssystems (EWS) beschlossen, das die Wechselkursschwankungen zwischen den nationalen Währungen innerhalb bestimmter Bandbreiten stabilisieren sollte. Dadurch sollte das Wechselkursrisiko für die Exportwirtschaft innerhalb der EG verringert werden. Aus der EG-internen Verrechnungseinheit ECU *(European Currency Unit)* entwickelte sich der Euro, der am 1. Januar 2002 gesetzliches Zahlungsmittel in zwölf der seinerzeit 15 EU-Staaten wurde. Großbritannien, Dänemark und Schweden führten den Euro nicht ein. Im Jahr 2007 wurde Slowenien (Beitritt zur EU 2004) in die Euro-Zone aufgenommen, die von der Europäischen Zentralbank (EZB) in Frankfurt am Main kontrolliert wird. Weitere Aufnahmekandidaten sind die baltischen Staaten, die aber derzeit noch nicht die Stabilitätskriterien erfüllen.

WISSEN: Agrarpolitik der EU

Nach dem Zweiten Weltkrieg war das wichtigste Ziel aller nationalen Regierungen in Europa, die Versorgung der Not leidenden Bevölkerung mit Grundnahrungsmitteln sicherzustellen. Dieses Ziel wurde in der **„Gemeinsamen Agrarpolitik" der EU (GAP)** aufgegriffen. Der gemeinsame europäische Agrarmarkt hatte lange Zeit einen hohen Einfuhrbedarf von außerhalb der Gemeinschaft. Erst im Jahr 1982 wurde für die meisten Agrarprodukte ein Selbstversorgungsgrad von 100 % erreicht bzw. überschritten. Die Überproduktion und ihre Kosten wurden nun zum Kernproblem der Agrarpolitik. „Butterberge" und „Weinseen" bestimmten die Diskussion in der Öffentlichkeit. Die Quotenregelung bei der Milchproduktion 1984 und Programme zur Flächenstilllegung waren politische Reaktionen auf die Krise der Überproduktion. 1992 wurden drastische Preissenkungen um 30 % für Getreide und Fleisch beschlossen, um die Preise innerhalb der EU den wesentlich niedrigeren Weltmarktpreisen anzugleichen. Die Einkommensverluste durch die Reform wurden durch Ausgleichszahlungen an die Landwirte zumindest teilweise kompensiert. So flossen 1997 rund 40 Milliarden Euro, fast die Hälfte des gesamten EU-Haushalts, in die europäische Agrarpolitik. Im Jahr 2007 lag der Gesamthaushalt der EU bei 125 Milliarden Euro. Davon flossen rund 44 Milliarden Euro in die Agrarpolitik (Subventionszahlungen) und weitere 12 Milliarden in den Bereich der ländlichen Entwicklung. Zusammen verbraucht der Agrarsektor weiterhin also rund 45 % des EU-Haushalts.

4.3 Naturräumliche Grundlagen

4.3.1 Erdgeschichtliche Entwicklung

Ur-Europa: Der älteste europäische Festlandskern (**Kraton**) wird in der Theorie der **Plattentektonik** als Baltika bezeichnet. Er entstand bereits im geologischen Zeitalter des Präkambrium. Das Präkambrium umfasst den langen Zeitraum von der Entstehung der Erde vor ca. 4,6 Milliarden Jahren bis 570 Millionen Jahre vor unserer Zeit, also etwa 88 % der bisherigen Erdgeschichte. Der damals entstandene Kraton besteht aus dem Baltischen Schild (Skandinavien ohne Norwegen) und aus der Russischen Plattform, die heute größtenteils von Sedimenten bedeckt ist (→ geologische Karte im Atlas). Die ältesten Gesteine Europas sind auf der Halbinsel Kola im Nordosten Skandinaviens zu finden; sie sind etwa 3,5 Milliarden Jahre alt.

Paläo-Europa (Alt-Europa): Rund 400 Millionen Jahre vor unserer Zeit, im Paläozoikum, kollidiert Baltika mit dem Nordamerikanischen Urkontinent Laurentia (heute: Kanadischer Schild). Teile des Laurentischen Urkontinents werden in der sogenannten Kaledonischen **Gebirgsbildung** fest mit Europa verbunden: das norwegische Gebirge (**Skanden**), die Gebirge in Schottland, in Nordengland und in großen Teilen Irlands. Danach öffnet sich der Vorläufer des Atlantiks, der Iapetus-Ozean, und Europa und Nordamerika driften wieder auseinander.

Meso-Europa: Im Zeitalter des Karbon mit seinen Steinkohle-Wäldern (345 bis 280 Millionen Jahre vor der Gegenwart) kollidiert Europa erneut mit Laurentia. Dabei werden das Armorikanische Gebirge in England und Frankreich, das Variskische Gebirge vom französischen Zentralmassiv bis zur Böhmischen Masse im heutigen Tschechien und die Iberische Scholle (große Teile von Portugal und Spanien) an Europa angefaltet. Gleichzeitig werden die Russische Platte und die Chinesische Masse mit dem Kraton Sibiria verschweißt – die Eurasische Landmasse entsteht. Der Ural bildet eine sogenannte **Sutur** (wörtlich: Schweißnaht).

Neo-Europa: In der Oberkreide, vor etwa 100 Millionen Jahren, beginnt die Kollision Europas mit der Afrikanischen Platte. Im Zuge der **Alpidischen Gebirgsbildung** entsteht im Mittelmeerraum (und darüber hinaus in Asien) ein ausgedehnter Faltengebirgsgürtel mit zahlreichen Hochgebirgen: Sierra Nevada, Pyrenäen, Alpen (→ Abb. 17.1), Apennin, Dinarisches Gebirge, Karpaten, Balkan und Pindos. Die zahlreichen **Erdbeben** und der aktive **Vulkanismus** (→ Abb. 84.1) zeigen, dass die Kollision der Eurasischen mit der Afrikanischen Platte bis heute andauert und dass besonders die Menschen in Südeuropa weiterhin von schweren Naturkatastrophen bedroht sind. Im Zuge der Alpidischen Gebirgsbildung können die geologisch älteren Gebiete Europas (s. o.) nicht plastisch reagieren und es kommt zur **Bruchtektonik**, besonders im deutschen Mittelgebirgsraum.

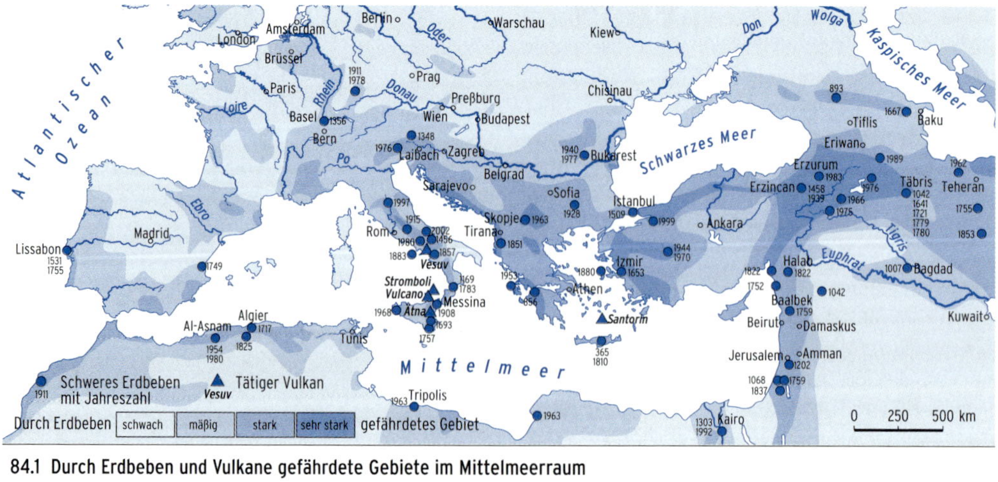

84.1 Durch Erdbeben und Vulkane gefährdete Gebiete im Mittelmeerraum

4.3.2 Klima und Vegetation

Obwohl Europa der zweitkleinste Kontinent ist, sind hier – mit Ausnahme der Tropen – alle großen Klimazonen der Erde vertreten.

Kalte Klimazonen: Die Jahresdurchschnittstemperatur liegt um und unter 0 °C. In den kalten Wintern herrschen hier die polaren Ostwinde vor, die aus dem Kältehoch über der Arktis strömen. Entscheidend für die Herausbildung der jeweiligen Vegetationsformation ist hier die Wachstumszeit, das heißt, die Zahl der Tage mit einer Durchschnittstemperatur von über 5 °C. Liegt die Wachstumszeit bei weniger als 100 Tagen, so bildet sich die baumlose Tundra mit Flechten, Moosen, Gräsern und Zwergsträuchern aus (→ Abb. 85.1). Bei einer Länge der Wachstumszeit von 100 bis 170 Tagen entstehen boreale Nadelwälder, die auch als Taiga bezeichnet werden (→ Seite 40/49).

Gemäßigte Zone: Hier liegt die Jahresdurchschnittstemperatur um 8 °C. Im größten Teil der Jahres verläuft die planetarische Frontalzone über der gemäßigten Zone Europas mit dem Jetstream in der Höhe und mit den wandernden Tiefdruckgebieten (Zyklonen) darunter, die das Wettergeschehen am Boden mit dem Durchzug ihrer Frontensysteme bestimmen. Der Begriff „Gemäßigte Zone" täuscht über die tatsächlichen Wetter- und Witterungsgegensätze hinweg: So steigt und fällt die Temperatur beim Durchzug von Zyklonen innerhalb kürzester Zeit zum Teil dramatisch. Auch die Niederschläge fallen unterschiedlich stark und lange, und Windstärke und -richtung wechseln rasch. Zwischen zwei Tiefdruckgebieten kann ein Zwischenhoch mit sonnigem Wetter liegen. Außerdem kann sich in den Sommermonaten eine stabile Hochdruckwetterlage einstellen mit längerer Trockenheit. Die charakteristische Vegetation ist der sommergrüne Laub- und Mischwald (→ Abb. 85.1), der fast überall dem Acker- oder Weideland weichen musste. Bei höchstens fünf humiden Monaten bilden sich im kontinentalen Bereich Steppen mit ihrer charakteristischen Vegetation (Gräser und Zwergsträucher).

Subtropische Zone: Die Jahresdurchschnittstemperatur liegt bei 18 °C. Im Sommer wird das Klima bestimmt vom subtropischen Hochdruckgürtel, der sich mit dem Zenitstand der Sonne nach Norden verschiebt. Im Winter wird das Klima von den wandernden Tiefdruckgebieten der gemäßigten Zone beeinflusst, die sich nach Süden in den Mittelmeerraum verschieben und die Winterregen verursachen. Hier hat sich in Anpassung an die ökologischen Bedingungen die mediterrane Hartlaubvegetation entwickelt. Zu den ökologischen Bedingungen vergleiche das Klimadiagramm → Abb. 45.1.

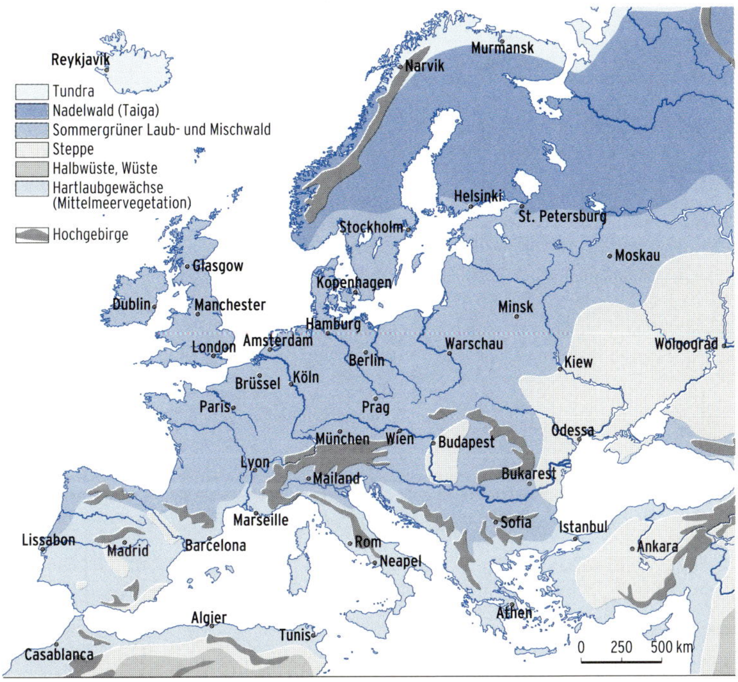

85.1 Vegetationszonen Europas

4.4 Bevölkerung und Migration

Ohne den asiatischen Teil Russlands ist Europa der am dichtesten besiedelte Kontinent. Rund 730 Millionen Menschen leben heute in Europa. Das sind – einschließlich der Russischen Föderation – 11,4 % der Weltbevölkerung, während es im Jahr 1900 noch knapp 27 % waren. Die zehn bevölkerungsreichsten Staaten Europas sind in der angegebenen Reihenfolge (Einwohner in Mio.):

- Russische Föderation (144)
- Deutschland (82)
- Frankreich (60)
- Großbritannien (59)
- Italien (58)
- Ukraine (49)
- Spanien (41)
- Polen (39)
- Rumänien (22)
- Niederlande (16)

Die Bevölkerungsdichte der Flächenstaaten variiert von unter 3 Ew./km^2 in Island bis zu 390 Ew./km^2 in den Niederlanden. Dabei sind auch **räumliche Disparitäten** innerhalb von Staaten zu beachten: In Island z. B. lebt etwa die Hälfte der Gesamtbevölkerung im Großraum Reykjavik, auf den Rest des Landes entfallen also durchschnittlich 1,5 Ew./km^2. In den regionalen Unterschieden der Bevölkerungsdichte werden einerseits die naturräumlichen Disparitäten in Bezug auf Relief, Klima und Böden deutlich, andererseits die wirtschaftlichen Konzentrationsprozesse auf die großen Ballungsräume (Agglomerationen). In Zukunft wird die Bevölkerungszahl Europas – trotz Zuwanderung – abnehmen und zugleich altern. Prognosen mit Zuwanderung gehen von folgenden Zahlen aus: 730 Mio. (im Jahr 2005) – 720 Mio. (im Jahr 2025) – 670 Mio. (im Jahr 2050).

Auswanderung

Nicht nur strenge Heiratsregeln hielten den Bevölkerungszuwachs in Westeuropa in Grenzen, sondern auch die historisch einmalige Möglichkeit der **Auswanderung** nach Übersee in europäische Kolonien bzw. in europäisch geprägte Staaten. Wichtige Gründe für die Emigration waren vor allem

- Hungersnöte und Kriege in Europa,
- die Flucht vor religiöser, ethnischer und politischer Unterdrückung und Verfolgung bzw. vor sozialen Zwängen,
- die hohe Bevölkerungsdichte in vielen ländlichen Regionen Europas und damit Landknappheit sowie
- die wirtschaftliche Not vieler Handwerksbetriebe und Heimarbeiter durch die industrielle Konkurrenz nach 1850.

Besonders deutlich sind die Zusammenhänge zwischen der Unterdrückung und **Marginalisierung** der irischen Bevölkerung unter der britischen Herrschaft bis 1921 und darüber hinaus, den Hungersnöten und der massiven Emigration vieler Iren vor allem in die USA. Dadurch sank die Bevölkerungszahl in Irland von 8,1 Millionen auf 4,3 Millionen im Zeitraum von 1841 bis 1951. Wichtigstes Zielgebiet der europäischen Auswanderung waren die USA mit etwa 33 Millionen Menschen (60 %), gefolgt von Argentinien mit etwa 5,4 Millionen (10 %), Kanada mit etwa 4,5 Millionen (8 %) und Brasilien mit etwa 3,8 Millionen (7 %). Mit der Industrialisierung West- und Mitteleuropas sank allmählich die Zahl der Emigranten. Um 1950 ging das „Jahrhundert der großen Auswanderung" in Europa

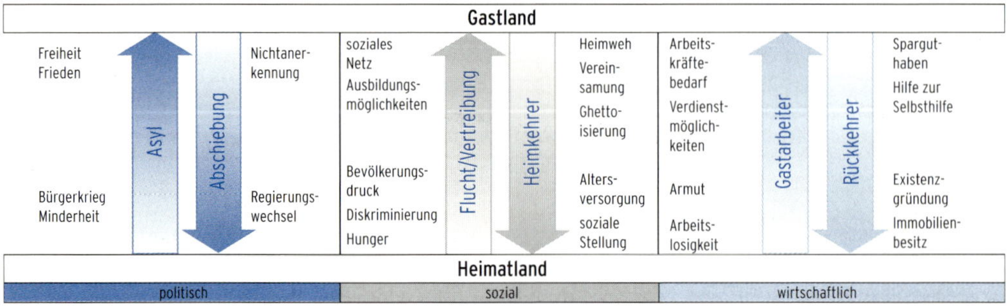

86.1 Ursachen für Migration

zu Ende. Stattdessen verstärkte sich die Binnenmigration in Europa sowohl innerhalb von Staaten als auch über Staatsgrenzen hinweg. So zogen z. B. zahlreiche Süditaliener in die Industriegebiete des Nordens.

Einwanderung

Nach offiziellen Angaben wandern jedes Jahr ca. 700 000 Menschen in die EU ein. Dazu kommen geschätzte 300 000 bis 500 000 illegale Einwanderer pro Jahr. Im Jahr 2005 lebten rund 20 Millionen ausländische Staatsangehörige in den 25 Mitgliedsstaaten der EU, davon etwa zwei Drittel aus Nicht-EU-Staaten. Prinzipiell erhalten Flüchtlinge und **Asylbewerber** Aufenthaltsrecht in der EU, sofern sie ihr Heimatland „aus Furcht vor Verfolgung, aus politischen, religiösen, ethnischen und nationalen Gründen oder wegen der Zugehörigkeit zu einer sozialen Gruppe" verlassen mussten (**Genfer Flüchtlingskonvention von 1951**). Die Gründe für die **Migration** können sehr unterschiedlich sein, unterscheiden sich aber kaum von denen der Europäer nach Übersee. Allen gemeinsam ist die Hoffnung auf ein besseres Leben, auf Sicherheit und auf einen gewissen Wohlstand. Seit 1999 ist die EU zuständig für die Kontrolle der Außengrenzen. Außerdem haben sich die Staaten auf eine gemeinsame Asyl- und Migrationspolitik geeinigt. Allerdings sind die konkreten gesetzlichen Regelungen in den Staaten der EU noch immer unterschiedlich, ebenso die Praxis des Umgangs mit Flüchtlingen und Asylbewerbern. Besondere Bedeutung hat die sogenannte Drittstaaten-Regelung bei Asylverfahren. Demnach können Asylbewerber bei der Einreise sofort zurückgeschickt werden, wenn sie aus einem „sicheren Drittstaat" außerhalb der EU kommen.

Die Zahl der Asylbewerber pro 1000 Einwohner (2003) zeigt die unterschiedliche Belastung und Attraktivität der Staaten Europas:

- Zypern: 5,7 – Österreich: 4,0
- Schweden: 3,5 – Norwegen: 3,5 – Luxemburg: 3,4
- Schweiz: 2,8 – Irland: 2,0 – Slowakei: 1,9
- Belgien: 1,6 – Malta: 1,4 – Tschechien: 1,1

(zum Vergleich: F und GB 1,0 – D: 0,6)

Im Süden Spaniens ist der Ansturm von Flüchtlingen aus Westafrika besonders dramatisch: Zunächst hatten die Flüchtlinge jahrelang nachts auf kleinen Booten die Straße von Gibraltar überquert. Dann versuchten sie, die spanischen **Exklaven** Ceuta und Melilla im Norden Marokkos von Land her zu stürmen, bis Marokko seine Grenzen schärfer kontrollierte. Seither kommen die Afrikaner in kleinen Booten aus Mauretanien und dem Senegal auf die Kanarischen Inseln, die zu Spanien gehören.

Bevölkerungsentwicklung

Als entscheidend für die Bevölkerungsentwicklung gilt die **Gesamtfruchtbarkeitsrate** (*Total Fertility Rate* – TFR). Diese Rate steht für die tatsächliche Zahl der Geburten pro Frau in der **reproduktiven Altersphase** von 15 bis 45 Jahren. Um die Bevölkerungszahl stabil zu halten, ist eine TFR von 2,1 erforderlich. Die Rate liegt aber in fast allen europäischen Staaten weit unter 2 – in Deutschland z. B. bei 1,3. Nur in Island, Irland und Albanien lag sie im Jahr 2005 bei 2,0. In diesen Staaten Europas wird also die Bevölkerungszahl bis zum Jahr 2050 aller Voraussicht nach weiter steigen, in Irland beispielsweise von derzeit 4,1 Millionen auf dann 4,7 Millionen.

Die Bevölkerungsentwicklung in einem Staat oder in einer Region kann mit zwei statistisch erfassbaren Faktoren erklärt werden:

- **natürlicher Bevölkerungssaldo** pro 1000 Einwohner (= Geburtenrate minus Sterberate in Promille)
- **internationaler bzw. interregionaler Wanderungssaldo** pro 1000 Einwohner (Zuwanderung minus Abwanderung in Promille)

In Irland z. B. ist momentan sowohl der natürliche Bevölkerungssaldo positiv (mehr als plus 4,0 Promille), als auch der Wanderungssaldo (mehr als plus 5,0 Promille). In allen neuen deutschen Bundesländern hingegen ist der natürliche Bevölkerungssaldo negativ (von unter minus 1,0 Promille bis unter minus 3,0 Promille). Der Wanderungssaldo ist für den Stadtstaat Berlin extrem negativ (unter minus 5,0 Promille), für das Bundesland Brandenburg aber extrem positiv (mehr als plus 5,0 Promille). Hier handelt es sich eindeutig um eine **Stadt-Umland-Wanderung** (**Suburbanisierung**). Das heißt aber auch, dass die relative Bevölkerungszunahme nur im Berliner Umland erfolgen kann.

4.5 Kulturräume und Minderheiten

Kultur ist ganz allgemein die vom Menschen geschaffene künstliche Umwelt im Unterschied zur natürlichen Umwelt. Aufbauend auf einer geistigen Kultur (Sprache, Religion, Wertvorstellungen und Gesellschaftsnormen, Ästhetik und Wissenschaft) gibt es eine materielle Kultur (Architektur, Technik und Infrastruktur). Der Begriff Zivilisation bezeichnet den gesellschaftlichen, wirtschaftlichen oder technologischen Entwicklungsstand. Eine sogenannte **Hochkultur** definiert sich über herausragende wissenschaftliche, literarische, musische oder künstlerische Leistungen der geistigen Elite einer Nation. Im Gegensatz dazu beinhaltet die **Alltagskultur** Werte, Symbole, Helden (besonders im Sport), Idole, Rituale, Verhaltensregeln und Bräuche des Alltags. Diese werden vermittelt über die Sozialisation des Individuums, das heißt über das Hineinwachsen in eine bestimmte Gesellschaft und Kultur sowie über deren Massenmedien. Wichtige Bereiche der Alltagskultur sind unter anderem:

- Wohnkultur und Esskultur
- Gebrauchsgegenstände (z. B. Autos)
- Mode und Design
- Freizeit und Sport
- Kino, Fernsehen und Internet
- Unterhaltungsmusik und -literatur
- Werbung

Die wichtigsten **Merkmale zur Abgrenzung** unterschiedlicher Kulturen sind Sprache und Religion bzw. Wertvorstellungen. Allerdings gibt es meist keine klaren Grenzlinien, sondern Übergangsräume mit sprachlichen oder religiösen Minderheiten. Viele Staatsgrenzen – nicht nur in Europa – durchschneiden Kulturräume, insbesondere Sprachräume, und trennen Minderheiten ab.

Unter einer Minderheit wird eine Bevölkerungsgruppe verstanden, die sich aufgrund folgender Kriterien von der Mehrheit der Einwohner in einem Staat unterscheidet:

- kulturelle Faktoren (Sprache, Religion, Geschichte, Lebensstil, Werte und Normen)
- soziale Identität (Zugehörigkeitsgefühl, Zusammengehörigkeitsgefühl)
- räumliche Konzentration in bestimmten Regionen eines Staates bzw. in Wohngebieten oder sogar in Ghettos innerhalb von Städten, besonders von Großstädten

Eine große Herausforderung für die Erhaltung der kulturellen Vielfalt in Europa stellt der wirksame **Schutz der Minderheiten** gegen Unterdrückung bzw. kulturelle Assimilation (= erzwungene Angleichung) dar. In der Geschichte der europäischen Nationalstaaten waren Angehörige religiöser, ethnischer und nationaler Minderheiten Opfer von Diskriminierung, von Vertreibung und sogar von Völkermord (Genozid). Als Ergebnis der Kopenhagener Konferenz der Organisation für Sicherheit und Zusammenarbeit in Europa (OSZE) „Über die menschliche Dimension" von 1990 wurden daher unter anderem folgende individuelle Rechte für Angehörige von Minderheiten in Europa festgelegt:

- Gebrauch der Muttersprache, Schulunterricht in der Muttersprache oder mit der Muttersprache als Unterrichtsfach sowie Freiheit der Religionsausübung
- Garantie grenzüberschreitender Kontakte zu Angehörigen der eigenen Volksgruppe
- Schutz und Förderung der kulturellen Identität nationaler Minderheiten
- Einrichtung regionaler, autonomer Verwaltungseinheiten für Minderheiten

Die Kopenhagener Dokumente wurden wegen des Widerstands einzelner Staaten völkerrechtlich nicht verbindlich, sondern sind nur Vereinbarungen, die als Richtschnur für die Mitgliedsstaaten der **OSZE** dienen sollen. Insbesondere Frankreich und die Türkei wollen wegen ihrer besonderen Auffassung von Staat und Nation die Rechte ihrer Minderheiten nicht anerkennen. Sie fürchten, die nationale Einheit zu gefährden. Ein völkerrechtlich verbindlicher Minderheitenschutz gilt daher bislang nur für anerkannte Minderheiten in bestimmten Staaten, wie z. B. in Deutschland. Hier gibt es folgende Minderheiten mit Sonderrechten (Anzahl in Klammern):

- Sorben (Wenden) in der Lausitz (60 000)
- Dänen in Südschleswig (50 000)
- Friesen in Nordfriesland (10 000)
- Friesen im Saterland (2000)
- Sinti und Roma (50 000)

Konflikte zwischen Kulturen entstehen in erster Linie durch soziale Benachteiligung und/oder politische Unterdrückung von Minderheiten. Beispiele für solche Konflikte:

- Sprachkonflikte: Baskenland, Korsika, Kosovo, Krim (Tataren)
- Religionskonflikte: Nordirland, Bosnien, Kosovo, Krim (s. o.)

Die meisten **europäischen Sprachen** sind **indoeuropäische Sprachen** in einem Verbreitungsgebiet, das von Island im Nordwesten bis nach Bengalen in Südasien reicht. Die wichtigsten Zweige der indoeuropäischen Sprachfamilie sind folgende:

- Germanische Sprachen (u. a. Englisch, Deutsch, Niederländisch und die skandinavischen Sprachen ohne Finnisch)
- Romanische Sprachen (u. a. Französisch, Italienisch, Spanisch, Portugiesisch, Rumänisch)
- Slawische Sprachen (u. a. Russisch, Ukrainisch, Polnisch, Tschechisch, Slowakisch)

Die meisten Menschen sprechen in Europa das Russische als Muttersprache (rund 170 Millionen), vor allem in Russland selbst (einschl. Sibirien), aber auch im Osten der Ukraine, in Weißrussland und als Minderheitensprache im Baltikum. Deutsch wird von insgesamt etwa 95 Millionen Menschen als Muttersprache gesprochen. Damit ist Deutsch innerhalb der EU die wichtigste Muttersprache, gefolgt von Französisch, Englisch und Italienisch mit jeweils ca. 60 Millionen Sprechern. Englisch ist in Europa die wichtigste Fremdsprache.

Die räumliche **Verbreitung der Religionsgruppen** in Europa ist in der → Karte 89.1 dargestellt. Auf dem Balkan und insbesondere in Bosnien-Herzegowina verzahnen sich die Verbreitungsgebiete ineinander. Nach dem prozentualen Anteil ergibt sich für Europa folgende Bedeutung der Religionen (Stand 2000):

- Katholiken 39,3 %
- Orthodoxe 21,7 %
- Protestanten 10,7 %
- Muslime 4,3 %

Der Rest verteilt sich auf kleinere Religionsgruppen. 16 % sind nicht religiös bzw. haben keine Angaben zur Religionszugehörigkeit gemacht. Durch die fortschreitende **Säkularisierung** (Verweltlichung) geht die Bedeutung der Religionen vor allem in Westeuropa und im Machtbereich der ehemaligen **Sowjetunion** immer weiter zurück. So ist z. B. der Anteil der Konfessionslosen in Tschechien mit knapp 40 % sehr hoch, in der Russischen Föderation liegt ihr Anteil bei mehr als 60 %. Nicht sichtbar sind in der Karte → 89.1 die muslimischen Minderheiten in Westeuropa, die sich vor allem in den Großstädten konzentrieren und dort zum Teil isoliert in eigenen Wohnvierteln leben (Ghettos).

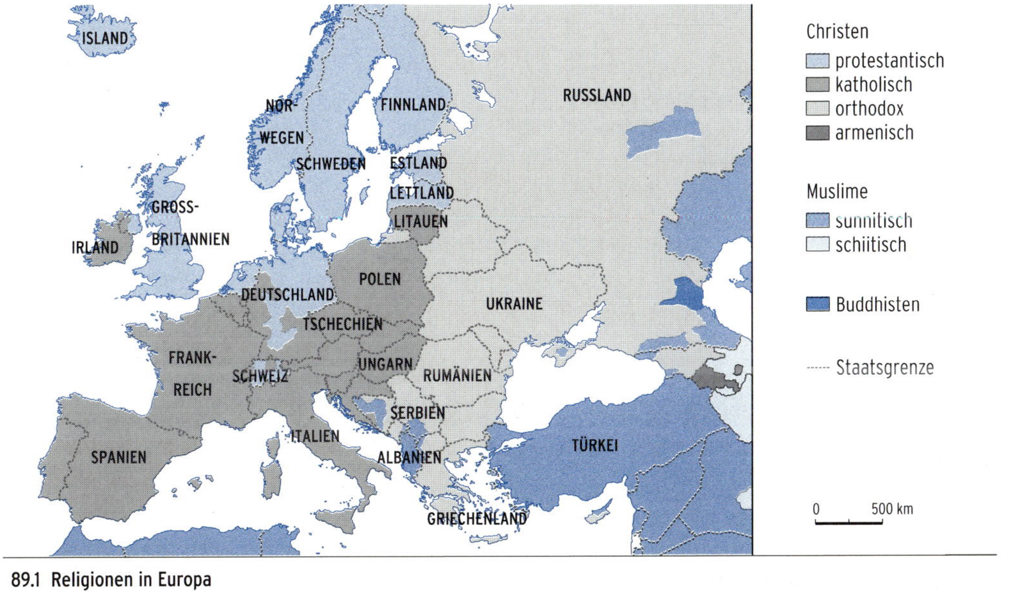

89.1 Religionen in Europa

4.6 Europa – Räumliche Disparitäten

4.6.1 Überblick

Die räumlichen Disparitäten in Europa können in einem Zentrum-Peripherie-Modell dargestellt werden (→ Abb. 91.1). Der Hauptwirtschaftsraum Europas erstreckt sich vom Südosten Englands über die sogenannte Rheinachse oder Rheinschiene und die Schweiz bis nach Oberitalien. Parallel zu diesem, auch als „Blaue Banane" bezeichneten Raum verläuft die Achse Le Havre – Paris – Lyon – Marseille in Frankreich, die dort die wichtigsten Wirtschaftsräume miteinander verbindet. Lille und Straßburg bilden die Tore zum **Hauptwirtschaftsraum** (s. o.).
Am Rande der EU (und verkehrstechnisch außer mit dem Flugzeug nur schwer erreichbar) liegen die nördliche, die atlantische und die südliche oder mediterrane Peripherie. Im Norden wird die wirtschaftliche Nutzung behindert durch den Mangel an Wärme und Licht (Polarnacht im Winter) und im Süden vor allem durch Hitze und Wassermangel im Sommer. Im Westen sorgen starke Niederschläge für eine Auswaschung der Nährstoffe aus den zumeist armen Böden in Irland, Schottland, Wales und in der Bretagne. Dazu kommen überall politische, wirtschaftliche, soziale und kulturelle Faktoren der Unterentwicklung. Diese können aber durchaus überwunden werden, wie die Beispiele Island, Norwegen, Irland, Malta und Zypern zeigen.
Das gravierendste Entwicklungsgefälle in Europa besteht zwischen der wohlhabenden Westhälfte Europas und der ärmeren Osthälfte mit wirtschaftlichen **Transformationsproblemen**. Unter der Transformation ist der wirtschaftliche Umbau von der Planwirtschaft (genaue Bezeichnung: Zentralverwaltungswirtschaft) in den bis 1990/91 sozialistischen Staaten des ehemaligen Ostblocks hin zu einer funktionierenden Marktwirtschaft zu verstehen. Durch den wirtschaftlichen Aufschwung in den Staaten Ostmitteleuropas (OME) sind dort Einkommen und Lebensstandard deutlich gestiegen, sodass sich am Übergang zu Ost- bzw. Südosteuropa ein neues **Wohlstandsgefälle** gebildet hat. Mit besonderen Problemen sehen sich die Bewohner der politisch instabilen Gebiete Europas konfrontiert. Hier behindern oder verhindern ethnische, sprachliche oder religiöse Konflikte die Entwicklung. Als „Sunbelt" Europas wird ein Gürtel bezeichnet, der sich vom Nordosten Spaniens (Katalonien) über den Süden Frankreichs bis nach Mittelitalien (Toskana) zieht. In Anlehnung an den Sunbelt im Süden der USA (von Florida bis nach Kalifornien) wird damit eine sonnenreiche Region herausgehoben, die durch das mediterrane Klima als besonders attraktiv für Tourismus, Wissenschaft und Forschung gilt. Auch der Zuzug vor allem wohlhabender älterer Menschen ist ein weiteres Merkmal des europäischen Sunbelt.

In der Karte auf → Seite 91 wird die räumliche Konzentration des tertiären Sektors in Europa deutlich, und zwar durch die hierarchisch (nach Bevölkerungszahl bzw. wirtschaftlicher Bedeutung) abgestuften Metropolregionen und durch die wichtigsten Verkehrsachsen:
Als größte **Metropolregionen** sind London, Paris und die Agglomeration Rhein-Ruhr im Westen Europas hervorgehoben, Moskau im Nordosten als größte und bedeutendste Stadt Russlands sowie Istanbul im Südosten als Megastadt am Bosporus und Wirtschaftszentrum der Türkei. Die Hauptstädte Berlin, Rom und Madrid stehen hier auf einer Stufe mit den Wirtschafts- bzw. Finanzzentren Frankfurt, Mailand und Barcelona. Auf derselben Stufe stehen auch z. B. Zürich (Finanzzentrum – nicht auf der Karte) und Brüssel als inoffizielle Hauptstadt Europas. Über die Feinheiten der hier vorgeschlagenen Abstufung ließe sich lange diskutieren. Name und Lage aller hier abgedruckten Metropolen sollten aber im Abitur bekannt sein.
Wichtige Verkehrsachsen müssen über leistungsfähige Autobahnen und über schnelle Zugverbindungen verfügen. Außerdem müssen solche Achsen wichtige internationale Verbindungen herstellen, und es sollten bedeutende Personenzahlen und/oder große Gütermengen auf ihnen transportiert werden. Der Bau bzw. Ausbau bestimmter **transnationaler Achsen** wird durch die Raumordnungspolitik der EU besonders gefördert. Besonders spektakuläre Projekte waren der Eurotunnel oder die Öresundbrücke. In Bau bzw. in Planung sind der Brenner-Basistunnel durch die Schweizer Alpen und eine Brücke vom italienischen Festland nach Sizilien.

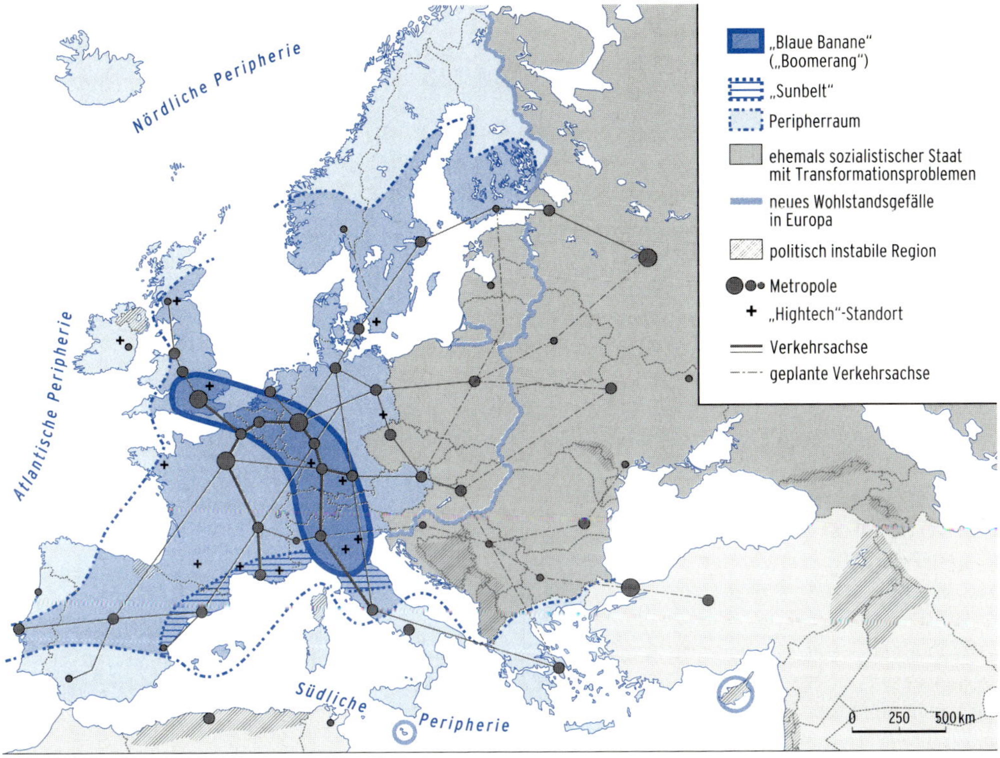

91.1 Europa – räumliche Strukturen

WISSEN: EU-Regionalpolitik

Die größte Herausforderung für die EU in der Zukunft ist die wirtschaftliche und politische Integration der Beitrittsländer in Ostmitteleuropa (seit 2004) bzw. in Südosteuropa (Rumänien und Bulgarien seit 2007). Folgende Ziele der **Regionalpolitik** werden mit den Geldern aus den Strukturfonds der EU verfolgt:

- **Ziel 1** fördert die Entwicklung und die strukturelle Anpassung der Regionen mit Entwicklungsrückstand, das heißt, mit einem BIP pro Einwohner von weniger als 75 % des EU-Durchschnitts. Auch Regionen in peripherer Lage (z. B. die Azoren) oder mit extrem dünner Besiedlung (im Norden von Skandinavien) fallen unter das Ziel 1.
- **Ziel 2** fördert die wirtschaftliche und soziale Umstellung von Gebieten mit Strukturproblemen, wie z. B. von Industriegebieten oder von städtischen und ländlichen Gebieten.
- **Ziel 3** unterstützt die Mitgliedsstaaten bei der Modernisierung der Bildungs-, Ausbildungs- und Beschäftigungspolitik.

Daneben gibt es für die folgenden zwei Programme Mittel aus dem **Europäischen Fonds für Regionalentwicklung (EFRE)**:

- **INTERREG III** unterstützt die grenzübergreifende Zusammenarbeit benachbarter Gebiete in den sogenannten **Euroregionen.**
- **URBAN II** fördert die **nachhaltige Entwicklung** von Städten mit wirtschaftlichen und sozialen Krisen.

Aus dem **Europäischen Ausgleichs- und Garantiefonds für die Landwirtschaft (EAGFL)** wird die Entwicklung des ländlichen Raumes finanziert. Das entsprechende Programm heißt LEADER+ und soll rückständige ländliche Räume fördern.

4.6.2 Zentralismus und Raum – Beispiel Frankreich

Unter dem Begriff **Zentralismus** versteht man die geschichtlich bedingte Konzentration politischer und wirtschaftlicher Macht sowie von Bevölkerung, Kultur- und Bildungsangeboten in einer Hauptstadtregion, die alle anderen Städte des Landes an Einwohnerzahl und an Bedeutung weit überragt. Hier laufen die wichtigsten Verkehrsachsen des Staates zusammen, und von hier aus werden alle Regionen zentral verwaltet und kontrolliert.

Paris liegt zwar im Zentrum des größten agrarischen Gunstraumes Westeuropas und im Schnittpunkt wichtiger Verkehrswege von Nordwesteuropa nach Südwesteuropa. Auf ganz Frankreich bezogen liegt es aber eher dezentral in der Nordhälfte des Landes. Unter römischer Herrschaft war Lyon (Lugdunum) die wichtigste **Stadt** und der wichtigste Verkehrsknotenpunkt des damaligen Gallien. Der Aufstieg von Paris begann erst mit der Dynastie der Kapetinger im Westfrankenreich. Diese erhoben Paris 987 zu ihrer Residenzstadt, also vor mehr als 1000 Jahren. Von ihrer vergleichsweise kleinen Krondomäne um Paris und am Loirebogen dehnten die französischen Könige ihr Herrschaftsgebiet bis 1789 fast an die heutigen Grenzen Frankreichs aus. Die Macht wurde von Anfang an beim Königshaus in Paris konzentriert und der Adel in der Provinz konsequent entmachtet. Nach der französischen Revolution von 1789 und besonders unter der Herrschaft Napoleons I. wurde der Zentralismus als Staatsprinzip durchgesetzt und die Vormachtstellung von Paris wurde weiter ausgebaut. Die Provinzen wurden zerschlagen und durch die vergleichsweise kleinen **Départements** ersetzt. Ihre durchschnittliche Größe beträgt 5700 km^2 und ihre durchschnittliche Einwohnerzahl liegt bei 600 000. An ihrer Spitze stehen bis heute Präfekten, die von der Zentralregierung in Paris eingesetzt werden. Das Streckennetz der Chausseen, später das der Eisenbahnen und heute das der Autobahnen und des Hochgeschwindigkeitszuges TGV (= *Train à Grande Vitesse*) wurde auf Paris ausgerichtet, wo fast alle Verkehrswege zusam-

GEO-PRAXIS: Interpretation thematischer Karten

Die nebenstehende thematische Karte zeigt die Verwaltungsgliederung des Großraums Paris sowie dessen funktionale Abgrenzung.

Den Kern bildet die Kernstadt Paris selbst, das Département Seine (75) mit 2,15 Mio. Einwohnern im Jahr 2003. Damit hat die Kernstadt Paris weniger Einwohner als Berlin mit 3,4 Mio.

Zur Région Parisienne gehört aber auch die Petite Couronne (kleiner Kranz bzw. Innenring), bestehend aus drei Départements mit zusammen rund 4,1 Mio. Einwohnern.

Wird die Grande Couronne (großer Kranz bzw. Außenring) hinzugenommen mit ihren vier großen Départements und zusammen rund 4,8 Mio. Einwohnern, dann ergibt sich für die Region Ile-de-France eine Bevölkerungszahl von über 11 Mio. Einwohnern.

Dabei ist aber die **Agglomeration** von Paris – der eigentliche verstädterte Ballungsraum – nach der Definition des französischen Statistik-Instituts INSEE deutlich kleiner als die Region Ile de France. Die **administrative Zersplitterung** des Umlandes in 7 Départements mit nicht mehr als jeweils 1,1 bis 1,5 Mio. Einwohnern, war beabsichtigt, um Ungleichgewichte zu vermeiden.

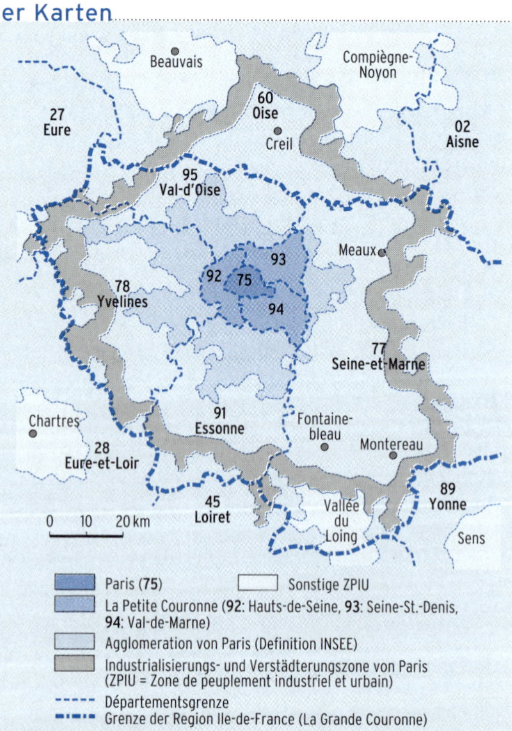

menlaufen (→ Abb. 93.1). Mit der Kolonialzeit wuchs Paris zur **Metropole** einer weltumspannenden Großmacht heran und ist daher bis heute das Ziel von Migranten aus den früheren Kolonien, besonders aus Nord- und Westafrika. Paris entwickelte sich zur Weltstadt und wurde nicht nur mit zahlreichen Behörden ausgestattet, um seine Funktionen erfüllen zu können, sondern erhielt auch ein repräsentatives Stadtbild mit großen Prachtstraßen sowie herausragende Baudenkmäler, z. B. den Eiffelturm.

Die überragende demografische Bedeutung der **Metropolregion von Paris**, der Region Ile-de-France, wird auch daraus ersichtlich, dass hier heute auf nur 2,2 % der Fläche 19,1 % der Einwohner Frankreichs leben. Noch größer ist die wirtschaftliche Bedeutung: Der Anteil der Region Ile-de-France am **Bruttoinlandsprodukt** Frankreichs liegt bei 29 %, drei Viertel aller Journalisten Frankreichs sind hier tätig und 78 % der Unternehmenszentralen sind hier konzentriert, bei den Banken sind es sogar mehr als 90 %.

Um die Kontrolle über das gesamte Staatsgebiet zu gewährleisten und um die **Erreichbarkeit** von Paris aus allen Landesteilen zu verbessern, begann die staatliche französische **Eisenbahngesellschaft SNCF** etwa zwanzig Jahre früher als in Deutschland mit dem Bau von Hochgeschwindigkeitsstrecken. In Frankreich wurden für die Hochgeschwindigkeitszüge (TGV, s. o.) relativ schnell ganz neue Trassen geplant und gebaut, so z. B. zwischen Paris und Lyon. Als technisch sehr aufwendig (Schichtstufen) gilt die Strecke Paris – Strasbourg, die im Juni 2007 offiziell eröffnet wurde und sich in Lothringen verzweigt: einerseits über Saarbrücken weiter nach Frankfurt, andererseits nach Strasbourg und von dort weiter nach Stuttgart, München und Wien.

93.1 Streckennetz des TGV

GEO-PRAXIS: Arbeiten mit Bildern

Das Foto „Blick vom Eiffelturm" kann auch als Schrägluftbild betrachtet werden, da es von der dritten Plattform des Eiffelturms in einer Höhe von 276 m aufgenommen wurde. Die Blickrichtung ist nach Nordwesten zum neuen Büroviertel „La Défense" in der Ferne.

Im Vordergrund fällt der Blick auf das Palais Chaillot mit seinen Gärten und Wasserspielen, das 1939 im neoklassischen Stil errichtet wurde.

Im Mittelgrund, hinter dem Palais Chaillot, liegt das gehobene Stadtviertel Chaillot. Die breiten baumbestandenen Prunkstraßen laufen auf die Place Trocadéro zu und zeigen das Gestaltungs- und Repräsentationsbedürfnis der französischen Führungselite im Raum Paris.

Der Hintergrund beginnt mit den nördlichsten Ausläufern des Bois de Boulogne, eines großen Naherholungsgebietes am Westrand der Innenstadt von Paris.

Dahinter ist in einiger Entfernung das neue Büroviertel „La Défense" mit seinen Hochhäusern zu erkennen. Es beherbergt die Hauptverwaltungen vieler großer französischer Unternehmen und hat die **metropolitanen Funktionen** von Paris gestärkt.

93.2 Blick vom Eiffelturm

4.6.3 Räumliche Polarisierung in Frankreich

Mit dem Begriff **räumliche Polarisierung** wird der Prozess der Verschärfung räumlicher Disparitäten in einem Staat bzw. in einer Region bezeichnet. So besitzen der **Aktivraum** Ile-de-France um die Hauptstadt Paris und der **Passivraum** Limousin an der Westabdachung des Zentralmassivs eine unterschiedliche Verkehrsinfrastruktur und Wirtschaftsstruktur und haben eine gegensätzliche Bevölkerungsentwicklung. An beiden lassen sich positive bzw. negative regionale Entwicklungsprozesse aufzeigen, durch die die räumlichen Disparitäten innerhalb Frankreichs weiter verschärft werden. Typische Faktoren und Zusammenhänge positiver, sich selbst verstärkender regionaler Entwicklungsprozesse sind in → Abb. 94.1 dargestellt. Siedelt sich z. B. ein neuer Industriebetrieb in einer Region an, so entstehen neue Arbeitsplätze und positive Impulse für die Wirtschaft in dieser Region. Über erhöhte Steuereinnahmen sind öffentliche Investitionen in die regionale Infrastruktur möglich, die wiederum die Attraktivität der Region für weitere Industrieansiedlungen erhöhen. Außerdem können vom neuen Betrieb selbst Impulse für die Ansiedlung weiterer Betriebe ausgehen. Die höhere Kaufkraft führt auch zur Ansiedlung privater Dienstleistungsbetriebe, die weitere Arbeitsplätze schaffen.

In der Region Ile-de-France ist vor allem der **Dienstleistungssektor** (Banken, Versicherungen, Hauptverwaltungen von Konzernen, Forschungs- und Entwicklungsabteilungen großer Konzerne) Auslöser für positive wirtschaftliche Entwicklungsprozesse. Von den 100 größten Unternehmen Europas im Jahr 2005 hatten insgesamt 33 ihre Konzernzentrale im Großraum Paris, und davon 22 in der Kernstadt. Auch der Tourismus trägt zur positiven Dienstleistungsentwicklung in Paris bei, da die **Stadt** das wichtigste Touristenziel Frankreichs und sogar Europas ist. Ministerien, untergeordnete Behörden und internationale Organisationen sorgen ebenso für Beschäftigung und Kaufkraft wie die zahlreichen Universitäten und Kultureinrichtungen. So liegt das BIP pro Einwohner in der Region Ile-de-France mit 36 000 Euro fast doppelt so hoch wie in der Region Limousin mit 19 000 Euro. Die Dominanz des Dienstleistungssektors zeigt sich auch am Anteil an den Erwerbstätigen mit etwa 82 Prozent (Limousin: 66 Prozent).

Das **Limousin** → Abb. 95.1 gilt im festländischen Frankreich als der Passivraum schlechthin,

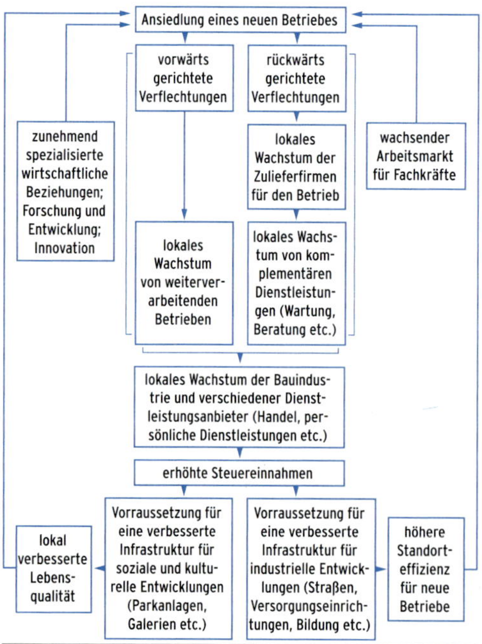

94.1 Positive Rückkopplungseffekte

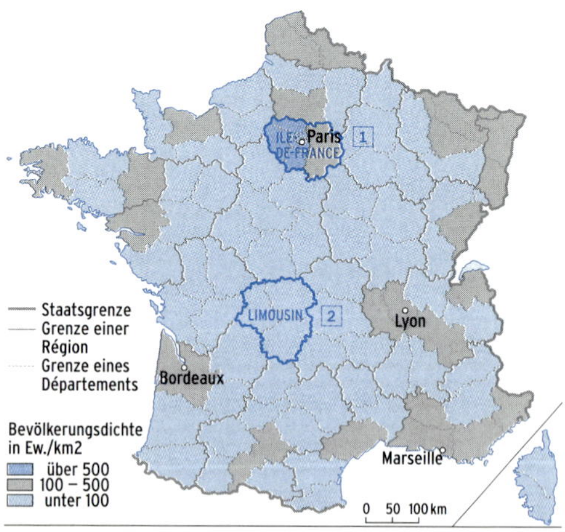

94.2 Bevölkerungsdichte nach Départements

1 Region Ile-de-France (→ 93.1): 11 Mio. Einwohner (= 18,7 % von Frankreich); 12 012 km^2 (= 2,2 % von Frankreich); 917 $Ew./km^2$

2 Region Limousin (→ 95.2): 709 000 Einwohner (= 1,2 % von Frankreich); 16 942 km^2 (= 3 % von Frankreich); 42 $Ew./km^2$

denn Korsika mit seiner isolierten Insellage und mit seinen politischen Konflikten ist ein Sonderfall. Innerhalb der Region sind die östlichen **Départements** Creuse und Corrèze mit ihrem hohen Mittelgebirgsanteil sowohl physisch-geographisch als auch strukturell deutlich benachteiligt. Beide haben einen hohen Mittelgebirgsanteil (mehr als 500 m über NN, → Abb. 95.2) mit erschwerten Bedingungen für die Landwirtschaft. So steigen die Niederschläge im Mittelgebirgsraum auf über 1000 bis zu 1500 mm im Jahr, während gleichzeitig die Temperaturen sinken und die Dauer der Schneedecke sowie die Frostgefahr steigen. Im Jahr 1987 waren im Limousin noch 16 % der Beschäftigten in der Landwirtschaft tätig (in Frankreich: 7,1 %).

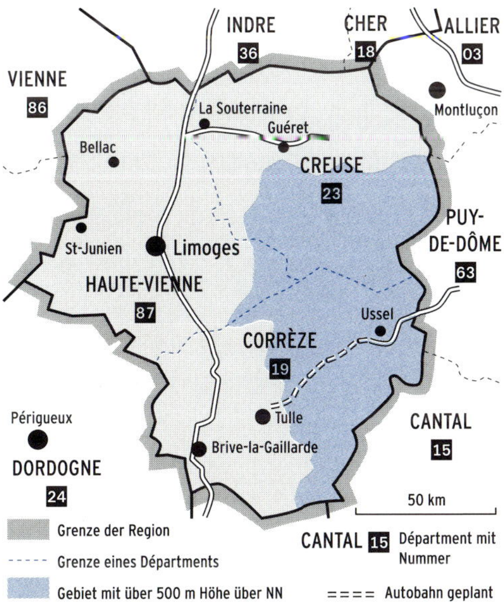

95.1 Region Limousin

2005 waren es noch 8,6 % (Frankreich: 4,4 %). Die Folgen dieses drastischen Rückgangs sind in → Abb. 95.1 zu sehen, die negativen Auswirkungen auf Wirtschaft und Infrastruktur sowie die Abwanderung. Bei weniger als 50 Einwohnern pro km² wird die Versorgung ländlicher Räume schwierig, ebenso die Finanzierung der Infrastruktur. In den benachteiligten Mittelgebirgsräumen im Osten des Limousin mit seinen **Grenzertragsböden** fanden wegen der starken Abwanderung (**„Exode rural“**) **Wüstungsprozesse** statt. Häuser und ganze Dörfer wurden verlassen, vor allem Weideland wurde aufgegeben. Große Flächen wurden systematisch und mit staatlicher Unterstützung aufgeforstet. Heute bedeckt der Wald mit 5630 km² etwa ein Drittel der Gesamtfläche der Region, die landwirtschaftliche Nutzfläche (LF) umfasst rund 8000 km². Die durchschnittliche Betriebsgröße stieg auf mittlerweile 46 ha (F: 42 ha).

Im Zeitraum von 1990 bis 2000 sank die Bevölkerungszahl der Region Limousin um 12 000 Einwohner. Der natürliche Bevölkerungssaldo liegt heute bei minus 0,4 % pro Jahr, der **Wanderungssaldo** dagegen bei plus 0,2 % pro Jahr. Somit ergibt sich insgesamt ein negativer Bevölkerungssaldo von minus 0,2 % pro Jahr. Allerdings wandern vor allem junge Menschen im Alter von 18 bis 40 Jahren aus der Region ab. Damit entfallen zahlreiche mögliche Familiengründungen. Es siedeln sich meist ältere Menschen mit über 55 Jahren im Limousin an. Daraus resultieren die **Überalterung** der Bevölkerung und die geringen Geburtenzahlen (s. o.). Mittlerweile beträgt der Bevölkerungsanteil der über 60-Jährigen im Limousin knapp 30 %, in Frankreich insgesamt liegt dieser Anteil bei 21 %.

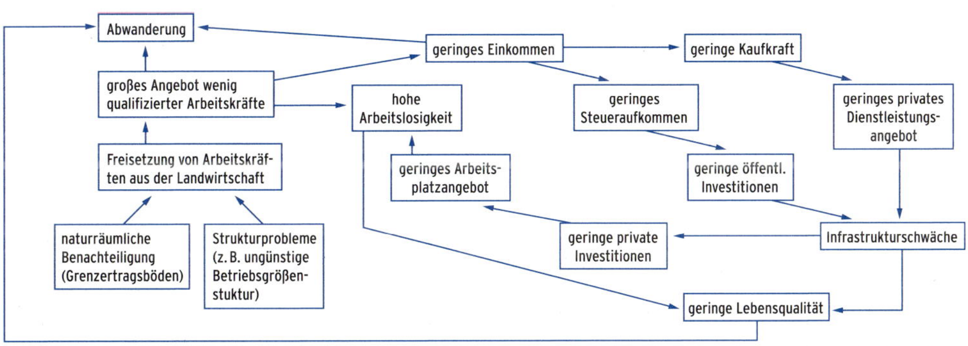

95.2 Negative Rückkopplungseffekte

4.7 Zusammenarbeit in Westeuropa

4.7.1 Airbus – EADS

Bis zum Ende der 1960er-Jahre beherrschten US-amerikanische Flugzeugbauer – darunter Boeing – den Weltmarkt für Verkehrsflugzeuge. Nur durch eine Zusammenarbeit mehrerer europäischer Luftfahrtunternehmen und durch großzügige staatliche **Subventionen** für Forschung, Entwicklung von Prototypen und Serienproduktion konnte die US-Luftfahrtindustrie herausgefordert werden:

- 1970 wurde das Konsortium „Airbus Industrie" gegründet, zunächst mit französischer und deutscher Beteiligung, später auch mit britischer und spanischer.
- 2001 schließlich fusionierten die drei europäischen Luft- und Raumfahrtkonzerne DASA (Deutschland), Aérospatiale Matra S.A. (Frankreich) und CASA (Spanien) zum neuen Unternehmen Airbus Industries, dessen größter Anteilseigner der neu geschaffene europäische Luft- und Raumfahrtkonzern EADS ist. (→ **Fusion**)
- Anfang 2007 stürzt der Airbus-Konzern wegen Lieferschwierigkeiten und Stornierungen beim A380 in eine tiefe wirtschaftliche Krise.

Mittlerweile wurde eine ganze Familie von Verkehrsflugzeugen entwickelt und gebaut, vom kleinen Airbus A318 bis hin zum größten Verkehrsflugzeug der Welt, dem Airbus A380. Aus der Verteilung der Produktionsstätten auf vier Staaten ergeben sich zusätzliche Transportprobleme und -kosten, die der einzige verbliebene Konkurrent, Boeing mit seinem Produktionsstandort in Seattle/USA, nicht hat.

INFO: Airbus A380

Mit einer Länge von 73 m, einer Flügelspannweite von 80 m und einer Höhe von 24 m übertrifft das größte Flugzeug der Welt, die Airbus A380, seinen Konkurrenten, die Boeing 747 („Jumbo-Jet") deutlich. Mit bis zu 850 Passagieren, verteilt auf zwei durchgängige Decks, soll das Flugzeug 15000 km nonstop zurücklegen. Um die Menschen an Bord – die meisten von ihnen ohne Fensterplatz – auf diesen Langstreckenflügen zu unterhalten, können je nach Ausführung Büros, Fitnessräume, Spielplätze, Casino, Konferenz- und Schlafräume eingebaut werden.
Trotz der großen Ausmaße und des hohen Gewichts ist dieser Walfisch der Lüfte leise und – umgerechnet auf die Fluggastkilometer – energiesparender als ein Kleinwagen. Größe und Gewicht stellen ganz neue Herausforderungen an das Material und dessen Belastbarkeit. Mit Entwicklungskosten von über 11 Milliarden US $ ist der Großraumjet das kostspieligste Projekt der europäischen Zusammenarbeit im Luftfahrtsektor, dessen Wirtschaftlichkeit noch lange nicht erwiesen ist.

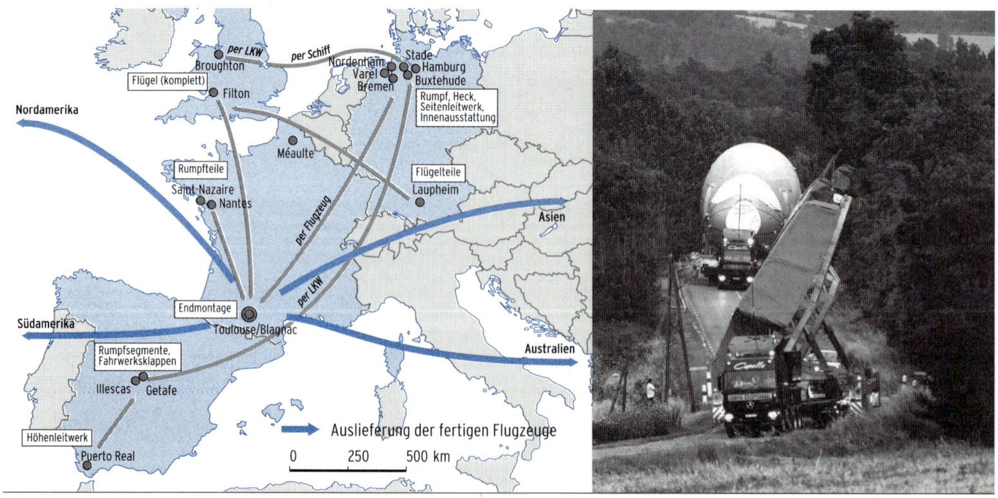

96.1 Transportwege Airbus A380/Transport auf der Straße

4.7.2 EUREGIO Maas-Rhein

Die Euregio Maas-Rhein wurde 1976, also vor 30 Jahren, als Arbeitsgemeinschaft gegründet. Sie ist somit einer der ältesten grenzüberschreitenden Kooperationsverbände in Europa (kurz: **Euroregionen**; → Seite 77). 1991 wurde die Arbeitsgemeinschaft in die Rechtsform einer Stichting nach niederländischem Recht umgewandelt. Mitglieder der Euregio Maas-Rhein sind fünf Regionen in drei verschiedenen Staaten (Staat und Sprache in Klammern, → Abb. 97.1):

- südlicher Teil der Provinz Limburg (NL – Niederländisch)
- Provinz Limburg (B – Flämisch = Niederländisch)
- Provinz Lüttich/Liège (B – Französisch)
- deutschsprachige Gemeinschaft (B – Deutsch)
- Regio Aachen e. V. (D – Deutsch)

Sitz der Euregio ist das Regierungsgebäude der Provinz Limburg/NL in Maastricht. Die größten Städte sind Aachen, Lüttich und Maastricht. Insgesamt hat die Euregio etwa 3,9 Mio. Einwohner, die sich wie folgt verteilen:

- Regio Aachen: 1288 000
- Provinz Lüttich (ohne die deutschsprachige Gemeinschaft): 963 000
- Provinz Limburg (B): 810 000
- Süden der Provinz Limburg (NL): 748 000
- deutschsprachige Gemeinschaft (B): 71 000

Die Euregio Maas-Rhein ist insofern etwas Besonderes, als sich hier im Dreiländereck drei Sprachen und fünf verschiedene Kulturen begegnen. Die föderalistische Verwaltungsstruktur Belgiens hat drei verschiedene Sprach- und damit auch Kulturräume zugelassen und ist als vorbildlich für Europa anzusehen. Entscheidend für die Gründung der Euregio 1970 war der Wunsch, die Lebensbedingungen für die Menschen in der Grenzregion zu erleichtern und die jeweilige nationale Randlage zu überwinden. Bis in die 1960er-Jahre waren weite Teile der Euregio vom Steinkohlenbergbau geprägt. Sie war daher von der Krise des Steinkohlenbergbaus ebenso betroffen wie das Ruhrgebiet. Während dort nach 1950 etwa 300 000 Arbeitsplätze im Bergbau verloren gingen, waren es im Aachener Raum 60 000, im niederländischen Limburg 90 000 und im belgischen Grenzland weitere 140 000, zusammen also 290 000 bei insgesamt deutlich weniger Einwohnern. Durch die erhöhte **räumliche Mobilität** und durch die **Suburbanisierung** entstanden zahlreiche grenzüberschreitende Verflechtungen vor allem durch **Arbeits- und Einkaufspendler** (→ Abb. 97.2). Die wichtigsten Bereiche der Zusammenarbeit:

- Wirtschaft, Tourismus, Technologie und Arbeitsmarkt (grenzüberschreitend),
- Natur, Umwelt und Verkehr,
- Jugend, **Kultur**, Bildung und Schaffung einer gemeinsamen (eu)regionalen Identität,
- Gesundheit (Zusammenarbeit), Soziales und Sicherheit (polizeiliche Zusammenarbeit).

97.1 Die dreisprachige Euregio

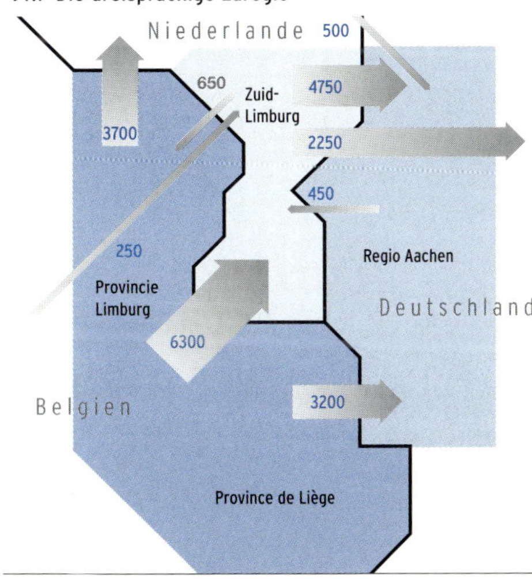

97.2 Pendlerströme

4.8 Die Alpen

4.8.1 Tourismus und Umwelt

Die **Erschließung der Alpen für den Massentourismus** begann nach 1955 im Gefolge von **Massenwohlstand**, Urlaubszeitverlängerung und **Massenmotorisierung.** Dabei fanden räumlich zwei unterschiedliche Prozesse statt: In den französischen Westalpen hatte sich die Landwirtschaft bereits vor der touristischen Erschließung aus den Höhenlagen und den entlegenen Tälern zurückgezogen – damit waren die Westalpen ein **Rückzugsraum** geworden. Im übrigen Alpenraum kam die touristische Erschließung noch rechtzeitig vor dem Rückzug von Landwirtschaft und Bevölkerung. In den französischen Westalpen herrschen daher heute künstlich geschaffene Wintersportorte vor, sogenannte Skistationen in größerer Höhe mit langer Saison. Die kostspielige Erschließung erfolgte meist durch große Unternehmen von außerhalb der Region. In der Schweiz, in Österreich und in Südtirol dagegen konnte die touristische Erschließung an die noch vorhandenen Bergdörfer anknüpfen, die für diesen Zweck um- bzw. ausgebaut wurden. Neben der Wintersaison spielt hier auch die Sommersaison eine Rolle (→ Abb. 98.1). Die **touristische Intensität** wird mit der Zahl der Übernachtungen pro Einwohner und Jahr ausgedrückt (→ Abb. 98.1) und ist auch ein Maß für die Belastung kleiner Orte durch den Tourismus.

Es gibt zwei Entwicklungen, die beide eine Verlängerung der Saison zum Ziel haben:

- Um die Wintersaison für Skifahrer zu verlängern, werden in den unteren Höhenlagen sogenannte **Schneekanonen** eingesetzt, die die Skipisten mit Kunstschnee befahrbar machen sollen. Die Schneekanonen verbrauchen viel Wasser sowie Energie und verursachen somit hohe Betriebskosten. Dazu kommt das Problem der Beschaffenheit des Kunstschnees. Dieser ist wesentlich kompakter als Naturschnee, taut schlechter ab und verkürzt die Vegetationszeit. Daher kann es zur Schädigung der dünnen Vegetationsdecke auf den Skipisten kommen.
- In größeren Höhen werden zunehmend **Gletscher für den Sommerskilauf** erschlossen, umgestaltet und geschädigt. Gletscherraupen verändern, verdichten und verschmutzen die Oberfläche der Gletscher. Durch die Verschmutzung verringert sich die **Albedo** der Gletscheroberflächen und die Gletscher tauen im Sommer stärker ab. Motoren- und Schmieröle der Anlagen (unter anderem mobile Liftanlagen) sowie Sonnenöl und Abfälle der Touristen beeinträchtigen die Funktion der Gletscher als Trinkwasserreservoire des Alpenraumes.

Mit zunehmender **Erwärmung des Erdklimas** werden der Einsatz von Schneekanonen und der **Gletscherskilauf** vermutlich noch weiter an Bedeutung gewinnen, da sonst die Existenz vieler Touristenorte gefährdet wäre.

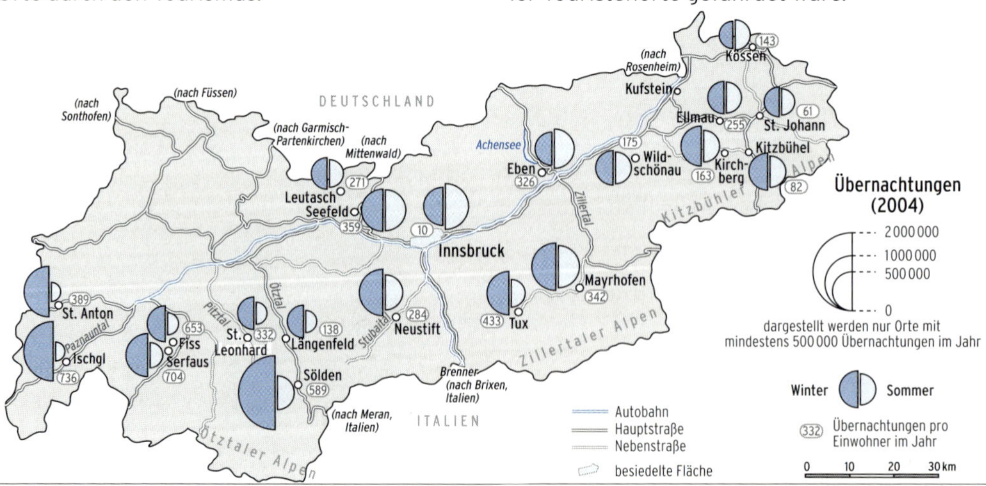

98.1 Heutige Tourismuszentren in Tirol

Der **Vergleich der beiden thematischen Karten** zeigt die Landschaftsveränderungen durch die touristische Erschließung in den Alpen seit 1955 am Beispiel des Ortes Sölden in Tirol/Österreich. Sölden liegt in den Ötztaler Alpen auf 1368 Metern Höhe und weist sowohl sehr hohe Übernachtungszahlen als auch eine sehr hohe touristische Intensität auf. Die Wintersaison dominiert – und damit der Skitourismus (→ 98.1). Die Einwohnerzahl stieg von 1600 im Jahr 1950 auf knapp 3500 im Jahr 2004. Gleichzeitig stieg die Zahl der Übernachtungen von etwa 50 000 (1950) auf über zwei Millionen (2004). Die damit verbundene Siedlungsverdichtung um Sölden ist im Vergleich der beiden Karten gut zu sehen.

Die **Entwicklung des Ortes zum Wintersportort** hatte mit dem Bau der ersten Sessellifte begonnen, die bereits in der Karte von 1955 zu erkennen sind. Im Laufe der Jahrzehnte sind als Rückgrat der touristischen Erschließung der Bergwelt westlich von Sölden zwei Kabinenseilbahnen mit einer hohen Transportkapazität entstanden. Diese besitzen an ihren Talstationen mehrere Großparkplätze. Zahlreiche Sessellifte in den Höhenlagen über 2000 m kamen hinzu. Die Skipisten durchziehen nicht nur das Gebiet der Almen (Hochweiden) oberhalb der Waldgrenze, sondern es führen auch Abfahrten durch den Bannwald **(Schutzwald)** über dem Ort bis ins Tal hinunter.

Durch die **Anlage von Skipisten** (Planien) erhöht sich die **Erosionsgefahr** bei Starkregen im Sommer und Herbst, da die Bodenstruktur völlig verändert wird und da die Vegetation den Boden zum Teil nur noch schütter bedeckt. Durch das starke Gefälle können sich bei Starkregen nicht nur Erosionsrinnen bilden, sondern auch Muren entstehen, Schlamm- und Geröllströme, die alles mit sich reißen. Und im Winter kann sich durch die Landschaftsveränderungen die Lawinengefahr erhöhen. Der Schutzwald ist auch durch das hohe Verkehrsaufkommen und die damit verbundenen Schadstoff-Emissionen gefährdet. Die Verkehrserschließung sowohl des Ötztals als auch des Rettenbachtals ist im Vergleich der Kartenbilder gut zu erkennen.

Die **Schädigung der Landschaft** durch den Wintertourismus ist besonders gut im Sommer zu sehen, wenn die Narben der Grasdecken und die Schneisen in den Bannwäldern besonders hervortreten. Nicht zuletzt daher spielt der Sommertourismus im Raum Sölden nur noch eine untergeordnete Rolle (→ Abb. 98.1).

Um in der **Konkurrenz der Wintersportorte** mithalten zu können, musste Sölden ein umfangreiches Après-Ski-Angebot (= Angebot nach dem Skifahren) entwickeln. Dazu gehören zahlreiche Bars und Diskotheken. Außerdem werden z. B. große Wintersportveranstaltungen in Sölden durchgeführt, die in den Medien für den Ort werben.

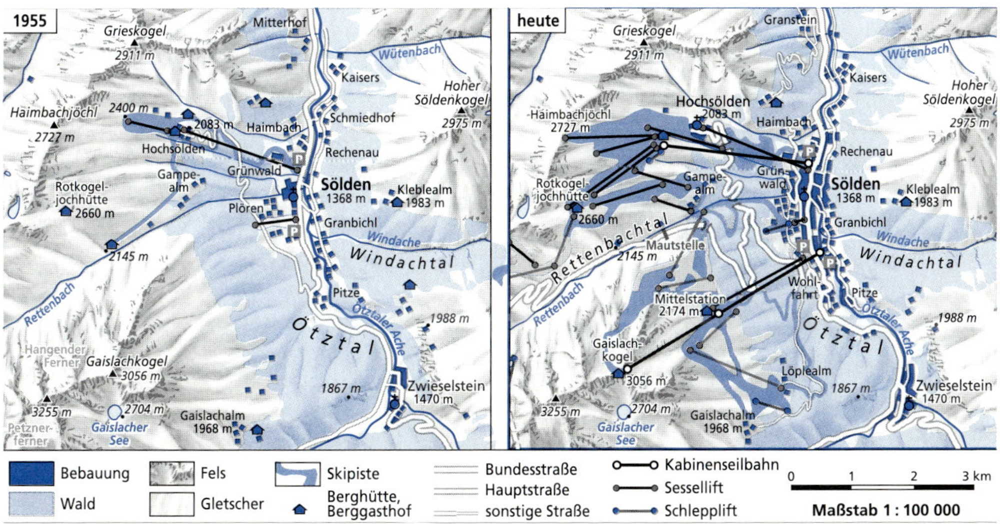

99.1 Sölden 1955 und heute

4.8.2 Verkehr und Umwelt

Im Unterschied zu den Pyrenäen und zum Kaukasus, die kaum Pässe besitzen und fast geschlossene **Barrieren** für den Verkehr darstellen, besitzen die Alpen eine ganze Reihe von Pässen (→ Abb. 100.1). Aber nicht alle dieser Pässe sind auch für den Schwerlastverkehr (Gütertransporte per Bahn oder Lkw) geeignet. Die **wichtigsten Alpenpässe** in Nord-Süd-Richtung sind z. B. der St. Gotthard-Tunnel in der Schweiz (→ Abb. 101.1) und der Brenner-Pass zwischen Österreich und Italien. Die Alpen wirken vor allem deshalb als **Barriere**, weil sie quer zum **Hauptwirtschaftsraum der EU** liegen und den Güter- und Personenverkehr zwischen Nord-, West- und Mitteleuropa auf der einen Seite und Süd- bzw. Südosteuropa auf der anderen Seite behindern. Besonders gravierend wirken sich die Alpen für Italien als Barriere zum Rest der EU aus. Jährlich überqueren 80 Mio. Menschen die Alpen in Pkw, die meisten von ihnen, um Urlaub am Mittelmeer zu machen – vor allem in Italien bzw. Kroatien. Zum größten Problem hat sich der alpenquerende **Schwerlastverkehr** entwickelt. So fahren allein über den Brennerpass 1,2 Mio. schwere Lkw pro Jahr. Wurden 1965 insgesamt 2,5 Mio. Tonnen Fracht auf der Straße über die Alpen transportiert, so waren es 2002 insgesamt 71 Mio. t. 1965 wurden per Bahn 16 Mio. t Fracht über die Alpen transportiert, im Jahr 2002 waren es 38 Mio. t.

Die **Lärm- und Umweltbelastungen** durch den **Alpentransit** auf der Straße haben in den besonderes betroffenen Durchgangstälern in Österreich und der Schweiz zur Bildung von Bürgerinitiativen geführt. Diese protestieren vor allem gegen den zunehmenden Lkw-Verkehr und blockieren gelegentlich auch Transitstrecken. In der Schweiz haben sich bei einer Volksabstimmung die Gegner des Baus einer weiteren Tunnelröhre am St. Gotthard durchgesetzt. Die Lärmbelastung an den Autobahnen ist beträchtlich: So werden in einer Entfernung von einem Kilometer von der Autobahn und 300 Meter höher noch 51 Dezibel gemessen. Unmittelbar an der Autobahn sind es über 70 Dezibel bei 2000 Kraftfahrzeugen pro Stunde und einem Lkw-Anteil von 20 %. Doch nicht nur der Verkehrslärm ist auf Dauer gesundheitsschädigend, es sind besonders die Abgase wie Kohlenmonoxide und Stickoxide. Letztere führen bei sommerlichem Wetter zu hohen Ozonwerten entlang der Straßen bzw. Autobahnen. Im Winter kommt es häufiger zu **Inversionswetterlagen** in den Alpentälern: Die Kaltluft sinkt nach unten und bildet einen Kaltluftsee im Tal. Auto- und Industrieabgase werden sofort abgekühlt und sammeln sich wie unter einer Glocke im Tal, über dem eine wärmere Luftschicht liegt (Inversionswetterlage). Talnebel mit Wassertröpfchen als Schadstoffträger erhöht die Gesundheitsgefahren. Ruß und Feinstaub aus Dieselmotoren bilden ein weiteres Problem.

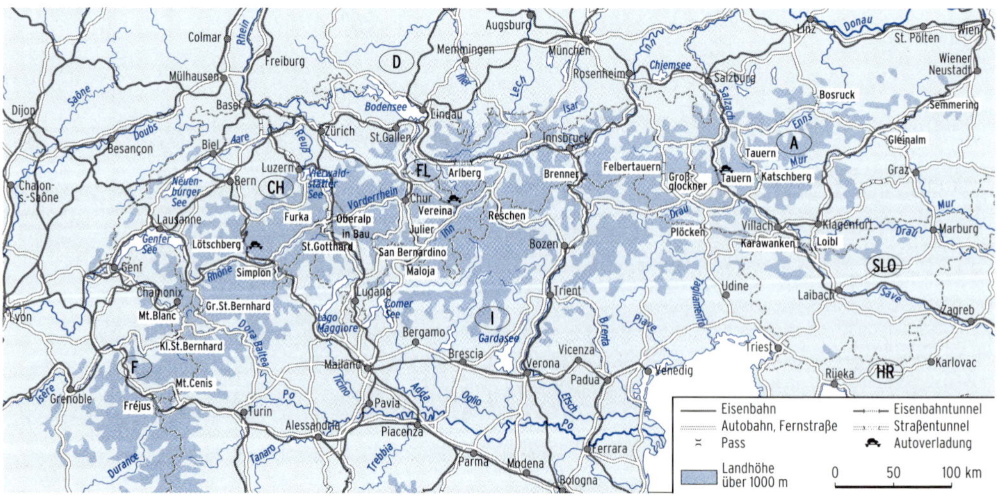

100.1 Wichtige Alpenübergänge

4.8.3 Neue Alpentransversale (NEAT)

Der wichtigste **europäische Güterverkehrskorridor** verläuft von Rotterdam über Köln, Basel und Mailand nach Genua am Mittelmeer. Er verbindet den größten europäischen Hafen Rotterdam mit dem größten Industriegebiet des Kontinents, dem Ruhrgebiet. Weiter geht es durch die Ballungsräume Rhein-Main, Rhein-Neckar, Karlsruhe und Basel über die Alpen bis in die Wirtschaftszentren Norditaliens, die ihrerseits mit dem Mittelmeerhafen Genua verbunden werden. Nach Marktanalysen aus dem Jahr 2005 soll das Transportvolumen auf dieser **europäischen Hauptachse** bis zum Jahr 2020 um 50 % wachsen. Der schwierigste Abschnitt verläuft durch die Schweiz, wo die **Neue Alpentransversale (= Alpendurchquerung) NEAT** im Bau ist. Da in der Schweiz großer Widerstand gegen eine weitere starke Zunahme des Lkw-Transitverkehrs und dessen Umweltfolgen geleistet wird (s. o.), ist nur eine Verlagerung von der Straße auf die Schiene denkbar. Diese wird politisch unterstützt durch vergleichsweise hohe Mautgebühren für Lastkraftwagen zwischen Basel im Norden und Chiasso im Süden. Um ein umständliches Umladen vom Lkw auf die Bahn und damit Zeitverluste zu vermeiden, sollen die meisten Lkw im sogenannten **Huckepackverfahren** mit der Bahn durch die Alpen rollen – vergleichbar mit dem Verfahren im Eurotunnel zwischen Frankreich und Großbritannien. Zwei große neue Tunnelbauten sollen den Transitverkehr in der Schweiz entzerren und zugleich beschleunigen:

- Der neue **Lötschberg-Basistunnel** zwischen den Kantonen Bern und Wallis südwestlich von Interlaken ist rund 36 km lang und wurde im Dezember 2007 offiziell eröffnet. Er wird betrieben von der BLS-Lötschbergbahn AG.
- Der konkurrierende neue **Gotthard-Basistunnel** wird rund 57 km lang. Er ist technisch wesentlich aufwendiger und somit auch teurer. Sein Bau wird voraussichtlich bis zum Jahr 2014 dauern. Die Fahrzeit der Bahn zwischen Zürich und Mailand soll sich um eine auf drei Stunden verkürzen.

Mit beiden Tunnelbauten soll der Lastwagen-Alpentransit in der Schweiz stark verringert werden – von derzeit 1,4 Mio. Fahrten auf 650 000.

Die thematische Karte → 101.1 zeigt die technologische Entwicklung des Transitverkehrs im Bereich des St.-Gotthard-Passes in der Zentralschweiz. Gut zu erkennen ist die alte Passstraße, die sich über Serpentinen auf die Passhöhe (2108 m) schraubt. Sie musste wegen Lawinengefahr oder zu hoher Schneelagen lange Zeit des Jahres gesperrt werden. Daher wurde im 19. Jahrhundert der St.-Gotthard-Eisenbahntunnel gebaut und 1882 eröffnet – in einer Zeit, als die Eisenbahn das wichtigste Verkehrsmittel in Europa war. Er ist rund 15 km lang und verbindet Andermatt (1447 m) mit Airolo (1175 m). Bis in diese Höhe kann sich die Bahnstrecke nur mithilfe sogenannter Kehrtunnel schrauben, die wie das gesamte Bauwerk eine technische Meisterleistung darstellen. Der nächste Schritt war rund hundert Jahre später, im Zeitalter der Massenmotorisierung und der hohen **Mobilität**, der Bau des St.-Gotthard-Autobahntunnels, der ca. 16 km lang ist und die alte Passstraße überflüssig machte. Der geplante Eisenbahntunnel der Neuen Alpentransversale NEAT ist erst im Projektstadium mit einer geplanten Länge von 45 km eingezeichnet. Tatsächlich wird er aber mit insgesamt 57 km deutlich länger als ursprünglich geplant. Seine Scheitelhöhe wird bei 550 m über NN liegen.

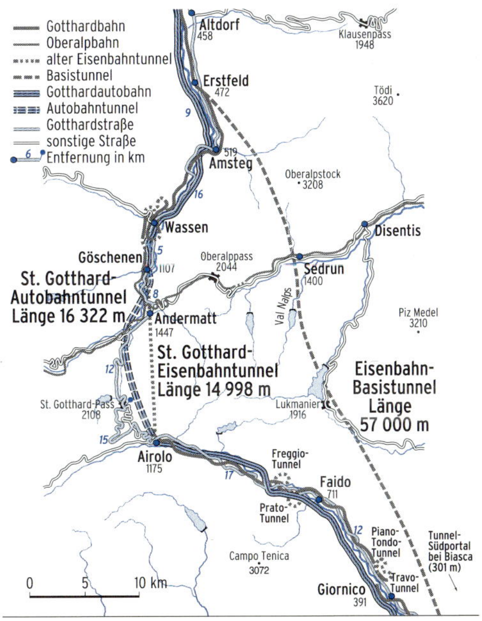

101.1 Gotthard – Verkehrswege

5_Gemeinschaft Unabhängiger Staaten (GUS)

5.1 Von der Sowjetunion zur Russischen Föderation

Die von 1917 bis 1991 existierende Union der Sozialistischen Sowjetrepubliken (UdSSR) oder kurz Sowjetunion war mit 22,4 Mio. km^2 der größte Staat der Erde. Er besaß große Rohstoffvorkommen, die aber wegen der klimatischen Ungunst im Norden und wegen der großen Entfernungen (→ Transportkosten) nur mit erheblichen staatlichen Investitionen in die Infrastruktur genutzt werden konnten.
Die sowjetische Wirtschaft war eine Zentralverwaltungswirtschaft (kurz: Planwirtschaft). Der Staat verfügte allein über die wichtigsten Produktionsmittel Boden, Rohstoffe, Energie, Kapital und Arbeit. Staatliche Pläne bestimmten den Einsatz dieser Produktionsmittel in allen Teilen der Sowjetunion. Die großen Wirtschaftsregionen wurden zentral von Moskau aus gelenkt und produzierten unionsweit in Arbeitsteilung.

Staat	Fläche (km^2)	Einwohner	Einwohner pro km^2	*
Gemeinschaft Unabhängiger Staaten (GUS)				
Russ. Föderat.	17 075 400	143 425 000	8,4	80
Ukraine	603 700	48 356 000	80	17
Weißrussland	207 595	9 881 000	48	11
Moldau	33 800	4 238 000	125	13
Georgien	69 700	5 126 000	74	k.A.
Armenien	29 743	3 056 000	103	k.A.
Aserbaidschan	86 600	8 233 000	95	2
Kasachstan	2 717 300	14 878 000	5,5	30
Usbekistan	447 400	25 590 000	57	6
Turkmenistan	488 100	4 864 000	10	10
Kirgisistan	199 900	5 052 000	25	13
Tadschikistan	143 100	6 305 000	44	1
Baltische Staaten – Mitgliedsstaaten von NATO und Europäischer Union				
Estland	45 227	1 353 000	30	28
Lettland	64 589	2 321 000	36	30
Litauen	65 301	3 454 000	53	6

* russischer Bevölkerungsanteil in %

102.1 Neue Staaten im Vergleich

So lieferten z. B. die zentralasiatischen Republiken Baumwolle, die aber nicht vor Ort, sondern überwiegend im Großraum Moskau zu Textilien verarbeitet wurden. Grundnahrungsmittel mussten aus der Ukraine importiert werden, **Energie aus Sibirien**. Diese gegenseitige Abhängigkeit der Wirtschaftsregionen war politisch gewollt und führte beim Zusammenbruch und Zerfall der Sowjetunion 1991 zum Niedergang ganzer Wirtschaftszweige und Regionen.
Auch politisch war die Sowjetunion zentralistisch organisiert. Rein rechtlich war sie zwar ein föderativer Staat, ein Bund von 15 Unionsrepubliken mit jeweils eigener Verfassung. Doch die Fäden liefen bei der **Führung der** Kommunistischen Partei der Sowjetunion (KPdSU) und im Politbüro in Moskau zusammen. In diesem Vielvölkerstaat wurden die ethnischen Unterschiede betont, um die nichtrussischen Unionsrepubliken gegeneinander auszuspielen.

Als wichtigste **Ursachen für den Zerfall** der Sowjetunion werden neben den Schwächen der Planwirtschaft das Wettrüsten mit der rivalisierenden Supermacht USA und die Niederlage gegen die von den USA unterstützten Widerstandskämpfer (Taliban) in Afghanistan gesehen. Mehr als 50 % des Bruttosozialprodukts wurden in der Endphase der Sowjetunion für das Militär und die Rüstungsindustrie ausgegeben. So blieben keine Finanzmittel für den Ausbau der **Konsumgüterindustrie** und die Erhöhung des Lebensstandards der breiten Masse der Bevölkerung übrig. Die baltischen Staaten revoltierten zuerst gegen die sowjetische Herrschaft, und 1991 wurde die Sowjetunion aufgelöst. Einziger **Rechtsnachfolger der UdSSR wurde die** Russländische Föderation. Russland übernahm auch alle Atomwaffen der Sowjetunion, die in der Ukraine und in Kasachstan lagerten. 15 neue Staaten entstanden auf dem Territorium der ehemaligen Sowjetunion (→ Abb. 102.1 und 103.1). Die Gemeinschaft Unabhängiger Staaten (GUS) ist ein lockerer Staatenbund ohne die baltischen Staaten. Eigene Interessen verfolgen inzwischen die sogenannten GUAM-Staaten: Georgien, die Ukraine, Aserbaidschan und Moldawien.

Historisch gesehen war Russland schon immer ein **Vielvölkerstaat.** Dies gilt für das Zarenreich und die ehemalige Sowjetunion gleichermaßen. Trotz der zentralistischen Politik entwickelten die Regionen der Minderheiten eine politische, wirtschaftliche und vor allem kulturelle Eigendynamik. Die Regionalsprache wurde insbesondere in den Familien gepflegt. So sprachen z.B in der sowjetischen Zeit mehr als 90 % der Jakuten daheim jakutisch. Mit dem Zerfall der Sowjetunion traten die ethnischen Konflikte offen zutage. So gibt es heute aus der Sicht Moskaus **drei räumliche Ebenen**, die sich überlagern und für drei unterschiedliche Zukunftsperspektiven Russlands stehen (→ 103.1):

- Die **erste Ebene** umfasst alle Gebiete der Russländischen Föderation mit einem weit überwiegenden russischen Bevölkerungsanteil einschließlich der Autonomen Gebiete und Kreise, in denen ebenfalls die Russen dominieren. Dieser Teil des Staates bildet aus Moskauer Sicht das Grundgerüst der Russländischen Föderation.
- Die **zweite Ebene** umfasst darüber hinaus auch die autonomen Republiken nichtrussischer Nationalitäten innerhalb der Föderation, die vielfach wirtschaftliche, politische und kulturelle Sonderrechte für sich beanspruchen, bis hin zur Forderung nach der völligen Loslösung von Russland, wie z.B Tschetschenien. Seit 1999, mit dem Beginn des zweiten Tschetschenien-Krieges, geht die Zentrale in Moskau wieder verstärkt gegen **Autonomie- und Separatismusbestrebungen** vor und versucht die **Autonomen Republiken** gleichzuschalten. Besonders verdächtig erscheinen den Herrschern in Moskau jene Republiken, in denen überwiegend islamische (im Kaukasus) oder buddhistisch-lamaistische Völker leben (in Kalmückien und Burjatien).
- Die **dritte Ebene** umfasst das sogenannte „Nahe Ausland", also diejenigen Staaten, die neben der Russländischen Föderation nach dem Zerfall der Sowjetunion unabhängig geworden sind und die russische Minderheiten beherbergen. Die Existenz dieser Staaten erinnert Russland an seine verlorene Größe als Kernraum der untergegangenen Supermacht Sowjetunion und an die wirtschaftliche und politische Niederlage am Ende des Kalten Krieges 1989. Russland versucht vor allem durch Militärstützpunkte im Oblast Kaliningrad und in Transnistrien, aber auch in Georgien, Turkmenistan und Kirgisistan, diese Staaten weiterhin zu kontrollieren.

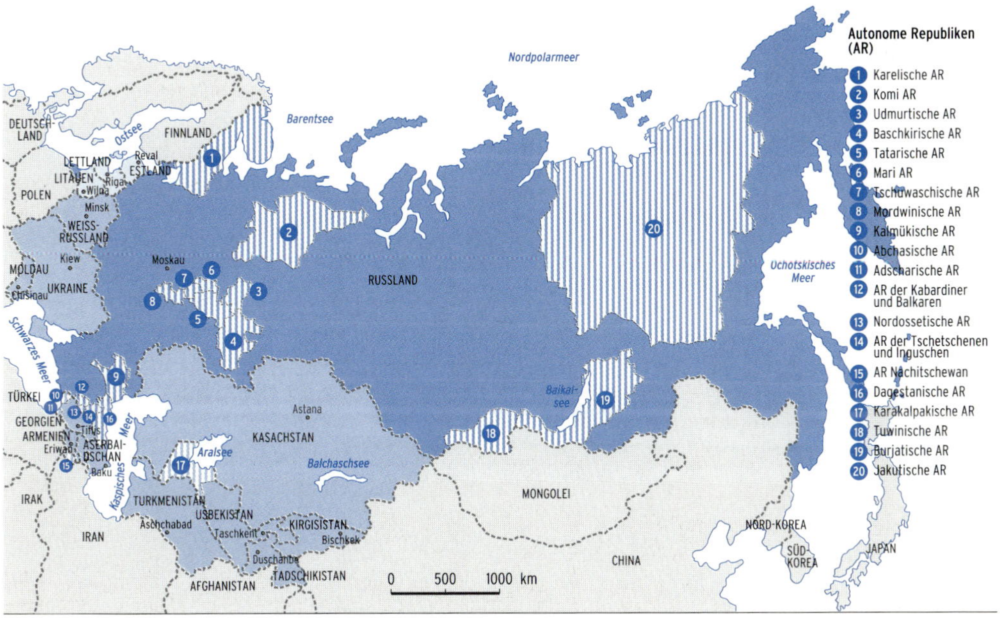

103.1 Neue Staaten auf dem Territorium der ehemaligen Sowjetunion

5.2 Russland – Naturraum und Verkehr

Russland weist im größten Teil seines Staatsgebietes ein kontinentales, winterkaltes Klima auf. Der ackerbaulich nutzbare Teil des Landes wird als das sogenannte **Agrardreieck** bezeichnet, mit den ungefähren Eckpunkten St. Petersburg – Krasnojarsk – Rostow am Don. An der langen nördlichen Seite dieses Agrardreiecks gefährden Frosteinbrüche die landwirtschaftliche Produktion auf den ohnehin wenig fruchtbaren Podsolböden. An der langen südlichen Seite des Agrardreiecks sind zwar meist fruchtbare **Schwarzerdeböden** im Steppengebiet vorhanden, dafür gefährden hier aber Dürren die landwirtschaftliche Produktion. Der größte Teil Russlands gehört zur Kalten Zone mit einer Jahresmitteltemperatur um und unter 0 °C, und zwar meist zur **Zone der Borealen Nadelwälder (Taiga)**, die es nur auf der nördlichen Halbkugel gibt (→ Klimazonen, Seite 48). Im Norden Sibiriens ist der kontinuierliche (zusammenhängende) **Dauerfrostboden** verbreitet, für den auch der Fachbegriff **Permafrostboden** verwendet wird. Da dieser Permafrostboden in den Sommermonaten oberflächlich auftaut, ist der Bau von Verkehrswegen, Pipelines und Siedlungen sehr schwierig, technisch aufwendig und damit teuer. Häuser müssen mit Pfeilern im Permafrostboden verankert werden und über den Erdboden hinausragen, damit eine isolierende Luftschicht ein Auftauen des Bodens und damit ein Einsinken der Häuser verhindert. Auch Erdöl- und Erdgas-Pipelines müssen auf isolierten Stelzen gebaut werden, damit sie nicht brechen. Verkehrswege werden auf dicken Schotterbetten verlegt, damit sie nicht im Sommer im Schlamm versinken.

Ein nach europäischen Maßstäben relativ dichtes **Verkehrsnetz** gibt es in Russland nur im Westen (→ Abb. 104.1). Es ist auf die **Metropole** Moskau ausgerichtet, da Russland ein zentralistischer Staat ist, ähnlich wie Frankreich. Die besten Standortbedingungen für die Industrie und Möglichkeiten der wirtschaftlichen Entwicklung gibt es im Großraum Moskau und im Raum St. Petersburg. Beide Großstädte sind zugleich die wichtigsten Dienstleistungs- und Tourismuszentren des Landes. Da die Überwindung großer Entfernungen immer mit hohen Transportkosten verbunden ist, erweist sich die riesige Fläche des größten Staates der Erde als erheblicher Nachteil. Dieser Nachteil großer Entfernungen in einem Staat wird auch als **„Raumschranke"** bezeichnet. Aus Australien stammt dafür die Bezeichnung **Tyranny of Distance**. Die **Transsibirische Eisenbahn** ist die wichtigste Verkehrsverbindung nach Sibirien und innerhalb Sibiriens. Flugreisen sind in Russland seit dem Ende der Sowjetunion nicht mehr billig, da die **Preise für Flugbenzin** nicht mehr subventioniert werden. Daraus ergibt sich ein besonderes Problem für die Bewohner großer Gebiete Sibiriens, Russen und Ureinwohner gleichermaßen (→ Abb. 104.1): Sie sind auf Flugzeuge bzw. Hubschrauber dringend angewiesen, da keine anderen Transportmöglichkeiten bestehen, und sind teilweise für lange Zeiträume des Jahres völlig von der Außenwelt abgeschnitten.

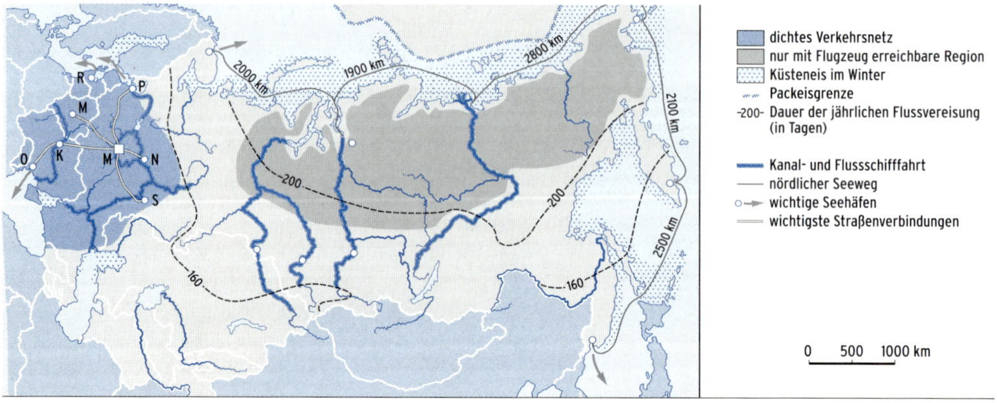

104.1 Bedeutung verschiedener Verkehrsträger

5.3 Russland – Bevölkerung und Migration

Die Russische Föderation hatte Mitte 2005 eine Bevölkerung von rund 143 Mio. Einwohnern. Da die Geburtenrate bei 1,0 % liegt, die Sterberate aber bei 1,6 %, ergibt sich ein negativer **Bevölkerungssaldo** von – 0,6 %/Jahr. Das bedeutet, dass die Bevölkerungszahl der Russischen Föderation schrumpfen wird: Für das Jahr 2025 wird mit 130 Mio. Einwohnern gerechnet, für das Jahr 2050 mit 110 Mio. Allerdings fehlt bei diesen Prognosen die **Zuwanderung** von russischen Bevölkerungsgruppen aus den Staaten der GUS, die zumindest einen Teil des Bevölkerungsrückgangs ausgleichen kann.

Die Lebenserwartung ist seit dem Ende der Sowjetunion deutlich gesunken. Sie liegt insgesamt bei 66 Jahren, bei den Männern bei 59 und bei den Frauen bei 72 Jahren. Die Ursachen für den **Anstieg der Sterblichkeit** besonders der männlichen Bevölkerung liegen im Alkohol-, Zigaretten- und Drogenmissbrauch sowie im Anstieg der Infektionsraten vor allem bei HIV/Aids und bei der Tuberkulose. So stieg z. B. der Anteil der HIV-infizierten Erwachsenen in Russland auf rund 1,2 %, bei den Männern liegt die Rate noch höher.

Die → Karte 105.1 zeigt die Hauptrichtungen der Migration **in der Russländischen Föderation**. Hauptziele der Migranten aus den übrigen Staaten der GUS sind der Kernraum um Moskau, das nördliche Kaukasusvorland sowie das südliche Sibirien im Raum Nowosibirsk. Allerdings gibt es auch eine Abwanderung aus Sibirien in den europäischen Kernraum der Russischen Föderation. Besonders stark ist die Abwanderung aus dem Grenzgebiet zur Mongolei und zur VR China von Irkutsk bis nach Wladiwostok. Daher ist dort bereits eine massive **Zuwanderung von Chinesen** zu beobachten, die von Bevölkerung und Politik in Russland als Bedrohung wahrgenommen wird, wirtschaftlich für die Abwanderungsgebiete aber sehr wichtig ist. Ein großes Problem ist die Abwanderung aus dem mit hohem technischem und finanziellem Aufwand erschlossenen Hohen Norden. Hierbei spielen Versorgungs- und Transportprobleme eine entscheidende Rolle. Die meisten Menschen im Hohen Norden fühlen sich daher von der Politik im Stich gelassen. Neben der Migration innerhalb Russlands gibt es eine **ausgeprägte Emigration** besonders von hoch qualifizierten, jungen Arbeitskräften nach Westeuropa und in die USA, wo sie bessere Lebens- und Arbeitsbedingungen erwarten.

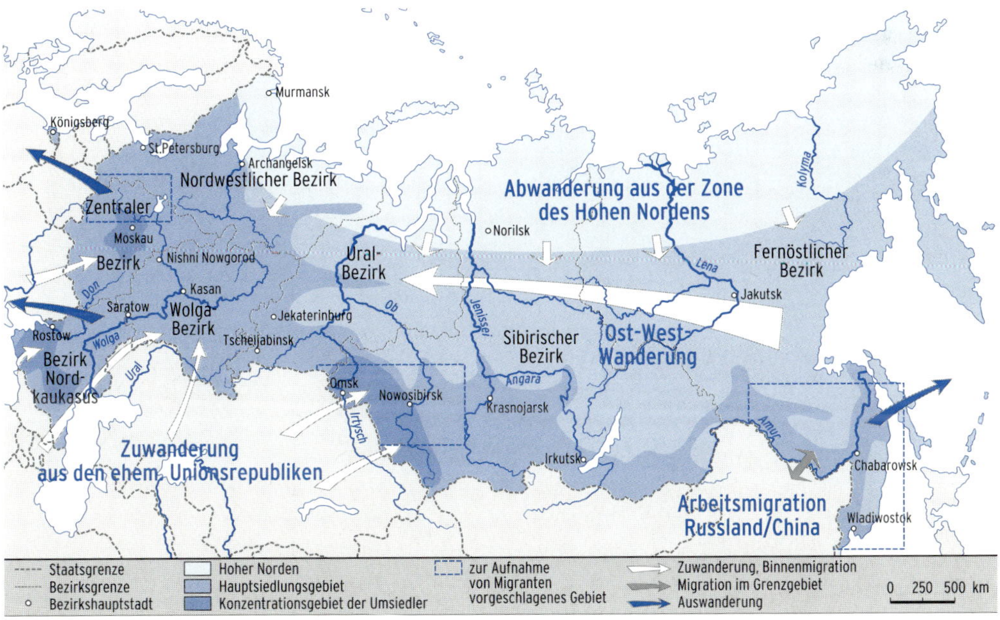

105.1 Hauptströme der Migrationen seit 1990

5.4 Russland – Rohstoffe aus Sibirien

WISSEN: synthetische Karten

Die → Karte 106.1 ist eine sogenannte **synthetische Karte**, das heißt, in ihr werden die wichtigsten Sachverhalte und räumlichen Lagebeziehungen zu einem bestimmten Thema zusammengefasst. Unwichtigere Aspekte und Einzelstandorte werden weggelassen, um den Blick des Betrachters auf die wesentlichen Inhalte zu richten.

Hier geht es um die **Naturressourcen** der Russischen Föderation, die in der Legende untergliedert werden in Energieressourcen, Mineralien und andere Ressourcen wie Agrarland und Holz (Wälder):

- Russland nimmt weltweit den ersten Rang bei der Erdgasförderung sowie den dritten Rang bei der Erdölförderung ein. Damit ist Russland als einziges Industrieland nicht nur Selbstversorger im Energiesektor, sondern exportiert auch in großem Umfang Erdgas und Erdöl und erwirtschaftet damit Devisen. Dazu kommen große Kohlevorkommen – allerdings vornehmlich in Sibirien.
- Große Vorkommen von Eisenerz, Bauxit, Kupfer, Gold, Diamanten, Nickel und Platin (letztere vor allem in Norilsk) sind ebenfalls vorhanden – vorrangig in Sibirien.
- Der Wald – insbesondere die Taiga – bedeckt fast die Hälfte des russischen Staatsgebietes, darunter den größten Teil Sibiriens.
- Das Agrardreieck (→ Seite 104) hat eine Fläche von rund 2 Mio. km² und macht Russland zu einem der größten Agrarproduzenten der Erde.

Allerdings sind die Naturressourcen innerhalb des Staates **sehr ungleich verteilt**: Während rund drei Viertel der Bevölkerung im europäischen Teil des Landes leben, wird hier nur ein Fünftel der Energie produziert. In Sibirien lebt nur rund ein Viertel der Bevölkerung, aber hier werden vier Fünftel der Energie produziert. Das bedeutet hohe Transportkosten bzw. hohe Leitungsverluste auf dem Weg zu den Verbrauchern. Dazu kommen hohe **Erschließungskosten** aufgrund der ungünstigen klimatischen Bedingungen und aufgrund des Permafrostbodens.

Die Naturressourcen Russlands

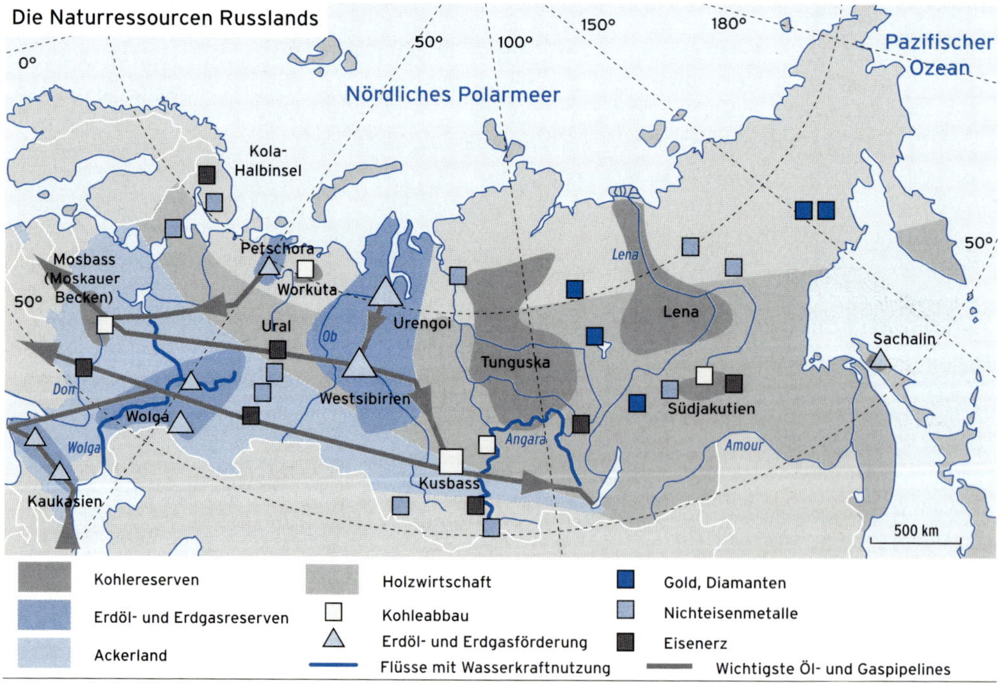

106.1 Naturresourcen Russlands

>> BEISPIEL

Die Autonome Republik **Sacha** (russische Bezeichnung: Jakutien) hat im Jahr 1992 den Föderationsvertrag mit Russland unterzeichnet. Mit einer Fläche von 3,1 Millionen km^2 ist Sacha die flächengrößte Gebietseinheit Russlands. Es ist größer als Kasachstan und etwa fünfmal so groß wie die Ukraine. Wegen der nördlichen Lage – 40 % der Fläche liegen nördlich des Polarkreises – und wegen der extremen klimatischen Bedingungen wird Sacha auch als **„Sibirien im Quadrat"** bezeichnet. Der Kältepol **der Nordhalbkugel** liegt im Dreieck Jakutsk – Oimjakon – Werchojansk. Die maximale Temperaturamplitude in der Großstadt Jakutsk beträgt mehr als 100 °C (–64 °C bis +38 °C). Das jakutische Territorium liegt vollständig auf Permafrostböden. Im Norden ist der **Permafrostboden** zusammenhängend und erreicht dort eine Mächtigkeit von 200 bis zu mehr als 1500 m. Dieser Wert steht für die weltweit größte bekannte Tiefe von Dauerfrostböden. Jakutsk mit 240 000 Einwohnern auf 135 km^2 Fläche ist die größte auf **Permafrostboden** gebaute Stadt der Welt. Hier gibt es ein Institut zur Erforschung des Permafrostes.
In Jakutien werden 25 Prozent sämtlicher Diamanten der Welt gefunden. Außerdem soll hier, im ewigen Eis, die Hälfte der bisher weltweit erkundeten **Diamantenvorräte** liegen. Der Diamanten-Konzern „Alrosa" mit seinen 37 000 Mitarbeitern soll Russlands zweitgrößter Steuerzahler sein, gleich nach dem Erdgas-Monopolisten Gazprom. Im Jahr 2000 wurden aus den Minen des Alrosa-Konzerns Rohdiamanten im Wert von 1,6 Milliarden Dollar gefördert.
Die **Bevölkerungszahl der Republik Sacha** ist rückläufig: Die Bevölkerungszahl sank von knapp 1,1 Mio. (1989) auf 950 000 (2004). Der Anteil der Russen lag 1989 noch bei gut 50 %, der Anteil der Jakuten bei 37 %. Heute liegen die Jakuten (46 %) vor den Russen (41 %). Erst nach dem Zerfall der Sowjetunion entwickelte sich eine jakutische Oberschicht, die eigene politische und wirtschaftliche Interessen durchsetzte und vor allem in der Hauptstadt investierte. Heute gibt es in Sacha nur einzelne, voneinander isolierte Räume mit Wachstum bzw. Stagnation, denen **ausgedehnte** Passivräume mit wirtschaftlichem Niedergang und Bevölkerungsrückgang gegenüberstehen, vor allem nördlich des Polarkreises. Insgesamt sollen etwa 300 Siedlungen aufgegeben werden, die unter volkswirtschaftlichen Gesichtspunkten nicht mehr zu halten sind. Die **Abwanderung** hinterlässt tiefe Spuren im **Erscheinungsbild sterbender Siedlungen**: Viele Gebäude sind nur noch teilweise bewohnt, andere stehen ganz leer. Einige leer stehende Wohnblöcke werden abgerissen, andere stürzen ein oder brennen ab. Mit fortschreitender Entvölkerung einer Siedlung verschärfen sich die Versorgungsprobleme. Weitere Einwohner, die es sich leisten können, ziehen aus den peripheren Regionen des Nordens fort (→ Abb. 105.1).

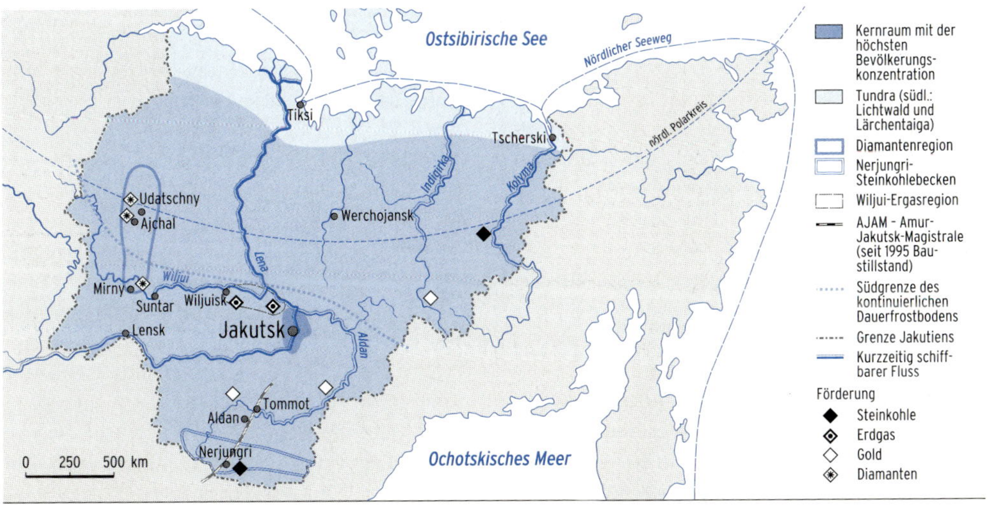

107.1 Synthetische Karte der Republik Sacha

5.5 Ukraine – junger Staat mit langen Grenzen

Der Name Ukraine bedeutet soviel wie „Grenzland". Hier lag die Siedlungsgrenze zwischen dem Waldland mit der Ackerbau treibenden ostslawischen Bevölkerung und der Steppe mit den Vieh züchtenden tatarischen Reitervölkern. Zugleich war es das Grenzland zwischen orthodoxem Christentum und Islam. Von 988 bis zum Mongolensturm 1240 bestand in der mittleren Ukraine um Kiew das christlich-orthodoxe Reich der „Kiewer Rus", eine der Keimzellen des späteren Russland. Danach gehörte das Kernland um die Hauptstadt Kiew jahrhundertelang zu Russland bzw. zur früheren Sowjetunion. Erst nach deren Zerfall 1991 wurde die Ukraine ein unabhängiger Staat.

Aufgrund der unterschiedlichen historischen Entwicklung bzw. der naturräumlichen Ausstattung lässt sich die Ukraine in fünf größere und eine kleinere Region untergliedern (→ Abb. 109.1):

- Der **Westen mit L'viv** wurde jahrhundertelang durch Polen geprägt, später durch Österreich-Ungarn. Hier war die Nationalbewegung nach dem Zerfall der Sowjetunion am stärksten.
- Das **Zentrum mit Kiew** bildet den historischen Kern der Ukraine. Sowohl unter den Hungersnöten der 1920er- und 1930er-Jahre als auch unter der **Reaktorkatastrophe von Tschernobyl** 1986 litt diese Region am meisten.
- Das **Schwerindustriegebiet im Osten** mit Charkiv hat einen hohen Anteil russischer Bevölkerung und leidet besonders unter den Transformationsproblemen der Industrie. Hier ist der Wunsch nach einer Wiedervereinigung mit Russland ebenso stark wie auf der Krim-Halbinsel.
- Der **Süden mit Odessa** gehörte bis 1783 zum Osmanischen Reich und fiel dann an Russland. Auch hier ist der Anteil russischer Bevölkerung recht hoch.
- Die **Karpato-Ukraine** gehörte Jahrhunderte lang zu Österreich-Ungarn. Dieses isolierte Gebiet an der ungarischen Grenze gilt wirtschaftlich als rückständig, hat aber wegen der Nähe zur EU gute Entwicklungschancen.
- Die Autonome Republik **Krim** gehörte von 1783 bis 1954 zu Russland. Fast zwei Drittel der Einwohner sind Russen. Sewastopol ist weiterhin russischer Flottenstützpunkt.

Die **landwirtschaftliche Produktion** in der Ukraine brach nach der Unabhängigkeit 1991 zunächst stark ein – trotz der hohen natürlichen Fruchtbarkeit der Schwarzerdeböden. Allerdings darf nicht übersehen werden, dass die **Variabilität der Niederschläge** in der **Steppenzone** sehr hoch ist. Statistisch gesehen tritt in der südlichen Steppenzone jedes dritte Jahr eine Dürre in der Vegetationsperiode auf. Weitere Probleme sind Bodenerosion **und -deflation**. Dazu kommt die Bodenverdichtung durch schwere Maschinen. Außerdem wurden die Böden gebietsweise stark überdüngt bzw. durch den übermäßigen Einsatz von Pestiziden belastet und damit unbrauchbar. Im Raum Kiew spielt auch die **radioaktive Belastung der Böden** nach der Reaktorkatastrophe von Tschernobyl 1986 eine unheilvolle Rolle. Die **Strukturreformen in der Landwirtschaft** und besonders die Privatisierung kommen nur auf dem Papier voran. So wurden im Jahr 1999 zwar die knapp 11 000 Kolchosen per Erlass aufgelöst und durch 13 000 private Agrarbetriebe ersetzt, oft wurde aber nur der Name des Betriebes gewechselt; Betriebsstruktur, Leitung und Anbaumethoden blieben indes gleich.

Auch beim **Transformationsprozess in der Industrie** gibt es Probleme, also beim Übergang von der Zentralverwaltungswirtschaft (Planwirtschaft) zur Marktwirtschaft. Innerhalb des sekundären Sektors dominierte 1991 die Montanindustrie mit einem Anteil an den Beschäftigten von fast 80 % und einem Anteil an der Produktion von gut 70 %. Die Steinkohle-Bergwerke im **Donezk-Becken (Donbass)** im Osten des Landes sind trotz extrem niedriger Lohnkosten international nicht mehr konkurrenzfähig. Die Eisen- und Stahlindustrie müsste von Grund auf modernisiert werden. Die erhofften **Auslandsinvestitionen** sind aber bislang ausgeblieben. Dazu kommen **protektionistische Maßnahmen** der EU und der USA beim Handel mit Stahl. Die Industrie der Ukraine leidet also seit 1991 unter zwei Strukturproblemen: unter dem Transformationsprozess (s. o.) und dem Strukturwandel in der Schwerindustrie. Ein weiteres

Problem war der mit 20 % relativ hohe Anteil der **Rüstungsindustrie** an der gesamten Industrieproduktion. Durch den Einbruch der Nachfrage nach Rüstungsgütern verschlechterte sich für die Ukraine insbesondere die **Handelsbilanz mit Russland**, aus dem der größte Teil der Energieimporte stammt.

Die **Bevölkerungszahl der Ukraine** schrumpft dramatisch. Im Zeitraum von 1989, als die letzte Volkszählung in der Sowjetunion stattfand, bis 2003 sank die Bevölkerungszahl von 51,7 auf 48,3 Mio. Ursachen für den Bevölkerungsrückgang sind die sinkende Geburtenrate und die wegen der schwierigen Wirtschaftslage anhaltende Emigration ins Ausland, vor allem nach Russland.

Im Unterschied zu 1989 ist der Anteil der ukrainischen Staatsbürger, die sich selbst als Russen bezeichnen, um 5 % auf 17 % gesunken. Gleichzeitig stieg der **Anteil der Ukrainer** um den gleichen Prozentsatz auf knapp 78 %. Dies wird damit erklärt, dass seit der Unabhängigkeit 1991 Ukrainisch zur Staatssprache erhoben wurde und dass der in der Sowjetunion sehr starke Druck zur **Russifizierung** in den Sowjetrepubliken entfallen ist. Außer den Russen (→ Abb. 109.1) zählt das Land noch mehr als 100 weitere Minderheiten, die zusammen ungefähr 5 % der Bevölkerung ausmachen. Als einzige ethnische Gruppe der Ukraine weisen die **Krimtataren**, die in den 1990er-Jahren aus ihrem Zwangsexil in Zentralasien auf die Halbinsel Krim zurückkehren konnten, eine starke Bevölkerungszunahme auf.

Die **Armut** ist ein großes Problem in der Ukraine. Sie betrifft inzwischen etwa die Hälfte der Bevölkerung. **Armut** wird nach den **Kriterien der Weltbank** so definiert, dass weniger als 75 % des mittleren Einkommens des Landes pro Haushalt zur Verfügung stehen. Die Armut verursacht neben gesundheitlichen Problemen durch **quantitative und qualitative Unterernährung** auch soziale Probleme. Mehr als die Hälfte aller Haushalte mit Kindern sind von Armut betroffen, besonders Haushalte mit nur einem Elternteil. Aufgrund der Armut betreiben viele Haushalte auf einer eigenen oder gepachteten Parzelle Landwirtschaft für den Eigenbedarf. Da der Boden in der Ukraine in vielen Gebieten radioaktiv belastet ist, kann der Verbrauch der Anbauprodukte langfristig zu gesundheitlichen Schäden führen. Reichere Bevölkerungsgruppen können dagegen unbelastete Nahrungsmittel aus anderen Regionen oder Staaten kaufen.

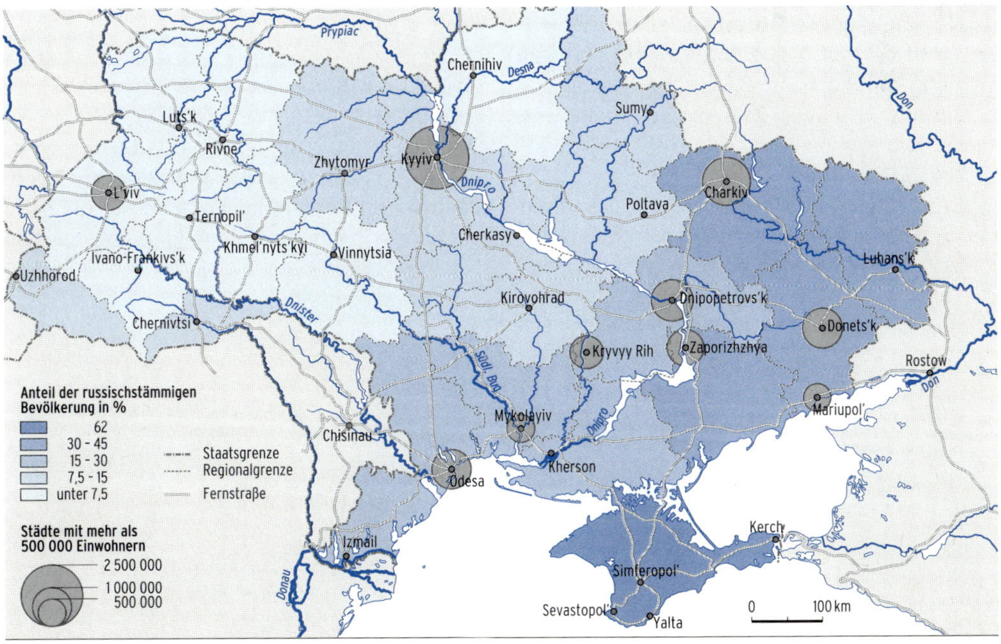

109.1 Ukraine – Übersichtskarte

5.6 Mittelasien: Aralsee-Syndrom

Ein Schiffswrack mitten in einer Wüstenlandschaft (→ Abb. 110.2) – dieses absurde Bild steht für die **Folgen eines gescheiterten Großprojekts** zur Umgestaltung der Natur in der früheren Sowjetunion. In den Wüsten Kysylkum und Karakum in Mittelasien sollten entlang der Flüsse Syr-Darja und Amu-Darja sowie entlang des Karakum-Kanals blühende Landschaften entstehen, ein „Garten Eden in der Wüste", so die sowjetische Propaganda. Dahinter standen handfeste wirtschaftliche Interessen: Um die frühere Sowjetunion von Baumwollimporten aus der westlichen Welt unabhängig zu machen, forcierte man den **Baumwollanbau in Mittelasien**.

110.2 Schiffswrack am verlandeten Ufer des ehem. Aralsees

Die ersten Anfänge dazu waren bereits in der Zarenzeit vor der Oktoberrevolution von 1917 unternommen worden. Das Großprojekt schien völlig problemlos zu sein, denn noch 1890 flossen 67 km^3 Wasser aus den zentralasiatischen Hochgebirgen über die beiden Zuflüsse Syr-Darja und Amu-Darja in den Aralsee. Dadurch wurde aber nur die hohe Verdunstung von 1040 mm pro Jahr im Seegebiet ausgeglichen. 1960 flossen noch insgesamt 40 km^3 Wasser in den See, danach begann der Schrumpfungsprozess (→ Abb. 110.1). Als **größtes Problem** erwies sich der **Karakum-Kanal**, der inzwischen zur Lebensader des neuen Staates Turkmenistans wurde und dessen Bau in den 1950er-Jahren begann. Durch diesen Kanal werden dem Amu-Darja 17 von 35 km^3 Abfluss pro Jahr entnommen – fast die Hälfte. Ursprünglich sollte dieser Kanal das Kaspische Meer erreichen, er endet aber nach 1600 km mitten in der Wüste. Zuvor versorgt er 500 000 ha Baumwollfelder, Großstädte und Industrie mit Wasser. Da sein Bett nicht ausbetoniert wurde, ist die Versickerungsrate sehr hoch, ebenso die Verdunstungsrate.

Infolge der hohen **Wasserentnahme** erreichen nur noch etwa 10 % der ursprünglichen Wassermenge des Amu-Darja den Aralsee. Der Syr-Darja versickert bereits vor Erreichen des Sees in der Wüste Kysylkum. Hatte der See im Jahr 1960 noch eine Fläche von 68 000 km^2 (fast so groß wie Bayern), so wird seine Fläche bis 2010 auf 21 000 km^2 (= Hessen) zurückgehen. Gleichzeitig wird das Wasservolumen des Aralsees von 1040 km^3 auf 124 km^3 schrumpfen. Und der Salzgehalt des Seewassers wird von rund 10 g/Liter auf 80 g/Liter steigen. Die **einstige Hafenstadt Muniak** liegt heute 80 km vom Seeufer entfernt. 1960 wurden noch 45 000 t Fisch pro Jahr im Aralsee gefangen. 1980 waren es nur noch 16 000 t, und 1992 musste der Fischfang eingestellt werden, da die Salzkonzentration und die Pestizidbelastung im Restsee viel zu hoch geworden waren. Aus den trocken gefal-

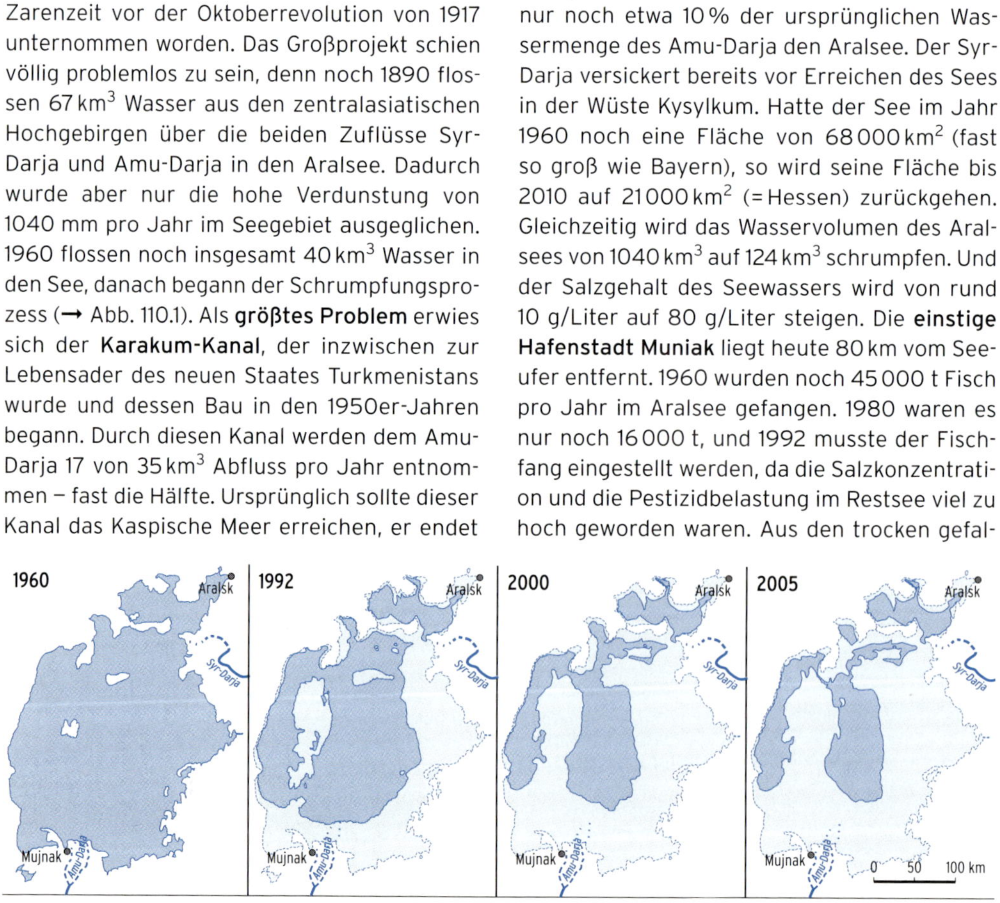

110.1 Der Aralsee im Wandel der Zeit

lenen ehemaligen Seeflächen werden ständig große Mengen von Salz, Pestiziden und Düngemittelresten ausgeweht und auf einer Fläche von 200 000 km^2 verteilt. Wegen der ökologischen Probleme wurde die Aralsee-Region 1992 von der UN zum **ökologischen Notstandsgebiet** erklärt.

Der Begriff **Aralsee-Syndrom** trifft nicht nur für die ökologischen Probleme im **Einzugsgebiet** des Sees zu, sondern auch auf die Menschen, die hier häufiger erkranken als in anderen Gebieten Mittelasiens. So wird geschätzt, dass etwa 70 % der Menschen am See erkrankt sind, etwa 15 % der Kinder sind wegen der Gesundheitsschädigungen geistig zurückgeblieben. Dazu kommt eine hohe Kindersterblichkeit von 11 %. Die häufigsten **gesundheitlichen Probleme** sind:

- Missbildungen und genetische Defekte bei Neugeborenen als Folge des übermäßigen Einsatzes von Pestiziden und Entlaubungsmitteln. Die Aufnahme der Gifte erfolgt in der Regel über verseuchtes Trinkwasser.
- Krebserkrankungen, Magengeschwüre und Nierensteine als Folge belasteten bzw. fehlenden Trinkwassers
- Erkrankungen der Atemwegsorgane und der Augen in Folge der Salz- und Staubstürme

Alle 24 Fischarten, die den See noch um 1960 bevölkerten, sind heute ausgestorben.

Für die hohen Krankheitsraten im Unterlauf der Flüsse ist in erster Linie der **Baumwollanbau** verantwortlich. Die Pflanze, die seit mehr als 5000 Jahren in den Trockengebieten der Erde angebaut wird, ist nicht nur frostempfindlich, sondern auch anfällig für Schädlingsbefall. Daher werden massiv Pflanzenschutzmittel während der Wachstums- und Erntezeit eingesetzt. In sowjetischer Zeit kamen extrem gesundheitsschädliche Entlaubungsmittel zum Einsatz, um die maschinelle Ernte der reifen Baumwolle zu ermöglichen. Für die Herstellung einer Jeans werden etwa 2 kg Rohbaumwolle benötigt. Und allein für deren Wachstum werden rund 58 000 Liter Wasser benötigt, mehr als jeder Deutsche pro Jahr verbraucht.

5

Info: Wassermangel und Wassermanagement in Mittelasien

Während die **Bevölkerungszahl** in Kasachstan stagniert, wächst sie in Usbekistan um 1,3 % pro Jahr und in Turkmenistan um 1,5 % pro Jahr. Das bedeutet, dass der **Wasserverbrauch** weiter steigen wird, auch im Zusammenhang mit Industrialisierung und Verstädterung in den mittelasiatischen Republiken. Die besten wirtschaftlichen Voraussetzungen für eine Industrialisierung haben Kasachstan und Turkmenistan, vor allem wegen ihrer großen Erdöl- bzw. Erdgasvorkommen. Das wichtigste Exportprodukt Usbekistans ist weiterhin die Baumwolle – noch vor den Energieträgern. Da der Anteil der Erwerbstätigen in der Landwirtschaft in allen drei Staaten vergleichsweise hoch ist, erscheint eine kurzfristige Abkehr vom Baumwollanbau kaum denkbar. Deshalb sind **Maßnahmen zur Wassereinsparung** sehr wichtig, wenn der Aralsee wieder mehr Wasser erhalten soll. Mehr als die Hälfte der maximal 110 km^3 zur Verfügung stehenden Wassers werden in der Landwirtschaft verbraucht. Deren Verbrauch ließe sich um bis zu 50 % reduzieren, und zwar durch folgende Maßnahmen:

- Aufgabe unrentabler Anbauflächen
- Ersatz von Baumwolle und Reis durch Weizen und Sorghum, die weniger Wasser brauchen.
- Optimierung der Bewässerungskanäle durch verbesserte Trassenführung, Betonbetten und Abdeckungen
- Einführung sparsamerer Bewässerungsverfahren (z. B. Tröpfchenbewässerung)
- Verzicht auf die Erschließung weiterer Bewässerungsflächen
- höhere Wassergebühren als Zwang zum Wassersparen (Umdenken im Umgang mit dem Lebensmittel Wasser)

111.1 Bewässerungsgebiete

6_USA

6.1 Weltmacht USA

Nach dem Zerfall der Sowjetunion (UdSSR) 1991 verblieben die Vereinigten Staaten von Amerika (USA) als einzige Weltmacht. Eine Weltmacht ist in der Lage, ihre wirtschaftlichen und politischen Interessen global gegen die Interessen anderer Staaten durchzusetzen, gegebenenfalls auch mit militärischer Gewalt. Dazu dient den USA ein weltweites Netz von **Militärstützpunkten**: in der Karibik (z. B. Guantanamo auf Kuba), in Europa, auf der Arabischen Halbinsel (insbesondere am Persischen Golf), im Indischen Ozean (Diego Garcia), in Ostasien und Australien sowie im Pazifischen Ozean (Guam, Hawaii). Flottenverbände mit Flugzeugträgern sichern die amerikanischen Interessen auf allen Weltmeeren sowie im Mittelmeer. Konventionelle und nukleare Raketen sowie Marschflugkörper können weltweit gegen jedes militärische Ziel eingesetzt werden. Spionagesatelliten erfassen die gesamte Erdoberfläche.

Die militärische Macht der USA wäre undenkbar ohne die große **Wirtschaftskraft** des Staates mit seinen umfangreichen Ressourcen und seinem hohen technologischen Entwicklungsstand. Die sieben größten Volkswirtschaften der Erde waren im Jahr 2004 nach dem Bruttoinlandsprodukt (BIP) in Billionen US-Dollar:

- USA (10,95)
- Japan (4,30)
- Deutschland (2,40)
- Großbritannien (1,79)
- Frankreich (1,76)
- Volksrepublik China (1,65)
- Italien (1,47)

Alle übrigen Staaten lagen unter einer Billion US-Dollar.

Schon die allgemein übliche Angabe des BIP in US-Dollar zeigt dessen Bedeutung als internationale Leitwährung. Der **US-Dollar** ist nicht nur auf den internationalen Devisenmärkten dominierend, er dient auch als Parallelwährung z. B. in Lateinamerika und in Russland. Der chinesische Yuan ist eng an den US-Dollar gekoppelt. Durch finanzpolitische Maßnahmen der amerikanischen Notenbank (Federal Reserve System, oft als Fed abgekürzt) wird die Weltwirtschaft entscheidend beeinflusst. So hängt z. B. die Wettbewerbsfähigkeit vieler Industriestaaten auf dem US-Markt entscheidend von der Währungsparität zum US-Dollar ab.

WISSEN: Raumfahrttechnologie

Die Luft- und Raumfahrttechnologie ist neben Informationstechnologie, Biotechnologie, Medizin und Nanotechnologie eine sogenannte Spitzentechnologie. Insbesondere die bemannte Raumfahrt gilt als aufwendige und anspruchsvolle Spitzentechnologie. Während der früheren Sowjetunion der erste bemannte Flug ins All gelang, setzten sich die Amerikaner beim prestigeträchtigen Wettlauf zum Mond durch. Mehrere erfolgreiche bemannte Mondmissionen begründeten den Führungsanspruch der Amerikaner auch bei der Eroberung des Weltraums. Allerdings gelten die wiederverwendbaren amerikanischen Raumfähren heute als veraltet und nach mehreren schweren Unfällen auch als gefährlich. In Russland basieren bemannte Weltraumflüge auf Raketentechnik aus der sowjetischen Zeit, die als solider und weniger störanfällig gilt. Dazu gehören Landekapseln mit Fallschirmen. Zeitweilig mussten amerikanische Astronauten mit russischen Raketen und Raumkapseln zur Internationalen Raumstation ISS fliegen. Inzwischen hat neben den USA und Russland auch die VR China die bemannte Raumfahrt aufgenommen, um ihre Fähigkeiten unter Beweis zu stellen. Während die chinesische Führung langfristig einen bemannten Flug zum Mond plant, denken amerikanische Wissenschaftler über eine bemannte Mission zum Mars nach. Entscheidend für die globale militärische Vormachtstellung der USA gilt aber die Kontrolle des erdnahen Weltraums, um sich gegen mögliche atomare Raketenangriffe unberechenbarer Staaten – wie z.B. Nordkorea – schützen zu können. Dabei soll ein satellitengestütztes Raketenabwehrsystem gegnerische Atomraketen frühzeitig erkennen und rechtzeitig zerstören.

6.2 Naturraum und Naturrisiken

Der Kernraum der USA ist naturräumlich auf den ersten Blick sehr einfach gegliedert und entsprechend leicht können die Großlandschaften gelernt werden (→ Abb. 113.1). An der Westküste sorgen plattentektonische Prozesse an Subduktionszonen bzw. Transformstörungen für **Vulkanismus** bzw. **Erdbeben**. Bekannt sind der Mt. St. Helens als aktiver Vulkan und die San Andreas Fault als geologische Störungszone in Kalifornien.

Entscheidend für das Klima ist neben der – im Vergleich zu Europa – südlichen Breitenlage der Verlauf der Gebirgsketten in Nord-Süd-Richtung. Das ermöglicht ein weites Vorrücken kalter Luftmassen nach Süden bzw. warmer Luftmassen nach Norden. An der Frontalzone können sich über den inneren Ebenen besonders im Frühling und Frühsommer **Tornados** herausbilden. Im Winter können heftige Schneestürme auftreten, die sogenannten Blizzards. Hurricanes, tropische Wirbelstürme, bedrohen sowohl die Küstenebenen im Südosten als auch Puerto Rico und die Hawaii-Inseln. Als Nordgrenze des Sun Belt mit seinem wintermilden, zumeist subtropischen Klima, gilt der 37. Breitengrad Nord. Der Sun Belt umfasst demnach die Südhälfte Kaliforniens, in Nevada den Raum Las Vegas, Arizona, New Mexiko und Texas ebenso wie den gesamten Südosten einschließlich Tennessee und North Carolina. Der 100. Längengrad West trennt den ariden Westen der USA vom humiden Osten. Die Küsten von Nordkalifornien, Oregon und Washington (Staat Washington) liegen aber im Bereich der Westwindzone und haben ein feuchtes Klima.

Die bekanntesten Beispiele für Naturrisiken sind Erdbeben, Hurricanes und Tornados:

Das **Katastrophenbeben** von 1906 in San Francisco mit einer geschätzten Stärke von 8,3 auf der Richter-Skala wurde zum Ausgangspunkt der modernen Erdbebenforschung. Die wichtigste geologische Störung in Kalifornien ist die San Andreas Fault. Sie beginnt in Mexiko (Baja California), verspringt im Raum Los Angeles nach Westen und verläuft mitten durch die Innenstadt von San Francisco. Somit sind die beiden größten Ballungsräume Kaliforniens von schweren Erdbeben bedroht.

Hurricanes sind tropische Wirbelstürme mit einem Durchmesser von 500 km bis zu 1000 km. Auf Satellitenbildern sind sie als riesige spiralförmige Wolkenwirbel mit einem wolkenfreien „Auge" zu erkennen. Um das windstille Auge des Hurricanes herum werden Windgeschwindigkeiten von über 120 km/h, in Böen bis zu 250 km/h erreicht. Wellen mit großer Zerstörungskraft bedrohen daher die Küstenregionen der USA von Texas bis nach Virginia. Dazu kommen extrem hohe Niederschläge und großflächige Überschwemmungen wie z. B. in New Orleans 2005 durch den Hurrican „Katrina".

Tornados entstehen im Mittelwesten der USA statistisch gesehen besonders häufig, da dort trockene Kaltluft und maritime tropische Luft ungehindert aufeinanderprallen können. Die Zerstörungen werden durch einen schnell rotierenden Thermikschlauch („Rüssel") mit extrem niedrigem Innendruck verursacht.

WISSEN: Naturräumliche Gliederung

Die Küstenebene gliedert sich in Atlantische Küstenebene und Golfküste. Sie reicht mit dem Mississippi-Tiefland weit ins Innere des Kontinents hinein. Den Kern der Halbinsel Florida bildet eine Kalktafel. An das zentral gelegene Große Becken schließen sich im Norden das Columbia-Snake-River-Plateau und im Süden das Colorado-Plateau an. Die Fortsetzung der Sierra Nevada im Norden ist das Kaskadengebirge (Staaten Oregon und Washington). Das Kalifornische Längstal wird zum Meer hin abgegrenzt durch die Küstenkette. Beachten Sie bitte auch Alaska und Hawaii (Atlas).

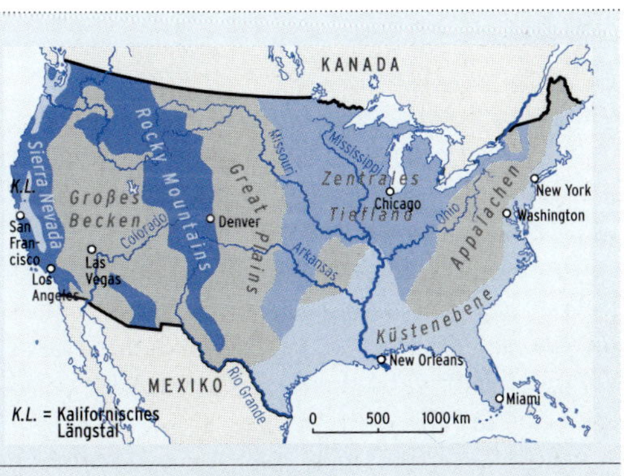

113.1 naturräumliche Gliederung

6.3 Bevölkerung und Besiedlung

Mit einer Fläche von rund 9,8 Mio. km^2 nehmen die USA nach Russland und Kanada den dritten Rang auf der Erde ein. Und mit einer Bevölkerung von insgesamt knapp 264 Mio. Einwohnern (Fortschreibung 2004) stehen die USA nach der Volksrepublik China und Indien weltweit ebenfalls an dritter Stelle. Das Bevölkerungswachstum lag im Zeitraum von 1994 bis 2004 bei 1,0 % jährlich. Im Jahr 2004 lag die Geburtenrate bei 1,4 %, die Sterberate bei 0,8 %. Das natürliche Bevölkerungswachstum ist also nicht allein für die Zuwachsrate verantwortlich, sondern wird durch legale und illegale Einwanderung ergänzt. Trotz großer sozialer Ungleichheiten und trotz eines hohen Anteils armer Menschen – besonders bei den Minderheiten – nehmen die USA nach dem Index der menschlichen Entwicklung (→ Seite 143) Rang 10 ein. Deutschland liegt demgemäß auf Rang 20. Nach der letzten Bevölkerungszählung vom Jahr 2000 setzt sich die Bevölkerung der USA folgendermaßen zusammen:

- Weiße 75,1 %
- Schwarze 12,3 %
- Asiaten 3,6 %
- Indianer/Eskimos/Aleuten 0,9 %
- andere Gruppen 8,0 %

Eine gesonderte Kategorie bilden die Hispanics. Unter dieser Bezeichnung werden alle ursprünglich aus Lateinamerika stammenden Einwanderer zusammengefasst, egal ob Weiße, Mestizen, Indianer oder Schwarze. Ihr Bevölkerungsanteil liegt bei insgesamt 12,5 %. Auch die Puertoricaner fallen unter diese Kategorie, obwohl sie von einem US-Territorium stammen und Bürgerrechte besitzen.

Die Besiedlung der USA ging von Europa aus und erfasste schrittweise nach der Ostküste die Gebiete westlich der Appalachen und dann westlich des Mississippi. Die Bedeutung verschiedener Nationen bei der Einwanderung und Besiedlung der USA wird deutlich bei den Angaben zur Herkunft der Vorfahren in der Volkszählung 2000 (Angaben in Millionen; Prozentanteil in Klammern):

- Deutsch 42,8 (15,2 %)
- Irisch 30,5 (10,8 %)
- Afroamerikanisch 24,9 (8,8 %)
- Englisch 24,5 (8,7 %)
- Amerikanisch 20,2 (7,2 %)
- Mexikanisch 18,4 (6,5 %)
- Italienisch 15,6 (5,6 %)
- Polnisch 9,0 (3,2 %)
- Französisch 8,3 (3,0 %)
- Indianisch 7,9 (2,8 %)

WISSEN: Hispanics

Rund die Hälfte der etwa 27 Mio. Hispanics in den USA stammen aus Mexiko. Diese werden auch als Mexamericans bezeichnet oder – abfällig – als Chicanos. Interessanterweise siedeln die Mexamericans vor allem in den früher zu Mexiko gehörenden Grenzstaaten Kalifornien, Arizona, New Mexico und Texas und stellen dort in weiten Gebieten wieder die relative Bevölkerungsmehrheit. Die Bewohner Kaliforniens standen im Jahr 2002 sogar vor der Frage, ob Spanisch neben Englisch zur offiziellen Sprache erhoben werden soll. Die Mehrheit stimmte in einer Volksabstimmung dagegen und votierte allein für das Englische, um die Integration der Zuwanderer zu beschleunigen. Im Bundesstaat New York bilden die Puertoricaner die größte Gruppe der Hispanics, in Florida sind es die Exilkubaner, die vor dem kommunistischen Regime von der Tropeninsel Kuba geflohen sind.

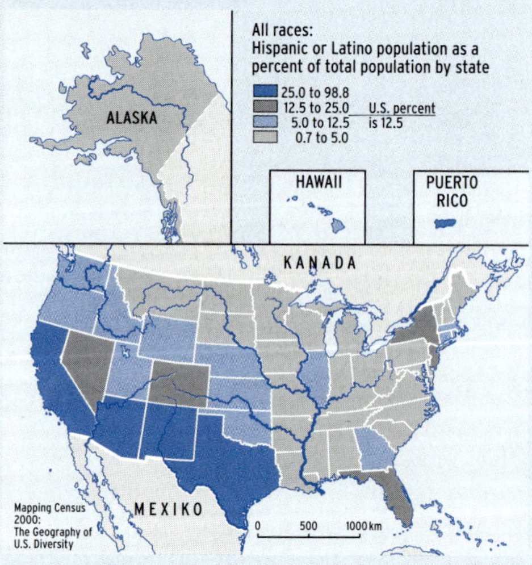

114.1 USA – Bundesstaaten: Anteil der Hispanics

Nur zusammen bilden Iren und Engländer die größte **Einwanderergruppe**. Die Deutschen haben zwar die relative Mehrheit, sind aber nicht nur schnell integriert, sondern auch sprachlich assimiliert worden. Sie werden als größte Herkunftsgruppe in vielen Bundesstaaten und Counties (Bezirken) angegeben. Interessant ist, dass sich erst rund 20 Mio. Menschen allein als Amerikaner definieren, die meisten von ihnen in Kentucky und Tennessee. Viele Einwanderer kamen in der Hoffnung auf ein besseres Leben aus Europa. Sie flohen vor Kriegen, Hungersnöten, Unterdrückung und Verfolgung sowie Intoleranz gegenüber ihrem religiösen Bekenntnis in die USA. Die USA haben als einziger Staat auf der Erde das Recht des Einzelnen auf Streben nach Glück (Pursuit of Happiness) in der Verfassung verankert.

Die größten **territorialen Erweiterungsprozesse** gelangen den USA nach ihrer Unabhängigkeit im Friedensschluss mit Großbritannien 1783 (Abtretung aller Gebiete bis zum Mississippi), durch den Kauf des Louisiana-Territoriums von Frankreich 1803 (= Verdopplung der Staatsfläche) und in mehreren Schritten gegen Mexiko, das dadurch bis heute die Hälfte seines ursprünglichen Territoriums einbüßte. Im Jahr 1867 kauften die USA Alaska für 7,2 Mio. Dollar von Russland.

WISSEN: Landvermessung

Auf der Grundlage der „Land Ordinance" von 1785 wurde alles Land westlich der Appalachen einheitlich vermessen. Längen- und Breitengrade bildeten das Grundgerüst der quadratischen Landvermessung. Grundeinheit war die Township, ein Quadrat mit einer Seitenlänge von 6 Meilen. Jede Siedlerfamilie erhielt im „Homestead Act" zunächst eine Quarter Section mit umgerechnet rund 65 ha als Farmland zugeteilt, im ariden Westen später dann auch auch mehr. Das Schachbrettmuster dominiert daher bis heute im Landschafts- und Stadtbild der USA auf über 80 % der Staatsfläche.

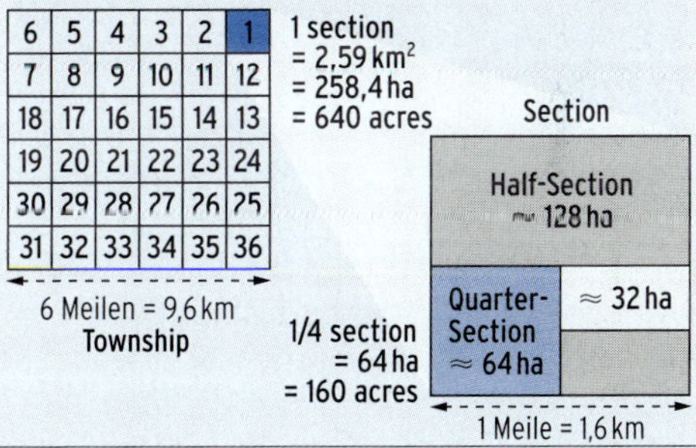

115.1 Schema der Landvermessung

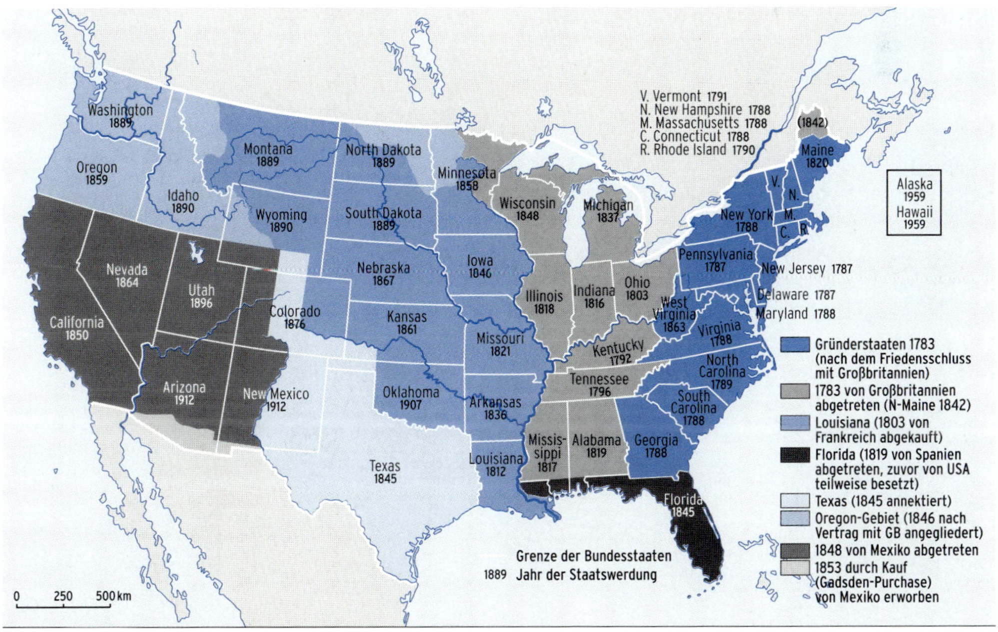

115.2 Räumliche Expansion der USA

6.4 Landwirtschaft

Die USA sind der größte Agrarproduzent der Erde, mit einer modernen, mechanisierten und damit auch von günstigen Energiepreisen abhängigen Landwirtschaft. Die **Handelsbilanz** der USA mit Agrarprodukten war in den letzten Jahrzehnten stets positiv, während sie bei den nichtagrarischen Produkten (Industrieprodukten) seit langem negativ ist.

Innerhalb des Agrarsektors hat sich ein tiefgreifender **Strukturwandel** vollzogen: Die Zahl der Farmen sank von 1930 bis 2003 von 6,3 Mio. auf 2,1 Mio. Gleichzeitig stieg die durchschnittliche Farmgröße von 64 auf knapp 180 ha. Farmen mit einem Bruttoverkaufswert der agrarischen Produktion von weniger als 100 000 US-$ gelten als Farmen mit geringem Einkommen. Diese haben einen Anteil von rund 85 % an allen Farmen und einen Anteil von nur 42 % an der landwirtschaftlichen Nutzfläche (LF). Der Anteil der Farmen mit einem Bruttoverkaufswert von mehr als 100 000 US-$ an allen Farmen liegt bei 15 %, ihr Anteil an der LF beträgt 58 %. Dieser Gegensatz weist auf die großen Einkommensdisparitäten innerhalb des Agrarsektors der USA hin.

Im Geographieunterricht wird vielfach noch immer das **traditionelle Belt-Konzept** vermittelt, das in der Realität aber überholt ist (→ Abb. 116.1) bzw. nur noch in Ansätzen feststellbar:

- Aus dem **Dairy Belt** (Milchwirtschaftsgürtel) sind Michigan und Wisconsin herausgefallen.
- Der **Atlantic Fruit and Truck Belt** (Gemüseanbau und Transport per Lkw) sowie der **Gulf Subtropical Fruits Belt** existieren noch in Resten um New York (Marktorientierung) bzw. in Florida (Klimagunst).
- Der **Corn Belt** mit Futtergetreideanbau (Mais und Soja) sowie Schweinemast im Mittleren Westen ist noch vorhanden.
- Der **Cotton Belt** im Alten Süden der USA (SO) existiert zumindest nach dem höchsten Verkaufswert nicht mehr, sondern wurde durch einen **Chicken and Egg Belt** ersetzt.
- Bis auf North Dakota ist der einstmals ausgedehnte **Wheat Belt** in den Great Plains verschwunden und zum **Cattle Belt** geworden, der heute den gesamten Westen der USA prägt.
- Im Westen werden die größten Einkünfte in der Landwirtschaft mit Früchten, Baumnüssen (Mandeln) und Beeren erzielt.

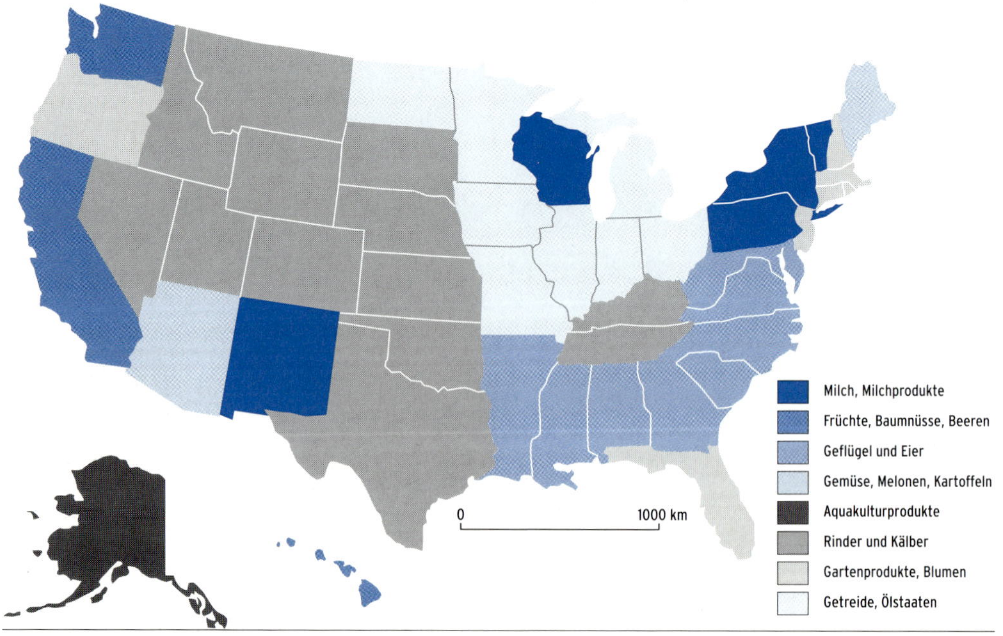

116.1 Führende Agrarprodukte (nach Verkaufswert) in den Bundesstaaten der USA (2002)

Die sogenannte **Dust Bowl** („Staubschüssel") liegt im Bereich der agronomischen Trockengrenze in den mittleren und südlichen Staaten der Great Plains. Aus klimatischer Sicht gehört dieses Gebiet zu den winterkalten bis wintermilden Steppenklimaten mit Starkregen vor allem im Frühsommer. Dabei können bis zu 20 % des Jahresniederschlags innerhalb von nur einer Stunde fallen. Die **agronomische Trockengrenze** kann von Jahr zu Jahr sehr unterschiedlich verlaufen (→ Abb. 117.1). Die Great Plains sind zumeist von einer Kurzgrasprärie auf feinkörnigem, zum Teil sogar lösshaltigem Boden bedeckt. Vor allem in den niederschlagsreichen Jahren nach 1870 wurde das Grasland von Farmern schrittweise für den Ackerbau unter den Pflug genommen. Trotz einer **Dürrephase** in den 1890er-Jahren ging die ackerbauliche Erschließung bis in die frühen 1920er-Jahre ungebremst weiter. Insbesondere die Weizenanbaufläche wurde immer weiter ausgedehnt. Von 1933 bis 1937 wurden die Great Plains von einer Dürreperiode heimgesucht mit jährlichen Niederschlägen von ca. 200 bis 300 mm. Die Folge waren katastrophale Staubstürme, die gelbgraue Staubwolken aufwirbelten und dadurch Milliarden Tonnen fruchtbare Erde bis in den Golf von Mexiko transportierten. Hunderte Menschen erstickten, über 350 000 Familien mussten ihre Farmen aufgeben, die wertlos geworden waren. Diese Bodenzerstörung durch menschliche Eingriffe wird als **Dust-Bowl-Syndrom** bezeichnet.

117.1 Pendeln der Trockengrenze

Der Vorgang wiederholte sich in abgeschwächter Form in den 1950er-Jahren. Allerdings war dieses Mal eine weitaus größere Fläche betroffen. Zur Auswehung der fruchtbaren Ackerkrume durch den Wind (**Deflation**) kommt die **Erosion** der ungeschützten Bodenoberfläche durch Starkregen hinzu. Wenn die Zerschneidung eines Gebietes durch Erosionsrinnen (Gullies) eine weitere agrarische Nutzung unmöglich macht, spricht man von **Badlands** (→ Abb. 117.2). Um die Bildung von Badlands zu verhindern, wurden verschiedene Maßnahmen zum **Bodenschutz** entwickelt:

- **Contour Ploughing** – Durch Pflügen parallel zu den Höhenlinien wird das Versickern des Niederschlags erleichtert und die Erosionsgefahr verringert.
- **Strip Cropping** – Durch den Anbau von Pflanzen mit unterschiedlicher Reife- und damit Erntezeit wird besonders die Abtragung des Bodens durch den Wind vermindert.
- **Stubble Mulching** – Bei der Ernte werden die Pflanzenreste nur teilweise untergepflügt oder bleiben ganz stehen, um den Wind zu bremsen, der in den ebenen Gebieten (= Plains) sehr heftig wehen kann.
- **Dry Farming** – Diese Anbaumethode mit einem oder mehreren Brachejahren hilft zwar bei der Speicherung der Niederschläge im Boden, verhindert aber nicht die **Deflation**. Beim Dry Farming wird der Boden im Frühjahr zunächst gepflügt, um das Einsickern der Niederschläge zu erleichtern, und nach dem Regen geeggt und so verschlossen.

117.2 Badlands

6.5 Rohstoffe und Industrie

Die USA sind mit knapp 3,2 Mrd. t Steinkohleeinheiten (SKE) der größte **Energieverbraucher** der Welt vor der VR China (1,3 Mrd. t SKE) und Russland (0,86 Mrd. t SKE). Beim Energieverbrauch pro Einwohner in kg SKE liegen die USA mit rund 11 000 knapp hinter Kanada (11 200) auf Platz 2 und weit vor der VR China (982). Mit einer **CO_2-Emission** von 20 t/Ew. und Jahr liegen die USA an der Spitze aller Industrienationen und tragen damit weit überdurchschnittlich zum **Treibhauseffekt** bei, deutlich mehr als Deutschland (10) oder die VR China (knapp 3). Umweltpolitisch gelten die USA daher als sehr rückschrittlich. Trotz ihres Reichtums an Energierohstoffen sind die USA der weltweit größte Erdölimporteur (484 Mio. t 2004). Das Erdöl ist die Voraussetzung für den **American Way of Life** mit seiner hohen **Mobilität** des Einzelnen.

- Die wichtigsten **Erdöl- und Erdgaslagerstätten** der USA befinden sich in Texas und an der Küste des Golfes von Mexiko (auch Offshore, das heißt vor der Küste im Meer) sowie in Alaska.
- Die größten **Steinkohlevorkommen** befinden sich im Nordosten, im Manufacturing Belt, und sind die Grundlage der **Montanindustrie**.
- Die bedeutendsten **Eisenerzlagerstätten** der USA in der Mesabi Range am Lake Superior haben einen hohen Fe-Anteil von 62 %.
- Der **Manufacturing Belt** im Nordosten ist nach wie vor das führende Industriegebiet der USA (→ Tabelle). Die dortige Montanindustrie befindet sich seit langem in der Krise und im **Strukturwandel**, ebenso die Automobilindustrie im Raum Detroit (→ Seite 119).
- Der **Sun Belt** gilt dagegen als aufstrebendes Industriegebiet mit harten **Standortfak-**

WISSEN: Strukturwandel der Automobilindustrie

Das wichtigste Zentrum der US-amerikanischen Automobilindustrie ist die „Motortown Detroit" an der kanadischen Grenze im Bundesstaat Michigan. Hier hatten die Big Three, die drei großen Hersteller Ford, General Motors und Chrysler, ihren Ursprung und dominieren bis heute die Wirtschaft im Großraum Detroit. In der Blütezeit der Stadt um 1955 wurden 90 % der US-Automobilproduktion und 50 % aller Autos weltweit hier hergestellt.
In Detroit hatte Henry Ford ab 1908 die Fließbandproduktion entwickelt und umgesetzt. Unter dem Begriff **Fordismus** wird noch heute die standardisierte Massenproduktion mit einer hierarchischen Arbeitsorganisation verstanden. Die Arbeitskräfte waren zumeist nur angelernt und verdienten seit dem Zweiten Weltkrieg trotz ihrer geringen Qualifikation recht gut. Dazu kamen zahlreiche Vergünstigungen und eine hohe Arbeitsplatzsicherheit, die wie die hohen Löhne von mächtigen Gewerkschaften erstritten wurden. Ein hoher Anteil der Bauteile wird im Betrieb selbst oder in Zweigwerken gefertigt (= hohe Fertigungstiefe).
Der Postfordismus oder **Toyotismus** (benannt nach dem Vorbild des japanischen Herstellers Toyota) setzt im Gegensatz zum Fordismus auf eine flexible Spezialisierung und auf Teamarbeit statt auf starre Hierarchien. Seit den 1990er-Jahren werden immer mehr angelernte Arbeitskräfte durch Roboter ersetzt. Strenge Qualitätskontrollen und eine geringe Fertigungstiefe reduzieren die Automobilproduktion auf das Kerngeschäft: Forschung und Entwicklung, Marketing sowie den Zusammenbau von Karosserie, Motor und weiteren Komponenten, die meist außerhalb hergestellt werden (**Outsourcing**). Komplette Komponenten werden zeitgenau geliefert (**Just in Time**). Die geringe Fertigungstiefe wird als Lean Production (schlanke Produktion) bezeichnet. Die Zulieferbetriebe müssen sich strengen Qualitätskontrollen unterwerfen und stehen unter Konkurrenz- und Preisdruck. Durch die erwartete Ansiedlung von Zulieferbetrieben in der Nähe des Hauptwerkes entstehen sogenannte Automotive **Cluster**, eng miteinander verflochtene Standortgemeinschaften der Automobilindustrie. Wichtigstes Ziel der Automobilwerke ist nicht mehr wie früher ein möglichst hoher regionaler Beschäftigungseffekt, sondern ein hoher Börsenwert des Unternehmens und damit möglichst hohe Gewinne für die Aktionäre (**Shareholder Value**).

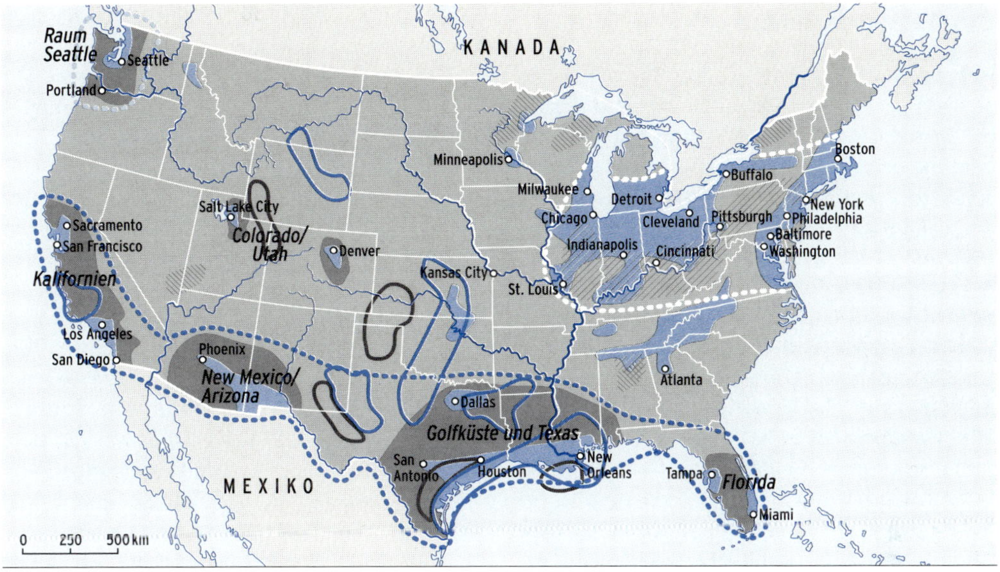

119.1 Wirtschaftsregionen der USA

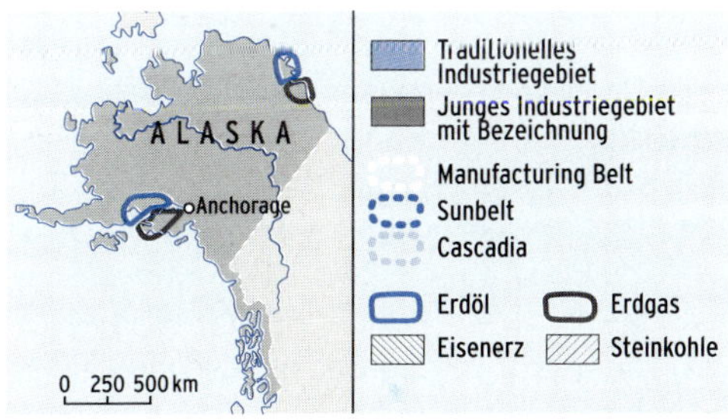

toren (z. B. Energierohstoffe und Verkehrsinfrastruktur), insbesondere aber mit weichen Standortfaktoren (Klimagunst und Freizeitwert, investitionsfreundliche Einstellung). Kalifornien und Texas sind die räumlichen Schwerpunkte der Industrie.

- Der Raum Seattle („Cascadia" – nach dem Kaskadengebirge) wird geprägt durch Luftfahrt- (Boeing) und durch Softwareindustrie (Microsoft) mit zahlreichen hochwertigen Arbeitsplätzen.

Die zehn **umsatzstärksten Unternehmen** der USA im Jahr 2005 (Umsatz/Gewinn in Milliarden US-$):

1 Exxon Mobil (Mineralöl): 371/36
2 Wal Mart (Handel): 316/11
3 Chevron Texaco (Mineralöl): 198/14
4 General Motors (Automobile): 193/minus 8,5
5 Conoco Phillips (Mineralöl): 183/13,5
6 Ford (Automobile): 178/2
7 General Electric (Elektro/Energie): 150/16
8 Altria (Nahrungs- und Genussmittel): 98/10
9 IBM (Computer): 91/8
10 Hewlett Packard (Computer): 87/2,4

Umsatz und Gewinn der Mineralölkonzerne waren wegen der hohen Rohölpreise im Jahr 2005 außerordentlich hoch. Gleiches gilt wegen der hohen Energiepreise auf dem Strommarkt auch für General Electric. Zum Vergleich: Der größte Flugzeughersteller der Welt, Boeing, hatte einen Umsatz von 52 Mrd. US-$ (Gewinn: knapp 2 Mrd. US-$).

		Einwohner	BIP			
	Fläche (in %)	2004 (in %)	1990 in Mio. US-$	(in %)	2001 in Mio. US-$	(in %)
USA	100,0	100,0	6 046 500	100,0	10 383 100	100,0
Manufacturing Belt	11,7	35,5	2 424 700	40,1	3 863 663	37,2
Sun Belt	16,2	27,6	1 595 200	26,4	2 775 314	26,7
Washington / Oregon	4,5	3,3	183 000	3,0	343 005	3,3

118.1 Anteile verschiedener Wirtschaftsregionen an Fläche, Einwohnern und BIP der USA

6.6 Tertiärer Sektor

Unter dem Oberbegriff tertiärer Sektor werden sehr verschiedene Tätigkeitsfelder und Berufe zusammengefasst, die eines gemeinsam haben: Sie erbringen im Gegensatz zu Landwirtschaft und Industrie immaterielle Leistungen, die allenfalls drucktechnisch oder elektronisch gespeichert werden können. In den meisten Fällen sind direkte Kontakte für **Dienstleistungen** sehr wichtig. In diesem Wirtschaftssektor reicht die Spannbreite von Tätigkeiten mit geringer Qualifikation und geringer Entlohnung, z. B. als Bedienung in Fast-Food-Restaurants, bis hin zu Tätigkeiten mit hoher Qualifikation und hoher Entlohnung, z. B. als Manager eines großen Konzerns.

Mit 76 % der Erwerbstätigen und einem Anteil am BIP von 79 % spielt der Dienstleistungssektor in den USA wirtschaftlich und sozial die führende Rolle. Die USA gelten gemeinhin als Vorbild für die Entwicklung zur Dienstleistungsgesellschaft. Die Ursache für diese Entwicklung wird darin vermutet, dass bei steigenden Einkommen (Massenkonsumgesellschaft) zunächst die Nachfrage nach langlebigen Konsumgütern (Industrieprodukte) überproportional wächst, später dann die Nachfrage nach immer höherwertigen Dienstleistungen. Daher beinhaltet die **Tertiärisierung** meist – wie in den USA zu beobachten – eine **Deindustrialisierung**. Allerdings besteht auch im Dienstleistungssektor ein großes Rationalisierungspotenzial, so dass die Prognose ständig wachsender Beschäftigung wahrscheinlich nicht zutreffen wird. Gründe für Rationalisierungsmaßnahmen sind auch im tertiären Sektor der Wettbewerbsdruck, die hohen Lohn- und Lohnnebenkosten sowie neue technologische und organisatorische Entwicklungen. Die Rationalisierung begann mit dem Selbstbedienungsprinzip im Einzelhandel. Viele Büro- und Verwaltungstätigkeiten wurden durch den Computereinsatz grundlegend rationalisiert. Das Internet bietet weitere Möglichkeiten, z. B. durch den E-Commerce.

Durch die Konzentration hoch spezialisierter Dienstleistungen in wenigen Global Cities – in den USA sind dies vor allem New York, Los Angeles und Chicago – verschärfen sich die **räumlichen Disparitäten** innerhalb der USA (→ 121.1)

>> BEISPIEL: Entwicklungen im Einzelhandel

Die räumliche Verlagerung des Einzelhandels aus der Downtown in die Randbereiche der Kernstadt und später in die Vororte begann mit der Suburbanisierung (→ 6.7.1) und mit der Motorisierung breiter Bevölkerungsschichten. Die Entwicklung vollzog sich in mehreren Schritten:

- **Commercial Strips** (Strips = Bänder, Streifen) entstanden zu beiden Seiten der großen Ausfallstraßen der amerikanischen Städte. Hier befinden sich heute Einzelhandelsgeschäfte wie Supermärkte, Autohäuser, Garten-Center und Möbelhäuser. Vor allem aber Versorgungs- und Dienstleistungsbetriebe prägen das Bild der Commercial Strips: Tankstellen, Reparaturwerkstätten, Schnell-Restaurants mit Drive-in-Bedienung, Banken mit Drive-in-Schaltern, Motels und Autokinos.
- **Einkaufszentren** (Shopping Center) entwickelten sich in verkehrsgünstiger Lage am Rande der Kernstadt. Sie müssen bequem mit dem Auto erreichbar sein und wurden anfangs an den Commercial Strips, später auch an Autobahnabfahrten oder -kreuzen gebaut. Shopping Center beinhalten mehrere bis zahlreiche Einzelhandelsgeschäfte und verfügen über große, kostenlose Parkplätze. Im Gegensatz zur Weiterentwicklung, den Shopping Malls (siehe unten), sind alle Geschäfte von außen her zugänglich und nicht unbedingt klimatisiert.
- Die **Shopping Malls** entstanden als vollklimatisierte Einkaufszentren, die in den USA auch die Teilfunktionen der zentralen Orte ausfüllen, weil dort in den meisten Stadtregionen historisch gewachsene Vorortkerne fehlen. Ihr **Einzugsbereich** entspricht mit bis zu 250 000 Einwohnern dem von Oberzentren in Europa, bei kleineren Malls aber mindestens dem von europäischen Mittelzentren, da sie wenigstens zwei bis vier Kaufhausfilialen an den Eckpunkten besitzen. Diese bekannten Department Stores haben die Funktion von Magnetgeschäften. Sie ziehen Kunden an und sorgen für die Entstehung von Kundenströmen im Inneren, in der eigentlichen Mall. Inzwischen sollen Unterhaltungsangebote potenzielle Kunden anziehen (Shoppingtainment)

6.7 Stadtland USA

6.7.1 Städtische Explosion

Die starke Einwanderung, das stetige wirtschaftliche Wachstum und die technischen Innovationen im Bau- und Verkehrssektor waren wichtige Voraussetzungen für die Expansion der amerikanischen Städte ins Umland seit 1890, besonders aber nach 1945, als öffentliche Subventionen den Bau von Eigenheimen erleichterten. Ein Eigenheim am Stadtrand ist Teil des amerikanischen Traums vom Glück (American Dream). Außerdem trug die lange Zeit konkurrenzlos billige Holzbauweise, die von Siedlern aus Skandinavien in die USA gebracht worden war, zur weiten Verbreitung des Hauseigentums und zur schnellen Expansion der Städte bei. Etwa zwei Drittel der städtischen Bevölkerung der USA leben in Eigenheimen, in Kalifornien sind es bis zu vier Fünftel. Mit der Massenmotorisierung vor allem nach dem Zweiten Weltkrieg setzte eine flächenhafte Suburbanisierung ein. Der Anteil der Vorortbewohner an der Gesamtbevölkerung der USA stieg von 17 % im Jahr 1920 auf etwa 50 % im Jahr 2000.

Metropolitane Ballungsräume nehmen immer größere Flächen ein und wachsen zu Riesenstädten zusammen. Ein Beispiel für eine solche Megalopolis ist „BosWash", der verstädterte Raum zwischen Boston und Washington an der nördlichen Atlantikküste der USA mit 38 Mio. Einwohnern im Jahr 2000. Der Prozess der ausufernden Suburbanisierung wird auch als Urban Sprawl bezeichnet. Im Deutschen spricht man von städtischer Explosion.

Mit der Suburbanisierung war ein **sozialer Entmischungsprozess** verbunden. Nach dem Zweiten Weltkrieg zog vor allem die weiße Ober- und Mittelschicht in die neu entstehenden Vororte. In der Kernstadt blieben Angehörige der weißen Unterschicht und der ärmeren Minderheiten zurück. Letztere leben bis heute meist in Gettos. Damit wurden Kaufkraft und Steuereinnahmen in die Vororte verlagert, sodass die Kernstädte verarmten und die sozialen Probleme dort wuchsen. Die politisch oft eigenständigen Vorortgebiete konnten die Zuwanderung durch Auflagen steuern, wie eine Mindestgröße von Grundstücken und bestimmte Bauvorschriften, und damit nicht gewünschte Bevölkerungsgruppen fernhalten. Das höhere Steueraufkommen ermöglichte hohe öffentliche Investitionen in die technische und soziale Infrastruktur und verstärkte die soziale Segregation.

Wegen der **Verlagerung der Kaufkraft** in die Vororte verließ auch der Einzelhandel die Innenstädte und folgte der wohlhabenden Bevölkerung (→ Seite 120). Auch Industrie und Großhandel wanderten aus den innenstadtnahen Räumen in die Vorortzone ab. Industrial Parks entstanden, zumeist in guter Verkehrslage an Autobahnen oder in Flughafennähe. Schließlich folgten auch Büros und Verwaltungen in die suburbane Zone. Banken, Versicherungen und Unternehmensverwaltungen verlagerten vor allem arbeitsintensive Routinetätigkeiten ohne Publikumsverkehr – die sogenannten Back Office-Funktionen – in die Vorortzone. Dadurch entstanden in den Außenbereichen der Großstädte neue multifunktionale Zentren mit einer eigenen Skyline, die sogenannten Edge Cities.

Die nächtliche Satellitenaufnahme verdeutlicht die räumlichen Disparitäten in Nordamerika durch den Kontrast zwischen hell erleuchteten verstädterten Räumen und dunklen dünn besiedelten Regionen. Im Jahr 2000 lebten ca. 80 % aller US-Bürger in sogenannten Metropolitan Areas, Verdichtungsräumen mit einer Kernstadt (nucleus) von mindestens 50 000 Einwohnern und einem wirtschaftlich und sozial integriertem Einzugsbereich. Fast ein Drittel aller Einwohner der USA lebte im Jahr 2000 in Metropolitan Areas mit mehr als 5 Mio. Einwohnern. Die größten waren New York (21,2 Mio.), Los Angeles (16,4 Mio.) und Chicago (9,2 Mio.).

6.7.2 Megacity Los Angeles

Los Angeles ist mit 3,7 Mio. Einwohnern allein in der Kernstadt (→ Abb. 122.2) die zweitgrößte **Stadt** der USA nach New York. Entstanden ist es aus einer kleinen spanischen Missionsstation, die 1781 hier gegründet wurde. Entscheidend für den wirtschaftlichen Aufschwung von Los Angeles waren folgende Faktoren:

- die Entdeckung ergiebiger Ölquellen im Stadtgebiet (1892)
- die Entwicklung Hollywoods zur Filmmetropole (ab 1910)
- der Aufschwung der Industrie, unter anderem der Luft- und Raumfahrtindustrie (nach 1945)
- die Entwicklung zum **Finanzzentrum**

Mit Vororten hat die Los Angeles **County** heute mehr als 9 Mio. Einwohner. Im Großraum, also in Los Angeles einschließlich der benachbarten Counties, leben sogar mehr als 16 Mio. Menschen. In den vergangenen Jahrzehnten hat sich die Stadt zu einer **Global City** entwickelt, zu einem bedeutenden Steuerungszentrum der Weltwirtschaft. Los Angeles ist heute – nach New York – das zweitwichtigste Finanzzentrum der USA und – nach Tokio – des gesamten pazifischen Wirtschaftsraumes. Los Angeles stand 2005 beim Passagieraufkommen der Flughäfen weltweit mit 60,7 Mio. Fluggästen auf Rang 5.

WISSEN: Erdbeben in Los Angeles

1994 bebte die Erde im Gebiet von Ventura, nördlich von Los Angeles. 60 Menschen kamen ums Leben, 15.000 wurden obdachlos. Die Höhe der Sachschäden lag bei schätzungsweise 20 Mrd. US-$: Gebäude stürzten ein, Wasser, Gas- und Ölleitungen wurden zerstört. Viele Autobahnen, die Lebensadern im Großraum Los Angeles, wurden unterbrochen. Da die geologische Situation hier äußerst kompliziert ist, sind Bebenvorhersagen so gut wie gar nicht möglich. Denn keines der schweren **Erdbeben** mit einer Stärke von mehr als 5 auf der Richterskala ging im 20. Jahrhundert von der gut erforschten und überwachten San-Andreas-Verwerfung aus. Statt dessen lagen die Epizentren der schweren Erdbeben bei Long Beach (1933), San Fernando (1971) oder Northridge (1994). Es handelt sich um verdeckte Verwerfungen, von denen Dutzende unterhalb des Stadtgebietes von Los Angeles liegen. Eine dieser Verwerfungen verläuft in mehreren Kilometern Tiefe unterhalb des Zentrums von Los Angeles. Die von Süden nach Norden driftenden Mikroplatten (Terranes) werden nämlich im Raum Los Angeles von den Gebirgen im Norden des Stadtgebietes blockiert, nach Westen abgelenkt und aufgeschoben bzw. in die Tiefe gedrückt.

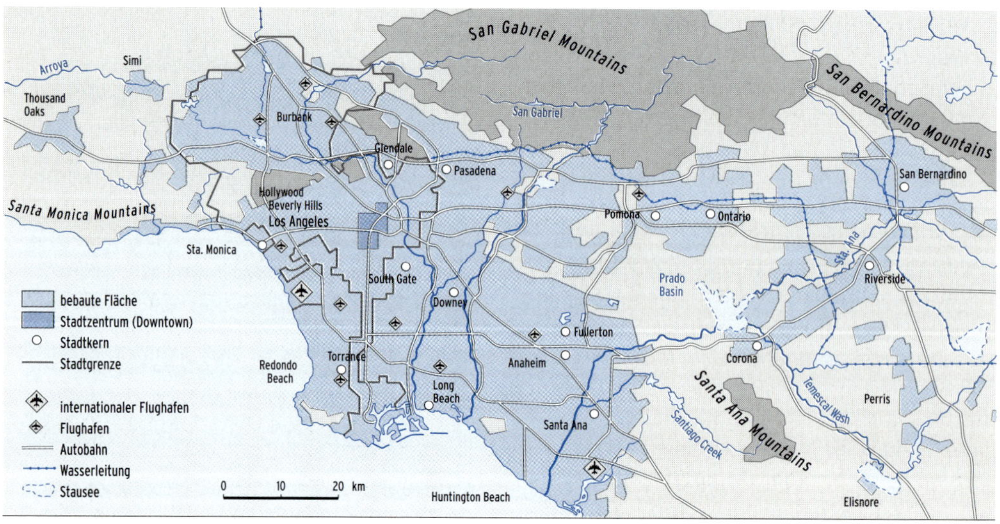

122.1 Der Großraum Los Angeles

Ethnische Gruppen und Konflikte

1992 kam es in Los Angeles zu gewalttätigen Unruhen. Auslöser war die Misshandlung festgenommener Schwarzer durch weiße Polizisten, die zufällig gefilmt worden war. Die Welle der Gewalt ging vom „Hyper-Getto" South Central Los Angeles aus. 50 Menschen wurden ermordet und mehrere Tausend verletzt. Die meisten Opfer der Aggression waren koreanische Geschäftsinhaber, die innerhalb dieses Gettos lebten und wegen ihres bescheidenen Wohlstands zur Zielscheibe der meist schwarzen oder hispanischen Angreifer wurden. 4000 Geschäfte wurden zerstört oder geplündert und der Sachschaden belief sich auf rund 1 Mrd. US-$. Die Nationalgarde musste eingreifen und verhaftete etwa 16 000 **Hispanics** und Schwarze. Als Hauptursachen der Gewalt gelten Verarmung, Perspektivlosigkeit und Gewaltbereitschaft in den Gettos und besonders in den Gangs, den Jugendbanden von Los Angeles.

Die soziale Schichtung der ethnischen Gruppen ist derart eindeutig, dass man im Falle von Los Angeles statt von einem **melting pot** (Schmelztiegel) oder von einer **salad bowl** (Salatschüssel mit verschiedenen Komponenten) viel eher von einem **layer cake** (Schichttorte) spricht:

- Gemessen am durchschnittlichen Familieneinkommen der Weißen (ohne Hispanics), das gleich 100 % gesetzt wird, liegen die Asiaten bei 89 %. Weit unterdurchschnittlich ist dagegen das Einkommen der Schwarzen und Hispanics mit 52 % bzw. 51 %.
- Beim Anteil der Bevölkerung mit der höchsten Schulbildung führen die Asiaten mit etwa 40 % deutlich vor den Weißen mit 31 %. Weit danach folgen die Schwarzen mit 16 %. Das Schlusslicht bilden die Hispanics mit 6 %.
- Die meisten Mordopfer pro 100 000 Personen und Jahr betreffen die Schwarzen mit ca. 50 Opfern, gefolgt von den Hispanics mit ca. 15 Opfern. Bei den Weißen hat die Rate eine Größenordnung von etwa 5 Opfern.

Das höchste natürliche Bevölkerungswachstum haben die Hispanics, die nach Prognosen im Jahr 2040 mehr als zwei Drittel der Bevölkerung im Los Angeles County stellen werden. Spanisch ist bereits heute in weiten Teilen von Los Angeles Umgangs- und Verkehrssprache.

WISSEN: Suburbia-Syndrom

Voraussetzung für das Wachstum der Stadtlandschaft in die Fläche war neben der Massenmotorisierung in Los Angeles der Ausbau eines ausgedehnten Netzes von Stadtautobahnen, sogenannten Freeways (→ Abb. 122.2). Durch den Autoverkehr entstanden massive Umweltprobleme: Der photochemische Smog, verschärft durch die hohe Sonneneinstrahlung im trockenen subtropischen Klima machte die weltweit schärfsten Abgasregelungen erforderlich. Die Stadtautobahnen sind heute derart überlastet, dass Staus und Schritttempo an der Tagesordnung sind. Weitere 2320 km Stadtautobahnen sollen daher bis zum Jahr 2015 im Großraum L. A. entstehen. Ein kleiner Hoffnungsschimmer ist der Bau einer U-Bahn-Linie von Santa Monica am Pazifik in die Kernstadt.

Der Traum vom Eigenheim im Grünen (→ die Luftaufnahme), der im Großraum Los Angeles millionenfach wahr wurde, erfordert auch einen hohen Stromverbrauch für die hier üblichen Klimaanlagen in den relativ schlecht isolierten Häusern und für eine Vielzahl von elektrischen Geräten in jedem Haushalt. So gelten z. B. elektrische Wäschetrockner als unbedingt notwendig für einen Mittelklasse-Haushalt, obwohl eine natürliche Trocknung angesichts des subtropischen Steppenklimas viel sinnvoller wäre.

Der begrenzende Faktor für das künftige Wachstum der **Megacity** Los Angeles ist die Wasserversorgung. Bei Dürren in Kalifornien kommt es zu Nutzungskonflikten zwischen Landwirtschaft, Industrie und privaten Haushalten (Swimming Pools und Rasenbewässerung).

7__Japan

7.1 Japan – Naturkatastrophen

Japan ist Teil des „**Feuerrings**" um den Pazifischen Ozean und ständig von Naturkatastrophen bedroht. Hier treffen mehrere Platten der Erdkruste aufeinander (→ Abb. 13.1). Dabei werden die schwereren ozeanischen Platten unter die leichtere kontinentale Platte gedrückt (→ Abb. 124.1). Diese **Subduktion** verläuft aber nicht reibungslos:

- Die Platten verhaken sich ineinander. Wenn die Spannungen zu groß werden, lösen sie sich ruckartig voneinander – **Erdbeben** entstehen an der Abtauchzone und an horizontalen Verwerfungen in der Nähe der Oberfläche. Oberflächennahe Beben wirken besonders zerstörerisch: Gebäude und Verkehrswege werden schwer beschädigt bzw. stürzen ein, Feuer brechen aus, Menschen werden verletzt oder kommen ums Leben.
- **Tsunamis** können bei untermeerischen Beben (Seebeben) an der Abtauchzone entstehen. Das japanische Wort **Tsunami** bedeutet so viel wie „Hafenwelle". Tsunamiwellen sind auf dem offenen Meer nicht zu bemerken, da sie selten eine Höhe von über einem Meter haben. Die Wellenlänge liegt oft bei mehr als 100 km. In Küstennähe laufen die Wellen hoch auf, da das Wasser flacher wird. Sie erreichen eine Höhe von zehn und mehr Metern und entwickeln eine zerstörerische Kraft. An Japans Küsten wurden im Lauf der letzten Jahrhunderte mehr als 250 Tsunamis überliefert, die schätzungsweise mehr als 100 000 Menschenleben kosteten.
- Beim Abtauchen der ozeanischen Platte in große Tiefen wird deren Gestein aufgeschmolzen (→ Abb. 124.1). Es bilden sich Magmakammern, von denen Vulkanausbrüche ausgehen können. Auch der bekannteste Vulkan Japans, der Fudschijama oder Fujisan, ist so entstanden. Aus der Magmakammer steigt heißes Magma auf und dringt durch Risse und Spalten in der Erdkruste nach oben. So entstehen auch Vulkanschlote. Durch frei werdende Gase aus der Gesteinsschmelze und durch Kontakt mit dem Grundwasser kann der Druck im Vulkanschlot so groß werden, dass der Vulkangipfel mit einer Explosion weggesprengt wird. Große Gesteinsbrocken (Bomben), kleinere Steine (Lapilli) und Asche werden hochgeschleudert. Die Asche kann höhere Schichten der **Atmosphäre** erreichen und globale Klimaveränderungen bewirken. Glühende Lava strömt aus dem Hauptkrater oder aus einem Nebenkrater und zerstört alles, was ihr im Weg steht.

7

124.1 Japan – geologische Strukturen im Querprofil

7.2 Räumliche Konzentration und ihre Folgen

Japan ist ein waldreiches Gebirgsland. Rund drei Viertel der Gesamtfläche des Landes sind Steilhänge mit einem Böschungswinkel von mehr als 15°. Die hohe **Reliefenergie** und die Nähe des Meeres haben die Entwicklung längerer Flüsse und die Bildung ausgedehnter Tiefebenen verhindert. Die mit knapp 15000 km² größte Ebene Japans, das Kanto-Becken mit der Hauptstadtregion Tokio, ist etwa so groß wie Schleswig-Holstein. Es ist nicht nur das Hauptanbaugebiet Japans, sondern zugleich das Gebiet der größten Bevölkerungskonzentration des Landes mit extrem hohen Bevölkerungsdichten (→ Abb. 125.1).

In allen Tieflandsbereichen werden seit alters her vor allem die bewässerten Schwemmländer der Flüsse und die Küstenebenen für den intensiven Nassreisanbau genutzt. Sie waren schon früher dicht besiedelt. Durch Verstädterung, Industrialisierung und Verkehrsflächen schrumpft die verfügbare Ackerfläche in Japan immer stärker. Dazu kommt die Belastung von Böden durch Schadstoffe aus Industrie und Verkehr.

WISSEN

In den Tiefländern bis 100 Meter über NN konzentrieren sich auf 30 % der Fläche 80 % der 127 Millionen Einwohner sowie ca. 90 % der Industrieproduktion des Landes. Wie sich aus dem Diagramm weiter ablesen lässt, liegen 40 % der Landesfläche höher als 500 Meter über NN, 20 % sogar höher als 1000 Meter. Etwa zwei Drittel Japans sind bewaldet, das somit zu den waldreichsten Staaten der Erde zählt.

Um der Raumenge zu begegnen, werden mit hohem technischem Aufwand neue Siedlungsflächen geschaffen. Dabei werden vor allem zwei Möglichkeiten genutzt:

- Im Hügelland des Landesinneren werden Berg- bzw. Hügelkuppen terrassenförmig abgetragen (Cut Zones). Auf den Terrassen entstehen neue Wohngebiete. Das abgetragene Gesteinsmaterial wird genutzt, um Hohlformen aufzufüllen (Fill Zones) und so weitere Siedlungs- oder Verkehrsflächen zu schaffen.
- Die gängigste Methode der Neulandlandgewinnung an der Küste ist die Auffüllung flacher Meeresbuchten vor allem durch Aufspülung mit sandigem Material. Auf diesem Neuland (Umetate-Chi), das bis auf 3 Meter über NN erhöht wird, entstehen zumeist große Industriegebiete direkt am Meer mit eigenen Häfen für große Seeschiffe und idealen Standortbedingungen (Rohstoffimporte). Dadurch werden allerdings wertvolle Biotope im Küstenraum zerstört und somit auch Fischgründe vernichtet.

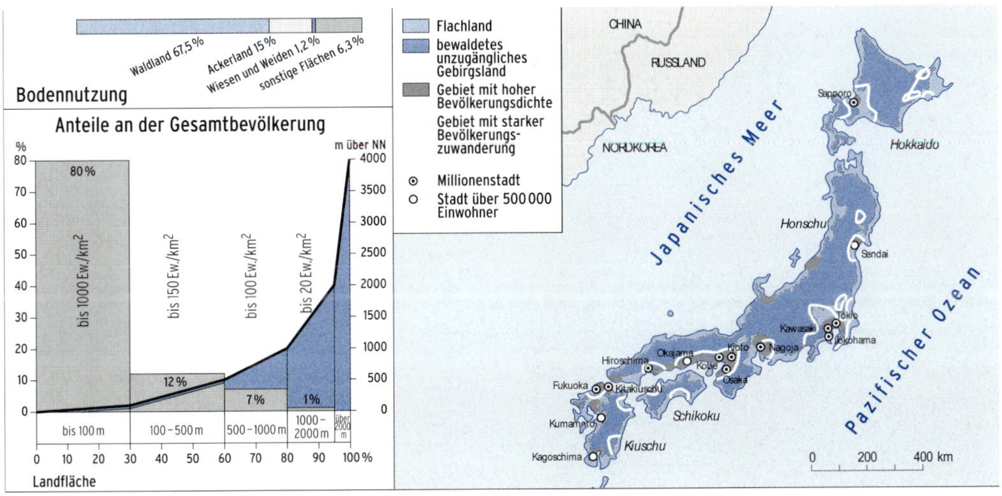

125.1 Bevölkerung und Bodennutzung in Japan

WISSEN: Japan – Religion und Kultur

- Der **Shintoismus** ist die älteste religiöse Tradition in Japan. Es handelt sich um eine Art von Naturreligion, denn die göttliche Ordnung offenbart sich in der Natur (z.B. im Vulkan Fujijama). Zugleich spiegelt der Shintoismus die innere Naturverbundenheit vieler Japaner wider. Dazu kommt die große Bedeutung der Ahnenverehrung. Der Shintoismus bestimmt mit seinen Bräuchen, Festen, Schreinen (Foto: Shinto-Schrein) und Tempeln das tägliche religiöse Leben der meisten Japaner.
- Der **Buddhismus** ist im strengen Sinne keine Religion, sondern eine Erlösungslehre, die den Willen des Einzelnen voraussetzt und keine Missionierung kennt wie andere Weltreligionen. Buddha – der Erleuchtete – ist ein Mensch und Lehrer, der als Vorbild dient zur Überwindung des Zwanges der ewigen Wiedergeburt und damit auch zur Überwindung der Leiden. Eine besondere Variante des Buddhismus, der Zen-Buddhismus, spielt in Japan die größte Rolle: Meditation, Disziplin und Askese (Enthaltsamkeit) führen zur Erleuchtung und Erlösung. Kampfsportarten wie Judo, Kendo und Sumo passen zu den Zielen des Zen-Buddhismus.
- Der **Konfuzianismus** ist eine Gesellschaftslehre, die aus China stammt. Die Stabilität des Staates gründet nach Konfuzius (551–479 v.Chr.) in der Moral des Einzelnen und in der zentralen Rolle der Familie. Der Herrscher besitzt eine wichtige Vorbildfunktion.

126.1 Kultstätte des Shintoismus

7

7.3 Aufstieg zur Wirtschaftsmacht

Am Ende des Zweiten Weltkriegs 1945 war Japans Industriekapazität zu 80% zerstört. Das Land hatte seine Kolonien in Ost- und Südostasien und damit auch seine Rohstoffquellen verloren. Mit dem Beginn des Kalten Krieges in den 1950er-Jahren unterstützten die USA als Besatzungsmacht den industriellen **Wiederaufbau Japans**, um das Land als Bollwerk gegen das Vordringen des Kommunismus in Ostasien zu stabilisieren. Wie im Nachkriegsdeutschland spielten das vorhandene Know-how und vor allem die kulturell begründete Arbeitsmoral (→ Abb. 126.2) eine entscheidende Rolle beim industriellen Wiederaufbau. Die Japaner sind in Bezug auf die Religion sehr pragmatisch und nutzen die Elemente verschiedener Religionen im Alltag. Wichtig für die Arbeitsmoral sind das Harmoniestreben im Shintoismus und vor allem im Konfuzianismus sowie Disziplin und Leistungsbereitschaft im Zen-Buddhismus. Das Humankapital ist bis heute der wichtigste Faktor für die wirtschaftlichen Erfolge Japans. Der Ablauf der Industrialisierung diente bzw. dient als Vorbild für die ostasiatischen Nachbarstaaten Taiwan und der Republik Korea:

- Schlüsselindustrien beim Wiederaufbau waren zunächst die Eisen- und Stahlindustrie und der Schiffbau. Auch die arbeitsintensive Textilindustrie spielte in der frühen Phase der Industrialisierung eine wichtige Rolle. Allerdings zeigten sich gegen Ende der 1960er-Jahre die Grenzen der technologisch weniger anspruchsvollen Industrialisierung. Die Gewinne waren begrenzt und die Konkurrenz wuchs.
- Daher folgten in den 1970er- und 1980er-Jahren die sogenannten Exportoffensiven: Eine Flut von billigen japanischen Exportprodukten überschwemmte die Märkte Europas und Nordamerikas und vernichtete dort ganze Industriezweige, wie die Uhren- und die Fotoindustrie, während der japanische Binnenmarkt für Importe weitgehend verschlossen blieb. Eine besondere Rolle bei der japanischen Industrialisierungspolitik und bei der Koordination der Exportoffensiven spielte das MITI (Ministry of International Trade and Industry). Dieses japanische Ministerium un-

terstützte die kostenintensive Forschungs- und Entwicklungsphase für neue Hightech-Produkte. Teilweise wurden anspruchsvolle Produkte einfach kopiert und leicht verändert. Mithilfe von Markt- und Produktanalysen identifizierte das MITI Wachstumsbranchen und ihre zukunftsfähigen Produkte in Europa und Nordamerika.

- Die 1990er-Jahre gelten heute als „verlorenes Jahrzehnt", da Japans Finanzsektor nach dem Platzen einer Spekulationsblase (Immobilien und Aktien) in eine tiefe Krise fiel und die Wirtschaft insgesamt jahrelang stagnierte.
- Der jüngste Aufschwung begann erst gegen Ende der 1990er-Jahre mit der Entwicklung neuer Technologien und massiver staatlicher Förderung von Forschung und Entwicklung. Heute sind japanische Unternehmen in vielen Bereichen technologisch führend, besonders in der Automobilindustrie und bei der digitalen Unterhaltungselektronik. Inzwischen wuchsen aber auch Südkorea und vor allem die VR China (→ Abb. 127.2) zu ernsthaften Konkurrenten heran.

Im **Welthandel** nimmt Japan sowohl bei den Importen als auch bei den Exporten Rang 4 ein, nach den USA, Deutschland und der VR China. Wie die VR China und Deutschland erwirtschaftet Japan einen großen **Außenhandelsüberschuss**: Importe 518,6 Mrd. US-$; Exporte 598,2 Mrd. US-$ (Zahlen für das Jahr 2005).

Die wichtigsten **Importgüter** waren 2005

1. Mineralische Brennstoffe (26 %)
2. Nahrungs- und Genussmittel (10 %)
3. Chemische Erzeugnisse (8 %)
4. Rohstoffe (6 %)

Diese kurze Übersicht zeigt bereits grundsätzliche Probleme der japanischen Volkswirtschaft:

- Die fehlende Ausstattung des Landes mit Energierohstoffen (v.a. Erdöl und Erdgas, aber auch Uran) und die hohe Einfuhrabhängigkeit besonders von den Erdölförderstaaten am Persischen Golf
- Das Fehlen von geeigneten Ackerflächen aufgrund der hohen **Reliefenergie** (Abb. 125.1) und damit eine hohe Einfuhrabhängigkeit im Agrarsektor
- Die generelle Abhängigkeit von Rohstoffimporten (Erze, Holz, Baumwolle u. a. m.) vor allem aus Südostasien und Australien

Die wichtigsten **Exportgüter** waren 2005

1. Kraftfahrzeuge und Kfz-Teile (19 %)
2. Maschinen (16 %)
3. Elektrotechnik/Elektronik (11 %)
4. Chemische Erzeugnisse (9 %)

WISSEN: Der große Nachbar China

Nach quälenden Jahren der Krise und unzähligen Schrumpfungskuren glänzen Japans Großkonzerne wieder in jener Disziplin, die sie einst meisterhaft beherrschten: dem Export. Die digitale Revolution in den Haushalten – vom TV-Gerät bis zur Kamera – kurbelt die Umsätze unverhofft an. Der Aufschwung erinnert an die goldenen Zeiten der japanischen Wirtschaft, die Ende der achtziger Jahre abrupt endeten. Das Neue: Japan verdankt sein Comeback nicht nur dem Hauptabsatzmarkt USA, sondern verstärkt auch dem Nachbarn China.

Im vergangenen Jahr löste das Reich der Mitte erstmals die USA als Japans größten Handelspartner ab. China wird für Japan immer wichtiger – als billige Produktionsbasis für Exporte in die USA und nach Europa, aber auch als gigantischer Absatzmarkt. Ausgerechnet China: Unlängst zitterten die Japaner noch vor dem benachbarten Billigkonkurrenten. Der japanische Drache, hieß es, schlucke Nippons Fabriken und Jobs. Doch solche Horrorvisionen sind inzwischen hoffnungsvolleren Erwartungen gewichen. China ist im Zuge seines rapiden Wachstums – allein im Jahr 2003 expandierte die Weltfabrik um 9,1 Prozent – verstärkt auf Importe auch aus Hightech-Japan angewiesen.

Und Japan ist dabei, sich als schlanke Hightech-Schmiede neu zu erfinden. Das Land hatte in der Wirtschaftskrise der 1990er-Jahre viel zu lange an billigen Massenfertigungen festgehalten und Innovationen vernachlässigt.

(Nach: Wieland Wagner: „Hilfe vom Drachen". In: Der Spiegel, Nr. 13/2004, Seiten 80 – 82)

7

7.4 Agrarwirtschaft in Japan

Die naturräumlichen Bedingungen der Landwirtschaft in Japan sind sehr unterschiedlich. Während im Süden bis zu zwei Reisernten pro Jahr möglich sind, erreicht der Reis seine nördliche Anbaugrenze auf der Insel Hokkaido im Norden. Im Süden ist somit die **Erntefläche** größer als die Anbaufläche. Robustere Teesorten können noch bis zu rund 300 km nördlich von Tokio angebaut werden. Die genannten Anbaugrenzen gelten aber ausschließlich für das Tiefland. Dabei ist zu beachten, dass nur die Schwemmlandebenen und das Hügelland für den Ackerbau genutzt werden können, zusammen etwa 15 % der Staatsfläche – mit abnehmender Tendenz.

Um die Ernährungsgrundlage der Bevölkerung zu sichern, wird seit Jahrzehnten der Reisanbau gefördert: Der Staat garantiert die Abnahme der Ernte zu festgesetzten hohen Preisen – weit über dem Niveau der Weltmarktpreise. Deshalb pflanzen auch die Kleinbauern auf ihren winzigen Parzellen vorzugsweise Reis an. Man spricht von einer Gartenbaulandschaft, weil durch intensiven Arbeitseinsatz, sorgfältige Pflege, verbesserte Sorten, Einsatz von Mineraldünger und kleinen, leistungsfähigen Spezialmaschinen (z. B. Reissetzmaschinen) höchste Hektarerträge erzielt werden.

Für Weideflächen und Futtermittelanbau ist das Ackerland zu kostbar, und Mastviehhaltung im Stall ist nur mit importiertem Kraftfutter möglich. Daher ist Fleisch, insbesondere Rindfleisch, fast unerschwinglich teuer. Wegen der hohen Erzeugerpreise geben japanische Familien einen großen Anteil des Einkommens für Nahrungsmittel aus. Trotz intensiver Nutzung und hoher Erzeugerpreise reichen die Erlöse aus der Landwirtschaft nicht aus. Die meisten Landwirte pendeln daher in die Städte, arbeiten dort meist in der Industrie und betreiben Landwirtschaft nur noch im Nebenerwerb.

Da vor den Küsten Japans warme und kalte Meeresströmungen zusammentreffen, sind die Gewässer nährstoff- und somit auch fischreich. Fische und Meeresfrüchte in allen Variationen, dazu auch Seetang und Algen, bilden neben dem Reis die zweite Säule der japanischen Küche. Daher gilt die japanische Küche als sehr gesund.

7.5 Industrie

Obwohl sich Japan zur modernen Dienstleistungsgesellschaft entwickelt hat, spielt die Industrie für die Außenhandelsbilanz des Landes weiterhin eine entscheidende Rolle. Die Bedeutung der Sektoren ergibt sich aus ihrem Anteil am **Bruttoinlandsprodukt** einerseits und an den Beschäftigten andererseits (Anteile in Prozent 2004, Zahlen gerundet):

- Landwirtschaft: 1 – 5 (vgl. Abb. 128.1)
- Industrie: 25 – 29
- Dienstleistungen: 74 – 66

Unter den 100 umsatzstärksten Industriebetrieben der Welt waren im Jahr 2005 18 japanische. Die größten von ihnen (Umsatz in Mrd. US-$):

1. Toyota – Automobile (169)
2. Hitachi – Computer (84)
3. Honda – Automobile (80)
4. Sony – Computer (73)
5. Matsushita – Computer (73)
6. Nissan – Automobile (73)
7. Toshiba – Computer (56)

In den japanischen Automobilkonzernen wurden neue Fertigungsstrategien entwickelt, die weltweit als Vorbild dienten und übernommen wurden (→ **Erfolgsstrategien**):

- **Teamarbeit:** Bereitschaft zur Zusammenarbeit innerhalb des Teams, Zusammengehörigkeitsgefühl und Wille zum Erfolg
- **Ringi-System:** Entscheidungsfindung erst nach Beratung unter möglichst vielen Mitarbeitern des Konzerns = Steigerung der Motivation
- **Kaizen (Verbesserung):** Ständige Verbesserung vorhandener Produkte in Bezug auf Technik und Design mit dem Ziel, die Zufriedenheit der Kunden zu erhöhen
- **Total Quality Management (TQM):** Reduzierung von Fehlern durch die Mitarbeiter selbst auf ein Minimum; Leistungsbereitschaft und Verantwortung nötig
- **Lean Production** („Schlanke Produktion"): Verringerung der Fertigungstiefe, Auslagerung von Teilen der Produktion in Zulieferbetriebe (= **Outsourcing**)
- **Just in Time:** Zeitgenaue Lieferung von Teilen bzw. ganzen Komponenten durch Zulieferbetriebe; Verringerung der Lager-, Transport- und Personalkosten für den Großbetrieb

>> BEISPIEL: Erfolgsmodell Toyota

Der japanische Automobilhersteller Toyota gilt als erfolgreichstes Unternehmen seiner Branche weltweit mit dem höchsten Börsenwert und mit einem hohen Überschuss von 10,2 Mrd. € im Jahr 2005 bei einem Absatz von knapp 8 Mio. Autos. Zum Vergleich: Volkswagen hatte 2005 nur einen Überschuss von 1,12 Mrd. € bei insgesamt 5,2 Mio. verkauften Autos. Mit einem Marktwert von 181 Mrd. € war Toyota im Jahr 2006 doppelt so viel wert wie die drei deutschen Hersteller Volkswagen, Daimler Chrysler und BMW zusammen. Nach Verkaufszahlen liegt Toyota inzwischen vor dem jahrzehntelangen Weltmarktführer General Motors (GM). Der US-amerikanische Hersteller arbeitet mit Verlusten, muss Zehntausende von Mitarbeitern entlassen und kämpft mit dem Verfall des Aktienkurses. Ähnlich profitabel wie Toyota sind die japanischen Hersteller Honda und der frühere Sanierungsfall Nissan, der heute zum französischen Renault-Konzern gehört. Rote Zahlen schreibt nach wie vor Mitsubishi, das zeitweilig mit Daimler-Chrysler verbunden war und den ostasiatischen Teil eines Weltkonzerns unter deutscher Führung bilden sollte. Der Großteil der Produktion läuft bei Toyota weiterhin in Japan vom Band: 2004 wurden 3,7 von insgesamt 6,7 Mio. Fahrzeugen weltweit hier produziert, aber nur 1,7 Mio. wurden auch in Japan abgesetzt. Das heißt, dass rund 2 Mio. Fahrzeuge direkt von Japan aus nach Übersee exportiert wurden und nur 3 Mio. auch in Übersee produziert.

Der wichtigste Markt nach Japan ist Nordamerika mit 2,3 Mio. verkauften Autos, gefolgt von Europa (0,9 Mio.) und Asien (0,8 Mio.) ohne Japan und den Mittleren Osten. Da weiterhin der überwiegende Teil der Fahrzeuge in Japan hergestellt wird, ist Toyota zwar ein global agierendes, aber kein wirklich globales Unternehmen, anders als z. B. der französische Produzent Renault, der mit Nissan auch in Japan selbst produziert. Selbst Volkswagen mit seinen Tochterfirmen Audi, Skoda, Seat und Bentley ist zumindest in Europa mit verschiedenen Marken auch international vertreten.

Begonnen hatte die Erfolgsgeschichte des Autobauers Toyota mit der Produktion des ersten eigenen Modells Toyota A1. 1937 wurde die Toyota Motor Company mit Hauptsitz in Toyota City bei Nagoya als eigenständiges Unternehmen gegründet. Technologisch liegen Welten zwischen dem ersten Modell und dem modernsten, einem Fahrzeug mit **Hybridantrieb**. Hybridantrieb bedeutet so viel wie Mischantrieb: Ein Elektromotor mit 68 PS und ein Benzinmotor mit 78 PS arbeiten zusammen und treiben das Fahrzeug an. Beim Bremsen und bergab wird ein großer Akku geladen, der den Elektromotor antreibt. Mit einem Verbrauch von rund 5 l pro 100 km gilt dieses Fahrzeug als zukunftsweisend und erfreut sich vor allem in den USA bei steigenden Benzinpreisen einer großen Beliebtheit. Toyota stellt damit die Innovationsfreude und Innovationsfähigkeit der japanischen Industrie unter Beweis.

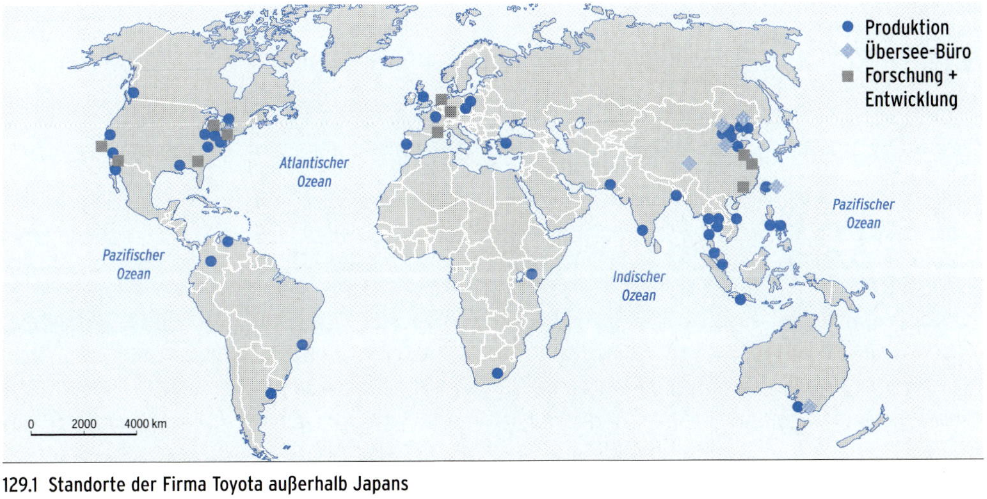

129.1 Standorte der Firma Toyota außerhalb Japans

7.6 Megacity Tokio

In der Metropolregion Tokio leben ca. 33 Mio. Menschen auf nur 4 % der Fläche Japans. Damit ist Tokio die größte Megacity der Welt. Allein in der Kernstadt leben mehr als 8 Mio. Menschen. Doch nicht wegen seiner Größe, sondern wegen seiner Funktionen ist Tokio auch eine Global City: Nach New York und vor London ist Tokio das wichtigste internationale Finanzzentrum mit der größten Börse, dem bedeutendsten Devisenmarkt und den meisten Unternehmenszentralen der zweitgrößten Industrienation der Erde. Hier konzentrieren sich die wichtigsten zentralörtlichen Funktionen des Landes auf engstem Raum in der Kernstadt. Die wichtigsten Behörden, politischen Institutionen und Unternehmenszentralen bilden auf wenigen Quadratkilometern im Zentrum der Hauptstadt eine Standortgemeinschaft mit persönlichen Kontaktmöglichkeiten und Fühlungsvorteilen. Von dort aus, aus dem Gebiet zwischen Regierungsviertel und Hauptbahnhof, wird Japan regiert und wirtschaftlich gelenkt. Die Vorrangstellung Tokios hat neben naturräumlichen (geschützte Bucht, fruchtbare Ebenen im Umland) vor allem historische und politische Ursachen:

- Die Stadt entwickelte sich nach 1600 zum politischen Zentrum und zum Verkehrsknotenpunkt des Kaiserreiches. Um 1750 war es bereits Millionenstadt und eine der größten Städte der Erde.
- Anlässlich der Olympischen Spiele 1964, in einer Zeit hohen Wirtschaftswachstums und voller Staatskassen, wurden wichtige Infrastrukturprojekte zugunsten Tokios verwirklicht, unter anderem der Bau der Shinkansen-Strecke.
- Mit der Globalisierung der japanischen Wirtschaft nach 1985 kam es zu einer verstärkten Konzentration höchstrangiger zentralörtlicher Funktionen in Tokio.

Probleme sind vor allem die Raumknappheit und die hohe Bevölkerungsdichte, die hohen Immobilien- und Mietpreise sowie die Umwelt- und Verkehrsprobleme. Dazu kommt die hohe Erdbebengefährdung des Ballungsraumes. Vor Tokio stoßen die Eurasische, die Pazifische und die Philippinische Platte aneinander. Bei einem Beben in der Stärke des großen Kanto-Bebens von 1923 läge der wirtschaftliche Schaden heute bei bis zu 2,5 Billionen US-$. Ein solches Katastrophenbeben könnte die Weltwirtschaft erschüttern.

Tokio ist der nördliche Endpunkt eines Städtebandes, das in Fukuoka im Norden der Insel Kiushu beginnt und ganz Japan durchzieht (→ Abb. 125.1). Es handelt sich um eine Megalopolis, in der sich auf 20 % der Fläche Japans 80 % der 127 Mio. Einwohner des Landes konzentrieren. Das Rückgrat dieser Megalopolis bilden als wichtigste Verkehrsachsen die Autobahnen und vor allem der Hochgeschwin-

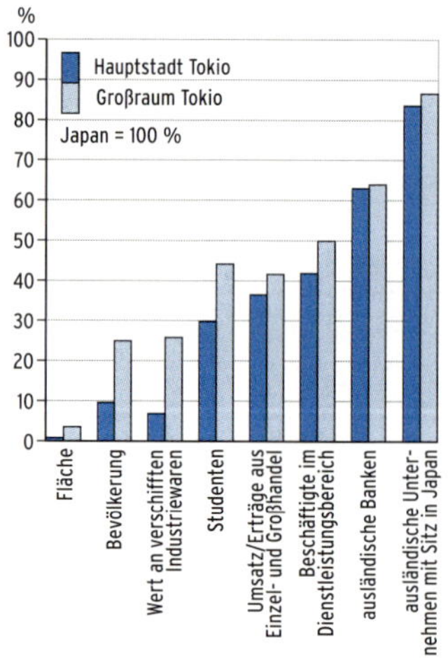

130.1 Bedeutung von Tokio

130.2 Verdichtungsraum Tokio

digkeitszug Shinkansen, der die bedeutendsten Millionenstädte Japans mit einer Reisegeschwindigkeit von bis zu 300 km/h verbindet – einzige Ausnahme: Sapporo im Norden.

In der Metropolregion Tokio verfolgt man bei der **Raumplanung** die **Strategie der Entlastungszentren**. Die Entlastungszentren bieten Arbeitsplätze vor allem im reinen Verwaltungsbereich des tertiären Sektors. Sie liegen in 25–50 km Entfernung vom Stadtzentrum an Kreuzungspunkten von radialen Verkehrslinien mit einer Ringverbindung (→ Abb. 131.1). Der große Vorteil dieser Strategie liegt darin, dass sich die Fahrzeiten vieler **Pendler** verringern. Heute liegt die durchschnittliche Fahrzeit der 3,6 Mio. Einpendler bei 75 min. für eine Wegstrecke, ein Drittel von ihnen benötigt über 90 min. für die einfache Entfernung. Selbst bei einer gesamten Fahrzeit von 90 min. pro Tag bedeutet dies bereits den Verlust von zwei Lebensjahren, die in den hoffnungslos überfüllten Massenverkehrsmitteln zugebracht werden. Und die Stadt wächst immer weiter nach außen: Heute liegt das Maximum des Bevölkerungsanstiegs in einem Ring mit 40–50 km Radius um das Stadtzentrum, während die Bevölkerung im Kernstadtbereich (Radius 0–10 km) seit 1965 abnimmt, sodass ein **Bevölkerungskrater** entstanden ist. Die Entlastungszentren sorgen auch für die Erhaltung der Funktionsfähigkeit der **City** von Tokio. Eine zusätzliche Entlastung der City ergibt sich durch Nebenzentren an der Ringbahn im Kernstadtbereich.

Eine weitere Entwicklungsstrategie in Tokio ist der **„Waterfront-Approach"**, die Schaffung von Stadtentwicklungsflächen durch **Neulandgewinnung** in der Bucht von Tokio (→ Abb. 131.2 und → Abb. 131.3). Einige Beispiele:

- Der citynahe Flughafen Haneda konnte durch Landgewinnung auf 1100 ha, das Doppelte der bisherigen Fäche, erweitert werden.
- Im Hafen der Nachbarstadt Kawasaki wurden auf 443 ha Industrieflächen geschaffen.
- Zwischen Kawasaki und Yokohama entstand auf einem ehemaligen Werftgelände und auf 186 ha Neuland ein Geschäfts- und Kongresszentrum mit 190 000 Arbeitsplätzen und mit Wohnungen für 10000 Menschen.
- Im Hafen von Tokio wurde der Tokio Teleport mit Büroraum für 110 000 Beschäftigte gebaut. Außerdem entstand Wohnraum für 60 000 Menschen.
- Tokio Disneyland als touristische Attraktion wurde 1983 im Norden der Bucht fertiggestellt und besitzt auch mehrere First Class Hotels.

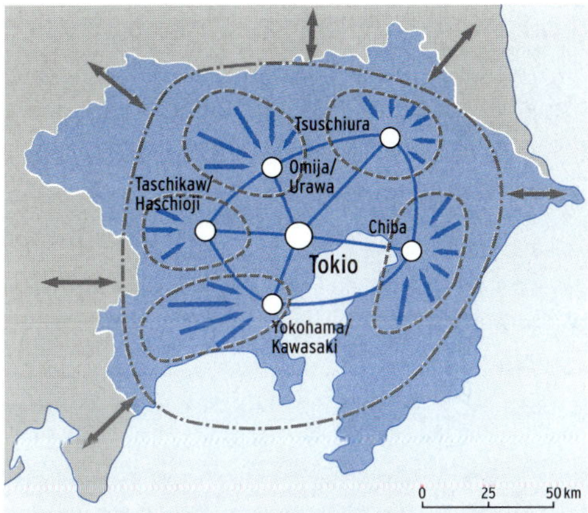

131.1 Ballungsraum Tokio

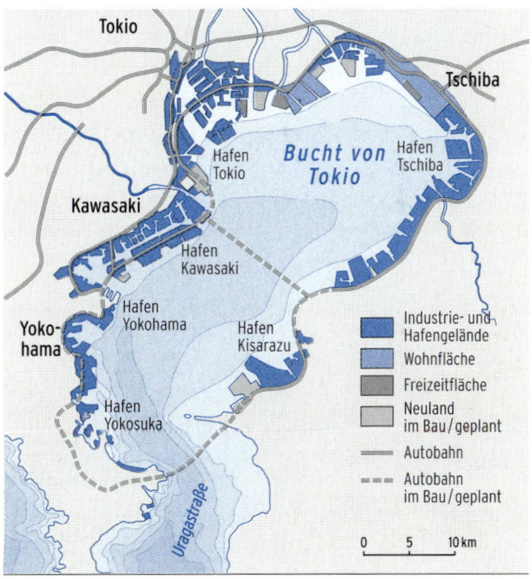

131.2 Neuland in der Bucht von Tokio

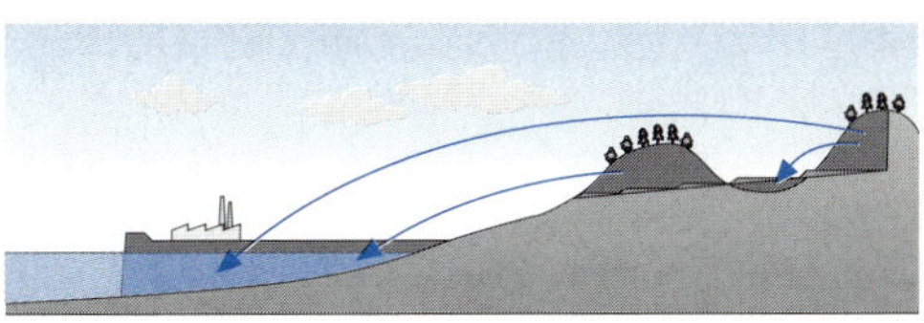

131.3 Gewinnung neuer Siedlungsflächen

8_Volksrepublik China

8.1 Auf dem Weg zur Weltmacht

China ist die **älteste Hochkultur der Erde** – und zugleich die einzige, die nicht untergegangen oder in Bedeutungslosigkeit versunken ist. Als Staat existiert China vermutlich bereits seit 2900 v. Chr. Während der Han-Dynastie (206 v. Chr. bis 220 n. Chr.) unterhielt China Handelsbeziehungen mit dem Römischen Reich. In dieser Zeit wurde Südchina von Nordchina aus erobert. Daher wird die chinesische Bevölkerungsmehrheit als Han-Chinesen bezeichnet. Zwischen 500 und 1500 n. Chr. war China technologisch führend. Hier wurden Hochöfen zur Eisenerzeugung, Porzellan, Magnetkompass, Buchdruck und Schwarzpulver erfunden, lange vor den Europäern. Und China hat heute – nach dem „Jahrhundert der Demütigungen" durch Europäer und Japaner (1842 – 1945) den Ehrgeiz und die Möglichkeiten, zur **Weltmacht des 21. Jahrhunderts** zu werden. Das Land wurde nach dem Zweiten Weltkrieg mit sowjetischer Hilfe zur Atommacht und besitzt weit reichende Trägerraketen. China hat einen der fünf ständigen Sitze im Weltsicherheitsrat der UNO. Inzwischen hat die Volksrepublik auch die bemannte Raumfahrt aufgenommen und bewies dadurch ihre **technologischen Fähigkeiten**: Im Jahr 2003 gelang den Chinesen der erste bemannte Raumflug, der zweite folgte 2005. Auf längere Sicht ist auch eine Mondlandung geplant.

Das wirtschaftliche Wachstum der Volksrepublik China lag im Zeitraum von 1990 bis 2005 jährlich zwischen 7 und 14 %. Von solchen Wachstumsraten sind die alten Industrienationen weit entfernt, auch die ostasiatischen Nachbarstaaten Südkorea und Japan. Mit seinen 1,3 Mrd. Einwohnern bei wachsendem Wohlstand gilt China zudem als größter **Absatzmarkt der Zukunft**. Daher investieren fast alle Weltkonzerne – und inzwischen auch mittelständische Betriebe – in China. 2004 lagen die **ausländischen Direktinvestitionen** bei 60 Mrd. US-$. Zum Vergleich: In Japan beliefen sie sich auf 6,3 Mrd. US-$. China versorgt mittlerweile nicht mehr nur die eigene Bevölkerung mit qualitativ immer besseren Produkten, sondern hat sich in einigen Bereichen auch auf dem anspruchsvolleren Weltmarkt durchgesetzt. Außer Spielzeug und Textilien exportiert das Land heute auch in großem Umfang Mobiltelefone, Computer, Notebooks, Fernsehgeräte und Kühlschränke – zu konkurrenzlos günstigen Preisen. Daher gilt China heute als **„Fabrik der Welt"**, von der aus große Kauf- und Versandhäuser vor allem in den USA und Europa beliefert werden.
Mit dem Aufstieg zur Weltmacht meldet China **Gebietsansprüche** an: Diese betreffen vor allem die benachbarte Republik China (Taiwan), die als „abtrünnige Provinz" gilt. Daneben beansprucht die VR China das gesamte Seegebiet des Südchinesischen Meeres.

	VR China	Indien	Japan
Fläche in km^2 (Weltrang)	9 572 419 (4.)	3 287 263 (7.)	377 837 (60.)
Einwohner 2004 (Weltrang)	1 303 497 000 (1.)	1 079 721 000 (2.)	127 764 000 (10.)
Einwohner pro km^2	136	329	338
Bruttonationaleinkommen (in Milliarden US-$)	1931,7	691,2	4622,7
BNE pro Ew. in US-$ 2004	1500	620	37 050
Anteile der Wirtschaftssektoren am BIP 2004	13/46/41	21/27/52	1/25/74
Anteile der Beschäftigten nach Wirtschaftssektoren (%)	Landwirtschaft: 44	Landwirtschaft: 59	5/29/66
Wachstum des BIP 2004 (%)	10,1	6,9	2,7
HDI-Rang 2005 (von 176)	85	127	11
Energieverbrauch pro Kopf (in kg SKE pro Jahr)	982	451	5319

132.1 Asiatische Mächte im Vergleich

Quelle: Fischer Weltalmanach 2007. Frankfurt/Main 2006

8.2 Bevölkerung

Die thematische Karte → Abbildung 133.1 zeigt die extrem hohe Bevölkerungsdichte im ländlichen Raum der Volksrepublik China. Mit mehr als 400 Einwohnern pro Quadratkilometer werden die höchsten Werte in Teilen der Nordchinesischen Ebene, am Unterlauf und im Mündungsbereich des Jangtsekiang sowie im Roten Becken bei Chengdu in Zentralchina erreicht (→ Abb. 135.1). Bei den angegebenen Werten wurde die städtische Bevölkerung nicht mit einbezogen. Eine Auswahl von Großstädten ist in der Karte mit offenen Kreissymbolen dargestellt – je nach Einwohnerzahl mit einem größeren oder kleineren Durchmesser. Allein die ländliche Bevölkerungsdichte bestimmter Regionen in China übertrifft somit die gesamte Bevölkerungsdichte europäischer Staaten wie beispielsweise Belgien (335 Ew./km^2) oder der Niederlande (381 Ew./km^2). Die agrarische **Tragfähigkeit** ist in weiten Gebieten Chinas bereits seit langem überschritten. Daher wird auch von einer strukturellen Übervölkerung gesprochen. Teile der ländlichen Bevölkerung finden kein Auskommen mehr in der Landwirtschaft und wandern in die großen Städte ab, oft als sogenannte **Wanderarbeiter** (→ Seite 138).

Für das Jahr 2030 wird die Bevölkerungszahl der Volksrepublik China auf rund 1,6 Mrd. geschätzt. Dieser Wert wäre bereits um das Jahr 2005 erreicht worden, hätte die chinesische Führung nicht ab 1979 eine strenge Politik der Geburtenkontrolle eingeleitet und die Ein-Kind-Familie zum Leitziel erhoben. Das Mindestalter für Heiratswillige wurde heraufgesetzt und es gab scharfe Strafen für Verstöße: Zwangsabtreibungen bis in den achten Schwangerschaftsmonat, Zwangssterilisationen, empfindliche Geldstrafen und sogar Enteignungen. Die Normfamilie wurde dagegen durch Vergünstigungen und Prämien belohnt. Trotzdem nimmt die chinesische Bevölkerung jedes Jahr um rund 10 Mio. Menschen zu, allein von 2005 bis 2013 also um die Bevölkerungszahl Deutschlands. Anbauflächen und Trinkwasser werden knapp (→ Seite 140). Wegen der Geburtenkontrolle und der gestiegenen **Lebenserwartung** hat ein schneller Alterungsprozess der chinesischen Bevölkerung eingesetzt. Da Jungen auf dem Lande ein höheres Ansehen genießen als Mädchen, hat sich durch gezielte Abtreibung von weiblichen Föten und Ermordung nach der Geburt das Geschlechterverhältnis in China drastisch verändert: In ärmeren Regionen kommen auf 100 Mädchen bis zu 130 Jungen.

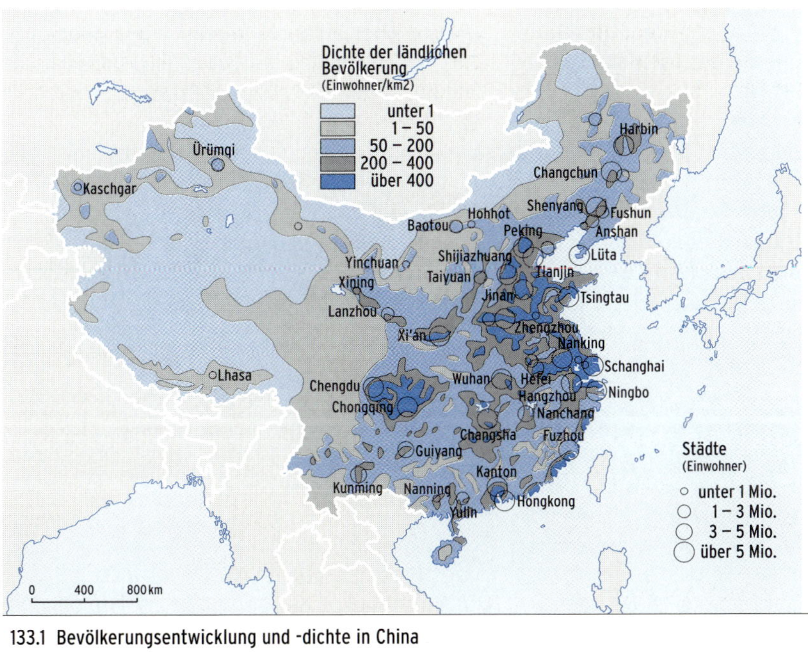

Jahr	Bevölk. (in Mio.)
1400	60
1680	100
1760	200
1850	400
1900	425
1910	380
1930	420
1950	560
1960	660
1970	790
1980	1000
1990	1160
2000	1275
2005	1300

Jeder 5. Mensch lebt in China

133.1 Bevölkerungsentwicklung und -dichte in China

8

8.3 Großlandschaften und Landwirtschaft

Mit knapp 9,6 Mio. km^2 ist die Volksrepublik China der viertgrößte Staat der Erde nach Russland, Kanada und den USA. Zum Vergleich: Europa hat vom Atlantik bis zum Ural eine Fläche von 10,5 Mio. km^2. Stark vereinfacht lässt sich das Land in sechs Großräume untergliedern, die in sich wieder sehr verschiedenartig sind (→ Abb. 135.1). Die Großräume 1 – 3 sind überwiegend von **Han-Chinesen** besiedelt, der großen staatstragenden Bevölkerungsmehrheit. Die Großräume 4 – 6 waren früher mehrheitlich von anderen Völkern besiedelt, unterliegen aber seit langem einer starken Zuwanderung von Han-Chinesen. Diese Zuwanderung wird staatlich gefördert, um die peripheren Regionen politisch besser kontrollieren zu können.

1 **Nordchina** besteht aus der Nordchinesischen Tiefebene, dem Tiefland der Mandschurei (mit Randgebirgen) sowie der Halbinsel Shandong. Es erstreckt sich im Nordosten am Grenzfluss Amur bis an die russische Grenze.

2 **Südchina** besteht zum größten Teil aus Bergland. Auch das Tiefland am Unterlauf des Jangtsekiang vom Drei-Schluchten-Damm bis zur Mündung bei Shanghai zählt zu Südchina.

3 **Zentralchina** ist vorwiegend Bergland oder Gebirgsland – mit Ausnahme des dicht besiedelten Roten Beckens. Es liegt küstenfern und ist ein wenig entwickeltes Abwanderungsgebiet.

4 Die **Innere Mongolei** gehörte früher zur Mongolei und war überwiegend von Mongolen besiedelt. Heute bilden Han-Chinesen die Bevölkerungsmehrheit.

5 Das **Hochland von Tibet** und die östlich anschließenden Kettengebirge von Osttibet werden auch als Hochasien bezeichnet. Tibet wurde erst 1950 von chinesischen Truppen erobert.

6 Der **Nordwesten** (Sinkiang-Uigur) besteht aus Hochgebirgszügen sowie Becken und Senken. Die muslimischen Uiguren, ein Turkvolk, stellen nach wie vor die Bevölkerungsmehrheit, trotz einer starken Zuwanderung von Han-Chinesen.

Mit 1,3 Mrd. Menschen leben in China 22 % der Weltbevölkerung. Den Chinesen stehen aber nur 7 % der weltweit verfügbaren Anbaufläche zur Verfügung, denn fast der gesamte Westen des Landes fällt für die landwirtschaftliche Nutzung aus: Entweder ist es aufgrund der Höhenlage für den Anbau zu kalt, oder aber der feuchte Sommermonsun erreicht das **Binnenland** mit seinen Steppen, Halbwüsten und Wüsten nicht. Ackerbaulich intensiv nutzbar sind vor allem folgende Gebiete:

- das Tiefland der Mandschurei,
- die Nordchinesische Tiefebene,
- Teile des Lössberglandes in Zentralchina,
- die Beckenlandschaften des Jangtsekiang,
- kleinere Bereiche im Südchinesischen Bergland sowie
- die Oasen des Nordwestens.

Während im äußersten Nordosten klimatisch bereits die Kalte Zone (**Taiga**) erreicht wird, hat China im äußersten Süden Anteil an den Tropen. Dies hat Auswirkungen auf die Art der Anbauprodukte und auf die Zahl der möglichen Ernten (→ Abb. 135.2).

Während auf jeden Bürger der USA rein rechnerisch 1,5 ha Anbaufläche entfallen, sind es für jeden Chinesen nur 0,09 ha bzw. 900 m^2. Daher wird der Anbau meist sehr arbeitsintensiv auf kleinen Parzellen betrieben. Jedes Jahr müssen viele Landwirte aufgeben und ziehen in die Städte. Zudem geht Jahr für Jahr mehr Anbaufläche verloren:

- Im Nordwesten vor allem durch **Versalzung** bei unsachgemäßer Bewässerung und durch Übersandung,
- im Lössbergland und in den entwaldeten **Berggebieten** des Südens durch **Bodenerosion** sowie durch die Aufgabe schwer zu bewirtschaftender, terrassierter Hänge,
- im Umland der großen Städte des Ostens vor allem durch Neubausiedlungen, Industrieanlagen und Verkehrswege sowie durch Vergiftung von Böden (Schwermetalle und andere Gifte aus der Industrie).

Schon heute muss die Volksrepublik China daher Lebensmittel einführen. Dies lässt die Preise auf dem globalen Getreidemarkt steigen und Nahrungsmittel können von den armen Entwicklungsländern kaum noch bezahlt werden. Wenn in China zukünftig mit steigendem Wohlstand mehr Fleisch gegessen und mehr Bier getrunken wird, so wird das dramatische Auswirkungen auf die globale Preisentwicklung bei Getreide haben.

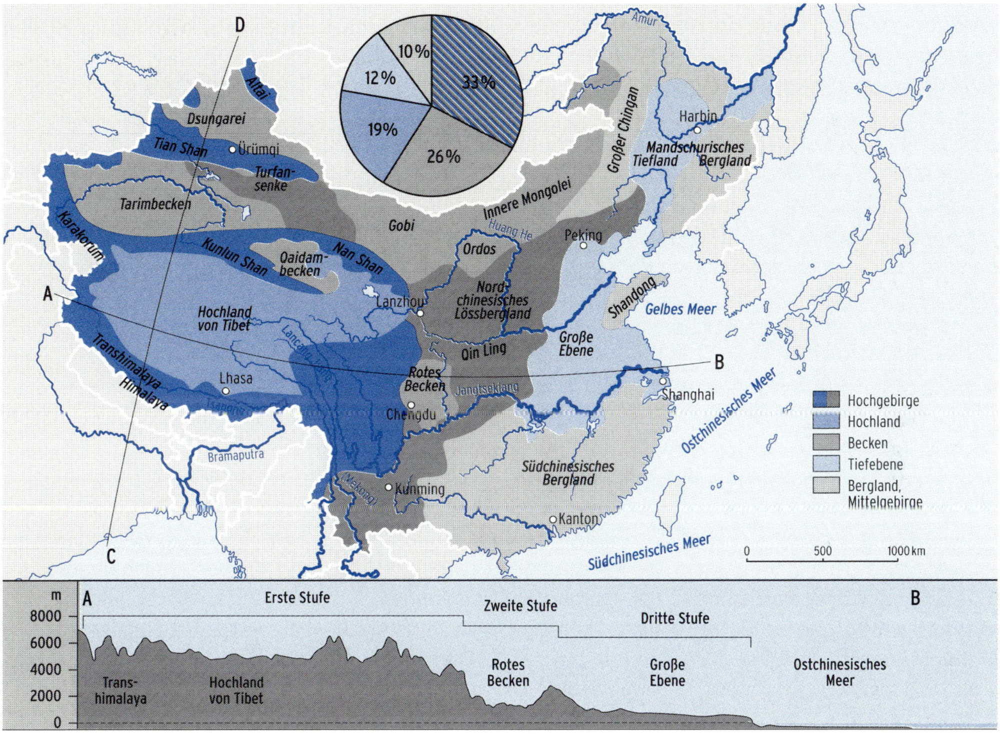

135.1 Oberflächenformen Chinas und West-Ost-Profil bei 32° n. B.

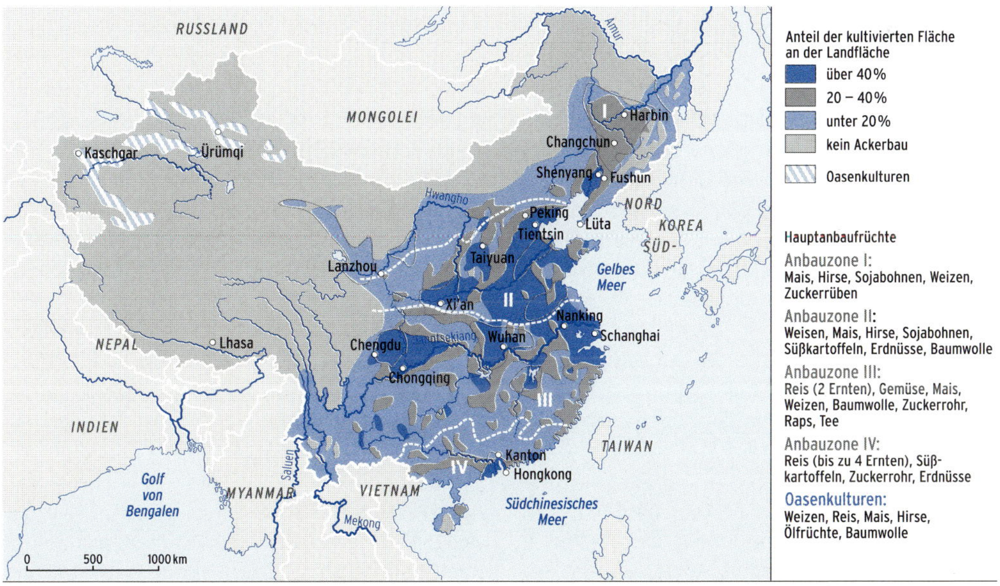

135.2 Landwirtschaftliche Anbauzonen

8.4 Industrialisierung – Fabrik der Welt

Bis 1978 hatte die kommunistische Volksrepublik China eine autozentrierte Entwicklungsstrategie verfolgt (Motto der Partei: „Vertrauen auf die eigene Kraft") Dabei war das Land technologisch immer weiter hinter die westlichen Industrienationen zurückgefallen und war auf dem Weltmarkt nicht mehr konkurrenzfähig. Daher begann nach einem Führungswechsel innerhalb der Kommunistischen Partei Chinas 1978 die vorsichtige Öffnung zum Ausland zunächst im südlichen Küstenraum. Dort wurden vier Sonderwirtschaftszonen eingerichtet (→ Abb. 137.1). Sie waren für ausländisches Kapital zugänglich und dienten als Standorte für marktwirtschaftliche Experimente, gewissermaßen unter Laborbedingungen. Die dort begonnene Produktion lohnintensiver Konsumgüter für den Weltmarkt bildete die Grundlage für die erfolgreiche exportorientierte Industrialisierungsstrategie. Später kam die Insel Hainan als Sonderwirtschaftszone hinzu, allerdings mit Ausrichtung auf den Tourismus. Ab 1984 wurden dann schrittweise 14 Küstenstädte für westliche Investoren geöffnet. Mit der Öffnung dreier größerer Küstengebiete ab 1985, darunter das Perlflussdelta und das Mündungsgebiet des Jangtsekiang bei Shanghai, wurde die Öffnung des gesamten Küstenraumes eingeleitet. Nach 1992 wurden auch Städte im Binnenland für ausländische Investitionen geöffnet, vor allem Provinzhauptstädte und Grenzstädte (→ Abb. 137.1). Besonders dynamisch verlief die Entwicklung in der Provinz Guangdong im Süden mit der Sonderverwaltungszone Hongkong als Finanzzentrum, der Sonderwirtschaftszone Shenzhen als Produktionsschwerpunkt und dem Hinterland im Perlflussdelta mit arbeitsintensiven Industrien (→ Abb. 137.2). Shanghai wird allmählich zum zweiten großen Finanzzentrum der Volksrepublik China nach Hongkong. Peking mit seinen Elitehochschulen und Forschungsinstituten entwickelt sich zum Hochtechnologie-Zentrum.

Jedes dritte Fahrrad und knapp drei Viertel aller Uhren weltweit werden mittlerweile in der VR China produziert. Dazu kommen Haushaltsgeräte, Unterhaltungselektronik, Spielzeug, Möbel, Bekleidung, Schuhe und neuerdings auch Mobiltelefone, Computer und Notebooks. Ohne chinesische Produkte könnten europäische Textilhändler, Versandhäuser und Verbrauchermärkte (Discounter) ihre Kunden nicht mehr versorgen. Räumliche Schwerpunkte der Exportindustrien sind das Perlflussdelta im Süden und das Gebiet um Shanghai.

Auch der große chinesische Binnenmarkt wird inzwischen meist mit heimischen Produkten beliefert. Weltweit werden derzeit jede vierte Waschmaschine und jedes dritte Fernsehgerät in China verkauft. Die chinesische Wirtschaft ist daher auch im Jahr 2006 mit über 10 % gewachsen. Doch bislang schafften chinesische Automobilhersteller noch nicht den Sprung auf den Weltmarkt, und eine Flugzeugindustrie ist bislang nur in Ansätzen vorhanden. Das soll sich aber nach dem Willen der chinesischen Führung ändern. So sollen die ausländischen Investoren gezwungen werden, ihre Technologien auch chinesischen Unternehmen zugänglich zu machen. Andernfalls würden sie nicht mehr berücksichtigt. Diese harte Haltung hat Folgen für die Europäer:

- Das Luftfahrtunternehmen Airbus konnte einen Milliardenauftrag in China gegen Boeing nur gewinnen, nachdem es dem Aufbau einer Produktionslinie für das Modell A 320 in China zugestimmt hatte.
- Wenn die vom Siemens-Konsortium in Shanghai gebaute Hochgeschwindigkeitsstrecke des Transrapid bis nach Hangzhou verlängert werden soll, dann nur unter der Bedingung, dass der größte Teil der Produktion in China erfolgt.
- Automobilhersteller wie VW müssen mit ihren schärfsten Konkurrenten in Joint Ventures mit denselben chinesischen Staatskonzernen zusammenarbeiten und dabei auch Produktionsgeheimnisse preisgeben. So arbeitet der Kooperationspartner von VW auch mit General Motors (GM) zusammen.

Ein besonders schwerwiegendes Problem von ausländischen Investoren in der VR China ist der Diebstahl geistigen Eigentums. Auch Raubkopien von geschützten Markenartikeln sind üblich.

8

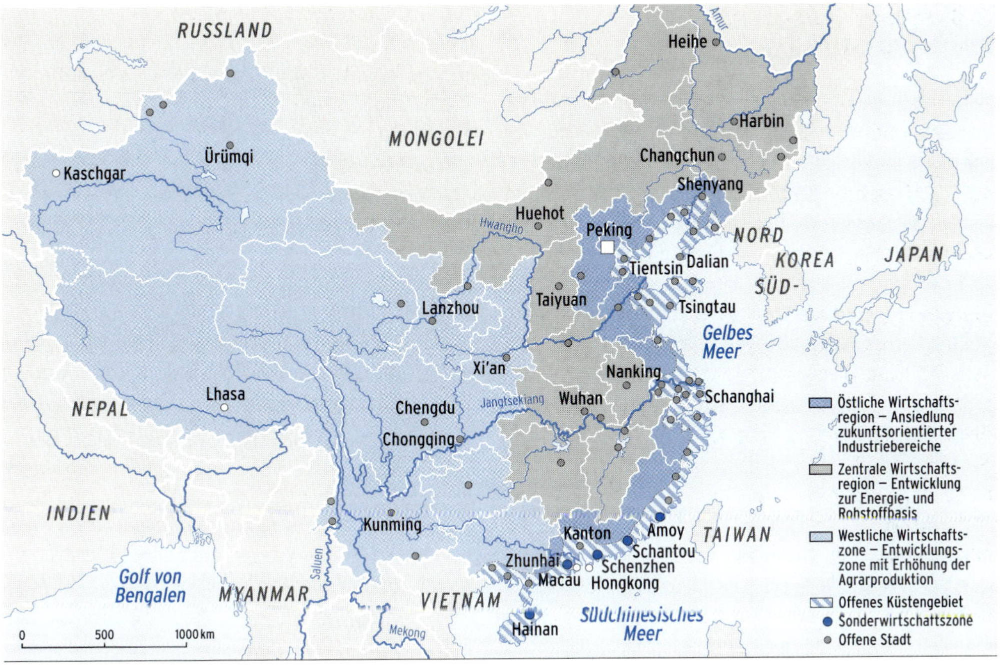

137.1 Wirtschaftsregionen in China

GEO-PRAXIS

Fabrik der Welt

Es war das Reiseziel der Abenteurer unter den Geschäftsleuten, jener Glücksritter, die in der Ferne ein Vermögen machen wollten. Im südchinesischen Kanton kreuzten sich über die Jahrhunderte die Wege arabischer Tuchhändler und portugiesischer Gewürzeinkäufer. Seit Ende des 17. Jahrhunderts wehten über der Stadt die Fahnen der Europäer. Hier lebten junge Deutsche, Niederländer und Briten, entsandt von Handelshäusern wie Melchers oder Jebsen & Co., noch heute wohlklingende Namen. Bis Hongkong aufkam, waren die Stadt und ihr 20 Kilometer entfernter Hafen Huangpu (Whampoa) am Perlfluss das einzige Tor nach Südchina für Händler aus dem Westen. Kanton war die „Manufaktur der Welt" und lieferte unter anderem Seide, Porzellan und Tee.

Heute ist Kanton die Fabrik der Welt. Guangzhou ist das Zentrum im südchinesischen Perlflussdelta, dem Kernland der Provinz Guangdong. Im Dreieck zwischen Hongkong, der Insel Macau und Guangzhou (Kanton) schlägt das industrielle Herz Chinas: Dort stehen eine halbe Million Fabriken und 16 geförderte Industrieparks. Das Perlflussdelta selbst beheimatet weniger als 3 % der Einwohner Chinas, doch werden dort rund 9 % des chinesischen Bruttoinlandsprodukts (BIP) produziert. Die Delta-Region saugt ein Fünftel der gesamten Auslandsinvestitionen auf, und steht für ein gutes Drittel der gesamtchinesischen Ausfuhren.

Heute besitzt wohl jeder Haushalt in Europa ein Produkt aus dem Perlflussdelta, meist ohne es zu ahnen. Dort wird produziert, was in den Kaufhäusern rund um den Globus in den Regalen landet. Aus den einstigen Fischerdörfern und Städtchen wurden **Metropolen**. Shunde ist die Welthauptstadt der Mikrowellenproduktion – mehr als 40 % aller Geräte kommen aus den Fabriken der Stadt. In Shenzhen, von Hongkong noch immer durch einen Grenzzaun getrennt, werden 70 % der Kopiermaschinen der Erde gefertigt – und 80 % der künstlichen Weihnachtsbäume. In Dongguan arbeiten 80 000 Menschen für die Sportschuhkonzerne dieser Erde. Ein Drittel der weltweiten Schuh-, drei Viertel der weltweiten Spielzeugproduktion stammen aus dem Perlflussdelta. Von hier kommen 90 % der Ventilatoren und 80 % der Reiskocher Chinas.

Das Delta – von der Größe Belgiens – ist die schnellste Wachstumsregion der Erde. Bis 2020 soll sich die Bevölkerungszahl von derzeit 46 auf 60 Mio. Einwohner erhöhen, viele von ihnen **Wanderarbeiter** aus dem armen Hinterland.

(Nach: FAZ vom 9.9.2003, Seite 18: „Vom Perlfluss in die Kaufhäuser der Welt")

8.5 Stadtentwicklung – das Beispiel Shanghai

Der Anteil der städtischen Bevölkerung in der Volksrepublik China hat sich in den letzten Jahrzehnten stark erhöht, von 19 % im Jahr 1980 auf 33 % im Jahr 2000. Für das Jahr 2030 werden 65 % erwartet. Die größten Städte waren im Jahr 2003 (Einwohner in Millionen):

1 Shanghai (13,4)
2 Beijing (Peking – 11,5)
3 Chengdu (10,4)
4 Harbin (9,5)
5 Tianjin (Tientsin – 9,3)
6 Shijiazhuang (9,1)
7 Wuhan (7,8)
8 Chongqing (7,5)
9 Guangzhou (Kanton – 7,3)
10 Qingdao (Tsingtau – 7,2)
11 Changchun (7,2)
12 Xi'an (Sian – 7,2)

Alle Angaben beziehen sich auf die **Agglomeration**, also auf den städtischen Ballungsraum. Inwieweit die Millionen von **Wanderarbeitern**, die offiziell weiterhin in den ländlichen Regionen Chinas registriert sind, mitgezählt wurden, ist nicht nachvollziehbar. Sie arbeiten meist in der Bauwirtschaft und im **informellen Sektor** der großen Städte, sind oft nicht polizeilich gemeldet und daher leicht erpressbar. Außerdem besitzen sie weder Versicherungs- noch Kündigungsschutz, haben extrem lange Arbeitszeiten und werden rücksichtslos ausgebeutet.

Nach offiziellen Angaben ist Chongqing die größte **Stadt** der Volksrepublik China mit 31,2 Mio. Einwohnern. Gern wird Chongqing daher auch als bevölkerungsreichste Stadt der Welt bezeichnet. Chongqing ist aber wie Beijing, Shanghai und Tianjin eine sogenannte „Regierungsunmittelbare Stadt" und untersteht direkt der Regierung in Peking, ähnlich wie früher die Freien Reichsstädte in Deutschland nur dem Kaiser unterstanden. Allerdings hat Chongqing ein zugehöriges Territorium von 82 000 km², größer als der Freistaat Bayern (70 549 km²). Zum Vergleich: Würde man ganz Bayern „München" nennen, so hätte die Stadt auf einen Schlag 12,5 Mio. Einwohner und wäre noch vor Moskau die größte Stadt Europas. Daher ist immer Vorsicht geboten bei der Angabe von Bevölkerungszahlen großer Städte. Der Stadtprovinz Shanghai umfasst (seit 1992) 6 340 km² und ist damit die kleinste Verwaltungseinheit auf Provinzebene.

Die meisten chinesischen Städte wurden im Zusammenhang mit der territorialen Expansion des Landes gegründet. Sie wurden nach den Haupthimmelsrichtungen ausgelegt, hatten eine rechteckige **Mauer als Begrenzung** zum ländlichen Umland und dienten als Verwaltungssitz. Shanghai dagegen ist eine gewachsene, im Kern ursprünglich fast kreisrunde Stadt, die nach 1550 eine Mauer als Schutz gegen japanische Piraten errichtete. Nach 1842 wurde Shanghai zum **Brückenkopf** der europäischen Kolonialmächte sowie der USA bei der wirtschaftlichen Erschließung und Ausbeutung Chinas. 1937 wurde es von japanischen Truppen bombardiert und besetzt. Nach dem Ende des Zweiten Weltkriegs 1945 marschierten 1949 kommunistische Truppen in der Stadt ein. Die modernste und westlichste Stadt des damaligen Chinas wurde systematisch von einer Handels- in eine Industriestadt umgewandelt und dabei in Bezug auf Wohnungsbau und Infrastruktur völlig vernachlässigt. Erst 1984 wurde Shanghai zusammen mit dreizehn anderen Küstenstädten für ausländische Investitionen geöffnet. Mehrere **Großprojekte** sollten die wirtschaftliche Entwicklung vorantreiben (zur räumlichen Lage der folgenden Beispiele vergleiche die Karte → Abb. 139.1):

In **Anting** entstanden die First Automotive Works (FAW) in Kooperation mit Volkswagen.

In **Baoshan** am Jangtse wurde ein großer, hochmoderner Stahlwerkkomplex aufgebaut.

In **Jinshanwei** wurde der petrochemische Komplex „Shanghai" errichtet mit eigenem Hafen und direkter Bahnverbindung nach Shanghai.

Zentrales Motiv aller derartiger Projekte war und ist der **Technologie-Transfer**. Shanghai ist wieder zur bedeutendsten Industriestadt Chinas geworden mit mehr als 2 Mio. Beschäftigten im sekundären Sektor. Im Dienstleistungssektor werden die Bereiche Kommunikation, Handel, Versicherungen und vor allem Finanzen gefördert. **Pudong** soll neben der Innenstadt von Shanghai zum Finanzdistrikt ausgebaut werden und damit die Rolle Shanghais als **Finanzmetropole** des Landes stärken – in Konkurrenz zur

ehemaligen britischen Kronkolonie Hongkong im Süden. Nach Peking ist Shanghai die chinesische Stadt mit dem höchsten Bildungsstand und einem hohen Innovationspotenzial:
Hier gibt es über 1000 Forschungsinstitute sowie 51 Hochschulen – darunter viele Eliteuniversitäten. Dazu kommt ein reges Kulturleben, das sich mit steigendem Wohlstand weiter entfaltet und in China – mit Ausnahme von Hongkong – einzigartig ist.
Durch den stark wachsenden Pkw-Verkehr verschärften sich die Umweltprobleme in der Megacity Shanghai drastisch. Luftverschmutzung und Lärmbelästigung sind sehr hoch; die Luftverschmutzung durch Pkw-Abgase wird verstärkt durch mehr als 800 000 Kohleheizungen, durch Kraftwerke und Industrie.

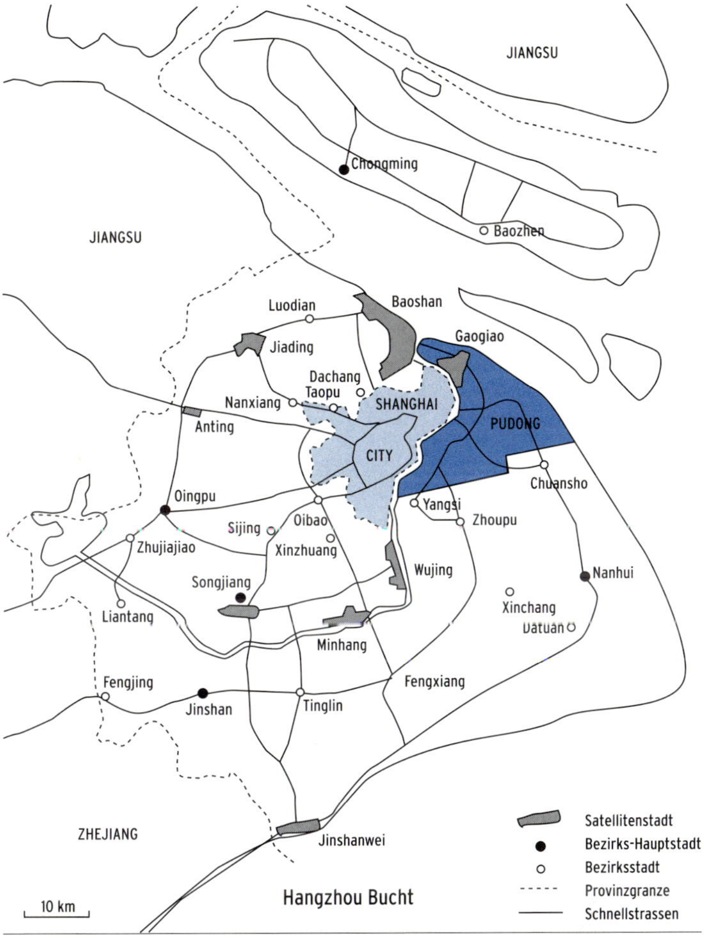

139.1 Shanghai: Satellitenstädte (nach: Fung 1999)

Stadtplanung

Wegen der hohen Bevölkerungsdichten in der Kernstadt (bis über 60 000 Einwohner pro km^2) und wegen des hohen Flächenverbrauchs beim Wachstum der Stadt wurde für Shanghai schon sehr früh die **Strategie der Satellitenstädte** aufgegriffen. Ursprünglich waren sie für die Ansiedlung von **Schwerindustrien** sowie für die Verlagerung umweltbelastender Industrien aus der Kernstadt geplant. Sie sollten Großwohnsiedlungen mit geringem Flächenverbrauch und gute Verkehrsverbindungen ins Zentrum Shanghais erhalten. Allerdings sind die Verkehrsverbindungen weiterhin mangelhaft und die Pendler müssen oft auf überfüllte Busse zurückgreifen. Auch das Versorgungsangebot ist in den Satellitenstädten unzureichend.

Folgende Satellitenstädte sind bislang entstanden (→ Abb. 139.1):

- in Stadtrandlage Caohejing, Wujiaochang und Changqiao
- im Umland: Wusong, Taopu und Gaoqiao
- in der Region: Minhang, Wujing, Jiading, Anting, Songjiang und Jinshanwei

Im **Stadtplanungskonzept** der Stadt Shanghai bis zum Jahr 2020 ist eine Reduzierung der Bevölkerungsdichte in der Kernstadt durch Umsiedlung vorgesehen. Gleichzeitig sollen in der Region 3000 Dörfer durch Neubausiedlungen erweitert werden, 60 kleine geplante Städte bis zu 20 000 Einwohner entstehen und neue Satellitenstädte mit bis zu 800 000 Einwohnern gebaut werden, darunter Chongming als erste Ökostadt der Welt.

8

8.6 Umweltprobleme – Tigerstaaten-Syndrom

Würde die chinesische **Wirtschaft** im gleichen Tempo weiter wachsen wie während der vergangenen 20 Jahre, dann wäre ein Chinese um das Jahr 2050 so wohlhabend wie ein Amerikaner heute. China allein würde dann mehr Rohöl, Stahl und Holz verbrauchen als heute auf der gesamten Erde verbraucht wird. Dabei wurden die Rohstoffe – vor allem Rohöl – schon im Jahr 2005 knapp, und zwar in erster Linie wegen des chinesischen Rohstoff- und Energiehungers. Wäre die Automobildichte in China schließlich im Jahr 2050 genauso hoch wie in den USA heute, dann kämen dort 600 Mio. Autos hinzu, mehr als es heute auf dem gesamten Planeten Erde gibt. Die Menge an Treibhausgasen würde unvorstellbare Ausmaße annehmen und die weltweite Klimaerwärmung beschleunigen. Zwar trägt China derzeit jährlich nur vier Prozent zur globalen Wirtschaftsleistung bei, verbraucht dafür aber schon jetzt 13,6 % der weltweit erzeugten Energie. Die Weltbank veranschlagt die laufenden Kosten der Umweltbelastung für die chinesische Volkswirtschaft auf acht bis zwölf Prozent der jährlichen Wirtschaftsleistung. Dieser Wert entspricht in etwa dem durchschnittlichen Wirtschaftswachstum. Ökologische Schäden, die aus einem schnellen, nicht nachhaltigen Wirtschaftswachstum entstehen, werden auch als **Tigerstaaten-Syndrom** bezeichnet. Dieser Begriff wurde gebildet in Anlehnung an die Probleme in den sogenannten Tigerstaaten Ost- und Südostasiens, in denen das beeindruckende Wirtschaftswachstum begleitet wurde bzw. wird von einer massiven Schädigung der natürlichen Umwelt: zuerst in Südkorea und Taiwan, später dann auch in Thailand und Malaysia.

Steinkohle ist der wichtigste Energierohstoff des Landes. Mit ihr deckt China rund 70 % seines Energiebedarfs. Die vielen Kohletransporte blockieren immer wieder das veraltete Schienennetz des Landes und lassen es vorzeitig verschleißen. Aus den zahllosen Schornsteinen von Haushalten und Kraftwerken kommen mit dem Rauch Schwebstoffe (**Aerosole**), Ruß, Flugasche und vor allem Schwefeldioxid. Die in China geförderte Kohle ist nämlich besonders schwefelhaltig. In Chinas Norden legt sich im Winter regelmäßig Smog über die Großstädte. Nach Angaben der Weltbank sterben in China jedes Jahr rund 300 000 Menschen an den Folgen der starken Luftverschmutzung. Ein Drittel der Staatsfläche ist darüber hinaus von **saurem Regen** betroffen. Durch die vorherrschenden Westwinde werden die Schadstoffe vor allem nach Osten transportiert. Auch in den Nachbarstaaten Korea und Japan sterben deshalb Wälder. Flüsse und Seen versauern und Gebäude werden beschädigt. In den Bergbauprovinzen Sinkiang und Shaanxi bezahlen viele Bergleute mit ihrem Leben für den Wirtschaftsboom: Wegen oft katastrophaler Arbeitsbedingungen und mangelnder Sicherheitsvorkehrungen kamen allein 2004 mehr als 6000 Bergleute um. Aufgrund des großen Energiehungers der Volksrepublik China erhielt der Bau des Drei-Schluchten-Damms am Jangtse höchste Priorität.

In Bezug auf das **Trinkwasser** hat China sogar zwei große Probleme: Erstens ist das Wasser knapp und wird immer noch knapper, und zweitens wird das wenige vorhandene Wasser immer stärker verschmutzt. Bereits heute leiden 400 der 600 Großstädte Chinas unter Wassermangel, die meisten davon im regenarmen Norden und im wüstenhaften Nordwesten. Allein im Norden leben mehr als 500 Mio. Menschen, die zwei Drittel der Anbaufläche bewirtschaften und einen großen Teil der Schwerindustrie betreiben, aber nur ein Fünftel der Wasservorräte zur Verfügung haben. Bei größerer Trockenheit erreicht der Gelbe Fluss (Hwangho) im Norden Chinas seine Mündung nicht mehr. Daher sollen bis 2050 zwei Kanäle gebaut werden, die Wasser aus dem Jangtsekiang in den Huanghe überleiten sollen, um den Wassermangel im Norden zu verringern. Doch Fachleute zweifeln an, ob das Wasser des Jangtsekiang dafür überhaupt ausreicht bzw. sauber genug ist. Etwa drei Viertel der chinesischen Flüsse sind mittlerweile derart belastet, dass ihr Wasser nicht mehr als Trinkwasser geeignet ist. Und auch Flora und Fauna der Flüsse sind bedroht: So musste nach einer groß angelegten, aber ergebnislosen Suchaktion im Jahr 2006 der seltene Jangtse-Delfin für ausgestorben erklärt werden.

Die Zunahme des **Mülls** im Gefolge des wirtschaftlichen Wachstums ist eine weitere Gefahr für das Grundwasser und für die Flüsse. Nur sehr wenige Städte haben akzeptable Müllverbrennungsanlagen oder aber Mülldeponien, die so abgedichtet sind, dass keine Schadstoffe ins Grundwasser und in die Flüsse gelangen können. Giftige Chemikalien aus Fabriken werden nicht sachgemäß entsorgt und gelangen bei Havarien in die Flüsse. Beim Recycling von Elektronikschrott fallen zudem Giftstoffe an, die in die Luft und ins Grundwasser gelangen.

GEO-PRAXIS: Drei-Schluchten-Damm

Der **Jangtsekiang** ist der wasserreichste Fluss Chinas und mit einer Länge von 6300 km zugleich der drittlängste Fluss der Erde. Sein **Einzugsgebiet** hat eine Fläche von 1,8 Mio. km². Zum Vergleich: Der Rhein ist 1320 km lang und hat ein Einzugsgebiet von 189 000 km². Der Jangtsekiang hat immer wieder katastrophale **Überschwemmungen** in seinem Unterlauf verursacht. Sie werden hervorgerufen durch heftige sommerliche Monsunregen und verstärkt durch die Abholzung der Wälder im Oberlauf. Waren dort in den 1950er-Jahren noch 40 bis 50 % der Fläche bewaldet, so sind es heute nur noch rund 10 %. Um das sommerliche Hochwasser des Jangtsekiang besser regulieren zu können und damit schwere Überschwemmungen in Zukunft zu verhindern, wurde 1994 mit dem Bau des Drei-Schluchten-Damms am Mittellauf des Flusses begonnen. 2009 soll der geplante Wasserstand des Stausees erreicht sein. Die 26 Turbinen sollen dann rund sechs Prozent der heute in China erzeugten **elektrischen Energie** liefern. Bis dahin müssen rund 1,2 Mio. Menschen umgesiedelt sein. 140 Städte, 4500 kleinere Ortschaften und 1600 Fabriken werden überflutet, außerdem zahlreiche Baudenkmäler und archäologische Fundstätten. Zum Vergleich: Würde das Mittelrheintal zwischen Bonn und Mainz aufgestaut, dann wären die Auswirkungen auf die gewachsene Kulturlandschaft ähnlich. Das **Wirkungsgefüge** zeigt mögliche – positive und negative – Auswirkungen des Drei-Schluchten-Damms in übersichtlicher Form.

141.1 Modell des Drei-Schluchten-Damms

Wirkungsgefüge des Drei-Schluchten-Staudamms

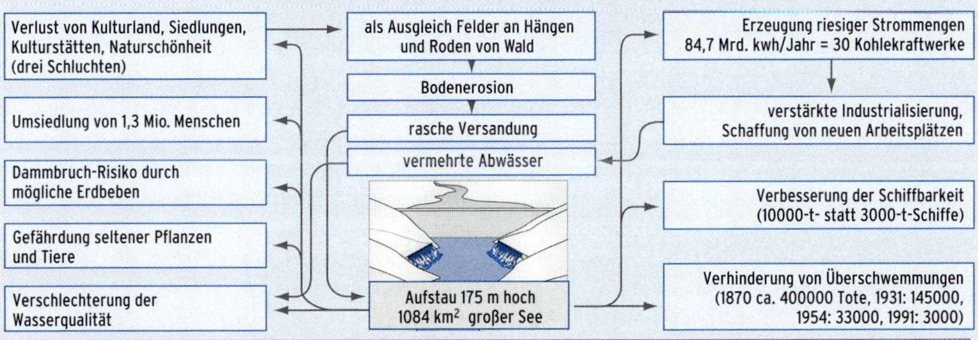

141.2 Wirkungsgefüge des Drei-Schluchten-Staudamms

9_Entwicklungsländer

9.1 Globale Disparitäten

Eine allgemein anerkannte Definition des Begriffs „Entwicklungsländer" gibt es nicht. Gemeint sind jene Staaten der Erde, die einen erheblichen Rückstand in der wirtschaftlichen, technologischen, sozialen und politischen Entwicklung gegenüber den hoch entwickelten Industrieländern aufweisen, deren Entwicklungsstand gemeinhin als Maßstab gilt. Als wirtschaftlichen Indikator für den Entwicklungsstand benutzt die Weltbank das **Bruttonationaleinkommen (BNE)** pro Einwohner und Jahr in US-$. Sie unterscheidet drei bzw. vier Ländergruppen:

- **Länder mit niedrigem Einkommen**
  (BNE 2004 bis 825 US-$): Beispiele sind Afghanistan, Pakistan, Indien und Bangladesch, viele afrikanische Staaten wie Äthiopien, der Sudan, Somalia, Kenia, Tansania oder Sambia. Solche Staaten gelten als arme Entwicklungsländer.
- **Länder mit mittlerem Einkommen**
  - **Untere Einkommenskategorie** (BNE 2004 zwischen 826 und 3255 US-$ pro Kopf): Beispiele sind z.B. Marokko, Algerien, Tunesien, Ägypten, Sri Lanka, die Volksrepublik China, Indonesien, Thailand, Kolumbien und Brasilien, aber auch europäische Staaten wie Rumänien und Bulgarien (seit dem 1.1.2007 in der EU), Albanien, Weißrussland und die Ukraine gehören in diese Kategorie und gelten somit als Entwicklungsländer.
  - **Obere Einkommenskategorie** (BNE 2004 zwischen 3256 und 10065 US-$): Beispiele sind Mexiko, Venezuela, Argentinien und Russland sowie die EU-Mitgliedsstaaten Polen, Ungarn, die Tschechische Republik und die Slowakei. Solche Staaten gelten auch als Schwellenländer oder „Newly Industralizing Countries" (NIC), da sie an der Schwelle zur industriellen Entwicklung stehen.
- **Länder mit hohem Einkommen**
  (BNE 2004 ab 10066 US-$): Beispiele sind die Industrieländer Europas und Nordamerikas sowie Japan. Ferner gehören in diese Gruppe Erdöl exportierende Länder mit relativ geringer Bevölkerungszahl wie Saudi-Arabien, Brunei, Katar, Kuwait und die Vereinigten Arabischen Emirate.
  Nicht alle Erdöl exportierenden Staaten der OPEC (Organization of the Petroleum Exporting Countries) sind wohlhabend (→ Nigeria).

Als **Einwand gegen die Länder-Klassifikation** der Weltbank wird angeführt, dass das BNE nur die tatsächlich erfasste Wirtschaftsleistung misst, nicht aber die in Entwicklungsländern weit verbreitete Subsistenzwirtschaft. Außerdem sagt das BNE nichts aus über die tatsächliche Kaufkraft in einem Staat – dazu müssten die **Kaufkraftparitäten** in US-$ ermittelt und nicht einfach der Wechselkurs der Landeswährung in US-$ umgerechnet werden. Außerdem verdeckt das durchschnittliche BNE pro Einwohner die möglicherweise vorhandenen großen Einkommensunterschiede in einem Land.

Um auch etwas über die Lebensbedingungen der Menschen in einem Staat aussagen zu können, führten die Vereinten Nationen im Jahr 1990 den **Index der menschlichen Entwicklung** ein (**Human Development Index – HDI**). Der für 177 Staaten der Erde ermittelte HDI ist Teil des jährlich erscheinenden Weltentwicklungsberichts der Vereinten Nationen.
Der HDI setzt sich aus den folgenden Indikatoren zusammen:

- **Lebenserwartung** bei der Geburt
- Alphabetisierungsgrad der Erwachsenen
- reale Kaufkraft pro Kopf

Um die reale Kaufkraft bestimmen zu können, muss die **Kaufkraftparität** der Währung eines Landes in US-$ ermittelt werden. Sie gibt an, wie viele Einheiten der jeweiligen Landeswährung erforderlich wären, um ein repräsentatives Waren- und Dienstleistungsangebot in US-$ in den USA zu kaufen.
Zur Bildung des HDI sind für jeden der drei Indikatoren feststehende **Minimal- und Maximalwerte** bestimmt worden:

- für die Lebenserwartung bei der Geburt: 25 und 85 Jahre

- für die Alphabetisierungsrate der Erwachsenen: 0 und 100 %
- für das reale BNE pro Einwohner (in $ Kaufkraftparitäten): 100 und 40 000 US-$

Der Maximalwert entspricht dem Indexwert 1, der Minimalwert dem Indexwert 0. Aus allen drei Indikatoren wird dann ein mittlerer Indexwert berechnet. Im Ergebnis entsteht eine Reihenfolge der Staaten nach dem Index der menschlichen Entwicklung. Dabei lassen sich **drei Ländergruppen** zusammenfassen (→ Abb. 143.2):

- hoher Entwicklungsstand (Index > 0,8)
- mittlerer Entwicklungsstand (Index 0,5 – 0,8)
- niedriger Entwicklungsstand (Index < 0,5)

Die am wenigsten entwickelten Staaten werden als **LLDC-Staaten** bezeichnet – **Least Developed Countries**.

Da die meisten Entwicklungsländer in den Tropen bzw. Subtropen liegen, die meisten Industrieländer dagegen in der gemäßigten Zone der Nordhalbkugel, hat sich der Begriff **Nord-Süd-Konflikt** für den Gegensatz zwischen Industrie- und Entwicklungsländern eingebürgert. Die vorliegende → Karikatur aus einer entwicklungspolitischen Zeitschrift verdeutlicht den Nord-Süd-Gegensatz in der Weltwirtschaft mit einem Vergleich: Der Norden (als Formel-1-Rennfahrer) und der Süden (als Radfahrer) treten mit ihren Fahrzeugen zu einem Wettrennen an, bei dem der Verlierer von vornherein festzustehen scheint. Die Karikatur unterstreicht zwar die technologische Rückständigkeit des Südens, zeigt aber auch die hohe Umweltbelastung durch die Staaten des Nordens.

143.1 „Fairer Wettbewerb"

Durch wissenschaftliche Untersuchungen wird bestätigt, dass sich die **Einkommensschere** zwischen armen und reichen Staaten langfristig immer weiter öffnet. So lag das durchschnittliche BIP pro Einwohner in den fünf ärmsten Staaten der Erde von 1820 bis heute immer unter 500 US-$. Dagegen stieg es in den fünf reichsten Staaten der Erde von rund 1000 US-$ (1820) über 4500 US-$ (1900) und 9000 US-$ (1950) auf rund 25 000 US-$ (2000). Ein Aufholen, geschweige denn ein Einholen der reichen Industrieländer, scheint für die meisten Staaten dieser Erde ein völlig aussichtsloses Unterfangen zu sein. Dies gilt besonders für die ärmsten Entwicklungsländer (→ Abb. 143.2), die zumeist in Afrika liegen und oftmals Binnenstaaten sind.

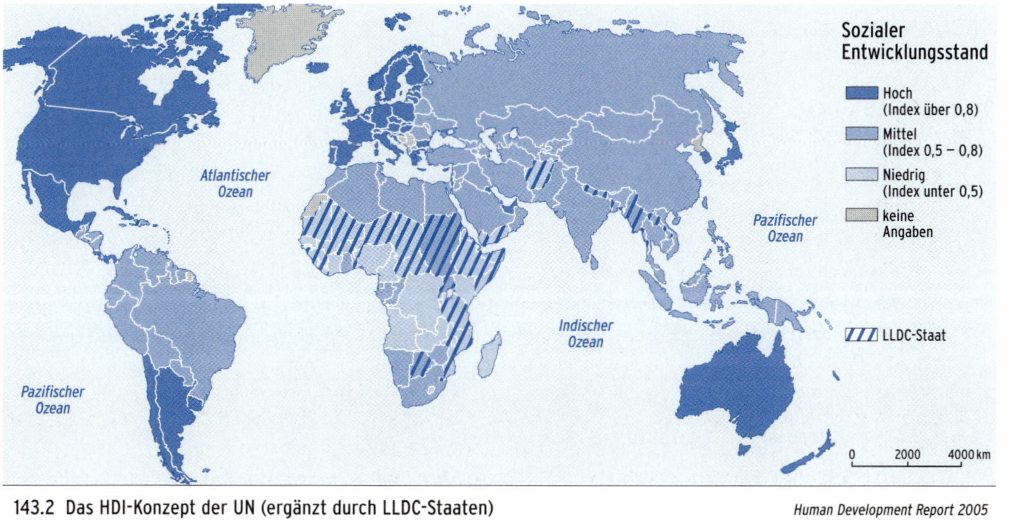

143.2 Das HDI-Konzept der UN (ergänzt durch LLDC-Staaten)

Human Development Report 2005

9.2 Entwicklungstheorien und -strategien

Grundsätzlich wird zwischen endogenen und exogenen Entwicklungstheorien unterscheiden. Endogene Theorien gehen davon aus, dass die Ursachen für Unterentwicklung in den Entwicklungsländern selbst liegen. Die exogenen Theorien gehen dagegen von äußeren Ursachen der Unterentwicklung aus.

Endogene Theorien

Die **Theorie des Geodeterminismus** besagt, dass die Entwicklungsländer aufgrund der klimatischen Verhältnisse und der Böden in den Tropen benachteiligt sind. Wirtschaftliche und geschichtliche Faktoren werden dabei ausgeblendet.
Die **Theorie des Kreislaufs der Armut** erklärt die Unterentwicklung aus sich selbst heraus: Weil die Menschen in den Entwicklungsländern arm sind, fehlt es ihnen an ausreichender Ernährung, Bildung und Arbeit. Deshalb kann keine positive wirtschaftliche Entwicklung in Gang gesetzt werden, denn die Sparquote für Investitionen ist zu gering. Da nicht investiert wird, bleibt die **Armut** bestehen. Und nicht zuletzt fehlt es wegen des hohen Bevölkerungswachstums weiter an Arbeitsplätzen.

Die **Wachstums- und Modernisierungstheorien** gehen davon aus, dass eine wirtschaftliche Entwicklung wegen der geringen Sparquote nur durch einen Big Push, also umfangreiche ausländische Investitionen – ggf. auf Kreditbasis –, erfolgen kann. Gleichzeitig müssen durch umfangreiche Modernisierungsmaßnahmen der gesamten Gesellschaft Entwicklungshemmnisse wie Korruption und Vetternwirtschaft (Nepotismus) beseitigt werden. Die gesellschaftliche Entwicklung durchläuft nach der Modernisierungstheorie **fünf Stadien** (Beispiele):

1 traditionale Gesellschaft (Mali)
2 Übergangsgesellschaft (Ägypten)
3 Startgesellschaft (Malaysia)
4 reife Industriegesellschaft (Südkorea)
5 Massenkonsumgesellschaft (USA)

Exogene Theorien

Die exogenen Theorien beziehen die geschichtliche Entwicklung der heutigen Entwicklungsländer in die Erklärung von Unterentwicklung mit ein: Fast alle Entwicklungsländer waren früher Kolonien zumeist europäischer Mächte und wurden wirtschaftlich auf deren Bedürfnisse und Interessen ausgerichtet und über einen langen Zeitraum ausgebeutet. In der Regel wurden Rohstoffe aus den Entwicklungsländern importiert und Fertigwaren dorthin exportiert.

GEO-PRAXIS: Arbeiten mit Karikaturen

Die Karikatur kritisiert auf den ersten Blick unangepasste Großprojekte in den Entwicklungsländern, die unter Umständen zu einer hohen Verschuldung führen und Umweltzerstörungen sowie soziale und kulturelle Konflikte zur Folge haben können.

Auf den zweiten Blick ist zu betonen, dass gerade die touristische Entwicklung in der Dritten Welt zu einer Verbesserung der wirtschaftlichen Situation geführt hat. So werden Arbeitsplätze geschaffen und es werden Deviseneinnahmen erzielt, die unter Umständen die negative Außenhandelsbilanz ausgleichen können. Beispiele sind Thailand, die Seychellen, Mauritius oder Kuba. In Mexiko wurden durch die gezielte touristische Entwicklung **Peripherräume** wie die Halbinseln Baja California oder Yucatán (Touristenzentrum Cancún) gefördert. Damit konnte dort die Abwanderung gebremst werden. Die deutsche Entwicklungshilfe hat den Flughafen auf der tunesischen Insel Djerba finanziert und so den (Massen-)Tourismus dorthin gebracht.

144.1 Karikatur „Entwicklungsländer"

So bildeten die Entwicklungsländer garantierte Absatzmärkte und mussten billige oder sogar kostenlose Arbeitskräfte stellen. Ein extremes Beispiel bilden die aus Afrika nach Amerika verschleppten rund 30 Mio. Sklaven.

Die **Dependenztheorie** stammt ursprünglich aus Lateinamerika und erklärt das Fortdauern der wirtschaftlichen Unterentwicklung und Abhängigkeit von den Industrieländern nach der politischen Unabhängigkeit durch die sogenannte strukturelle Abhängigkeit. Diese besagt, dass die ehemaligen Kolonien auch nach der Unabhängigkeit vor allem Rohstoffe in die Industriestaaten liefern und diesen als Absatzmarkt für Industrieprodukte dienen. Der fehlende Technologietransfer und Zollschranken verfestigen diese Strukturen und halten die Entwicklungsländer in einer halb-kolonialen Abhängigkeit ohne Entwicklungsperspektiven.

Die **Theorie der** Terms of Trade sucht die Erklärung für die Unterentwicklung in der langjährigen Entwicklung der realen Austauschverhältnisse von Exportgütern zu Importgütern. Diese werden definiert als Verhältnis des Exportgüterpreisindex zum Importgüterpreisindex, ausgehend von einem bestimmten Basisjahr. Aufgrund ihrer Berechnungen kommen die Vertreter dieser Theorie zu dem Schluss, dass sich die Terms of Trade langfristig zu Ungunsten der Entwicklungsländer verschlechtert haben. Als Konsequenz wird eine Neue Weltwirtschaftsordnung (NWWO) durch die UN-Konferenz für Welthandel und Entwicklung (UNCTAD) gefordert, die aber nicht durchgesetzt werden konnte.

Entwicklungspolitik

Nach dem Zweiten Weltkrieg und nach der Unabhängigkeit der meisten afrikanischen Staaten (in den 1960er–Jahren) wurden zunächst Großprojekte wie Staudämme, Industrieanlagen, Flug- und Seehäfen sowie Fernstraßen in den Entwicklungsländern gefördert und auch finanziert. Ein bekanntes Beispiel der deutschen Entwicklungshilfe ist der Aufbau des Schwerindustrie-Standortes Rourkela in Indien. Allerdings hatte die Finanzierung der meisten Großprojekte auf Kreditbasis auch eine hohe Verschuldung vieler Entwicklungsländer zur Folge, wie z.B. während der Militärdiktatur in Brasilien. Eine zu hohe Verschuldung mündete oft in sogenannte Strukturanpassungsprogramme des Internationalen Währungsfonds (IWF). Für die breite Masse der armen Bevölkerung in den Entwicklungsländern bedeutete dies eine weitere Verschlechterung ihrer Lebensbedingungen.

Daher konzentrierte sich die deutsche Entwicklungshilfe besonders seit den 1990er-Jahren auf kleinere, angepasste Projekte zur Armutsbekämpfung in den Entwicklungsländern. Schwerpunktländer waren die ärmsten Entwicklungsländer (→ Abb. 143.2). Eine wichtige Zielgruppe der Entwicklungspolitik waren die Frauen, deren Lebensbedingungen verbessert werden sollten. Allmählich entstand eine nachhaltige Entwicklungspolitik, die neben wirtschaftlichen auch soziale und ökologische Ziele verfolgte (→ Abb. 145.2).

WISSEN: Grundbedürfnisstrategie

Die Grundbedürfnisstrategie zielt ab auf eine schrittweise Verbesserung der Lebensbedingungen der ärmeren Bevölkerungsteile durch die Befriedigung von Grundbedürfnissen:

1. **Versorgung: Trinkwasser und Nahrungsmittel**
2. **Schutz gegen tödliche Krankheiten**
3. **Hinreichende Unterkunft**
4. **Schutz gegen schwächende Krankheiten**
5. **Zusätzliche Nahrungsmittel**
6. **Funktionale Basiserziehung**
7. **Produktive Beschäftigung (Landwirtschaft)**
8. **Mitbestimmung (Gestaltung der eigenen Lebenssituation)**
9. **Führen eines durchschnittlichen Lebensstils**

Nachhaltige Entwicklung ist Entwicklung, die die Bedürfnisse der Gegenwart befriedigt, ohne zu riskieren, dass künftige Generationen ihre eigenen Bedürfnisse nicht befriedigen können. (Brundtlandbericht 1987)

145.1 Grundbedürfnisstrategie

9.3 Bevölkerungsexplosion

Im Jahr 1804 erreichte die Weltbevölkerung die erste Milliarde. 1927 lebten bereits zwei Milliarden Menschen auf der Erde, 1960 waren es drei Milliarden. Schon 1974 wurden vier Milliarden Menschen gezählt, 1987 fünf und 1999 sechs. Innerhalb des 20. Jhdts. hat sich die Weltbevölkerung also fast vervierfacht. Diese rasante Zunahme (exponentielles Wachstum) wird als **Bevölkerungsexplosion** bezeichnet. Und das Wachstum setzt sich fort: Am Ende des Jahres 2006 lebten rund 6,6 Mrd. Menschen auf der Erde. Bis zum Jahr 2025 wird ihre Zahl voraussichtlich auf knapp 8 Mrd. steigen, und im Jahr 2050 werden es nach eher vorsichtigen Schätzungen gut 9 Mrd. Menschen sein. Dies ist die mittlere Variante von drei **Bevölkerungsprojektionen**, bei der von durchschnittlich 2,1 Kindern je Frau ausgegangen wird (→ Abb. 147.2). Bei durchschnittlich 2,6 Kindern pro Frau gäbe es bereits im Jahr 2050 mehr als 11 Mrd. Menschen auf unserem Planeten.
Global betrachtet hat sich inzwischen das Wachstum der Weltbevölkerung verlangsamt: Betrug der jährliche Zuwachs Mitte der 1990er-Jahre noch 82 Mrd. Menschen, so sind es derzeit noch rund 75 Mio. Innerhalb der nächsten 50 Jahre wird sich die Bevölkerungszahl in den Industrieländern kaum verändern. Das Wachstum der Weltbevölkerung wird zu 95 % in den Entwicklungsländern stattfinden. Allein die Bevölkerungszahl der ärmsten Länder wird bis 2050 um eine Milliarde Menschen wachsen.

Die unterschiedlich hohen Geburten- und Sterberaten in den verschiedenen Großregionen der Erde (→ Abb. 146.1) spiegeln deren demografische Strukturen wider. Diese werden vereinfacht dargestellt im sogenannten **Modell des demografischen Übergangs** (→ Abb. 147.1). Entwickelt wurde dieses Modell von amerikanischen Bevölkerungswissenschaftlern auf der Grundlage von statistischen Daten der langfristigen Bevölkerungsentwicklung in Europa, Nordamerika und Australien. Es handelt sich also um ein empirisches Modell. Die Wissenschaftler stellten Regelhaftigkeiten bei der langfristigen Entwicklung der Geburten- und der Sterberaten fest, insbesondere beim Übergang von hohen zu niedrigen Geburten- und Sterberaten:

- In der prätransformativen Phase liegen beide Raten auf einem hohen Niveau, das Bevölkerungswachstum bleibt allenfalls gering.
- In der frühen Transformationsphase kann die Sterberate durch moderne Medizin und Hygiene gesenkt werden. Die Geburtenrate bleibt aber weiterhin hoch (Verhaltensmuster).
- In der mittleren Transformationsphase öffnet sich die Schere zwischen Geburten und Sterberate am weitesten und das Bevölkerungswachstum ist sehr hoch.
- Erst in der späten Transformationsphase sinkt auch die Geburtenrate, das Bevölkerungswachstum schwächt sich deutlich ab.
- In der posttransformativen Phase sind beide Raten niedrig; die Bevölkerungszahl wächst kaum, stagniert oder sinkt sogar.

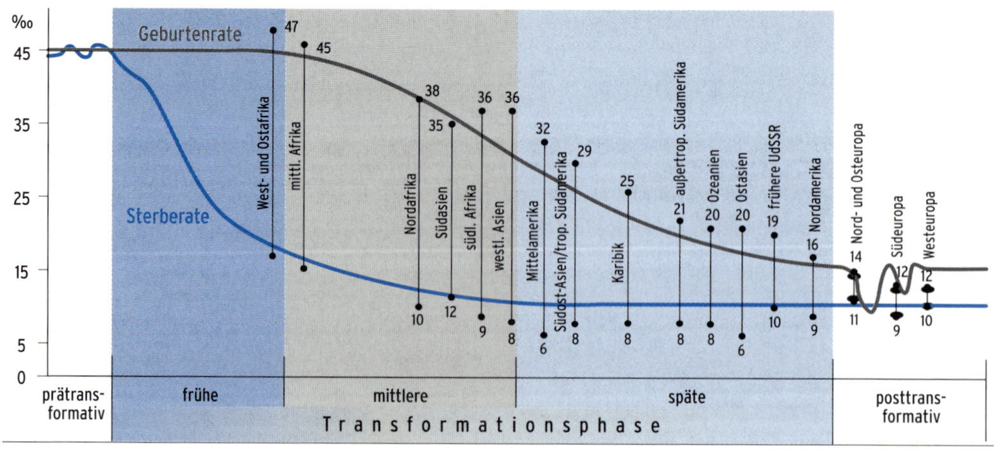

146.1 Vier-Phasen-Modell des demografischen Übergangs

>> BEISPIEL: Belgien und Burundi

Belgien hat eine Bevölkerungszahl von 10 421 000 auf einer Fläche von 32 545 km^2. Das ergibt eine Bevölkerungsdichte von 320 Ew./km^2.
Die ehemalige belgische Kolonie Burundi ist seit 1962 ein selbstständiger Staat in Zentralafrika. Burundi hat eine Bevölkerung von 7 282 000 auf 27 834 km^2. Das ergibt eine Bevölkerungsdichte von 262 Ew./km^2.
Das BNE pro Einwohner liegt in Belgien bei 31 280 US-$, in Burundi aber nur bei 90 US-$. Während in Belgien nur noch 2 % der Erwerbstätigen in der Landwirtschaft tätig sind (25 % in der Industrie; 73 % im Dienstleistungssektor), arbeiten in Burundi 90 % aller Erwerbstätigen in der Landwirtschaft – meist zur reinen Selbstversorgung (Subsistenzwirtschaft). In Belgien leben 97 % der Einwohner in Städten, in Burundi sind es nur 10 %, die meisten von ihnen in der Hauptstadt Bujumbura (rund 320 000 Ew.).
Nach dem **Human Development Index** (HDI, → Seite 144) steht Belgien auf Rang 9 von insgesamt 177 verglichenen Staaten, Burundi hingegen auf Rang 169. Für die schlechte Platzierung des zentralafrikanischen Landes spielen neben dem geringen BNE pro Einwohner (s. o.) die geringe **Lebenserwartung** bei der Geburt und die relativ hohe Analphabetenrate eine Rolle. Während die Lebenserwartung in Belgien bei 79 Jahren liegt, beträgt sie in Burundi nur 44 Jahre. Besonders deutlich werden die Defizite Burundis im Gesundheitswesen bei der Säuglings- bzw. Kindersterblichkeit mit 114 bzw. 190 ‰ (Belgien: 4 bzw. 5 ‰).
Die Alphabetisierungsrate liegt in Belgien bei 100 % (männlich und weiblich), in Burundi dagegen bei 67 % für die männliche und bei 52 % für die weibliche Bevölkerung.
Die Wachstumrate der Bevölkerung betrug im Jahr 2004 in Belgien + 0,4 %, in Burundi + 3,4 %. Damit lassen sich beide Staaten eindeutig in das Modell des demografischen Übergangs (→ Abb. 147.1) einordnen. Die **Gesamtfruchtbarkeitsrate** (Total Fertility Rate, TFR), das heißt die Zahl der Geburten bei allen Frauen zwischen 15 und 45 Jahren, liegt in Belgien bei 1,6 und in Burundi bei 6,8. Das bedeutet, dass dort alle Mädchen bzw. Frauen im gebärfähigen Alter durchschnittlich fast 7 Kinder zur Welt bringen. In vielen Regionen Afrikas gibt es Schwangerschaften schon vom jugendlichen Alter an, Verhütungsmittel sind oftmals unbekannt oder auch unerschwinglich. Aus den Wachstumsraten (s. o.) lässt sich mit einer Faustformel die **Verdopplungszeit** der Bevölkerung ermitteln: **V = 70 : x** Die Zahl 70 ist eine Konstante, für x wird die Wachstumsrate in Prozent eingesetzt. Die Verdopplungszeit liegt somit für Belgien bei 175 Jahren, in Burundi bei rund 21. Das würde bedeuten, dass Burundi – von 2004 an gerechnet – im Jahr 2025 bereits gut 14 Mio. Einwohner hätte. Für das Jahr 2050 werden unter der Vorraussetzung einer deutlich geringeren Geburtenrate immerhin rund 26 Mio. Einwohner angenommen. Welche Folgen eine solche Entwicklung für einen Staat wie Burundi hätte, das zu den ärmsten Ländern der Erde zählt, ist unvorstellbar – zumal in einer reinen Agrargesellschaft.

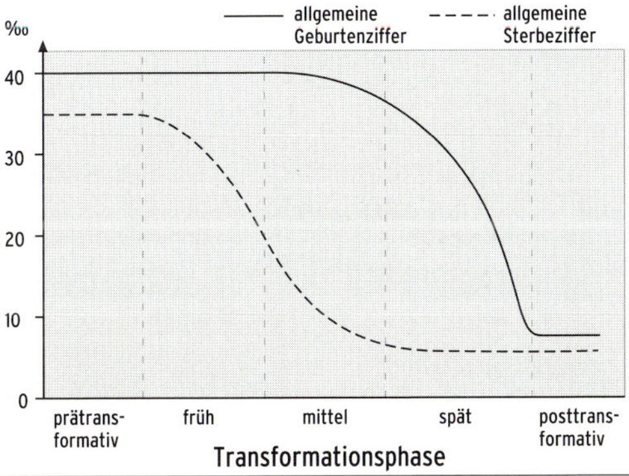

147.1 Modell des demografischen Übergangs

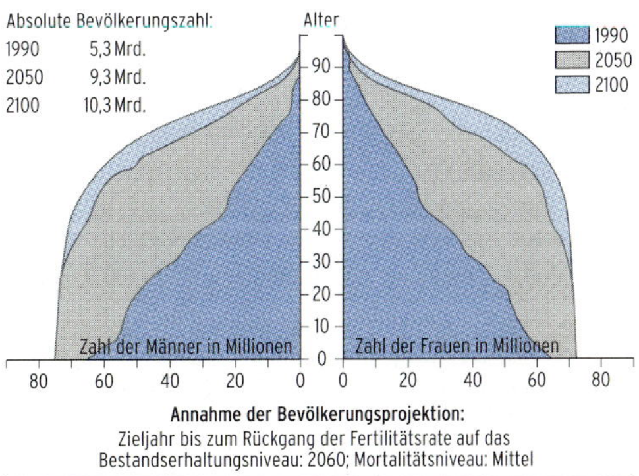

147.2 Altersaufbau der Weltbevölkerung

9.4 Migration

Unter dem Begriff **Migration** (lateinisch für Wanderung) wird ganz allgemein die Verlagerung des Wohnsitzes für immer bzw. für einen längeren Zeitraum verstanden. Bei der Wanderung über Staatsgrenzen hinweg werden **Emigration (Auswanderung)** und **Immigration (Einwanderung)** unterschieden. Staaten, durch die der Wanderungsprozess führt, sind sogenannte Transitländer. Bei Migrationsprozessen innerhalb eines Staates wird von Abwanderung bzw. Zuwanderung gesprochen. Bezüglich der Ursachen für Migration werden die sogenannten **Push-Faktoren** (Gründe, weshalb die Menschen ein Land bzw. eine Region verlassen) unterschieden von den sogenannten **Pull-Faktoren** (Gründe, weshalb die Menschen von einem bestimmten Land bzw. von einer bestimmten Region angezogen werden). Oftmals sind verschiedene Faktoren ausschlaggebend (→ Abb. 148.2) und die subjektive Einschätzung der Migranten ist sehr wichtig.

Im Globalisierungsprozess ist die **Mobilität** von Menschen auf der Suche nach besseren Lebensbedingungen eingeschränkt – im Unterschied zur Mobilität von Gütern (Welthandel) und Kapital (weltweite Finanzströme). Die Staatsgrenzen erfüllen die Funktion von **Barrieren**, die es zu überwinden gilt, entweder heimlich oder mithilfe von Korruption. Die Migration ist daher ein lohnendes Geschäft für Schleuserbanden und für die organisierte Kriminalität, die aus der Not der Migranten Kapital schlagen und diese zum Teil auch noch im Zielland jahrelang ausbeuten. Aufgrund des illegalen Status können sie sich nicht gegen die Ausbeutung wehren.

GEO-PRAXIS: Arbeiten mit Karikaturen

Die Karikatur stellt die Ursachen für wirtschaftliche **Migration** sehr anschaulich dar. Auf einer kleinen idyllischen Insel auf der Sonnenseite der Zeichnung liegt ein wohlgenährter Mann unter einer Palme, raucht und sieht fern. Ein reich gedeckter, kleiner Tisch steht in Reichweite. Am Strand, auf der Schattenseite der Karikatur, stehen zahlreiche arme Menschen, die den Mann in seinem kleinen Paradies bedrohen, weil er seinen Wohlstand teilen müsste. Die Karikatur ist von der Realität insofern eingeholt worden, als verstärkt seit Jahr 2006 Zehntausende von Afrikanern mit kleinen Fischerbooten auf die Kanarischen Inseln übersetzen, wo sie an den Urlaubsstränden ankamen.

148.1 „Ist was?"

Nach seriösen Schätzungen lebten im Jahr 2005 ca. 191 Mio. Migranten auf der Erde. 1970 waren es noch 82 Mio., im Jahr 2000 rund 175 Mio. Knapp die Hälfte der Migranten sind Frauen. Nach offiziellen Angaben der UNO leben rund 64 Mio. Migranten in Europa einschließlich Russland. Die Staaten mit den meisten Migranten sind die USA (38,4 Mio.), die Russische Föderation (12,1 Mio.), Deutschland (10,1 Mio.), die Ukraine (6,8 Mio.) und Frankreich (6,5 Mio.).

148.2 Push- und Pull-Faktoren

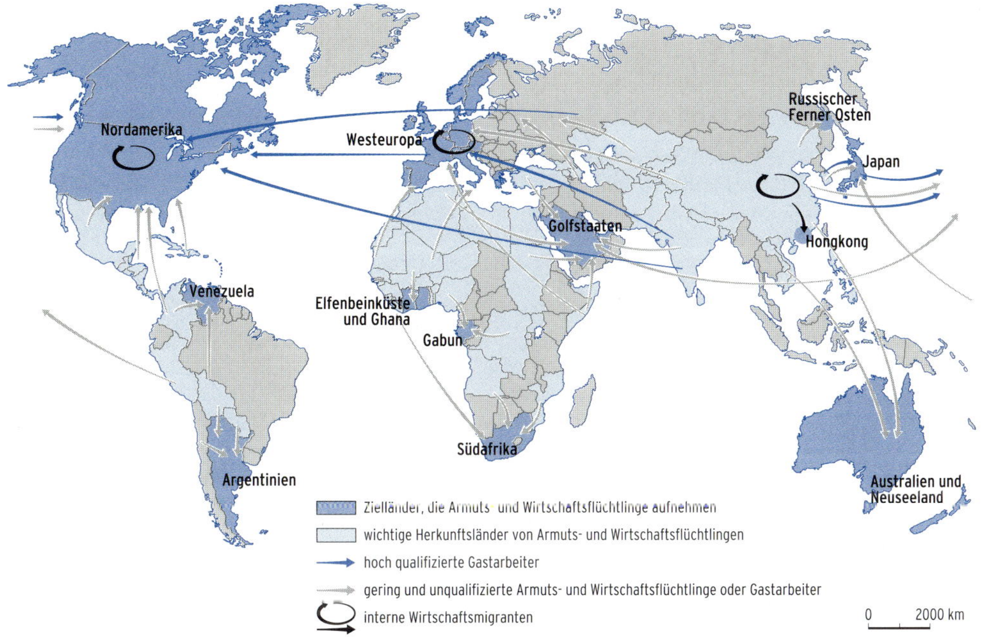

149.1 Globale Migration (nach: Atlas der Globalisierung)

Lateinamerika gilt inzwischen als die Region mit der höchsten Auswanderungsrate weltweit. 25 Mio. Lateinamerikaner leben heute außerhalb ihres Heimatlandes. Mehr als 10 Mio. Mexikaner arbeiten in den USA, viele Exilkubaner leben in Florida. In Spanien bilden Ecuadorianer die zweitgrößte Einwanderergruppe nach den Marokkanern. Von den mehr als 600 000 Bolivianern, die Arbeit in Argentinien suchten, sind allerdings die meisten wieder in ihr armes Heimatland zurückgekehrt, da Argentinien selbst von einer schweren Finanz- und Wirtschaftskrise erschüttert wurde.

Für die Wirtschaft vieler lateinamerikanischer Staaten sind die Rücküberweisungen der Emigranten, die *Remesas*, inzwischen sehr wichtig. Mehr als 53 Mrd. US-$ wurden 2005 nach Lateinamerika zurücküberwiesen. Einige kleine Staaten erhalten dadurch mehr Devisen als durch **ausländische Direktinvestitionen** und Entwicklungshilfe zusammen. Dadurch können auch ländliche Regionen Entwicklungsimpulse bekommen.

Ein bekanntes Beispiel für interne Migrationsprozesse ist die Volksrepublik China. Nach offiziellen Angaben gab es dort im Jahr 2005 ca. 120 Mio. **„Wanderarbeiter"**. Nach Schätzungen haben mehr als 150 Mio. Menschen die armen ländlichen Regionen des **Binnenlandes** verlassen, um in den Großstädten an der Küste Arbeit zu finden. Denn die Landwirtschaft kann die Menschen nicht mehr ernähren, die Felder sind zu klein, die Erträge und damit auch die Einkommen sind zu gering. Bis zum Jahr 2025 soll die Zahl der Wanderarbeiter auf 300 Mio. ansteigen. Die meisten von ihnen gehen in die südchinesische Provinz Guangzhou (Kanton), die auch als „Fabrik der Welt" bezeichnet wird (→ Seite 137). Der Durchschnittslohn für einen Arbeiter vom Land liegt bei 80 € im Monat. Kost und Logis sind nicht immer inbegriffen und werden zum Teil vom Lohn abgezogen. An sieben Tagen in der Woche wird in Zwölf-Stunden-Schichten gearbeitet. Renten- und Krankenversicherung gibt es für diese Menschen nicht. Im Alter und bei Krankheit sollen sie ins Dorf zurückkehren. Auch in den arabischen Golfstaaten werden die Gastarbeiter nicht integriert, sondern im Alter oder im Falle einer schweren Erkrankung in ihre ursprüngliche Heimat zurückgeschickt. Selbst nach 30 Jahren Aufenthalt in den Golfstaaten haben Migranten keinen Anspruch auf Einbürgerung.

9.5 Metropolisierung und Marginalisierung

Unter dem Begriff Metropolisierung wird die Entwicklung einer Millionenstadt zu einer **Metropole** verstanden, einem wirtschaftlichen und politischen Entscheidungszentrum, das die anderen Städte eines Staates an Größe und Bedeutung weit überragt. Ein bekanntes Beispiel für eine Metropole ist die französische Hauptstadt Paris (→ Seite 93). In fast allen Entwicklungsländern ist der Prozess der Metropolisierung zu beobachten, dort aber im Unterschied zu den Industrieländern in Verbindung mit einer **Marginalisierung** breiter Bevölkerungsschichten. Wörtlich bedeutet Marginalisierung so viel wie „an den Rand drängen“. Die große Masse armer Menschen in den Entwicklungsländern hat kaum eine oder keine Möglichkeit zur Teilnahme an wirtschaftlicher Entwicklung oder zur Teilhabe an politischen Entscheidungsprozessen. Stattdessen vergrößern sich die Unterschiede zwischen Arm und Reich, sodass es zu einer sozialen und **räumlichen Polarisierung** kommt, zu einer Verschärfung der Gegensätze. Besonders deutlich werden diese Gegensätze in den **Metropolen** der Entwicklungsländer. Nach einer Definition der Vereinten Nationen handelt es sich bei Metropolen um sogenannte Megastädte, sofern folgende Bedingungen erfüllt werden:

- mindestens 10 Mio. Einwohner
- Monozentrische Struktur (eine Kernstadt)
- Mindestdichte von 2000 Ew./km^2
- herausragende Bedeutung im nationalen und oder internationalen Rahmen (s. o.)

Die räumliche Verteilung der Megastädte in den Jahren 1990 bzw. 2015 (Prognose) verdeutlicht deren Bedeutung besonders für die Entwicklungsländer (→ Tab. 150.1). Die Ursachen für die hohe Verstädterungsrate in den Entwicklungsländern, also für die Zunahme der Stadtbevölkerung, sind im hohen natürlichen Bevölkerungswachstum in den Städten selbst sowie in der weiter anhaltenden **Landflucht** zu suchen. Beide Prozesse sind insofern eng miteinander verbunden, als die Altersgruppen zwischen 20 und 35 Jahren überproportional an der Land-Stadt-Wanderung beteiligt sind. Damit ist auch der Anteil junger Frauen überproportional hoch. Bei den Ursachen für die Landflucht werden **Push- und Pull-Faktoren** unterschieden (→ Abb. 148.2). Obwohl sich die Probleme und vor allem die sozialen Spannungen in den Metropolen der Entwicklungsländer immer mehr zuspitzen, sind **Armut** und Elend in vielen ländlichen Regionen so groß, dass die Landflucht andauert.

Mit der Expansion der Großstädte in den Entwicklungsländern entstehen randstädtische Hüttenviertel, die **Marginalsiedlungen** (lat. margo = Rand). In diesen Marginalsiedlungen und in den innerstädtischen **Slum**gebieten wohnen heute bereits zwischen 40 und 65 % der großstädtischen Bevölkerung. Eine technische und soziale Infrastruktur fehlt zunächst. Nur wenn eine Marginalsiedlung oder ein Slumgebiet auf-

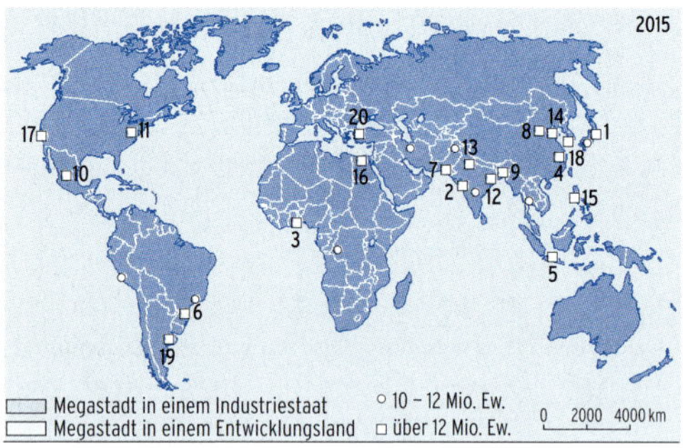

150.1 Räumliche Verteilung der Megastädte 1990 und 2015 (Prognose)

1990						2015 (Prognose)								
1	Tokio	25,0	7	Los Angeles	11,5	1	Tokio	28,6	8	Peking	19,3	15	Manila	14,6
2	New York	16,0	8	Peking	11,0	2	Mumbai	27,2	9	Dakka	18,9	16	Kairo	14,3
3	Mexiko City	15,0	9	Kalkutta	10,7	3	Lagos	24,4	10	Mexiko City	18,7	17	Los Angeles	14,2
4	São Paulo	14,5	10	Buenos Aires	10,6	4	Schanghai	23,3	11	New York	17,6	18	Seoul	13,1
5	Schanghai	13,5	11	Seoul	10,5	5	Jakarta	21,2	12	Kalkutta	17,6	19	Buenos Aires	12,2
6	Mumbai	12,1	12	Osaka	10,4	6	São Paulo	20,8	13	Delhi	17,6	20	Istanbul	12,1
						7	Karatschi	20,5	14	Tientsin	16,9			

gewertet bzw. saniert wird, verbessern sich die Lebensbedingungen der Bewohner. Falls diese in der **Stadt** Arbeit finden, können Marginalsiedlungen auch schrittweise in Eigenleistung aufgewertet werden (**Konsolidierung**). Meist bieten sich Beschäftigungsmöglichkeiten nur im **informellen Sektor**, ohne Genehmigungen, Verträge oder Versicherungen.

BEISPIEL: Metropole Mexiko-Stadt (Favela-Syndrom)

Mexiko-Stadt (Ciudad de México) entstand nach der Eroberung Mexikos durch die spanischen Konquistadoren 1510 als koloniale Stadtgründung auf den Ruinen des aztekischen Herrschaftszentrums Tenochtitlán im Hochland von Mexiko. Der instabile Baugrund der Stadt auf ehemaligen Seen (→ Karten) erschwerte die bauliche Entwicklung. Erst nach 1950 begann die räumliche Expansion vor allem durch **Marginalsiedlungen**. Heute hat Mexiko-Stadt 8,6 Mio. Einwohner in der Kernstadt und mehr als 15 Mio. in der **Agglomeration**. Nach Größe und Bedeutung ist es die **Metropole** Mexikos, weit vor Guadalajara (1,6 Mio.), Morelos (1,6 Mio.), Puebla (1,3 Mio.) und Nezahualcóyotl (1,2 Mio.). „Neza", wie die Mexikaner sagen, ist eine konsolidierte ehemalige Marginalsiedlung mit U-Bahn-Anschluss und Einkaufszentren unmittelbar an der Stadtgrenze (Karte). Auch Ecatepec, ein weiterer Vorort, soll mehr als eine Million Einwohner beherbergen. Wie an der zweiten Karte zu erkennen ist, reicht die Agglomeration heute weit über die früheren Stadtgrenzen hinaus.

Mit der räumlichen Expansion der Stadt und dem großen Bevölkerungswachstum wuchsen die Probleme der Agglomeration, die auch schon als „Monstruopolis" bezeichnet wurde:

Die **Wohnraumversorgung** der wachsenden Bevölkerung ist eines der größten Probleme der Metropole. Bislang leben die meisten Menschen in Marginalsiedlungen, die bestenfalls schrittweise von ihren Bewohnern aufgewertet und mit technischer (Straßen, Wasser- und Abwasserversorgung, Elektrizität) und sozialer Infrastruktur (Schulen, Gesundheitsstationen, Krankenhäuser, Gemeindeverwaltung) ausgestattet wurden (→ Neza). Der Konsolidierungsprozess schließt die Verbesserung der eigenen Wohnsituation ein (Ausbau der Häuser).

Problematisch ist in Mexiko-Stadt auch die hohe **Umweltbelastung**. Insbesondere die Luftverschmutzung durch Industrie und Verkehr hat in der 2250 m hoch gelegenen Stadt gravierende Ausmaße angenommen. Fünf Millionen Privat-Pkw tragen dazu bei. Die Situation wird an 200 Tagen im Jahr durch **Inversionswetterlagen** verschärft.

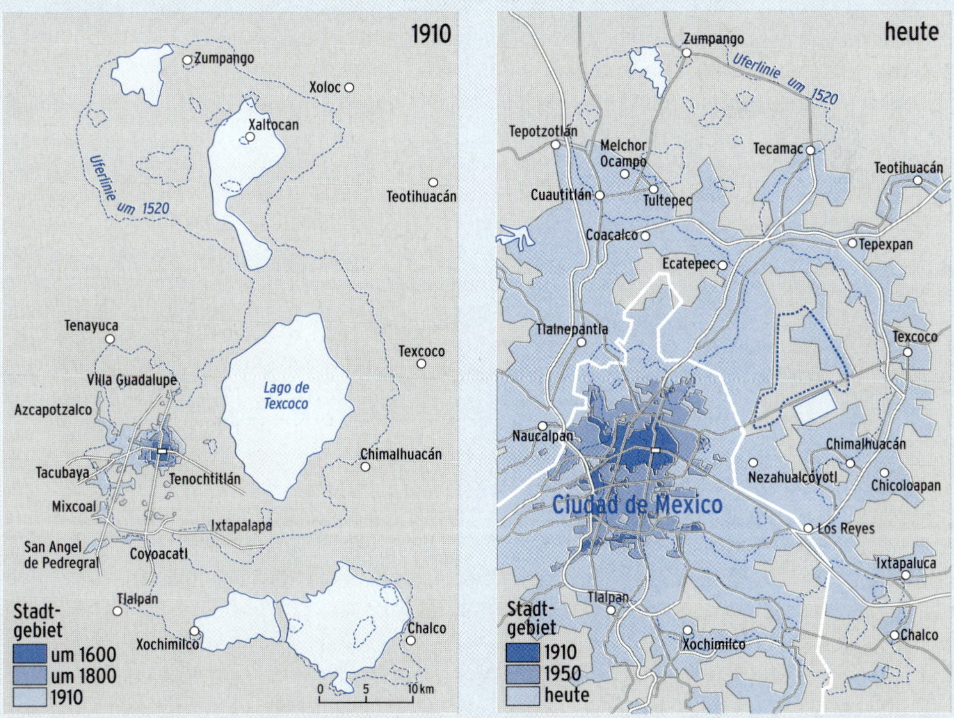

151.1 + 151.2 Entwicklung der Metropole Mexiko-Stadt

9.6 Entwicklungsland Bolivien

Bolivien ist ein dünn besiedelter Andenstaat mit einer Fläche von rund 1,1 Mio. km² und 9 Mio. Einwohnern (2004). Somit leben etwa 8 Menschen auf einem Quadratkilometer. Mit einem BNE pro Einwohner von 960 US-$ 2004 gehört Bolivien zu den ärmeren Entwicklungsländern. Knapp 60 % der Einwohner leben in Armut. Besonders hoch ist der Anteil der armen Bevölkerung im Hochland (Altiplano) mit 66 bis 80 %, deutlich geringer ist ihr Anteil mit 38 % in der größten Provinz, Santa Cruz im Tiefland des Ostens mit 370 000 km². Die Lebenserwartung liegt im Schnitt bei 65 Jahren und die Wachstumsrate der Bevölkerung beträgt über 2 % – die Verdopplungszeit liegt daher bei 35 Jahren (70 : 2 = 35; → Seite 147). Mit einem HDI-Rang von 113 ist Bolivien der am wenigsten entwickelte Staat Südamerikas.

55 % der Bevölkerung sind Hochland-Indios (Ketschua und Aimará), 30 % Mestizen (Mischlinge von Indios und Weißen) und 15 % sind Weiße. Die Führungspositionen in Wirtschaft, Politik und Militär waren seit der Unabhängigkeit immer von Weißen besetzt.
Die Mehrheit der Bolivianer, in erster Linie die Indios, hat von den reichen Bodenschätzen des Landes nie etwas gehabt. Die Silbervorkommen im Cerro Rico („Reicher Berg") in der Stadt Potosí wurden bereits während der spanischen Kolonialherrschaft ausgebeutet und trugen zum Wohlstand Europas bei. Zahlreiche Indios

WISSEN: Bolivien

Naturräume:

[1] Altiplano (Hochland der Anden), mittlere Höhe 3500 bis 4500 m über NN – Höchste Gipfel sind der Illampu (6650 m) und der Illimani (6882 m).

[2] Ostabhang der Anden (500 bis über 6000 m) mit Bergregenwäldern (Yungas) und Tälern – Hauptgebiet des umstrittenen Koka-Anbaus

[3] Tiefland des Ostens (unter 200 bis 500 m) mit **Savannen**: Feuchtsavanne im Norden, Trockensavanne (Gran Chaco) im Süden – Hauptanbaugebiet des Landes

wichtige Städte im Kartenausschnitt:

[1] La Paz (Regierungssitz) – 0,8 Mio. Ew.; zusammen mit El Alto 1,45 Mio. Ein.

[2] Sucre (offizielle Hauptstadt) – 216 000 Ew.

[3] Santa Cruz de la Sierra (Wirtschaftszentrum des Landes am Andenrand) – 1,15 Mio. Ew.

[4] Antofagasta (seit 1883 zu Chile gehörende Hafenstadt) – 270 000 Ew.

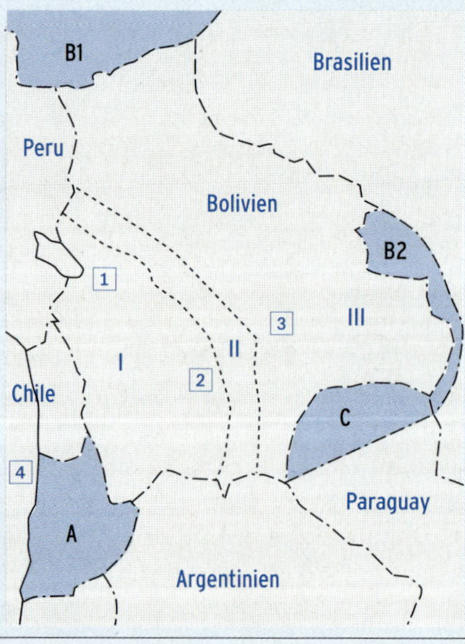

152.1 Bolivien – räumliche Strukturen

Gebietsverluste Boliviens (Unabhängigkeit 1825):

A Zugang zum Pazifik (Atacama um Antofagasta) an Chile nach dem verlorenen Salpeterkrieg 1883 – seither **Binnenland (Landlocked Country – LLC)**

B1 Territorium Acre an Brasilien 1903 nach Einwanderung brasilianischer Kautschuksammler

B 2 Grenzgebiete im Osten an Brasilien auch 1903 – nur noch kleine Städte am Rio Paraguay gehören zu Bolivien

C Verlust des Gran Chaco an Paraguay nach dem verlustreichen Chacokrieg 1938, angezettelt von US- bzw. britischen Erdölkonzernen (vermutete Erdölvorkommen)

mussten Zwangsarbeit in den Minen leisten und viele kamen dabei um. Die großen Zinnvorkommen verhalfen nach der Unabhängigkeit nur wenigen weißen Familien zu Reichtum. Viele Bolivianer haben daher heute Angst, die Gasreserven im Andenvorland an ausländische Konzerne wie die spanische Repsol oder an Exxon Mobil (USA) zu verlieren und fordern die erneute Verstaatlichung der Bodenschätze.

Nach Venezuela besitzt Bolivien die zweitgrößten Erdgasreserven Lateinamerikas – rund eine Trillion Kubikmeter. Größere Mengen Erdgas werden bereits nach Brasilien und nach Argentinien exportiert. Der spanische Repsol-Konzern plante den Bau einer Gasleitung von Bolivien an die Pazifikküste in Peru. Dort sollte das Erdgas verflüssigt und in die USA exportiert werden. Und das, obwohl in Bolivien selbst nur ein Prozent der Bevölkerung an die Gasversorgung angeschlossen ist. Daher wurde die Steuer auf die Gasförderung auf bis zu 50 % erhöht, und eine Re-Nationalisierung der Erdöl- und Erdgasförderung, die in den 1990er-Jahren privatisiert worden war, ist sehr wahrscheinlich. Außerdem ist eine Landreform für das Tiefland im Osten des Landes geplant, in dem der Sojaanbau für den Export (Futtermittel) boomt. Dort befinden sich rund 87 % des Landes in den Händen von etwa 7 % der Landbesitzer. Die Regierung plant deshalb die Umverteilung von rund 20 Mio. ha Land – dies entspricht 200 000 km^2 und somit einem knappen Fünftel der Staatsfläche – von den Großgrundbesitzern auf Kleinbauern und vor allem auf Indio-Gemeinschaften. Einige Großgrundbesitzer drohen mit bewaffnetem Widerstand gegen eine solche Landreform.

Da sowohl die erneute Nationalisierung als auch die Landreform die wirtschaftlich führende Region Santa Cruz am stärksten beträfe, eskaliert hier ein alter Streit zwischen dem Hochland mit dem Regierungssitz in La Paz und dem Tiefland. Die Region Santa Cruz fordert deshalb eine weitgehende Autonomie, um die wirtschaftliche Entwicklung ohne Einmischung der Verwaltung in La Paz vorantreiben zu können. Schon heute ist das BNE pro Einwohner in der Region Santa Cruz um fast ein Drittel höher als im Rest des Landes.

WISSEN: Höhenstufen in den Tropen

Mit zunehmender Höhe nimmt die Jahresmitteltemperatur ab. Die Temperaturabnahme beträgt etwa 0,5 °C pro 100 m: Santa Cruz de la Sierra liegt vor dem Gebirgsrand der Anden auf einer Höhe von 437 m über NN. Die Jahresmitteltemperatur beträgt 24 °C. Die Abkühlung mit der Höhe macht hier also rund 2 °C aus. Die Hauptstadt La Paz liegt auf einer Höhe von 3632 m über NN im Altiplano. Die Jahresmitteltemperatur beträgt hier rund 10 °C. Die Abkühlung mit der Höhe macht rund 18 °C aus.
In Abhängigkeit von Höhenlage, Temperatur und Niederschlag lassen sich in den tropischen Anden Südamerikas verschiedene **Höhenstufen** mit jeweils charakteristischer Vegetation bzw. Nutzungsmöglichkeiten unterscheiden:

- Die Tierra nevada (Schneeland) ist die höchste Stufe oberhalb der Schneegrenze. Sie ist ständig mit Eis und Schnee bedeckt.
- Die Tierra helada (das eisige Land) hat bis zu 320 Frostwechseltage. Daher stammt das Kennzeichen: „Jeder Tag ein Sommer, jede Nacht ein Winter". Hier befinden sich Frostschuttregionen und karge Hochweiden für die indianischen Nutztiere (Lamas und Alpakas).
- Die Tierra fría (das kalte Land) leidet regelmäßig unter Nachtfrösten, vor allem in der kühleren Jahreszeit in den Randtropen. Der Anbau von Gerste und Kartoffeln ist in geschützten Lagen möglich (Bolivien: I).
- Die Tierra templada (gemäßigtes Land), die Stufe der Bergregenwälder, bietet vielfältige Anbaumöglichkeiten (Bolivien: II).
  Typische Kulturpflanzen dieser Höhenstufe sind Kaffee und Kokain.
- Die Tierra caliente (warmes Land) ist das Gebiet der tropischen Tieflandsvegetation, der Regenwälder und **Savannen** (Bolivien: III) mit typischen Nutzpflanzen der Tropen, wie vor allem Kakao und Bananen, aber auch Manjok, Zuckerrohr und Reis.

9.7 Schwellenland Brasilien

Eine allgemein anerkannte Definition des Begriffs **Schwellenland** (englisch: Newly Industrializing Country – NIC) gibt es nicht. Ein Schwellenland befindet sich im Übergang zur Industrialisierung. Nach der Modernisierungstheorie handelt es sich um eine sogenannte Startgesellschaft. Diese muss erst noch den Sprung zur reifen Industriegesellschaft schaffen, den sogenannten Take Off. Nach der eindimensionalen Klassifizierung der Weltbank können die Länder mit mittlerem Einkommen (obere Kategorie) als Schwellenländer bezeichnet werden. Ihr BNE pro Einwohner sollte also etwa zwischen 3250 und 10 000 US-$ betragen (Stand 2006). Demnach gehören Argentinien, Chile, Venezuela und Mexiko in diese Kategorie, Brasilien mit einem BNE pro Einwohner von rund 3000 US-$ aber nicht. In der VR China liegt das BNE pro Einwohner sogar nur bei 1500 US-$. Hier kommt ein weiteres Merkmal von Schwellenländern zum Tragen: Der höhere wirtschaftliche Entwicklungsstand kann nur einzelne Teilräume betreffen. Selbst bei kleineren Schwellenländern gibt es oft ein großes Entwicklungsgefälle, z.B. in Malaysia zwischen Westmalaysia (+) und Ostmalaysia (–). Umso mehr treffen die ausgeprägten **räumlichen Disparitäten** für Brasilien zu, das deshalb bisweilen auch als „Belindia" bezeichnet wird. Mit diesem Begriff soll das Entwicklungsgefälle innerhalb des Staates zwischen dem industrialisierten Südosten (vergleichbar mit Belgien) und dem ländlichen Nordosten (vergleichbar mit ärmeren Regionen Indiens) gekennzeichnet werden. Dennoch gilt Brasilien insgesamt als Schwellenland.

Venezuela dagegen, dessen hohes BNE pro Einwohner nur auf der Förderung und auf dem Export der Energierohstoffe Erdöl und Erdgas beruht, ist kein anerkanntes Schwellenland. Denn herausragend wichtig für die Einordnung als Schwellenland ist der Export von Industriegütern, der für Brasilien eine große Rolle spielt (Anteile in Prozent):

Transportausrüstungen, vor allem Fahrzeuge und Flugzeuge (16); Metalle und Metallwaren (11); Soja (8); Erdöl und Erdölprodukte (8); Fleisch (7); Eisenerz (7); Chemikalien und chemische Produkte (6); Maschinen (6); Elektrische Ausrüstungen (4); Zucker (4) (nach: Fischer Weltalmanach 2007)

Diese Aufstellung zeigt sowohl die Bedeutung der modernen Industrie für die brasilianische Volkswirtschaft, als auch die Rolle der exportorientierten Landwirtschaft. Der Anteil der Sektoren am BIP in Prozent bzw. an den Beschäftigten (ebenfalls in Prozent) unterstreicht die Bedeutung der Industrie:

- Landwirtschaft 10 (20)
- Industrie 40 (22)
- Dienstleistungen 50 (55)

Besonders hervorzuheben sind die Automobilindustrie, der Flugzeugbau, die Stahlindustrie und die chemische Industrie. Auch die Elektroindustrie und die Elektronik sind Wachstumsbranchen. Die modernen Industriebranchen konzentrieren sich im Raum Sao Paulo, das sich zur Megastadt entwickelt hat. Das Dreieck Sao Paulo – Rio de Janeiro – Belo Horizonte (→ Atlas)

154.1 „Zuckerhut" in Rio de Janeiro

Brasilien – Städte
(Einwohner in Millionen):

1. Sao Paulo (10,9) – *Südosten*
2. Rio de Janeiro (6,1) – *Südosten*
3. Salvador (2,7) – *Nordosten*
4. Belo Horizonte (2,4) – *Südosten*
5. Fortaleza (2,4) – *Nordosten*
6. Brasilia (2,3) – *Zentrum*
7. Curitiba (1,8) – *Süden*
8. Manaus (1,6) – *Norden*
9. Recife (1,5) – *Nordosten*
10. Pôrto Alegre (1,4) – *Süden*
11. Belém (1,4) – *Norden*

wird auch als „Goldenes Dreieck" bezeichnet, da hier auf verhältnismäßig engem Raum Wirtschaftskraft und Wohlstand des Landes konzentriert sind. Als größtes Problem für die weitere wirtschaftliche Entwicklung werden die Defizite in der Verkehrsinfrastruktur angesehen.

Im **Zentrum-Peripherie-Modell** (→ Abb. 155.1) werden die Folgen der Abhängigkeit der Entwicklungsländer von den Industrieländern anschaulich dargestellt. Es handelt sich um die regionale Anwendung der Dependenztheorie auf die Entwicklungsländer allgemein bzw. auf ein bestimmtes **Entwicklungsland** – hier auf Brasilien. Dabei werden nicht nur die verschiedenen räumlichen Ebenen innerhalb des Entwicklungslandes betrachtet, sondern auch die verschiedenen gesellschaftlichen Gruppen, ihre soziale Stellung und ihre Einflussmöglichkeiten.
Unter dem Begriff Zentrum ist hier der Südosten mit São Paulo, Rio de Janeiro und Belo Horizonte zu verstehen. Obwohl die Hauptstadt Brasilia eher im geographischen Zentrum des Landes liegt, ist ihre Bedeutung nachrangig. Im Zentrum entscheidet die modernisierte Ober- und Mittelschicht Brasiliens zusammen mit der Bürokratie über die Geschicke des Landes. In der ländlichen Peripherie entscheiden die Großgrundbesitzer; in der städtischen **Peripherie**, also in den **Marginalsiedlungen** (brasilianisch: **Favelas**), hat die organisierte Kriminalität das Vakuum der Staatsmacht eingenommen, tätigt kriminelle Geschäfte und übt direkte Gewalt aus. Besonders gewalttätig waren und sind die Auseinandersetzungen zwischen der Staatsmacht und der organisierten Kriminalität bzw. zwischen rivalisierenden Banden in Rio de Janeiro (→ Abb. 154.1). Weniger bedeutend sind die regionale Bürokratie und die modernisierte Ober- und Mittelschicht in den städtischen Zentren der Peripherie, wie z. B. in Salvador im Nordosten (→ Abb. 155.2). Zur Rolle der organisierten Kriminalität ist hier sehr wenig bekannt. Auf der untersten Stufe der sozialen Hierarchie stehen auf dem Lande die Landlosen und besonders die Indianer, in der **Stadt** sind es arme Randgruppen ohne Einkommen.

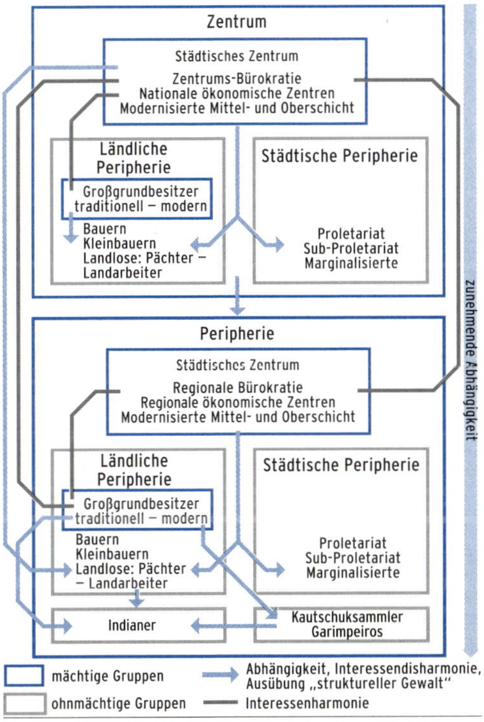

155.1 Zentrum-Peripherie-Beziehungen in Brasilien

155.2 Wohn- und Geschäftshäuser in Salvador/Brasilien

10_Globalisierung

10.1 Einführung – Welthandel

Unter dem Begriff **Globalisierung** versteht man die weltweite Zunahme von Handels-, Finanz- und Kulturverflechtungen über Staatsgrenzen hinweg. Die Globalisierung verändert die bisherigen wirtschaftlichen, räumlichen, politischen, sozialen und kulturellen Strukturen einschneidend.

Die dominierenden räumlichen Zentren im Prozess der Globalisierung sind die Staaten der sogenannten **Triade** (USA, Europa, Japan) mit nur rund 15 % der Weltbevölkerung, die etwa 50 % der Reichtümer des Planeten (Rohstoffe, Energie, Einkommen) und 70 % des Welthandels für sich beanspruchen bzw. erwirtschaften. Die Globalisierung betrifft also bei weitem nicht die ganze Welt. Große Teile der Welt haben weder nennenswerte Anteile am Welthandel, noch an multinationalen Investitionen, noch am internationalen Tourismus. Dazu gehören die meisten Staaten Afrikas, die Andenstaaten Lateinamerikas und große Teile von Süd- und Zentralasien. Einige Küstengebiete und Zentren Ost- und Südostasiens haben sich im Rahmen der Globalisierung zu Industriestandorten und Dienstleistungszentren entwickelt, so z. B. das Perlflussdelta in China.

Die Globalisierung wurde ermöglicht durch eine Vielzahl technologischer Innovationen, die zu einer **Kompression** von Raum und Zeit führten:

- Die Verbesserung der Verkehrsmittel hat die Fahrzeiten verkürzt, die Transportkosten verringert und so eine Steigerung des Personenverkehrs und des Handels ermöglicht: Großtanker, Erfindung des Containers und Bau großer Containerschiffe, Ausbau der Autobahnnetze, Ölpipelines, Schubschiffe, Hochgeschwindigkeitsfähren, Hochgeschwindigkeitszüge wie TGV, ICE und Transrapid, Großraumflugzeuge und spezielle Frachtflugzeuge.
- Revolutionäre Veränderungen in den Bereichen Telekommunikation und Informatik erlauben zu vergleichsweise geringen Kosten die Übertragung von Informationen oder von Bildern von einem Punkt auf der Erde zum anderen mithilfe geostationärer Satelliten. Die weltweite Verbindung über das Internet ist dabei sehr kostengünstig.

Die Zunahme des weltweiten Austausches betrifft vor allem den prosperierenden weltweiten Handel (globale Gütermärkte), das Wachstum der internationalen Kapitalströme (globale Finanzmärkte) und die grenzüberschreitende Organisation der Produktion (globale Firmennetze).

- Der Welthandel wird zu 60 – 70 % zwischen den Industrieländern der Triade (s. o.) abgewickelt und umfasst vor allem Halbfertig- und Fertigwaren. Der Anteil der **Entwicklungsländer** einschließlich der Schwellenländer liegt bei 20 % und der Anteil der ehemals sozialistischen Transformationsländer beträgt nur etwa 10 %. Trotz der WTO-Abkommen gibt es immer noch protektionistische Tendenzen.
- Der Wert der internationalen Finanztransaktionen ist ca. 50-mal so hoch wie der des Welthandels. Die internationalen Finanzgeschäfte entziehen sich immer mehr der nationalen Kontrolle, sind also nur schwer zu besteuern. Off-shore-Finanzzentren (→ Seite 159) und Steueroasen wie Liechtenstein, Monaco oder die britischen Kanalinseln ermöglichen Kapitalflucht, Steuerhinterziehung und Geldwäsche.
- Global agierende Unternehmen (**Global Player**) investieren nach strategischen Gesichtspunkten: Erschließung von Zukunftsmärkten, Umgehung von Handelsschranken, Nutzung geringer Lohnkosten und Auslagerung von Forschung und Entwicklung in andere Zeitzonen, zum Teil auch Versteuerung von Gewinnen in **Offshore-Finanzzentren** und Steueroasen (s. o.).

Im Zeitraum von 1996 bis 2004 stieg der Wert aller statistisch erfassten **Exporte** weltweit von 5,3 Billionen US-$ auf 8,2 Billionen US-$. Allerdings handelt es sich dabei teilweise um einen nominalen Anstieg, der auf Preissteigerungen zurückzuführen ist. Die reale Zunahme der Exporte, also das reine Gütervolumen, fiel dagegen geringer aus.

Die **Welthandelsorganisation WTO (World Trade Organization)** zielt auf die globale Förderung des Freihandels und bekämpft tarifäre und nicht-tarifäre Handelshemmnisse. Dennoch wird der Welthandel durch die Bildung von Freihandelszonen sowie von Wirtschafts- und Zollgemeinschaften eingeschränkt, innerhalb derer der Handel zwar floriert, die sich aber nach außen abschotten.

Die drei wichtigsten Wirtschaftblöcke:

- Die Nordamerikanische Freihandelszone NAFTA (North American Free Trade Agreement) mit den USA, Kanada und Mexiko mit rund 420 Mio. Verbrauchern
- Der Europäische Binnenmarkt mit den 27 EU-Staaten (seit 2007) plus Norwegen, Island und Liechtenstein umfasst rund 484 Mio. Verbraucher.
- Bis 2020 soll eine Asiatische Freihandelszone entstehen (AFTA), die neben den südostasiatischen Staaten auch Japan, die VR China und Indien umfassen soll mit 2,5 Mrd. Verbrauchern.

GEO-PRAXIS: Kreissektorendiagramm

Das **Kreissektorendiagramm** zeigt die Bedeutung der Staaten(gruppen) für die Weltwirtschaft im Jahr 2004. Es geht um die Anteile der Staaten am weltweit erwirtschafteten **Bruttoinlandsprodukt (BIP)**. Das ist der Wert der statistisch erfassten Wirtschaftsleistung innerhalb eines Jahres in einem Staat, also von Agrar- und Industrieproduktion, Handel und Dienstleistungen zusammengerechnet. Ein Kreissektorendiagramm ist wegen der Umrechnung von Anteilen in Winkel nicht einfach auszuwerten, wenn Prozentangaben fehlen.

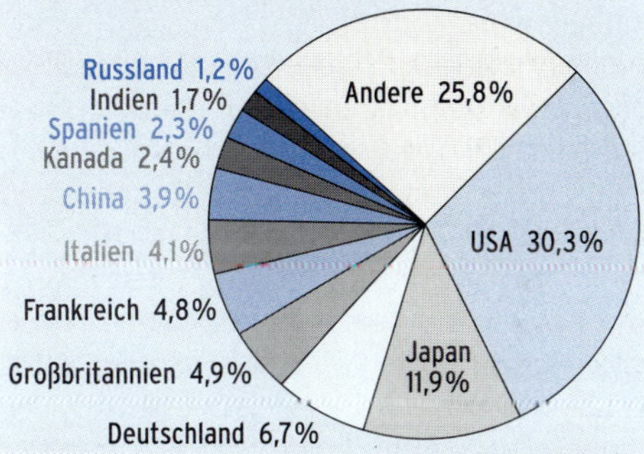

157.1 Anteile am weltweit erwirtschafteten BIP (2004, in %)

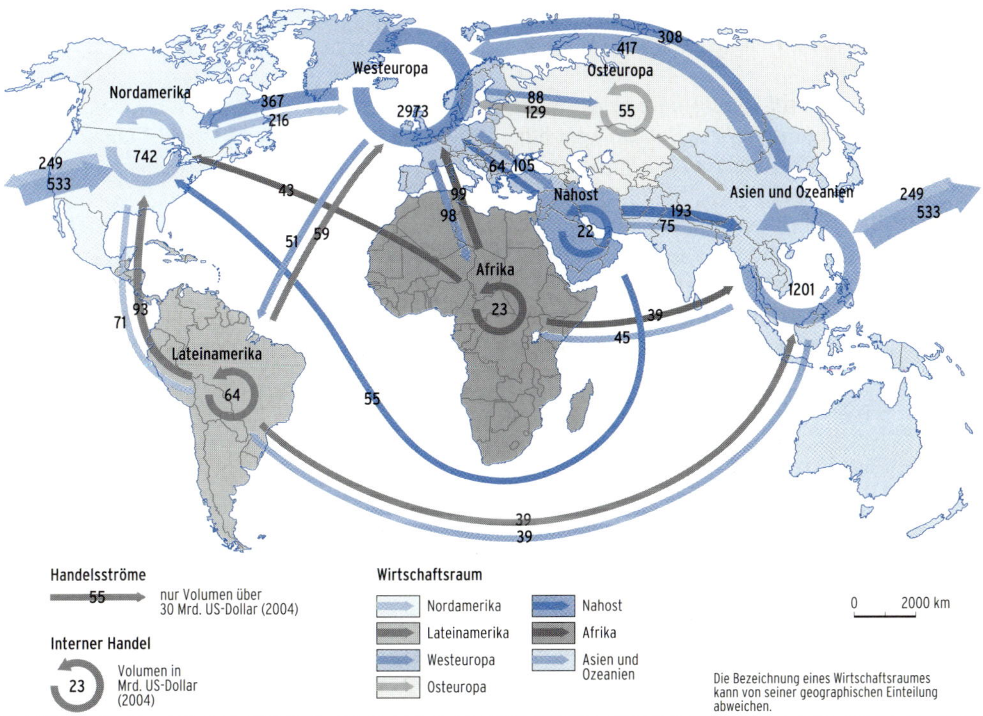

157.2 Welthandelsströme

10.2 Globale Finanzzentren

Trotz der weltweiten Ausdehnung und Vernetzung werden 85% aller Geldströme von den 20 wichtigsten Finanzzentren in den reichsten Ländern der Erde gesteuert. Diese **Global Cities** können definiert werden als höchstrangige zentrale Orte mit hoch spezialisierten Wirtschafts- und Finanzdienstleistungen und mit modernen Verkehrs- und Telekommunikationseinrichtungen, wie sie für die Steuerung und Kontrolle globaler Wirtschaftsaktivitäten erforderlich sind. Kennzeichnend sind die hohe Konzentration von Bankzentralen und -niederlassungen sowie das Vorhandensein einer global bedeutenden Börse. Dazu kommen die Hauptsitze international agierender Konzerne, die eine **Global City** zum wirtschaftlichen Entscheidungszentrum machen. Der Anteil und die absolute Zahl der Beschäftigten im sogenannten **FIRE-Sektor** (Finance, Insurance and Real Estate = Finanzen, Versicherungen, Immobilien) sind in der Regel überdurchschnittlich hoch. Innerhalb der Global City sind die hochrangigen zentralen Einrichtungen meist auf engem Raum konzentriert, wie z.B. in Manhattan. Dadurch sind hier die wichtigen persönlichen Kontakte der Entscheidungsträger gut möglich. Die Global Cities sind untereinander eng verbunden, z.B. durch häufige und stark frequentierte Verbindungen im Luftverkehr (z.B. London–New York) oder mit Hochgeschwindigkeitszügen (z.B. London–Paris und bald auch Frankfurt–Paris). Die drei führenden Global Cities sind unbestritten New York, London und Tokio. Weitere „Alpha World Cities" sind in Nordamerika Los Angeles und Chicago, in Europa Paris, Frankfurt, Zürich und Mailand sowie in Asien Hongkong und Singapur. Für diese Einstufung der Global Cities in Alpha-, Beta- und Gamma-World-Cities wurden Daten von international tätigen Unternehmen aus den hoch spezialisierten Dienstleistungsbranchen Wirtschaftsprüfung, Bank- und Finanzwesen, Werbeagenturen und Rechtsberatung in über 260 Städten erhoben. Die Auswertung ergab zusammen 55 Weltstädte auf den genannten Hierarchiestufen. Diese Klassifizierung beschränkt sich zwar auf vier ausgewählte Bereiche des Dienstleistungssektors, kann damit aber doch die wirtschaftlichen Steuerungsfunktionen der jeweiligen **Global City** recht gut erfassen. Allerdings entwickeln sich Hierarchien ständig weiter (→ z.B. Aufstieg von Shanghai).

Börsen sind amtliche Märkte für Waren, Aktien, Wertpapiere und Devisen, auf dem vereidigte Makler (Broker) während der Börsenstunden Kurse (Preise) feststellen, die sich aus den vorliegenden Kaufs- und Verkaufsaufträgen ergeben. Folgende Arten von Börsen werden unterschieden:

- **Warenbörsen** – Handel mit natürlichen Produkten (z.B. London Commodity Exchange)
- **Aktien- und Rentenbörsen** – Handel mit Finanzprodukten im engeren Sinne, wie Aktien und festverzinslichen Wertpapieren (z.B. London Stock Exchange)
- **Terminbörsen** – Handel mit Finanzderivaten (= abgeleitete Wertpapiere), wie Futures (Terminverträge) und Optionen (Kaufoption bzw. Verkaufsoption zu einem vorab festgelegten Preis gegen Prämie). Beispiel: LIFFE London

Die **wichtigsten einzelnen Börsenplätze** sind (Umsatz in Billionen US-$ 2005): New York (16,6), Tokio (4,0), London (3,0), Osaka (2,6), Frankfurt (1,2), Hongkong (1,0), Zürich (0,9), Sydney (0,8)

Die bedeutendsten **Offshore-Finanzzentren** liegen in Mittelamerika auf kleinen Inseln bzw. in Costa Rica und Panama. In Europa sind es ebenfalls kleine Inseln oder kleine Staaten wie Malta und Territorien wie Gibraltar. Das größte **Offshore-Finanzzentrum** ist die Schweiz. In Asien sind kleine Ölstaaten und Finanzzentren wie Hongkong und Singapur wichtig, im Pazifik kommen kleine Inseln dazu.

Als **Offshore Banking** werden internationale Bankgeschäfte bezeichnet, die außerhalb des Währungs- und des Hoheitsgebietes des Landes abgewickelt werden, in dem sie eigentlich getätigt werden. Für die Abwicklung solcher internationaler Bankgeschäfte werden die Dienste extraterritorialer Offshore-Finanzzentren oder auch Steueroasen genutzt. Das sind formal selbstständige oder auch abhängige **Territorien mit kleiner Fläche** und mit gesetzlichen Ausnahmeregelungen. Der Finanzsektor ist meist völlig losgelöst von den traditionellen wirtschaftlichen Aktivitäten und bietet die Möglichkeit, internationale **Finanztransaktionen** zu tarnen. Die Offshore-Finanzzentren nutzen oftmals die räumliche Nähe großer Wirtschafts- und Finanzzentren mit Börsen. Dazu bieten sie über das Bankgeheimnis hinaus die völlige Anonymität der Kunden, z. B. durch Holdings, Scheinfirmen oder Briefkastenfirmen sowie eine geringe bzw. nicht vorhandene Besteuerung der Zinsgewinne. Sie sind oft rechtsfreie Räume, die nicht mit nationalen oder internationalen Behörden zusammenarbeiten, um illegale Geschäfte aufzuklären. Sie helfen mitunter bei der Geldwäsche. Die Offshore-Finanzzentren dienen als wichtige Drehscheiben bei der **Globalisierung der Finanzen**. Sie verwalten geschätzte 30 bis 40 % der weltweiten Privatvermögen, beherbergen 25 % der grenzüberschreitenden Bankdepots und lenken 50 % der weltweit frei beweglichen Finanzströme (Floating Money). Nach Angaben des UN-Büros für Drogenkontrolle und Verbrechensbekämpfung werden 50 % der weltweit geschätzten 800 Mio. € Einnahmen pro Jahr aus kriminellen Aktivitäten in den Offshore-Finanzzentren gewaschen und in den normalen Geldkreislauf eingeschleust. Unter solche kriminelle Aktivitäten fallen Drogen- und Waffenhandel, Herstellung von Falschgeld, Menschenhandel, Prostitution, Steuerhinterziehung, Piraterie und Schmuggel. Es handelt sich bei den Offshore-Finanzzentren also keineswegs um harmlose kleine Territorien mit exotischem Flair, sondern um zumindest indirekte Unterstützer krimineller Aktivitäten, teilweise mitten in Europa. In den letzten Jahren hat sich die Kritik an diesen Gebilden verstärkt, da sie auch gegen die Interessen vieler Nationalstaaten handeln.

GEO-PRAXIS: polständige Kartenprojektion

Bei dieser Karte handelt es sich um die **Sonderform einer polständigen Kartenprojektion**. Dadurch wird die Nähe der drei wirtschaftlichen Kernregionen der Erde (**Triade**) zueinander betont: Nordamerika, Europa und Japan. Während die Form der Landflächen bei dieser Kartenprojektion kaum verändert wird, stimmen die Lagebeziehungen vor allem der Südkontinente zueinander und zu den entfernteren Nordkontinenten überhaupt nicht mehr. Die Fläche der Ozeane wird völlig verzerrt. Allerdings kann so die relative Nähe Südamerikas zu Nordamerika, Afrikas zu Europa und Australiens zu Ostasien verdeutlicht werden, was der ökonomischen Realität der Handelsbeziehungen (Rohstoffquellen) zumindest teilweise entspricht.

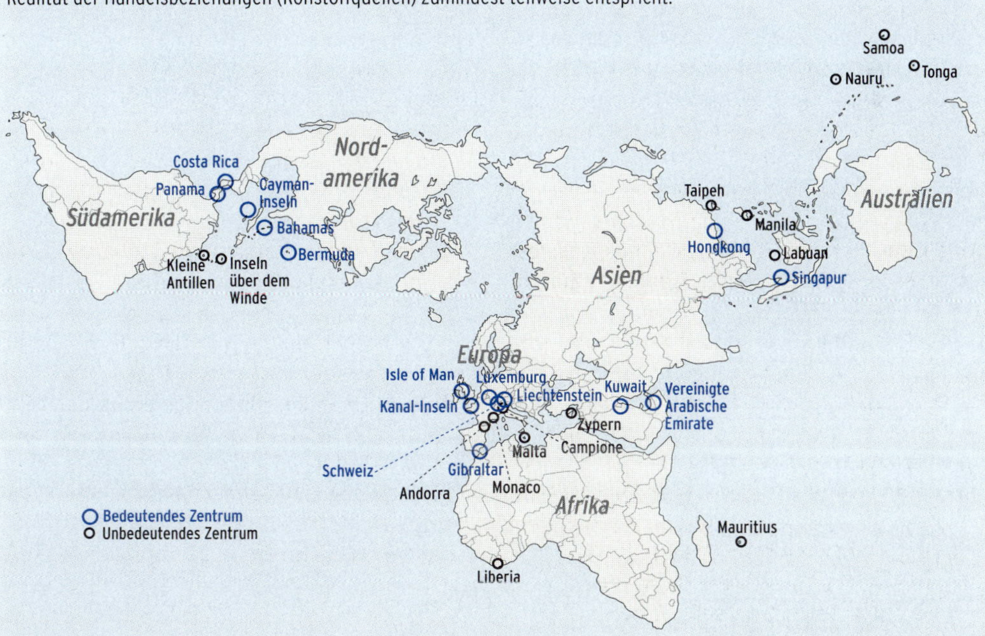

159.1 Offshore-Finanzzentren

10.3 BASF – ein Global Player

Mit einem Umsatz von knapp 43 Mrd. € und 81000 Mitarbeitern war die „Badische Anilin- und Sodafabrik" (BASF) im Jahr 2005 der größte Chemiekonzern der Welt. Die Werke der BASF basieren auf dem **Verbundkonzept:** Neben- oder Abfallstoffe einer Fabrik sind die Ausgangsstoffe für benachbarte Fabriken. Durch die räumliche Nähe mehrerer Fabriken kann auch die Energie effizient genutzt werden. Der weitaus größte Verbundstandort ist weiterhin der Stammsitz in Ludwigshafen am Rhein. Mit sechs Verbundstandorten werden alle wirtschaftlichen **Kernräume** bedient (→ Abb. 160.2):

Kernraum Westeuropa

- Ludwigshafen mit 35000 Mitarbeitern, 250 Anlagen und 8,5 Mio. t Absatz
- Antwerpen (Belgien) mit 3700 Mitarbeitern, 54 Anlagen und 9,3 Mio. t Absatz

Kernraum Nordamerika

- Geismar (Louisiana) mit 860 Mitarbeitern, 20 Anlagen und 2,8 Mio. t Absatz
- Freeport (Texas) mit 600 Mitarbeitern, 12 Anlagen und 3,0 Mio. t Absatz

Kernraum Ost-/Südostasien

- Nanjing (VR China) mit 1500 Mitarbeitern, 10 Anlagen und 1,7 Mio. t Absatz
- Kuantan (Malaysia) mit 700 Mitarbeitern, 12 Anlagen und 0,8 Mio. t Absatz

Die Grundstoffe für die Herstellung von Kunststoffen, Kunstfasern, Textil-Färbemitteln, Farben und Lacken sind **Erdöl und Erdgas (Petrochemie)**. Über seine Tochtergesellschaft Wintershall verstärkt der BASF-Konzern die Zusammenarbeit mit dem russischen Gazprom-Konzern, die seit 1990 besteht. Das gemeinsame Tochterunternehmen von BASF-Wintershall und Gasprom, Wingas, kommt inzwischen in Deutschland auf 15 % Marktanteil und stützt sich zu 80 % auf russisches Gas. 2006 erhielt die BASF über Wintershall einen Anteil am großen Erdgasfeld Jushno-Russkoye in Westsibirien, das kostengünstig erschlossen werden kann und sehr ergiebig ist. Im Gegenzug erhält Gasprom weitere Anteile an Wingas und damit besseren Zugang zum deutschen Endverbrauchermarkt über den zweitgrößten deutschen Erdgasversorger nach EON-Ruhrgas. Allerdings wollen amerikanische Energieversorger, die ebenfalls für das russische Erdgasfeld geboten hatten, in den USA gegen die BASF klagen. Als größter **Wachstumsmarkt der Zukunft** gilt der ost- und südostasiatische Raum. Im Jahr 2010 soll hier rund ein Viertel aller Chemikalien weltweit verbraucht werden im Wert von mehr als 500 Mrd. US-$. Größter Teilmarkt in dieser Region ist die Volksrepublik China. Dort wurde 2005 der neue BASF-Standort Nanjing (s. o.) am Jangtsekiang offiziell eingeweiht, der gemeinsam mit dem chinesischen Chemiekonzern Sinopec errichtet wurde. Die mit 1,5 Mrd. US-$ größte Einzelinvestition der BASF-Geschichte hat zwei **Gründe:**

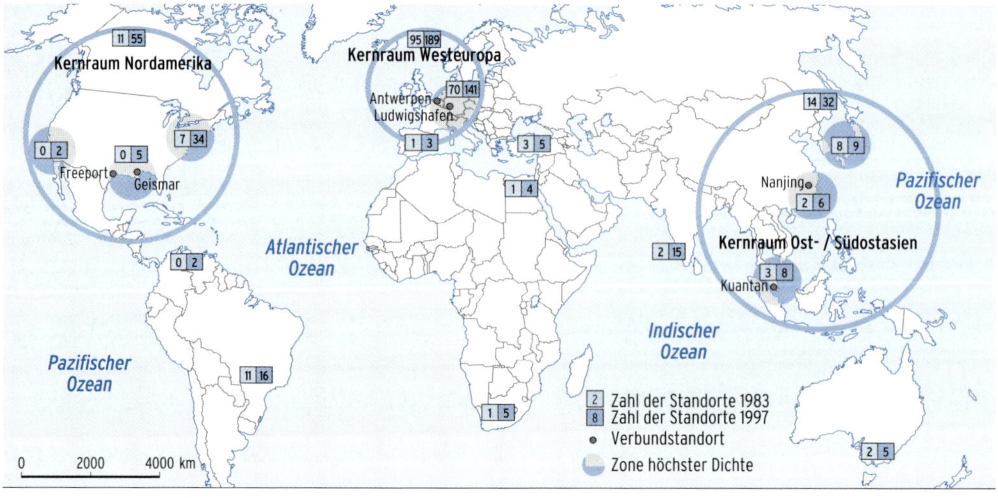

160.1 Standorte der BASF 1983 – 2002

- Das Wachstum des chinesischen Marktes
- Produktionsverlagerung von BASF-Kunden aus Europa und Nordamerika nach China. Die Nähe zu diesen Kunden soll erhalten bleiben.

Zugleich werden durch die Investition vorhandene Standorte gesichert. Da China auch 2015 noch Netto-Importeur von chemischen Produkten sein wird, bietet das Chancen für den Absatz von Spezialprodukten aus anderen BASF-Standorten – vorausgesetzt, sie sind weiterhin wettbewerbsfähig. Durch das Verbundkonzept will die BASF auch auf dem hart umkämpften chinesischen Markt konkurrenzfähig bleiben. **Konkurrenten** sind neben dem Kooperationspartner Sinopec (!) weitere chinesische Konzerne wie Petrochina oder China Chem. Um im Kernraum Ost- und Südostasien schneller und besser handeln zu können, gründete die BASF 1989 eine **regionale Steuerungszentrale** im Stadtstaat und Dienstleistungszentrum Singapur.

GEO-PRAXIS: Grafiken interpretieren

Die Grafik zeigt den Globalisierungsgrad unterschiedlicher Unternehmen der Automobil- und der Chemiebranche. Auf der y-Achse ist der Anteil des Auslandsvermögens am Gesamtvermögen in Prozent angegeben; auf der x-Achse kann der Anteil der Mitarbeiter im Ausland abgelesen werden. Beide Angaben zusammen ergeben eine bestimmte Position für jedes der aufgeführten Unternehmen im Diagramm. Je höher und je weiter rechts diese Position liegt, desto stärker ist der Globalisierungsgrad des betreffenden Unternehmens. Allerdings sagt diese Grafik nichts aus über den Umsatz, die Umsatzrendite oder den Kapitalwert des Unternehmens an der Börse und damit über seine Zukunftsperspektiven auf einem globalisierten Markt. So hatte z. B. der US-Konzern Du Pont 2004 einen Börsenwert von 47 Mrd. US-$ (weltweit Platz 103), der Wert von BASF und Bayer lag weit darunter.

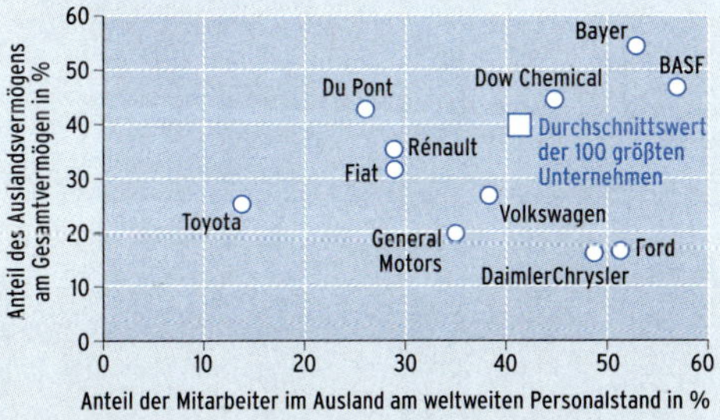

161.1 Globalisierung verschiedener Unternehmen

WISSEN: Produktlebenszyklus

Jedes Produkt hat nach diesem Modell eine begrenzte Lebensdauer und durchläuft verschiedene Phasen:

In der **Entwicklungs- und Einführungsphase** sind die Kosten anfangs sehr hoch, ohne dass Gewinne gemacht werden. Zunächst handelt es sich um die Entwicklungskosten (Forschung und Produktionsanlagen), dann um die Kosten der Markteinführung (Werbung und Vertriebsnetz). Wichtigste **Standortfaktoren** in dieser Phase sind qualifizierte Arbeitskräfte und eine hochwertige Infrastruktur.

In der **Wachstumsphase** werden erstmals Gewinne gemacht, die allmählich steigen, da das Produkt neu ist und da die Kunden noch bereit sind, einen höheren Preis zu zahlen. **Agglomerationsvorteile** (z. B. Zulieferer-Unternehmen und spezialisierte Dienstleistungen) sind neben der Marktnähe die wichtigsten Standortfaktoren.

In der **Reifephase** sind die Produktionsverfahren standardisiert und es werden zunächst noch Gewinne gemacht, bis das Auftreten von Konkurrenten und die allmähliche Marktsättigung eine Preisreduzierung erforderlich machen. Daher schrumpfen zum Ende dieser Phase die Gewinne. Zu den wichtigsten **Standortfaktoren** werden billige Arbeitskräfte und niedrige Standortkosten (Betriebsgelände, Abgaben). In dieser Phase werden Produktionsprozesse teilweise in Billiglohnländer verlagert.

In der **Schrumpfungsphase** spielen billige Arbeitskräfte und niedrige Standortkosten definitiv die größte Rolle. Wegen des Absatzrückgangs und der Konkurrenz treten Verluste auf: Das Produkt muss nun durch ein Nachfolge-Produkt abgelöst werden.

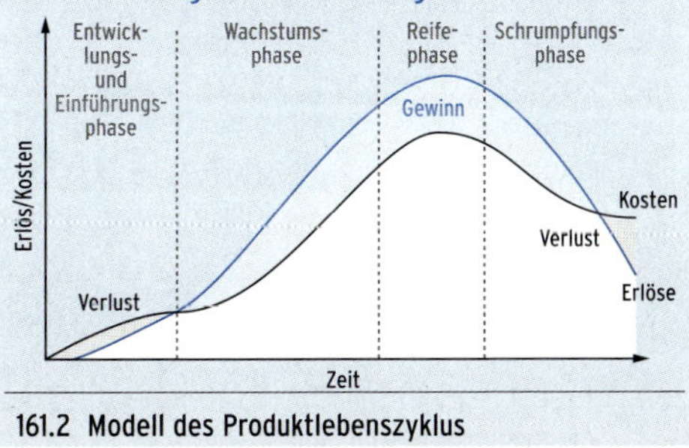

161.2 Modell des Produktlebenszyklus

10.4 Globalisierung des Tourismus

Mit dem wirtschaftlichen Aufschwung in den westlichen Industrieländern nach dem Zweiten Weltkrieg und mit dem **Massenwohlstand** – höhere Einkommen und längere Urlaubszeiten – begann die Globalisierung des Tourismus. Die entscheidende Voraussetzung war die Verkürzung der Reisezeiten durch moderne und sichere Düsenflugzeuge und die Verfügbarkeit von billigem Flugbenzin (Kerosin).

Trotz der großen wirtschaftlichen Bedeutung des Tourismus für bestimmte Entwicklungsländer, wie z. B. die Malediven (→ Kasten Seite 163), bereisen die meisten Touristen die **Kernräume der Weltwirtschaft**, die bereits genannte Triade: Von den 682 Mio. Touristen (Auslandsgäste) 2004 entfielen 382 auf Europa, das damit das wichtigste Tourismusziel weltweit war. Asien kam auf rund 120 Mio. Touristen, Amerika auf rund 110 Mio. und Afrika auf 30 Mio. Davon konzentrierten sich die meisten auf Marokko, Tunesien und Ägypten sowie auf die Republik Südafrika. Als besonders labil und krisenanfällig hat sich die touristische Entwicklung **in islamischen Staaten** erwiesen, wie z. B. Tunesien, Ägypten und Indonesien, in denen islamistische Terroristen Anschläge auf ganze Touristengruppen mit zahlreichen Opfern verübt haben. Dort prallen die Gegensätze zwischen den westlichen Touristen mit ihren eher liberalen und lockeren Einstellungen sowie den Einheimischen und deren oftmals strengen Rollenzuweisungen für Mann und Frau, mit strikten Verhaltensnormen und Bekleidungsvorschriften besonders stark aufeinander.

- Die kulturellen Veränderungen sind nur ein Teil der **sozialen Auswirkungen** des internationalen Tourismus in den Zielländern und nicht nur auf die islamischen Staaten beschränkt. Überall gerät die einheimische Kultur in Gefahr, als Folklore für Touristengruppen vermarktet und entwertet zu werden. Wenn Trinkgelder in der Tourismusbranche mehr einbringen als ein Jahr harte Arbeit in der Landwirtschaft, dann gerät das gesamte soziale Gefüge aus dem Gleichgewicht. Die traditionellen Werte werden in Frage gestellt, neue Werte fehlen dagegen. So können sich Kriminalität, Prostitution und Drogensucht in den Touristenorten verbreiten, die Schattenseiten des globalen Tourismus.
- Die **ökologischen Auswirkungen** sind aufgrund der Fernreise im Flugzeug bzw. der Reise im eigenen Pkw, im Bus oder mit einer Billigfluglinie innerhalb des eigenen Kontinents beträchtlich. Alle Reisen verstärken nämlich grundsätzlich den Treibhauseffekt. Dazu kommen der sehr hohe Wasser- und Energieverbrauch sowie die Wasserverschmutzung durch die Touristen in den Zielorten.
- Die **ökonomischen Auswirkungen** hängen in erster Linie vom Entwicklungsstand des Ziellandes ab: Je höher der Entwicklungsstand des Ziellandes, desto stärker kann die einheimische Wirtschaft vom Tourismus profitieren, z. B. die Nahrungsmittelindustrie als Zulieferer für Hotelketten. Müssen dagegen

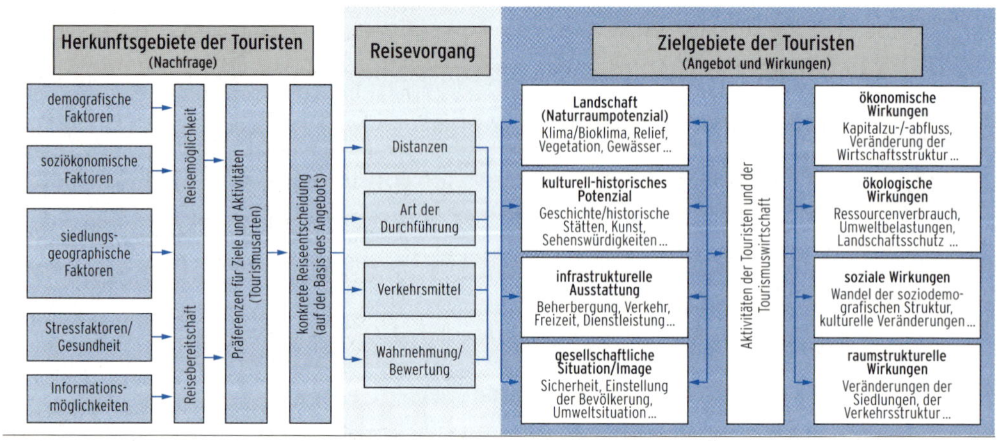

162.1 Wirkungszusammenhänge und Rahmenbedingungen im Tourismus (nach Kulinat/Steinecke 1984, verändert)

Lebensmittel und andere Produkte für die Touristen importiert werden, so belasten die Einfuhren die **Handelsbilanz** des Ziellandes. Außerdem liegt der größte Teil der touristischen **Wertschöpfungskette** in den Händen großer Tourismuskonzerne mit Sitz in den Kernräumen der Weltwirtschaft. Diese haben gegenüber wirtschaftlich schwächeren Staaten eine starke Verhandlungsposition, nicht zuletzt wegen der Austauschbarkeit vieler Tourismusziele, z. B. im Mittelmeerraum oder in der Karibik.

- Die **raumstrukturellen Auswirkungen** des Tourismus sind unterschiedlich: Einerseits treten kleinräumige Konzentrationsprozesse auf; andererseits können **räumliche Disparitäten** innerhalb eines Staates durch touristische Entwicklung in der **Peripherie** abgebaut werden.

GEO-PRAXIS: Tabellen interpretieren

Entwicklung des globalen Tourismus

Die Tabelle zeigt die hohen Wachstumsraten des internationalen Tourismus bis zum Jahr 2000. Für das Jahr 2010 wurden damals noch 937 Mio. Gästeankünfte erwartet, für das Jahr 2020 gar 1,6 Mrd.. Doch die Krise der Tourismusbranche begann 2001 mit der Konjunkturschwäche in den wichtigsten Herkunfts- oder Quellregionen: Nordamerika, Westeuropa und Japan. Ein massiver Einbruch begann mit den Terroranschlägen des 11. September 2001 auf das World Trade Center in New York und der Furcht vor weiteren Anschlägen in Verbindung mit Flugreisen. Auch der zweite Irak-Krieg ab 2003, der Ausbruch der Vogelgrippe (SARS) in Ostasien und der verheerende **Tsunami** in Südostasien Ende 2004 zeigten die Krisenanfälligkeit des globalen Tourismus. Trotz des Rückgangs der Urlauberzahlen erbringt der Tourismus rund 12 % des weltweiten Bruttoinlandsprodukts mit rund 12 % der Beschäftigten weltweit (ca. 250 Mio.).

Jahr	Gästeankünfte (1) (in Mio.)	Einnahmen (2) (in Mrd. US-$)
1950	26	2
1960	69	7
1970	166	18
1980	284	103
1990	456	261
2000	697	462
2004	682	k. A.

(1) ohne Tagestouristen (2) ohne Messe-Einnahmen

>> BEISPIEL: Malediven

Der einzige bedeutende Wirtschaftsfaktor auf den Malediven ist der internationale Tourismus. Die Inselgruppe im Indischen Ozean hat eine Landfläche von nur 298 km^2. Die Malediven bestehen aus 20 Atollen mit 1087 einzelnen Inseln (Foto), von denen nur 220 bewohnt sind. Mit knapp 300 000 Einwohnern lag die rechnerische Bevölkerungsdichte 2005 bei rund 1000 Einwohnern pro km^2. Allein die Hauptstadtinsel Malé beherbergt 75 000 Einwohner auf nur 1,5 km^2. Die Bevölkerung wächst jährlich um 3 %. Mit einem BNE von 2350 US-$ pro Einwohner (2003) sind die Malediven ein **Entwicklungsland**. Durch den Tourismus soll der Staat entwickelt werden. Die Einnahmen aus dem Tourismus lagen im Jahr 2000 bei 330 Mio. US-$ und stellten rund 90 % aller Deviseneinnahmen. Die Malediven setzen auf Wassersportangebote wie Tauchen, Schnorcheln, Surfen und Wasserski. Für die Touristen wurden ehemals unbewohnte und ungenutzte kleine Inseln zu sogenannten Touristen-Isolaten ausgebaut. Auf dem Foto z. B. ist im Vordergrund die Hotelinsel Ihuru abgebildet. Die Unterbringung in Bungalows entspricht der in Drei- bis Fünf-Sterne-Hotels, die Sport- und Freizeiteinrichtungen sind sehr gut. Durch die räumliche Begrenzung des Tourismus auf die Isolate will der muslimische Staat der Malediven die Kontakte zwischen Gästen und Einheimischen auf ein Minimum reduzieren. Auf den Touristen-Isolaten dürfen nur einheimische Männer arbeiten, Frauen ist der Zugang streng verboten.

163.1 Hotelinsel Ihuru (Malediven)

10.5 Globalisierung und Staatszerfall

Staaten und Statsgrenzen

Die **Staaten als wichtigste territoriale Einheiten** prägen unser Bild von der Erde. Zugleich bilden sie die wichtigsten statistischen Einheiten für internationale Vergleiche. Im Jahr 2005 gab es insgesamt 193 eigenständige Staaten, davon waren 191 auch Mitglieder der Vereinten Nationen. In ihren Dimensionen unterscheiden sich die Staaten beträchtlich: Dem mit rund 17 Mio. km² flächengrößten Staat der Erde, der Russischen Föderation, steht die ebenfalls souveräne Vatikanstadt mit nur 0,44 km² gegenüber. Grönland dagegen mit rund 2,2 Mio. km² und 56 000 Einwohnern ist kein eigener Staat, sondern gehört zu Dänemark. Alle Staaten gemeinsam und ihre abhängigen Gebiete teilen die politische Weltkarte in scheinbar klar abgegrenzte Zellen unterschiedlichster Größe und Verteilung auf. Bei den **Staatsgrenzen** unterscheidet man drei Typen:

- **Geometrische Grenzen** verlaufen auf oder parallel zu Längen- und Breitenkreisen bzw. verbinden vermessene Fixpunkte durch gerade Linien. Dieser Typ von Staatsgrenze tritt besonders häufig in Afrika auf, wo die Abgrenzung kolonialer Herrschaftsgebiete am Grünen Tisch (Berliner Konferenz von 1884/1885) erfolgte. Problematisch werden solche Grenzen dort, wo sie die Siedlungsräume ethnisch einheitlicher Gruppen zerschneiden und alte wirtschaftliche und kulturelle Zusammenhänge zerreißen.
- **Natürliche bzw. physisch-geographische Grenzen** folgen zumeist Flussläufen, Wasserscheiden oder Gebirgskämmen. Abgesehen davon, dass solche Grenzen in der Praxis gar nicht so eindeutig festzulegen sind, können sie ebenso wie geometrische Grenzen die Siedlungsräume von ethnischen Gruppen zerschneiden. Das gilt z. B. für das ossetische Siedlungsgebiet im Kaukasus oder für das tibetische Siedlungsgebiet im Himalaya.
- **Gleichgewichtsgrenzen** bilden sich im Verlauf der historischen Entwicklung zwischen rivalisierenden Staaten je nach deren militärischer, wirtschaftlicher und politischer Stärke und können sich gegeneinander verschieben. Ein Beispiel ist der Verlust des bolivianischen Korridors zum Pazifik an Chile und Peru im sogenannten Salpeterkrieg von 1884 (→ Abb. 152.1). Auch dieser Grenztyp kann Siedlungsräume von Ethnien zerschneiden.

Den Staaten und Staatsgrenzen gemeinsam ist ihre mehr oder weniger zufällige Entwicklung im Laufe der Geschichte. In den meisten Fällen stimmen Staatsgrenzen und Siedlungsgebiete von Völkern nicht überein. Die politische Welt-

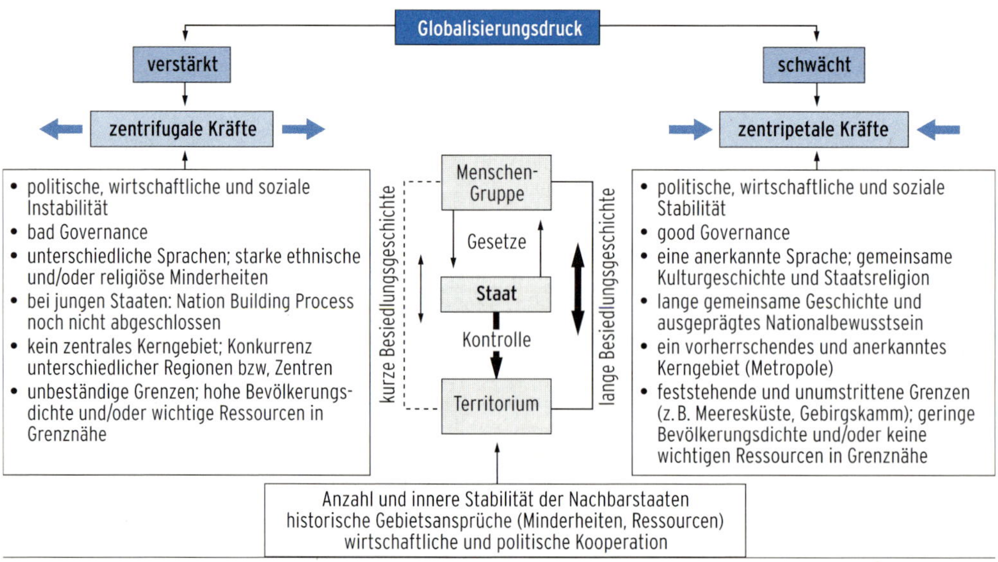

164.1 Zentrifugale und zentripetale Kräfte

karte besitzt daher trotz ihrer wichtigen Orientierungsfunktion historisch gesehen nur eine geringe Beständigkeit. Auch gegenwärtig weist sie viele Kriege und Konflikte auf (→ Abb. 165.1). Nach den beiden Weltkriegen und seit 1990 haben sich viele Staatsgrenzen verschoben und Staaten zerfielen oder entstanden neu. Durch die Auflösung der Kolonialreiche entstand z. B. in Afrika eine große Zahl formal unabhängiger Staaten unterschiedlicher Größe und Ausstattung mit **Ressourcen**. Hier hat sich bislang kaum ein Nationalbewusstsein entwickelt. Oftmals treten ethnische (Volksgruppen betreffende), soziale oder religiöse Konflikte auf. Die Ursachen dafür sind vielfältig (→ Abb. 165.1).

Globalisierungsdruck

Unter dem Druck der Globalisierung verliert der traditionelle **Nationalstaat** mit seinen Einrichtungen immer mehr an Bedeutung. Dies betrifft die staatliche Wirtschaftspolitik, die Verwaltung einschließlich der Steuerhoheit und die Bereitstellung der Infrastruktur. Auch Gewerkschaften und öffentlich-rechtliche Medien verlieren an Einfluss. Stattdessen gewinnen die neuen Medien (Internet, Privatsender), die internationalen Finanzmärkte mit den **Offshore-Finanzzentren**, das internationale Verbrechen (Waffen-, Drogen- und Menschenhandel) sowie terroristische Netzwerke an Bedeutung. Billiglohnländer, Billigreedereien und Billigfluglinien ersetzen klassische Industrien und Verkehrsanbieter. Durch die Auslagerung von Produktionsbetrieben in Billiglohnländer und durch die Verlegung von Firmen- und Konzernzentralen in Steueroasen entgehen dem Staat hohe Steuereinnahmen – und dies angesichts wachsender Aufgaben in der Bildungs- und Sozialpolitik. Er verliert schrittweise die von ihm erwarteten ordnungspolitischen, finanziellen und sozialen Kompetenzen. Wenn er zu stark verschuldet ist, muss er darüber hinaus sogar die bisherigen Ausgaben stark einschränken oder sich neu verschulden. Dies kann eine Verschuldungsspirale bei gleichzeitiger Kapitalflucht auslösen. Bei Vernachlässigung der öffentlichen Infrastruktur und bei hohen Unternehmenssteuern sinkt zudem die Attraktivität des Staates als Standort für neue Investoren.

Noch härter treffen die Folgen der Globalisierung die Entwicklungsländer. Ein großer Teil der Weltbevölkerung verelendet, viele Entwicklungsländer werden wirtschaftlich bedeutungslos. Geographische Schwerpunkte dieser negativen Entwicklung sind die Staaten Afrikas südlich der Sahara, der Andenraum und teilweise auch Süd- und Zentralasien. Anstelle des ohnmächtigen und zum Teil korrupten Staates bildet hier meist die ethnische Gruppe (Volksgruppe) das wichtigste soziale Bezugssystem.

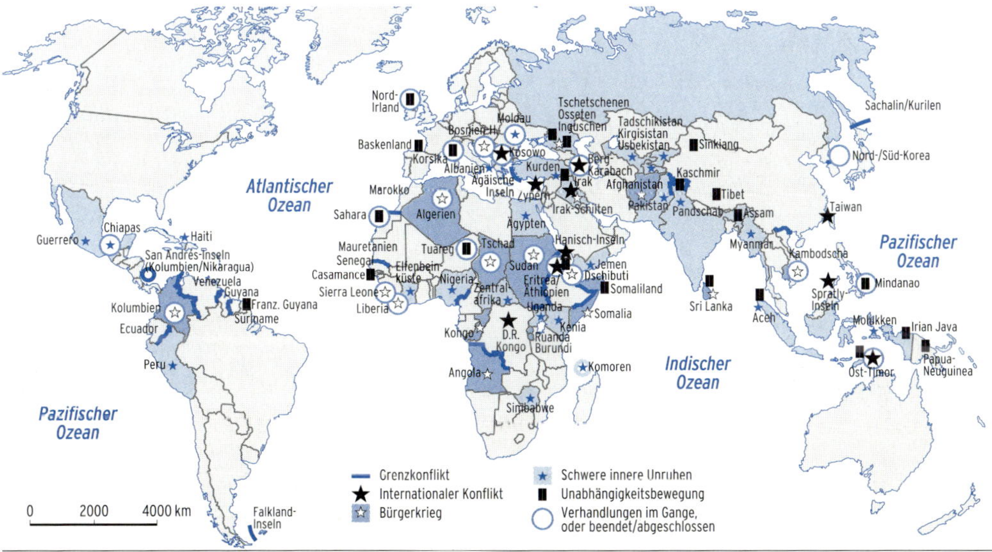

165.1 Bedeutende Konflikte 2001

Glossar

Administrative Zersplitterung: Problem der Einteilung eines Raumes in zu viele Verwaltungseinheiten mit entsprechend unterschiedlichen Zuständigkeiten und Entscheidungskompetenzen ohne die Möglichkeit Einspareffekte zu erzielen (→ Seite 68)

Aerosol: feinstes Schwebstoffteilchen in der Luft, entweder fest oder flüssig (→ Seite 21)

Agglomeration: Ballungsraum mit hoher Bevölkerungszahl und -dichte, mit hoher Wirtschaftskraft sowie mit gut ausgebauter Infrastruktur und schnellen Verkehrsverbindungen zu anderen Ballungsräumen (→ Seite 67).

Agglomerationsvorteile: Siehe die Definition auf → Seite 72.

Agrardreieck: Hauptanbau- und Siedlungsgebiet in der früheren Sowjetunion, das von den Eckpunkten Odessa am Schwarzen Meer, St. Petersburg und Krasnojarsk in Sibirien markiert wird. Im Nordosten befindet sich die Kältegrenze des Anbaus, im Südosten die Trockengrenze (→ Seite 104).

Agronomische Trockengrenze: Grenzlinie bzw. besser Grenzbereich des Regenfeldbaus mit hoher → Niederschlagsvariabilität und daher mit hohem Ertragsrisiko. Die oftmals angegebene Grenzlinie von durchschnittlich 500 mm Jahresniederschlag ist nur ein Annäherungswert. Bei höherer bzw. geringerer Landschaftsverdunstung kann die agronomische Trockengrenze in etwa einem Jahresniederschlag von durchschnittlich 1000 bis 250 mm entsprechen (→ Seite 117).

Aktivraum: Region, in der die Wirtschaftsleistung, also das → Bruttoinlandsprodukt absolut und auch pro Einwohner, deutlich höher liegt als im Durchschnitt aller Regionen eines Staates (→ Seite 67).

Albedo: Der reflektierte Teil der einfallenden Strahlung von der Sonne. Die Reflexion verschiedener Oberflächen auf der Erde, wie z. B. Wälder, Felder oder Schnee, ist unterschiedlich. Je heller eine Fläche, desto höher ist die Albedo und desto geringer ist die Absorption von kurzwelliger Strahlung sowie deren Umwandlung in langwellige Wärmestrahlung (→ Seite 10).

Alpenbildung: Siehe das Modell auf → Seite 17.

Alpentransit: Transitverkehr durch die Alpenregion, gemeint sind zunächst der Schwerlastverkehr und der Personenverkehr in Pkw oder Bussen, aber auch der Bahnverkehr (→ Seite 100).

Altersquotient: Anteil der über 65-Jährigen an der Gesamtbevölkerung bzw. Relation der 15- bis 64-Jährigen (Bevölkerung im erwerbsfähigen Alter) zu den über 65-Jährigen und damit die Belastung der erwerbsfähigen Bevölkerung (→ Seiten 58/59)

American Dream: Traum vom persönlichen Glück und vom wirtschaftlichen Erfolg in der demokratischen Wohlstandgesellschaft der USA, verbunden mit dem Erwerb eines Eigenheimes. Das Recht des Einzelnen auf das Streben nach Glück (pursuit of hapiness) ist sogar in der amerikanischen Verfassung verankert (→ Seite 121).

American Way of Life: Lebensstil, der mit einer hohen Mobilität (motorisierter Individualverkehr), mit einem hohen Energieaufwand sowie mit einem hohen Ressourcenverbrauch verbunden ist. Global betrachtet leben die US-Amerikaner weit über ihre Verhältnisse (→ Seite 118).

Aralsee-Syndrom: Völlige Zerstörung eines komplexen See-Ökosystems durch staatliche Eingriffe zu Zeiten der früheren → Sowjetunion. Das Gebiet des Aralsees wird heute auch als Aral-Kum bezeichnet, als Aral-Wüste (→ Seite 111).

Armut: Nach einer eindimensionalen Definition der Weltbank gelten diejenigen Haushalte als arm, die über weniger als zwei US-Dollar Einkommen pro Tag verfügen. Als besonders arm gelten diejenigen Haushalte, die über weniger als einen US-Dollar Einkommen pro Tag verfügen. Gravierend sind die daraus entstehende Kinderarmut und die → Marginalisierung der betroffenen Bevölkerungsgruppen (→ Seite 109).

Armutsbekämpfung: Gezielte Förderung gerade der armen Bevölkerungsgruppen in einem Entwicklungsland als Schwerpunkt der Entwicklungshilfe. Durch die sogenannte Grundbedürfnisstrategie sollen die Lebensbedingungen dieser Zielgruppe schrittweise verbessert werden (→ Seite 145).

Assimilation: selbst gewünschte oder auf Druck von außen hin erfolgte starke Anpassung einer ethnischen oder religiösen Minderheit an die Mehrheitskultur in einem Staat bis hin zur Aufgabe der eigenen Kultur (→ Seite 88)

Asthenosphäre: Der zähflüssige (viskose) Teil des oberen Erdmantels, auf dem sich die kontinentalen bzw. ozeanischen Platten gegeneinander verschieben (→ Seite 12).

Asylbewerber: Mensch, der sein Heimatland aus politischen Gründen verlässt und in einem anderen Staat Zuflucht vor Verfolgung (Asyl) sucht (→ Seite 87).

Atmosphäre: Gashülle der Erde, durch die Schwerkraft an diese gebunden; die Atmosphäre wird in verschiedene Stockwerke gegliedert; Von besonderer Bedeutung sind die Troposphäre mit dem Wetter- und Klimageschehen sowie die Ozonschicht als Schutzschild der Erde (→ Text und Abbildung auf Seite 22).

Ausländische Direktinvestitionen (ADI): Nach Angaben der Weltbank sind dies Kapitalanlagen im Ausland durch Erwerb von Immobilien, Gründung von Auslandsniederlassungen und Tochterunternehmen, Übernahmen von ausländischen Geschäftsanteilen (z. B. Aktien) bzw. von Unternehmen sowie gezielte Reinvestitionen und Direktinvestitionen in ausgewählte Unternehmen (→ Seite 108, → Seite 132).

Auswanderung (Emigration): Fortzug von Menschen über Staatsgrenzen hinweg (→ Seite 114)

Autonome Republiken: Innerhalb der Russländischen Föderation die Regionen mit kultureller und teilweise auch wirtschaftlicher Eigenständigkeit. Diese Republiken sind innen- und außenpolitisch sowie größtenteils auch wirtschaftlich und finanziell weiterhin von der Zentralregierung in Moskau abhängig (→ Seite 103).

Autozentrierte Entwicklungsstrategie: Besondere Form der Entwicklungsstrategien, bei der das Vertrauen auf die eigene Kraft, die Abschottung nach außen und die Produktion für den Binnenmarkt im Vordergrund stehen. Dies bedeutet u. U. aber auch den Verlust der Wettbewerbsfähigkeit auf dem Weltmarkt und die Stagnation der technologischen Entwicklung (→ Seite 136).

Azonale Bodentypen: Am Anfang ihrer Entwicklung zunächst unabhängig von der jeweiligen Klima- oder Landschaftszone bestehende Bodentypen, wie z. B. Sandböden oder vernässte Marschböden (→ Seite 35).

Badlands: Durch intensive agrarische Nutzung in Verbindung mit linearer Erosion durch Starkregen zerschnittene und dadurch zerstörte ehemalige Landschaftsoberfläche, die ackerbaulich nicht mehr nutzbar ist (→ Seite 117, Abb. 117.2).

Back-Office-Funktionen: Arbeitsintensive Routinetätigkeiten im tertiären Sektor ohne Publikumsverkehr, z. B. die Verwaltung von großen Unternehmen, die auch in Entlastungsstädte verlagert werden kann (→ Seite 121).

Bandstadt: Entwicklung langgezogener städtischer Siedlungen entlang von Verkehrsachsen besonders in den Küstenräumen des Mittelmeeres und in schmalen Fluss- oder Gebirgstälern (→ Seite 46)

Bannwald: traditionell streng geschützter Bergwald in steilen Hanglagen als Schutzmaßnahme vor Lawinenabgängen für gefährdete Bergdörfer oder Verkehrsverbindungen (→ Seite 99)

Barriere: Bezeichnung für ein Verkehrshindernis in der Verkehrsgeographie, z. B. ein Gebirgszug, ein breiter Fluss oder eine Meeresstraße; Barrieren spielen z. B. für die Planung neuer Verkehrsachsen eine wichtige Rolle und verursachen Zeitverluste und Kosten (→ Seite 100).

Bauplätze mit Grundversorgung: → Site and Service Schemes

Belt-Konzept: Modellhafte Vorstellung großräumiger, in sich geschlossener Anbau- bzw. Landnutzungsgürtel in den USA, die sich aufgrund ähnlicher Lage-, Klima- und Bodenfaktoren zwischen den beiden Weltkriegen herausbildeten, aber nach 1980 wegen veränderter wirtschaftlicher Rahmenbedingungen mehr oder weniger stark zerfielen. (→ Seite 116).

Berggebiete: In Mittel- und Westeuropa Gebiete in einer Höhenlage von mehr als 500 m über NN mit eingeschränkten Nutzungsmöglichkeiten durch die Landwirtschaft (hohe Reliefenergie, kurze Wachstumszeit und durch hohe Niederschläge ausgewaschene, nährstoffarme Böden (Beispiel Limousin → Seite 95) (→ Seite 78).

Betriebsgrößenstruktur: Anteil der Klein-, Mittel- und Großbetriebe an der landwirtschaftlichen Nutzfläche (LF) eines Staates. Die Betriebsgrößenstruktur ist das Ergebnis der geschichtlichen Entwicklung sowie des landwirtschaftlichen Strukturwandels und sagt etwas aus über soziale Unterschiede und Spannungen in der Landwirtschaft eines Staates (→ Seite 79).

Bevölkerungsexplosion: Bezeichnung für das exponentielle Wachstum der Bevölkerung in bestimmten Ländern bzw. Ländergruppen mit den entsprechenden negativen Auswirkungen im wirtschaftlichen, politischen, sozialen und vor allem im ökologischen Bereich (→ Seite 146)

Bevölkerungskrater: Ausdruck für die im Unterschied zu den citynahen Wohngebieten nur noch geringe Bevölkerungsdichte im Bereich des Hauptgeschäftsviertels (Central Business District – C.B.D.) (→ Seite 131)

Bevölkerungsprojektion: seriöse Fortschreibung der gegenwärtigen Bevölkerungsentwicklung in drei Szenarien: Trendszenario (mittlere Variante) – Worst Case-Szenario (hohe Variante) – Best Case-Szenario (geringe Variante) (→ Seite 146)

Binnenland (engl. Landlocked Country – LLC): Staat ohne eigenen Zugang zum Weltmeer und damit zum Welthandel. Binnenländer gelten als geographisch benachteiligt und werden von den Vereinten Nationen gefördert beim Ausbau der Infrastruktur zum nächsten Überseehafen (→ Seite 42).

Biodiversität: Ausdruck für die biologische Vielfalt in einer bestimmten Ökozone (→ Seite 36)

Biologischer Hotspot: Region der Erde mit einer großen biologischen Vielfalt, die als Ursprung verschiedener Pflanzenarten gilt (→ Seite 36).

Bios: Sammelbegriff für Vegetation und Tierwelt in einem Biotop bzw. in einer Landschaft (→ Seite 30)

Biosphärenreservat: Als Natur- bzw. Kulturerbe der Menschheit besonders erhaltenswerte Natur- bzw. Kulturlandschaft, die geschützt bzw. entwickelt wird als Teil des UNESCO-Programms Mensch und Biosphäre (Man and Biosphere – MAB) (→ Seiten 56/57, 75).

Biotop (wörtlich: Lebensstätte, Lebensort): Raumausschnitt mit besonderen Lebensbedingungen für pflanzliche und tierische Organismen (→ Seite 30)

Biotop-Verbundsystem: Vernetzung von Biotopen in einer Region durch Übergänge und Grünzüge, um die Ausbreitung von Arten und damit die Artenvielfalt zu fördern (→ Seite 71).

Blattflächenindex: gesamte Blattfläche (eine Seite) in Quadratmetern, bezogen auf die Grundfläche in Quadratmetern (→ Seite 36)

Boddenküste: durch Überflutung einer kuppigen Grundmoränenlandschaft entstandene Flachküste mit Meeresbuchten (Bodden) und mit unregelmäßigen Küstenumrissen (→ Seite 56)

Bodenarten: nach dem Korngrößendurchmesser unterschiedene Böden, wie z.B. Sandboden (2,0 – 0,06 mm), Schluffboden (0,06 – 0,002 mm) und Tonboden (< 0,002 mm) (→ Seite 34)

Bodenbildung: Prozess der Entwicklung von bestimmten → Bodentypen unter dem Einfluss von Klima, Vegetation und agrarischer Nutzung über einen langen Zeitraum (→ Seite 34)

Bodenerosion: Lineare Zerschneidung bzw. flächenhafte Abspülung (Denudation) von Böden durch Starkregen. Die Zerschneidung durch Erosionsrinnen (Gullies; Einzahl: Gully) kann so zerstörerische Ausmaße annehmen, dass sich → Badlands bilden (→ Seiten 34, 108, 117, 134).

Bodenhorizonte: meist parallel zur Erdoberfläche verlaufende Schichtenfolge eines Bodens mit jeweils bestimmten Merkmalen (Struktur, Färbung) (→ Seite 35)

Bodenkonservierende Maßnahmen: den Boden erhaltende oder verbessernde Maßnahmen in den semiariden Räumen der Great Plains im Westen der USA (→ Seite 117)

Bodenschutz: → Bodenkonservierende Maßnahmen

Bodentyp: Zusammenfassender Begriff für Böden mit einer ähnlichen Abfolge der → Bodenhorizonte und ähnlichem Entwicklungszustand, wie z.B. Schwarzerden oder Podsolböden, die in bestimmten Klimazonen auftreten (→ Seite 35).

Bodenversiegelung: Wasser- bzw. luftdichte Bedeckung/Überbauung der oberen Bodenschicht vor allem in Verdichtungsräumen; dadurch wird die Versickerung von Niederschlagswasser und somit auch die Neubildung von Grundwasser verhindert (→ Abb. 122.1).

Bodenwetterkarte: Wetterkarte, die die Luftdruck- sowie die Temperatur- und Windverhältnisse am Boden für verschiedene Stationen beschreibt und durch grafische Symbole erläutert (→ Seiten 26/27).

Borealer Nadelwald: Immergrüne bzw. bei extrem winterkalten Klimaten auch die Nadeln abwerfende Vegetationsformation, die auf den Kontinenten der Nordhalbkugel zu finden ist (→ Seiten 48/49).

Brandrodungswanderfeldbau: Eine v.a. in den tropischen Waldgebieten verbreitete Form der Landwechselwirtschaft (englisch: Shifting Cultivation), bei der nach der Brandrodung eine etwa dreijährige Nutzungsphase mit der Asche als Dünger abgelöst wird durch eine Brachephase von im Idealfall mehr als zehn Jahren, innerhalb derer sich wieder ein Sekundärwald entwickeln kann. Diese Form der Landnutzung ist flächenextensiv, sie benötigt also ausgedehnte Flächen und funktioniert nur bei geringen Bevölkerungsdichten (→ Seite 38).

Bruchtektonik: Besondere Art der Gebirgsbildung, die auf bereits lange zuvor gefalteten und mittlerweile verfestigten Teilen der Erdkruste stattfindet. Die Erdkruste kann hier auf seitlichen Druck nicht mehr plastisch reagieren und wird in einzelne Schollen zerlegt, die entlang von Brüchen angehoben werden (Horste) oder absinken (Gräben). Da dieser Typ der Gebirgsbildung in den deutschen Mittelgebirgen besonders ausgeprägt ist, wird er auch als germanotype Gebirgsbildung bezeichnet (→ Seite 84).

Brückenkopf: Städtisches Zentrum mit vergleichsweise guter Infrastruktur (Hafen, Flughafen) in einem Entwicklungs- oder Schwellenland, in dem sich ausländische Unternehmen bevorzugt niederlassen, um von dort aus die eigenen Geschäftsinteressen im jeweiligen Staat zu steuern (→ Seite 138).

Bruttoinlandsprodukt (BIP): Gesamtwert aller von In- und Ausländern innerhalb eines Jahres in einem Staat bzw. in einer Region produzierten Güter und erbrachten Dienstleistungen, soweit sie statistisch erfasst werden. Da das BIP meist in US-$ angegeben wird, werden Wechselkursschwankungen sowie Unterschiede im Preisniveau und in der realen Kaufkraft nur unzureichend berücksichtigt.

Bruttonationaleinkommen (BNE): Gesamtwert aller von den Bürgern eines Staates innerhalb eines Jahres produzierten Güter und erbrachten Dienstleistungen, soweit sie statistisch erfasst werden. Das BNE setzt sich zusammen aus dem → Bruttoinlandsprodukt (s.o.) sowie aus den von eigenen Staatsangehörigen im Ausland aus Arbeit und Kapital erwirtschafteten Einkommen. Abgezogen werden dagegen die von Ausländern im Inland erzielten Einkommen. Nicht berücksichtigt werden Dienstleistungen und Güter, die nicht vom Finanzamt erfasst werden (z.B. Tätigkeit von Hausfrauen und -männern, Do it yourself, Nachbarschaftshilfe, „Schwarzarbeit" und kriminelle Wirtschaftsaktivitäten) oder in der Subsistenzwirtschaft erbracht bzw. produziert werden (→ Seite 42).

Bruttosozialprodukt (BSP): veraltete Bezeichnung für das → Bruttonationaleinkommen (BNE)

Buddhismus: Siehe die Definition auf → Seite 126.

Cash-Crop-Anbau: Anbau von Nahrungs- und Genussmitteln mit dem Ziel der Vermarktung (als Einkommensquelle) (→ Seite 43)

City: Hauptgeschäftszentrum eines zentralen Ortes (siehe die Definition auf → Seite 63).

Cluster: räumliche Konzentration bestimmter wirtschaftlicher Aktivitäten mit → Standort- und Agglomerationsvorteilen sowie mit ausgeprägten Standortgemeinschaften (→ Seite 104)

Corioliskraft: Die ablenkende Kraft der Erdrotation, eine sogenannte Scheinkraft, die allein durch die Geschwindigkeitsunterschiede in Abhängigkeit von der geographischen Breite bei der Erdrotation entsteht (→ Seite 24).

Counterurbanization: Abwanderung v.a. von jungen Familien und Rentnern aus den Großstädten und Ballungsräumen in ländliche Regionen mit der Absicht, dort eine höhere Lebensqualität zu genießen ohne die für Großstädte typischen Umweltprobleme bzw. sozialen Spannungen.

County (Plural: Counties – wörtlich: Grafschaft): Verwaltungsbezirk in den USA unterhalb der Ebene der Bundesstaaten (→ Seite 114)

Cumulonimbuswolken: Hochreichende (bis maximal 14 bis 16 km Höhe in den Tropen) Gewitterwolken, wegen ihrer Form auch als Ambosswolken bezeichnet (→ Seite 25)

Dauerfrostboden (Permafrostboden): Im Sommer nur an der Oberfläche auftauender und teilweise bis in große Tiefen dauerhaft gefrorener Boden in den arktischen, subarktischen und sogar in den kontinentalen borealen Klimazonen der Erde (→ Seiten 48, 106/107).

Deflation: Auswehung der fruchtbaren Bodenkrume von brachliegenden Ackerflächen durch starke Winde (→ Seite 38, 117)

Degradation: Zerstörung der ursprünglichen Vegetation durch Abholzung, ungeregelte Waldnutzung sowie Überweidung (→ Seite 44)

Deindustrialisierung: Prozess des Verlustes industrieller Arbeitsplätze bzw. der Schließung ganzer Betriebe in einer Region oder in einem Staat (→ Seite 70)

Denudation: flächenhafte Abspülung der fruchtbaren Ackerkrume durch starke Regenfälle mit Schichtfluten in flach geneigtem Gelände (→ Seite 117)

Département: wichtige Verwaltungseinheit in Frankreich; Erklärung → Seite 92

Desertation: Vordringen der Wüste aus rein klimatischen Ursachen, ohne direkte Eingriffe des Menschens (→ Desertifikation)

Desertifikation (wörtlich: Vorgang des „Wüsten-Machens"): flächenhafte und auch regional begrenzte Ausbreitung der Wüste aufgrund zerstörerischer Eingriffe des Menschen in das labile Ökosystem der Dorn- bzw. Trockensavannen (→ Seite 40)

Devisenmärkte: Finanzplätze in Global Cities, an denen Währungen gehandelt werden. Dort bilden sich dann im Zusammenspiel von Angebot und Nachfrage sowie in Abhängigkeit von den jeweiligen Zinssätzen in den größten Volkswirtschaften die → Währungsparitäten heraus (→ Seite 112).

Diagenese: Verfestigung von Sedimentgesteinen durch Auspressung von Wasser bzw. durch Verkittung (→ Seite 19)

Diskontinuität: Grenzschicht im Erdinnern, an der sich die Geschwindigkeit von Erdbebenwellen deutlich ändert und somit auch die Zusammensetzung bzw. der Aggregatzustand der folgenden Schicht bzw. Schale (→ Seite 13).

Dreischicht-Tonminerale: Tonminerale, die aus vielen Lagen von jeweils drei zusammenhängenden Schichten von Silikaten (SiO_2-Verbindungen) bestehen. Sie besitzen eine hohe Kationenaustauschkapazität, also die Fähigkeit, mineralische und organische Nährstoffe vorübergehend zu binden und bei Bedarf an Pflanzen abzugeben. Sie sind somit sehr fruchtbar (→ Seite 35).

Drucksysteme: Hochdruckgürtel bzw. Tiefdruckrinnen als Teil der allgemeinen atmosphärischen Zirkulation in bestimmten Breitenlagen mit einer regelhaften jahreszeitlichen Verschiebung (→ Seite 28)

Dürrephase: Längerer Zeitraum mit Niederschlagsdefiziten und fataler Trockenheit in agrarisch genutzten Räumen, meist an der → agronomischen Trockengrenze (→ Seite 117).

Dürrewahrscheinlichkeit: Wahrscheinlichkeit des Auftretens einer schweren Dürre, z.B. alle zwei Jahre, alle fünf Jahre oder alle zehn Jahre (→ Seite 42)

Dust-Bowl-Syndrom: Bodenzerstörung durch übermäßige agrarische Nutzung von Steppenböden im Bereich der Trockengrenze im Westen der USA (etwa 100° W), in den sogenannten Great Plains (→ Seite 117)

Dynamisches Tiefdruckgebiet: siehe → Zyklone (→ Seite 28)

Edge City: Neues multifunktionales Zentrum mit einer eigenen Skyline in der Vorortzone US-amerikanischer Großstädte, das sich auch zur Konkurrenz für den Central Business District, das gewachsene Hauptgeschäftszentrum in der Kernstadt, entwickeln kann (→ Seite 121).

Einzugsbereich: Gebiet, das von einem zentralen Ort aus versorgt wird, und zwar mit Waren, Dienstleistungen, Bildungs- und Kulturangeboten sowie Arbeitsplätzen (→ Seite 65).

Einzugsgebiet: Das Gebiet, das von einem Fluss bzw. einem Strom mit seinen Nebenflüssen entwässert wird. Die Grenzen des Einzugsgebietes sind sogenannte Wasserscheiden. Die Größe des Einzugsgebietes wird in Quadratkilometern angegeben (→ Seite 51).

Einwanderung (Immigration): Zuzug von Menschen über Staatsgrenzen hinweg (→ Seite 114)

Eiserner Vorhang: Bezeichnung für die von 1945 bis 1989/90 geschlossene und streng kontrollierte Grenze zwischen dem Machtbereich der → Sowjetunion in Mittel- und Osteuropa und dem Einflussbereich der USA im Westen Europas (→ Seite 81).

Ekliptik: Die Ebene der Ekliptik ist identisch mit der Erdbahnebene. Da die Erdachse um 23,5 Grad geneigt ist, ist die Ekliptik gegenüber der Ebene des gedachten Himmelsäquators um 23,5 Grad geneigt. Diese Tatsache wird als Schiefe der Ekliptik bezeichnet (→ Seite 11).

Endogene Kräfte: aus dem Erdinnern auf die Erdkruste einwirkende Kräfte (→ Seite 18)

Entlastungsstädte: → Trabantenstädte, die zur Entlastung der Kernstadt im äußeren Bereich einer Stadtregion mit guter Verkehrsanbindung an die Kernstadt gebaut werden. Beispiele sind die Villes Nouvelles („Neue Städte") in der Region Paris. Die Strategie der Entlastungsstädte dient allein der Dekonzentration, d. h., sie erhält → Metropolen funktionsfähig und damit konkurrenzfähig gegenüber anderen Metropolen im globalen Standortwettbewerb. Eine Dezentralisierung würde demgegenüber die Verlagerung wichtiger Funktionen aus der Metropole in periphere Regionen eines Staates beinhalten (→ Seite 63).

Entwicklungshilfe: Finanzielle, technische und personelle Unterstützung von Entwicklungsländern durch einen einzelnen Staat, eine Staatengruppe (z. B. die EU), durch internationale Organisationen wie z. B. die UNO oder durch sogenannte Nichtregierungsorganisationen (NRO). Die Entwicklungshilfe erfolgt zumeist nicht nach dem Gießkannenprinzip, sondern durch gezielte Projekte, die neben konkreten Verbesserungen auch einen Demonstrationseffekt zum Ziel haben (→ Seite 145).

Entwicklungsland: Staat, der im Vergleich mit den hoch entwickelten Industrieländern einen erheblichen Rückstand in der wirtschaftlichen, technologischen, sozialen und politischen Entwicklung aufweist. Gängige Indikatoren für den Entwicklungsstand sind u.a. das → Bruttonationaleinkommen (BNE) pro Einwohner und der → Human Development Index (HDI) (→ Seite 142).

Entwicklungstheorien und -strategien: Siehe die Erläuterungen auf → Seite 144.

Epiphyten: Pflanzen, die sich in Astgabeln oder auf Ästen von größeren Bäumen im tropischen Regenwald ansiedeln und auf dessen hohe Luftfeuchtigkeit angewiesen sind (→ Seite 36).

Erdbeben: Ruckartige Erschütterungen der Erdkruste und des oberen Erdmantels an den Plattengrenzen der Erde mit teilweise katastrophaler Intensität und entsprechenden Zerstörungen und Todesopfern (→ Seite 14)

Erfolgsstrategien der japanischen Industrie: siehe die Erläuterungen auf → Seite 128

Erntefläche: Im Unterschied zur einfachen landwirtschaftlichen Nutzfläche (LF) diejenige Fläche eines Staates in den Tropen bzw. Subtropen, die durch mögliche Mehrfachernten – z. T. mit Bewässerung – die tatsächliche, oft erheblich größere Anbaufläche beschreibt (→ Seite 128).

Erosion: Zusammenfassender Begriff für die Abtragung durch Wasser, Gletschereis und Wind. Im engeren Sinne die lineare Einschneidung von fließendem Wasser sowie von Gletscherströmen in den Untergrund (→ Seiten 19, 117)

Erosionsbasis: Das Höhenniveau, bis zu dem die Erosion durch fließendes Wasser wirksam ist. Am Rhein bildet z. B. der Bodensee eine lokale Erosionsbasis mit einer Höhe von rund 400 m über NN, die Nordsee dagegen bildet die absolute Erosionsbasis auf Meeresniveau (NN: Normal Null) (→ Seite 19).

Erosionsrate: Masse der Bodensubstanz, die durch Erosion pro Jahr verloren geht. Sie wird gemessen in Tonnen pro Hektar pro Jahr (→ Seite 38).

Erreichbarkeit: Zeitaufwand, der zum Erreichen eines zentralen Ortes mit dem ÖPNV bzw. mit dem Pkw tatsächlich benötigt wird (→ Seiten 66, 93).

Europäischer Güterverkehrskorridor: die Transportachse Rotterdam-Basel-Genua (→ Seite 101)

Euroregionen: Zusammenarbeit historisch eher benachteiligter Grenzregionen in Europa mit dem Ziel der Verbesserung der Lebensbedingungen ihrer Bewohner sowie der regionalen Wirtschaftsstruktur (→ Seite 77)

Exklave: Zu einem Staat gehörendes Gebiet, das außerhalb eines in sich geschlossenen Territoriums liegt. Ein bekanntes Beispiel ist das seit 1945 zur früheren → Sowjetunion und heute zu Russland gehörende Gebiet um die Stadt Kaliningrad (früher Königsberg) im nördlichen Ostpreußen (Karte → Seite 103).

Exogene Kräfte: von außen auf die Erdkruste einwirkende Kräfte (→ Seite 18)

Exportoffensive: Aggressive Strategie einer exportorientierten Industrialisierungspolitik mit dem erklärten Ziel, ausländische Konkurrenten völlig vom Markt zu verdrängen (→ Seite 126).

Exportorientierte Industrialisierungsstrategie (EXI): Strategie des Aufbaus einer weltmarktorientierten, konkurrenzfähigen Konsum- bzw. Investititionsgüterindustrie, um dadurch Anschluss an die bereits industrialisierten Staaten zu gewinnen (→ Seite 126).

Favela: brasilianische Bezeichnung für eine → Marginalsiedlung (→ Seite 155)

Favela-Syndrom: Bezeichnung für das Krankheitsbild wuchernder Marginalsiedlungen in den Staaten der Dritten Welt, in denen die Menschen in Armut, in Krankheit und in rechtlicher Unsicherheit leben müssen, oftmals ohne jegliche Zukunftsperspektive (→ Seite 155).

Finanzzentrum: Großstadt, meist eine Global City, mit zahlreichen Banken, Versicherungen, Immobilienunternehmen sowie mit Rechtsanwälten, Steuer- und Finanzberatern (→ Seite 138).

Findling: Durch Gletschertransport verfrachteter großer Gesteinsblock, der sich weit entfernt vom ursprünglichen Entstehungsort befindet; wird auch als erratischer Block bezeichnet (→ Seite 19).

FIRE-Sektor: Finance, Insurance and Real Estate (Finanzen, Versicherungen und Immobilien) – Bereich des tertiären Sektors mit einer besonders hohen Wertschöpfung und mit hohen Gewinnmargen und Einkommen (→ Seite 73)

Flächennutzungskonflikte: Politische, wirtschaftliche und/oder soziale Konflikte, die sich aus unterschiedlichen Interessen und Nutzungsansprüchen an einen bestimmten Raum ergeben (z.B. zwischen Industrie und Tourismus) (→ Seite 77).

Flächenversiegelung: siehe → Bodenversiegelung

Flöz: Kohle führende Gesteinsschicht unterschiedlicher Mächtigkeit (→ Seite 69)

Flying-Geese-Modell (Modell der Fluggänse): Entwicklungsmodell für die ost- und südostasiatischen Schwellenländer und Entwicklungsländer. Das technologisch führende Japan („Leitgans") verlagert nach diesem Modell veraltete Produktionsprozesse in andere Staaten der Region („Folgegänse"). Nach einer gewissen Entwicklungsphase geben diese dann ihre veralteten Produktionsprozesse an eine weitere Ländergruppe ab. So steigt allmählich der Entwicklungsstand (→ Seite 126).

Föderalismus: Geschichtlich bedingtes politisches System und Staatsmodell, in dem die Regionen ein Gegengewicht zum Zentrum bilden und dessen Entscheidungen mit beeinflussen und eventuell sogar verhindern können. Beispiele: Deutschland, die Schweiz, die USA (→ Seite 52).

Food-Crop-Anbau: Anbau von Nahrungsmitteln für die Selbstversorgung (→ Abb. 43.1)

Fordismus: Standardisierte Massenfertigung in der Industrie mit hierarchischer Organisationsstruktur und hoher Fertigungstiefe. Benannt nach dem Erfinder Henry Ford (→ Seite 119).

Frontier (vom französischen Wort la frontière: die Grenze): Bezeichnung für den Grenzsaum der geschlossenen Besiedlung in den USA, der sich mit der Erschließung des Landes zu Lasten der Ureinwohner immer weiter in den Westen des Landes vorschob (→ Seiten 114/115).

Fühlungsvorteile: Siehe die Definition auf → Seite 72.

Fusion: Zusammenschluss zweier zuvor selbstständiger Betriebe entweder mit gleichen Rechten, oder aber als (feindliche) Übernahme eines Betriebes durch einen anderen. Ziel sind Synergieeffekte, wie z.B. Einsparungsmöglichkeiten und somit eine erhöhte Konkurrenzfähigkeit oder sogar das Ausschalten der Konkurrenz (→ Seite 96).

Gebietsreform: Administrative Neugliederung einer zuvor stärker zersplitterten Region bzw. eines Staates mit dem Ziel von Einsparungen durch eine räumliche Konzentration von öffentlichen Dienstleistungsangeboten (→ Seiten 52, 74).

Gebirgsbildung: Entstehung von Gebirgen durch endogene, also aus dem Erdinneren stammende Kräfte (→ Seite 16)

Gentrification (wörtlich: Veredelung): Aufwertung von Wohngebäuden in der Kernstadt durch aufwendige Sanierungs- und Modernisierungsmaßnahmen (Luxussanierung) mit dem Ziel, die Sozialstruktur in einem Wohngebiet zu verändern. Die Gentrification führt aber auch zur Verdrängung der angestammten Wohnbevölkerung mit geringeren Einkommen.

Geodeterminismus: Erklärungsansatz für globale Disparitäten, der davon ausgeht, dass die Unterentwicklung der Entwicklungsländer ausschließlich durch die ungünstigen naturräumlichen Bedingungen in den Tropen und Subtropen (Klima, Böden) verursacht wurde bzw. wird (→ Seite 41).

Gesamtfruchtbarkeitsrate (Total Fertility Rate – TFR): tatsächliche Zahl der Geburten pro Frau in der reproduktiven Altersphase von 15 bis 49 Jahren in einem Staat (→ Seiten 58, 87)

Gesteinsarten: Siehe Schema auf → Seite 19. Die wichtigsten Gesteinsarten sind demnach Tiefengesteine (Plutonite), Vulkangesteine (Vulkanite), Umwandlungsgesteine (Metamorphite) und Ablagerungsgesteine (Sedimente, die z. T. diagenetisch verfestigt sind).

Gewittercluster: Zusammenballung mehrerer normaler Gewitterzellen zu einer großen Gewitterzelle mit Ausmaßen von 1000 und mehr Kilometern Durchmesser in den inneren Tropen sowie mit ausgiebigen Niederschlägen (→ Seite 25)

Ghetto (oder Getto): Wohngebiet einer ethnischen oder religiösen Minderheit in einer Stadt. Die Ansiedlung in bestimmten Stadtvierteln kann freiwillig erfolgen oder erzwungen werden. (→ Seiten 61, 89)

Gini-Koeffizient: Mathematisch aus der → Lorenzkurve abgeleitetes Maß für die Gleich- bzw. Ungleichverteilung von z. B. Bevölkerung, Landbesitz oder Einkommen in einem Staat. Geht der Gini-Koeffizient gegen Null, so ist die Verteilung eher gleichmäßig, geht er aber gegen Eins, so ist die Verteilung sehr ungleichmäßig bzw. ungerecht (→ Seite 79).

Glaziale Serie: die charakteristische Abfolge von Grundmoräne, Endmoräne, Sander und Urstromtal als in der Landschaft bis heute sichtbare Hinterlassenschaft der Eiszeiten (→ Seite 54)

Gletscherskilauf: Besonders umweltschädliche Variante des Wintersports in den Gletscherregionen von Hochgebirgen – auch im Sommer; gilt als eine Form des sogenannten „Harten Tourismus" (→ Seite 98).

Global City: Stadt mit bedeutenden Steuerungsfunktionen für die Weltwirtschaft, z. B. als Finanzzentrum oder als Konzernzentrale weltweit agierender Unternehmen (Global Player). Global Cities bilden die höchste Hierarchieebene zentraler Orte und sind durch den internationalen Flugverkehr sowie durch Internet und Telekommunikation eng miteinander verknüpft (→ Seite 65, 122).

Globalisierung: Prozess der weltweiten Zunahme von Austauschbeziehungen und Verflechtungen über Staatsgrenzen hinweg, der sich auf viele Lebensbereiche auswirkt. Die Globalisierung betrifft insbesondere die Zunahme der Handelsverflechtungen, das Wachstum der internationalen Kapitalströme, die grenzüberschreitende Organisation der Produktion und den internationalen Tourismus. (→ Seite 156)

Global Player: Weltweit wirtschaftlich aktiver Konzern, der auf den drei wichtigsten Märkten der Erde (→ Triade) vertreten ist (→ Seite 160).

Grabenbruch: durch → Bruchtektonik entstandenes Becken, zumeist eine langgestreckte Hohlform. Bekannte Grabenbrüche sind der Oberrheingraben sowie der Baikalsee (→ Seiten 50/51, 54)

Grenzertragsböden: Böden mit einer geringen natürlichen Bodenfruchtbarkeit oder in einer klimatisch benachteiligten Region mit ausgeprägter Trockenheit bzw. mit kurzen Wachstumszeiten und daher mit eingeschränkten Nutzungsmöglichkeiten. Eine Nutzung ist oft nur durch erhöhte Düngergaben bzw. durch künstliche Bewässerung möglich und verringert somit die Wirtschaftlichkeit der hier tätigen Agrarbetriebe (→ Seiten 78, 95).

Großwohnsiedlung: Wohngebiet mit mehrgeschossigen Wohnblöcken und mit einer hohen Bevölkerungsdichte meist außerhalb der Innenstadt. Durch den Bau von Großwohnsiedlungen kann der Flächenverbrauch im Unterschied zur Eigenheim-Bebauung deutlich eingeschränkt werden (→ Seiten 62, 139).

Grundgebirge: Alter, vorwiegend aus kristallinen Gesteinen (z. B. Granite und Gneise) bestehender Gebirgskörper. Beispiele sind der Harz oder das → Rheinische Schiefergebirge (→ Seite 54).

GUAM-Staaten: In Anlehnung an die Bezeichnung für eine Insel im Pazifik entstandener Begriff, der die gemeinsamen politischen und wirtschaftlichen Interessen der Staaten Georgien, Ukraine, Aserbaidschan und Moldau unterstreicht. Diese Staaten versuchen sich aus der wirtschaftlichen und miltärischen Einflusssphäre Russlands zu lösen und betreiben eine Annäherungspolitik an die USA, an die NATO und an die EU (→ Seite 102).

GUS (Gemeinschaft Unabhängiger Staaten): Lockerer Staatenbund der meisten seit 1991 auf dem Gebiet der früheren Sowjetunion neu entstandenen Staaten – mit Ausnahme der baltischen Staaten, die mittlerweile sowohl zur NATO als auch zur EU gehören (→ Seite 102).

Hadley-Zelle: Tropischer Teil der atmosphärischen Zirkulation, der als doppelte Walze vom Äquator bis zu den Wendekreiswüsten reicht (→ Abb. 25.1).

Han-Chinesen: Von einer chinesischen Dynastie, unter der Nord- und Südchina erstmals vereinigt waren und zusammenwuchsen, abgeleitete Bezeichnung für die große Bevölkerungsmehrheit der Chinesen in der VR China, das sogenannte Staatsvolk (→ Seite 132).

Handelsbilanz: Saldo von Importen und Exporten in Bezug auf eine Volkswirtschaft. Demnach wird unterschieden zwischen einer positiven bzw. negativen Handelsbilanz. Auch eine ausgeglichene Handelsbilanz ist möglich (→ Seiten 109, 116).

Hartlaubvegetation: an die sommerliche Trockenzeit des Mittelmeerklimas mit ihren hohen Verdunstungswerten angepasste Vegetation (→ Seiten 44/45)

Hauptwirtschaftsraum der EU („Blaue Banane"): → Abb. 91.1

High-Tech-Cluster: räumliche Konzentration von Hochtechnologie-Betrieben an einem Standort bzw. in einer Region mit der Möglichkeit der vertikalen und horizontalen Kooperation (→ Seite 72)

Hispanics: aus Lateinamerika stammende Einwanderer in den USA (→ Seite 114)

Höhenstufen: Charakteristische Abfolge von Klima-, Vegetations- und Landnutzungsstufen mit zunehmender Höhe in den Hochgebirgen der Erde. Insbesondere in den Tropen können bei entsprechender Höhe des Gebirges fast alle Klimazonen der Erde als Höhenstufen auftreten, vom tropischen Regen- und Bergregenwald bis hin zur Gletscherzone der Gipfel (→ Seite 153).

Hoher Norden: Bezeichnung für die unwirtlichen subpolaren Bereiche in Alaska, Kanada, Grönland und Sibirien, in denen eine Erschließung von Bodenschätzen bzw. die Unterhaltung von Dauersiedlungen mit extrem hohen Kosten verbunden und daher nur in Einzelfällen möglich ist (→ Seite 105).

Homestead Act (Heimstätten-Gesetz): Gesetz über die Zuweisung von Land an geeignete Siedler in den USA, das die Voraussetzung für die Erschließung und die geschlossene Besiedlung der Inneren Ebenen und des Westens der USA war (→ Seite 114).

Hot Spot: Über lange geographische Zeiträume aktive, ortsfeste Vulkangebiete unterhalb der driftenden Lithosphäreplatten, deren Magma aus dem unteren Erdmantel stammen soll. Ein bekanntes Beispiel sind die Hawaii-Inseln (→ Seiten 12, 15).

Human Development Index (HDI): Von den Vereinten Nationen entwickelter Index der menschlichen Entwicklung. Dieser setzt sich zusammen aus der Lebenserwartung bei der Geburt, der Alphabetisierungsrate der Erwachsenen und der realen Kaufkraft pro Einwohner (→ Seite 42).

Humankapital: In Deutschland durch Politiker und Wirtschaftsführer missbräuchlich verwendeter und dadurch teilweise in Verruf geratener Begriff, der das Kapital eines Landes beschreibt, das vor allem auf einem allgemein hohen Bildungsstand und auf einer guten Berufsausbildung mit entsprechendem Know-how sowie auf einer hohen Motivation seiner Bewohner beruht (→ Seite 126).

Hurrikan (engl. Hurricane): Tropischer Wirbelsturm, der in einem Gürtel von mehr als 10° Nord bzw. Süd über stark erhitzten Meeresoberflächen mit einer Wassertemperatur von mehr als 27 °C entsteht. Hurrikane können auf Satellitenbildern geortet und verfolgt werden. Daher ist meistens eine rechtzeitige Evakuierung der betroffenen Regionen möglich (→ Seite 113).

Hygrische Jahreszeiten: Jahreszeiten, die weniger durch die Temperatur als vielmehr durch die Verfügbarkeit von Wasser für die Vegetation bestimmt werden (Trockenzeit bzw. Regenzeit) (→ Seiten 43 – 45).

Image einer Region: Für den Tourismus (Marketing) und als Standortfaktor für Betriebsansiedlungen wichtiges, oftmals sogar entscheidendes Bild einer Region nach außen, z. B. in den Massenmedien (→ Seite 75).

Impact-Struktur: Englisch-amerikanische Bezeichnung für Hohlformen in der Landschaft, die durch Meteoriteneinschläge entstanden sind. Ein bekanntes Beispiel ist das Nördlinger Ries (→ Seite 55).

Indoeuropäische Sprachen: in Nordamerika, Europa und Asien weit verbreitete Sprachfamilie mit einem gemeinsamen Ursprung und teilweise ähnlichem Wortschatz (→ Seite 89)

Inflationsrate: Messgröße für die Preissteigerung in einem Staat und damit für den Wertverfall der Landeswährung. Erhoben wird die Inflationsrate für bestimmte Zeiträume, z.B. für ein Jahr, für fünf Jahre und für zehn Jahre. Grundlage der Erhebung ist jeweils ein repräsentativer Warenkorb mit bestimmten Konsumausgaben und dessen nominale Preisentwicklung im Verhältnis zur Vorperiode.

Informeller Sektor: Vor allem in den Entwicklungsländern jener Sektor der Wirtschaft, der nicht von der Statistik erfasst wird. Die zahlreichen in ihm tätigen Menschen sind weder kranken- noch rentenversichert und versuchen zumeist durch einfache Dienstleistungen allein oder in Kleinstbetrieben mit minimalen Einkommen zu überleben – oftmals durch Selbstausbeutung (→ Seite 150).

Innertropische Konvergenzzone (ITC): Der Bereich der inneren Tropen, in dem der Nordostpassat und der Südostpassat zusammenströmen (konvergieren) und in dem sich die äquatoriale Tiefdruckrinne mit Zenitalregen bildet. Die ITC wandert mit dem Zenitstand der Sonne vom Äquator aus über den Kontinenten weiter, über den Ozeanen wesentlich weniger weit nach Norden bzw. nach Süden (→ Seiten 25, 40).

Innovationspotenzial: Möglichkeiten innerhalb einer Stadt oder Region, Erfindungen und technologische Verbesserungen hervorzubringen – z.B. in Hochschulen und Forschungsinstituten – und diese in die Praxis umzusetzen, z.B. in Form neuer Produkte oder Verfahren (→ Seite 138).

Intermediärer Raum: Raum ohne die ausgeprägten Stärken und Schwächen von → Aktiv- bzw. → Passivräumen, aber mit insgesamt guten Lebensbedingungen sowie Verkehrsverbindungen (→ Seite 67).

Interzeption: Vorübergehendes Auffangen des Niederschlags durch das geschlossene Blätterdach eines Baumes bzw. Waldes. Der Regen erreicht erst mit Verzögerung den darunter liegenden Boden (→ Seite 38).

Inversion (lateinisch für Umkehrung): Besondere Temperaturschichtung in der Atmosphäre, bei der eine wärmere Luftschicht über einer kalten, bodennahen Luftschicht liegt. Normalerweise kühlt die Luft mit zunehmender Höhe ab (→ Seiten 50, 100).

Inversionswetterlage: Zeitraum mit einer → Inversion der Temperaturschichtung in der Atmosphäre, v.a. im Winter und in Tal- oder Beckenlagen, in denen sich bodennahe Kaltluft sammeln kann (→ Seite 50).

Jetstream (wörtlich: Strahlstrom): Starke, bandartige und zeitweise mäandrierende Luftströmung in der oberen Troposphäre, die aufgrund des globalen Temperatur- und damit auch Druckgefälles oberhalb der planetarischen Frontalzone entsteht (→ Seite 25).

Joint Venture: Gemeinsame Gründung eines Unternehmens durch rechtlich und wirtschaftlich voneinander unabhängige Partner. Dabei werden einander ergänzende Kenntnisse (Know How) und/oder Kapital bei gleichzeitiger Teilung von Gewinn und Risiko zusammengelegt (→ Seite 136).

Jugoslawien („Staat der Südslawen"): Nach dem Ersten Weltkrieg unter der Führung Serbiens gebildeter Vielvölkerstaat auf der Balkanhalbinsel, der in den 1990er-Jahren zerfallen ist in die souveränen Staaten Slowenien, Kroatien, Mazedonien, Bosnien-Herzegowina, Montenegro sowie Serbien mit der Autonomen Region Kosovo (unter internationaler Verwaltung) (→ Seite 81).

Just-in-Time: In der Automobilindustrie entwickeltes Verfahren der Zulieferung von Einzelteilen bzw. von Komponenten genau zu dem Zeitpunkt, an dem sie am Band benötigt werden. Damit wird eine kostenaufwendige Lagerhaltung vermieden, aber das Verkehrsaufkommen von Lkw als sogenannte „rollende Warenlager" steigt deutlich an (→ Seite 118).

Kältepol: Ort mit der tiefsten jemals gemessenen Temperatur auf der Nord- bzw. auf der Südhalbkugel der Erde (→ Seite 107)

Kaltfront: Grenze der vorrückenden Kaltluft auf der Rückseite des → Warmluftsektors innerhalb eines wandernden Tiefdruckgebietes (→ Seite 26)

Kaufkraftparität (PPP-$): Die Abkürzung stammt vom englischen Begriff „Purchasing Power Parity". Die Kaufkraftparität gibt an, wie viele Einheiten der jeweiligen Landeswährung erforderlich sind, um einen repräsentativen Warenkorb mit bestimmten Konsumgütern zu kaufen, der in den USA einen bestimmten Preis in US-$ hat. Anschließend wird die Kaufkraft der Landeswährung umgerechnet in die Kaufkraft eines US-$.

Klimadiagramm: Graphische Darstellung des langjährigen durchschnittlichen Temperatur- bzw. Niederschlagsverlaufs für eine bestimmte Klimastation, basierend auf Messreihen von mindestens 30 Jahren (→ Seiten 29, 43, 45).

Kommunistische Partei der Sowjetunion (KPdSU): Mächtige Einheitspartei in der früheren → Sowjetunion, die nicht nur Politik und Wirtschaft kontrollierte, sondern auch die Massenmedien. Die Bürgerrechte waren stark eingeschränkt, und der einzelne Bürger wurde vom Staat auch im Privatleben streng überwacht (→ Seite 102).

Komparative Kostenvorteile: Besondere Standortvorteile in bestimmten Staaten, z. B. in den Industrieländern durch den hohen technologischen Entwicklungsstand, die gut ausgebaute Infrastruktur und den aufnahmefähigen Markt, in den Entwicklungsländern durch die geringen Löhne und durch eventuell vorhandene Rohstoffvorkommen (→ Seite 136).

Kompression: Verkürzung der Erdkruste an einer Plattengrenze durch Faltung oder → Bruchtektonik bei der Kollision zweier Lithosphäreplatten (→ Seiten 14, 16)

Kondensationsniveau: In Abhängigkeit von Temperatur und Luftfeuchtigkeit ist das Kondensationsniveau die Höhe in Metern, bei der der gasförmige Wasserdampf aufsteigender und damit kühler werdender Luftmassen kondensiert, also in Wassertröpfchen umgewandelt wird mit Wolkenbildung und später eventuell mit Niederschlagsbildung (→ Seite 21).

Konfuzianismus: siehe die Definition auf → Seite 126

Konsolidierung: Prozess der schrittweisen Verbesserung der Bausubstanz und der Lebensbedingungen in einer ehemaligen → Marginalsiedlung durch ihre Bewohner selbst als Teil einer „Entwicklung von unten", und zwar weitestgehend in Eigenleistung unter der Voraussetzung relativ sicherer Einkommensverhältnisse sowie positiver Zukunftsperspektiven. Im Gegensatz dazu stehen als „Entwicklung von oben" die sogenannten → Squatter Upgrading-Programme, die oftmals von der Weltbank finanziert werden (→ Seite 150).

Kraton: Sehr alter Festlandskern, der bereits nach dem Erkalten der Erdkruste in der Erdurzeit entstanden ist. Nach neuesten wissenschaftlichen Erkenntnissen liegen die ältesten Teile der Erdkruste (3,8 Mrd. Jahre alt) im Osten Grönlands (→ Seite 84).

Kreislauf der Gesteine: siehe das Schema auf → Seite 18

Kultur: Erklärung sowie Unterscheidung zwischen Hochkultur und Alltagskultur siehe → Seite 88

Kulturerdteil: Großregion der Erde, die nicht durch physisch-geographische Merkmale abgegrenzt wird, sondern durch kulturelle Faktoren, die sich auch in der jeweiligen Kulturlandschaft niederschlagen. Beispiele sind der anglo-amerikanische, der lateinamerikanische, der islamisch-orientalische oder der russich-orthodoxe Kulturerdteil. Die Abgrenzungskriterien sind einerseits nicht immer sehr scharf (meist geht es um Sprache und / oder Religion) und werden überlagert durch Globalisierungsprozesse, andererseits enthalten einzelne Kulturerdteile sehr unterschiedliche Teilregionen, die kaum zusammengefasst werden können (→ Seite 6).

Länderfinanzausgleich: System eines gesetzlich geregelten Finanzausgleichs von den wirtschaftlich stärkeren hin zu den wirtschaftlich schwächeren Bundesländern in Deutschland mit dem Ziel des Abbaus räumlicher Disparitäten sowie der Herstellung räumlicher Gerechtigkeit (→ Seite 52)

Länderfusion: Zusammenlegung mehrerer Bundesländer mit dem Ziel von Einspar- und Synergieeffekten – allerdings verbunden mit dem Nachteil des Verlustes von Bürgernähe sowie mit weiten Wegen zu den Behörden. Die erste Länderfusion war der Zusammenschluss von Baden und Württemberg 1952. Die Länderfusion entspricht einer Gebietsreform auf Länderebene. Sie soll mit dem geplanten Zusammenschluss von Berlin und Brandenburg im zweiten Anlauf für das Jahr 2010 verwirklicht werden (→ Seite 53).

Landflucht (französisch: Exode rural): Prozess der Abwanderung aus peripheren ländlichen Regionen aufgrund des Strukturwandels in der Landwirtschaft. Folgen sind Wüstungsprozesse und Schwächen in der infrastrukturellen Versorgung des dünn besiedelten ländlichen Raumes (→ Seite 95).

Landlocked Country (LLC): → Binnenland (→ Seite 42)

Landreform: politische Maßnahme der Umverteilung von landwirtschaftlichen Nutzflächen bei extrem ungerechten Bodenbesitzverhältnissen, wie z. B. in Lateinamerika (→ Seite 153)

Landschaft: umgangssprachliche Bezeichnung für einen bestimmten physisch-geographischen bzw. kulturgeographischen Raumtyp (→ Seite 30)

Latente Wärme: Beim Vorgang der Verdunstung im Wasserdampf der Luft gespeicherte Energie, die bei der Kondensation wieder an die umgebende Luft abgegeben wird (→ Seite 21).

Least Developed Countries (LLDC): Englisch-amerikanische Bezeichnung für die ärmsten Entwicklungsländer mit besonderem Unterstützungsbedarf (→ Seite 143). Der Begriff wird v. a. von den Vereinten Nationen benutzt.

Lebenserwartung: Rechnerischer Wert des durchschnittlich zu erwartenden Alters ab der Geburt; in der Regel wird die Lebenserwartung bezogen auf ein Land angegeben. Die Lebenserwartung wird zumeist auch für Männer und Frauen getrennt erhoben (→ Seite 58).

Leistungsbilanz: Teil der Zahlungsbilanz einer Volkswirtschaft. Die Leistungsbilanz lässt sich in folgende Teilbilanzen gliedern:
- **Handelsbilanz:** Import und Export von Waren
- **Dienstleistungsbilanz:** Import und Export von Dienstleistungen, wie z. B. Tourismus, Transportleistungen
- **Übertragungsbilanz:** Zahlungen an internationale Organisationen wie die UNO, Zahlungen von Entwicklungshilfe, Rücküberweisungen von ausländischen Arbeitnehmern in ihr Heimatland (Remitten).

Less Developed Countries (LDC): englisch-amerikanische Bezeichnung der Vereinten Nationen für Entwicklungsländer (→ Seiten 142/143)

Lorenzkurve: Spezielle Diagrammform zur Darstellung einer Verteilung (z. B. der Betriebsgrößenstruktur in der Landwirtschaft) und damit auch zum Aufzeigen von Ungleichverteilung bzw. Ungerechtigkeit (→ Seite 79).

Lössbörden: Während der Eiszeiten durch den Wind abgelagerte, feinkörnige und zugleich kalkhaltige Sedimente sowie die darauf entstandenen Lössböden bilden die Grundlage für die Entstehung fruchtbarer Agrarlandschaften im Vorland der Mittelgebirge, der sogenannten Börden (→ Seite 54).

Luftdruckgradient: Luftdruckgefälle (→ Seite 24)

Marginalisierung (lateinisch margo: Rand): Beschreibung dafür, dass ein größerer Bevölkerungsanteil, in den Entwicklungsländern oft sogar die Mehrheit der Bevölkerung, an den Rand der Gesellschaft gedrängt wird und dort von der Teilhabe am Wohlstand und an politischen Entscheidungsprozessen ausgeschlossen ist (→ Seite 150).

Marginalsiedlung: Im engeren Sinne Hüttenviertel am Rande von Großstädten, deren Bewohner überwiegend arm sind und unter teilweise katastrophalen hygienischen und sozialen Bedingungen leben müssen, im weiteren Sinne auch die innerstädtischen → Slumgebiete mit vergleichbaren Lebensbedingungen (→ Seite 150).

Massentierhaltung: Wirtschaftlich erfolgreiche, aber moralisch umstrittene Form der Haltung vieler Tiere der gleichen Art auf engstem Raum mit dem Ziel der Gewinnmaximierung für die Produzenten und der Preisreduzierung für den Konsumenten meist ohne Rücksicht auf eine artgerechte Tierhaltung (→ Seite 79)

Massentourismus: Negativ besetzter Begriff für einen nicht nachhaltigen, weder an das Ökosystem noch an die Kultur in der Zielregion angepassten, sogenannten harten Tourismus (→ Seiten 46/47).

Mediterrane Subtropen: Gebiete mit subtropischem Mittelmeerklima: Kennzeichen sind milde Temperaturen, Winterregen und sommerliche Trockenheit (→ Seite 44).

Megacity: Nach einer Definition der Vereinten Nationen müssen Megastädte folgende Bedingungen erfüllen:
- Mindestens zehn Millionen Einwohner
- Monozentrische Struktur (eine Kernstadt)
- Mindestdichte der Bevölkerung: 2000 Einwohner pro Quadratkilometer
- Herausragende Bedeutung im nationalen und / oder internationalen Rahmen

(→ Seite 130)

Megalopolis (wörtlich: „Riesenstadt"): Große, fast durchgehend verstädterte Räume, in denen sich mehrere Groß- bzw. Millionenstädte durch die Suburbanisierung zu einer zusammenhängenden Stadtlandschaft entwickeln. Bekanntestes Beispiel ist die Megalopolis **Boswash** in den USA mit rund 38 Millionen Einwohnern (→ Seiten 121, 130). In der Bezeichnung Boswash stecken die beiden Endpunkte der Megalopolis; Boston im Norden und Washington im Süden.

Melting Pot: Idealisiertes Ziel der Verschmelzung aller eingewanderten Bevölkerungsgruppen in den USA. Der Realität angepasst wird heute eher von einer Salad Bowl gesprochen, einem bunten Gemisch von Bevölkerungsgruppen, vergleichbar dem Mosaik der Kulturen in Kanada. Werden die sozialen Unterschiede betont, so spricht man auch von einem Layer Cake, einer Schichttorte mit oben und unten (→ Seite 123).

Metamorphose: Umwandlung von Gesteinen durch hohen Druck und/oder hohe Temperatur; typisches Beispiel für Metamorphite sind Gneise (→ Seite 19).

Meteorit: Allgemeine Bezeichnung für kleinere, vereinzelt auch größere Himmelskörper, die beim Eintritt in die Erdatmosphäre zumeist völlig verglühen oder aber einschlagen und dann → Impact-Strukturen bilden können (→ Seite 12).

Metropole: Millionenstadt, die zugleich ein wirtschaftliches und politisches Entscheidungszentrum ist und die anderen Städte des Landes in der Regel an Größe und Bedeutung weit überragt (→ Seiten 93, 150).

Metropolitane Funktionen: hochrangige, national und international bedeutsame Funktionen des tertiären Sektors in einer Metropole, z.B. Konzernzentralen und Ministerien (→ Seite 93)

Metropolregion: Einzugsbereich einer bedeutenden Millionenstadt, der weit über die engere Stadtregion hinausreicht (→ Seiten 65, 67, 93, 130).

Migration (lateinisch für Wanderung): Verlagerung des Wohnsitzes für immer bzw. für einen längeren Zeitraum innerhalb eines Staates von einer Region in eine andere oder über Staatsgrenzen hinweg (→ Seite 148)

Minderheit: Siehe die Erklärungen auf → Seite 88.

Mittelgebirgsschwelle: Geologisch ältere, durch → Erosion stärker abgetragene und durch → Bruchtektonik geprägte, kleingekammerte Gebirgslandschaft ohne schroffe Landschaftsformen zwischen Norddeutschem Tiefland und Alpenvorland mit Gipfelhöhen von maximal knapp 1500 Metern (→ Seite 54).

Mobilität (wörtlich: Beweglichkeit): Möglichkeiten der räumlichen und der sozialen Veränderung in einer Gesellschaft in Abhängigkeit von deren wirtschaftlichem, technologischem, politischem und sozialem Entwicklungsstand. Die räumliche Mobilität bezieht sich auf die Verlagerung des Wohnsitzes bzw. die Verkehrserschließung, die soziale Mobilität bezieht sich auf die gesellschaftlichen Aufstiegsmöglichkeiten (→ Seite 148).

Modell des demografischen Übergangs: Vergleiche die genaue Beschreibung auf → Seite 146.

Modell des Produktlebenszyklus: Siehe die Definition auf → Seite 161.

Montanindustrie (lateinisch von Berg, Bergbau): die auf dem Abbau von Steinkohle als Energieträger sowie von Eisenerz als Rohstoff beruhende Eisen- und Stahlindustrie („Schwerindustrie") (→ Seite 108)

Moränen: Eiszeitliche Ablagerungen unterhalb des ehemaligen Gletschers als sogenannte Grundmoräne bzw. vor dem ehemaligen Gletscher als sogenannte Endmoräne. Bei den Endmoränen werden aufgeschobene Stauchendmoränen von abgelagerten Satzendmoränen (von Absetzen) unterschieden. Im Unterschied zu Ablagerungen von Flüssen (→ Sander) ist das Gesteinsmaterial der Moränen nicht nach Größe sortiert und nicht gerundet bzw. nur an den Kanten gerundet (→ Seite 54).

Most Seriously Affected Countries (MSAC): Diejenigen → Entwicklungsländer, die auf den Import von Erdöl als Energieträger angewiesen und von Preissteigerungen in diesem Bereich besonders betroffen sind, da diese die Handelsbilanz stark belasten (→ Seiten 142/143).

Mure: Schlamm- und Geröllstrom im Gebirgsraum mit verheerender Zerstörungskraft (→ Seite 99)

Nachhaltige Entwicklung: Entwicklung, die sowohl ökonomische als auch soziale und ökologische Interessen berücksichtigt und vor allem langfristig angelegt ist, also die Lebensgrundlagen und Gestaltungsmöglichkeiten zukünftiger Generationen nicht beeinträchtigt (→ Seite 145).

NAFTA-Staaten: Staaten, die dem North American Free Trade Agreement beigetreten sind, dem nordamerikanischen Freihandelsabkommen: USA, Kanada und Mexiko (→ Seite 156).

Nationalpark: Aus den USA stammendes Konzept des Schutzes von einmaligen Naturlandschaften, um diese für die Nachwelt zu erhalten. Gleichzeitig sollen Nationalparks in ausgewählten Bereichen für Besucher zugänglich sein, damit diese die einmaligen Naturlandschaften kennen lernen und eine positive Einstellung gegenüber der Natur entwickeln (→ Seite 56).

Natürlicher Bevölkerungssaldo: Geburtenfälle minus Sterbefälle in einer Region bzw. in einem Staat (→ Seite 87)

Naturpark: Großräumiges Gebiet mit besonderen Landschaftsformen, das für die touristische Erschließung besonders geeignet ist. Innerhalb dieser Einrichtungen gibt es Gebiete, die einem besonderen Landschaftsschutz unterliegen und nicht verändert werden dürfen und solche, die unter strengem Naturschutz stehen und daher auch für Touristen nicht zugänglich sind (→ Seite 56).

Niederschlagsvariabilität: Durchschnittliche Schwankungsbreite der Niederschläge, ausgehend vom langjährigen Mittel und gemessen über einen langen Zeitraum. Daraus ergibt sich die Dürrewahrscheinlichkeit in einer Region (→ Seiten 40, 108).

Nord-Süd-Konflikt: Da die meisten Industrieländer auf der Nordhalbkugel der Erde liegen, die meisten Entwicklungsländer dagegen auf der Südhalbkugel, wird der Interessengegensatz zwischen den beiden Ländergruppen als Nord-Süd-Konflikt bezeichnet (→ Seite 143).

Ökologisches Notstandsgebiet: Gebiete mit katastrophaler Umweltschädigung und mit Gesundheitsgefährdung ihrer Bewohner vor allem in den Staaten des früheren Ostblocks („Zweite Welt"). Bekannte Beispiele sind die Region um Norilsk im heutigen Russland, das Oberschlesische Industriegebiet (GOP) in Polen oder der Raum Bitterfeld in der früheren DDR. Neuere dramatische Beispiele für ökologische Notstandsgebiete finden sich in der VR China (→ Seite 111).

Ökozone: Großregion der Erde, zumeist parallel zu den Breitengraden angeordnet, die nach Zusammenfassung mehrerer naturräumlicher Kriterien in sich relativ einheitliche Lebensbedingungen für Flora und Fauna bietet und demnach auch für den Menschen (siehe die Karte auf → Seite 33).

Offshore-Finanzzentren: Diese auch als Steueroasen bezeichneten Gebiete sind zumeist formal selbstständige oder auch politisch abhängige Territorien mit kleiner Fläche und mit einer sehr liberalen Steuergesetzgebung sowie extrem niedrigen Unternehmenssteuern. Sie bieten globalen Konzernen die Möglichkeit, Gewinne niedrig zu versteuern und finanzielle Transaktionen zu verschleiern. Daneben dienen sie oftmals auch der Geldwäsche global agierender krimineller Organisationen (→ Seite 159).

Okklusion: Zusammenschluss von Kaltluft (am Boden) und Warmfront (in der Höhe) nach dem Anheben des Warmfrontsektors im Alterungsstadium einer → Zyklone (→ Seite 26)

Opportunitätskosten: Einkommensverluste durch den Verdienstausfall während der Erziehungszeiten und durch Ausgaben für die Kindererziehung und -versorgung (→ Seite 58)

Ostseitenklima: Ganzjährig feuchtes Klima mit Sommermaximum der Niederschläge oder sommerfeuchtes Klima an den Ostseiten der Kontinente, bedingt durch warme Meeresströmungen in diesem Bereich sowie durch die Aufheizung der Kontinente im Sommer, die dann die feuchtwarme Meeresluft ansaugen (→ Seite 32).

OSZE: Organisation für Sicherheit und Zusammenarbeit in Europa (→ Seite 88)

Outsourcing: Auslagerung der Fertigung möglichst vieler Bauteile z. B. in der Automobilindustrie in Zulieferbetriebe, um eine Konzentration des Konzerns auf das Kerngeschäft zu ermöglichen (→ Seite 119)

Passatwinde: Beständig wehende Winde zwischen den Wendekreiswüsten und der → innertropischen Konvergenzzone, die durch die → Corioliskraft abgelenkt werden zu Nordost- bzw. Südostpassaten (→ Seite 25).

Passatinversion: Temperaturumkehr in der Höhe zwischen 23,5 ° Nord bzw. Süd, in der sehr warme absinkende Luftmassen den Aufstieg und die Kondensation bodennaher Luftmassen verhindern und somit auch die Niederschlagsbildung. Die Passatinversion ist ursächlich verantwortlich für die Entstehung der Wendekreiswüsten (→ Seite 25).

Passivraum: Raum mit geringer Wirtschaftsleistung (BIP/Einwohner), dünner Besiedlung, Überalterung sowie Abwanderung. Die Abwanderung ist oftmals verbunden mit → sozialer Erosion (→ Seiten 67, 107).

Pedosphäre: Bodenschicht der Erde – als solche die dünnste aller Schichten bzw. Hüllen der Erde (→ Seite 34)

Pendler: Menschen, die zum Erreichen ihres Arbeitsplatzes oder ihrer Schule bzw. Universität täglich ihren Wohnort verlassen und z. T. weite Strecken zurücklegen (→ Seite 97).

Peripherraum (kurz: Peripherie): wörtlich: Region in Randlage. Beinhaltet aber auch die schlechte Erreichbarkeit (Pkw, ÖPNV) und den wirtschaftlichen sowie den gesellschaftlichen Entwicklungsrückstand einer Region im Vergleich zum Gesamtraum (→ Seite 74).

Permafrostboden: Siehe → Dauerfrostboden.

Phytomassenproduktion: Masse der Pflanzenproduktion, also des Zuwachses in einem Jahr in einem bestimmten Ökosystem, gemessen in Tonnen pro Hektar (t/ha) (→ Seite 36)

Planet: Relativ großer, fester oder gasförmiger Himmelskörper, der um einen sogenannten Fixstern, wie z. B. die Sonne, kreist und von diesem Wärmeenergie erhält (→ Seiten 10/11).

Planetarische Frontalzone: Zone der höchsten Luftdruck- und Temperaturgegensätze auf der Erde mit sehr starken Höhenwinden (Strahlströme bzw. englisch Jet Streams) sowie wandernden Zyklonen darunter, also dynamischen Tiefdruckgebieten, die für einen Ausgleich der Luftmassengegensätze sorgen (→ Seiten 24, 113).

Planetarische Zirkulation: globales Windsystem am Boden und in der Höhe mit den dazugehörigen Druckgebieten (→ Seite 24 ff.)

Planetoid: kleinerer, planetenartiger Himmelskörper mit geringer Masse und Anziehungskraft (→ Seite 12)

Planie: Skipiste in Bergregionen, für die der ursprünglich unebene Untergrund ausgeglichen, also planiert wurde mit Veränderungen der Bodenstruktur (→ Seite 99).

Planwirtschaft: Staatlich zentral gelenktes, bis auf die Ebene des einzelnen Betriebes hinab reichendes Wirtschaftssystem in den früheren sozialistischen Staaten („Zweite Welt") mit einem schwerfälligen bürokratischen Apparat (→ Zentralverwaltungswirtschaft, → Seite 102).

Plattentektonik: In sich schlüssige Modellvorstellung, nach der die Erdkruste zusammen mit der oberen Schicht des Erdmantels in unterschiedlich große und unterschiedlich mächtige ozeanische bzw. kontinentale Platten gegliedert ist, die durch Energie aus dem Erdinnern (endogene Kräfte) angetrieben werden und auseinanderdriften, zusammenprallen oder aneinander vorbeischrammen können (→ Seite 13).

Primatstadt: Bedeutendste und bevölkerungsreichste Stadt eines Städtesystems, deren Einwohnerzahl die der nächstgrößeren Stadt um mindestens das Doppelte übertrifft (→ Seite 93 ff.).

Protektionismus: Schutz der eigenen Wirtschaft durch Einfuhrzölle, Mengenbegrenzungen von Importen oder durch andere gegen ausländische Volkswirtschaften gerichtete Maßnahmen, die den freien Warenhandel beschränken (→ Seite 108).

Punkt-axiales System: Grundgerüst von Städtesystemen und Instrument der Raumordnungspolitik (Raumplanung) – umfasst die wichtigsten städtischen Zentren und die sie verbindenden, leistungsfähigen Verkehrsachsen in einem Staat. Ein erwünschter Nebeneffekt der Förderung von punkt-axialen Systemen in der Raumordnungspolitik ist der geringere Flächenverbrauch und somit die Erhaltung ökologischer Ausgleichsflächen in den Achsenzwischenräumen (→ Seiten 76/77).

Push- und Pull-Faktoren (englisch: to push: schieben, drängen bzw. to pull: ziehen): Modellvorstellung über die Ursachen von → Migration, in der nach Gründen, die einen Menschen aus einer Region bzw. aus einem Staat hinausdrängen (Push-Faktoren) , sowie nach Gründen, die einen Menschen in eine andere Region bzw. in einen anderen Staat ziehen (Pull-Faktoren), unterschieden wird. Oftmals spielen mehrere Gründe gleichzeitig eine Rolle (→ Seite 148).

Quartärer Sektor: Wissensintensive Dienstleistungen auf der Basis hoher Qualifikation und mit hohen Einkommen, die in neueren volkswirtschaftlichen Ansätzen von den einfachen Dienstleistungen mit geringeren Einkommen unterschieden und aus dem tertiären Sektor ausgegliedert werden (→ Seite 94).

Rang-Größen-Regel: siehe die Erklärung auf → Seite 64

Räumliche Disparitäten: Entwicklungsunterschiede zwischen Räumen, die sich auf die Lebensbedingungen ihrer Bewohner nachhaltig auswirken (→ Seite 66); siehe auch die genauere Definition auf → Seite 90.

Räumliche Mobilität: Möglichkeiten der Fortbewegung von Menschen mit Personenkraftwagen oder mit öffentlichen Verkehrsmitteln in einer Region bzw. in einem Staat in Abhängigkeit von der zur Verfügung stehenden Verkehrsinfrastruktur (→ Seite 97)

Räumliche Polarisierung: Prozess der Verschärfung von räumlichen Disparitäten in einer Region, z. B. zwischen Bevölkerungs- und Wirtschaftszentren einerseits und peripheren ländlichen Regionen andererseits (→ Seite 94)

Raumordnungspolitik: Andere Bezeichnung für die Raumplanung, also für staatliche Maßnahmen zum Abbau räumlicher Disparitäten und damit auch zur Schaffung gleichwertiger Lebensbedingungen in einem Land (→ Seite 76).

Raumschranke (Tyranny of Distance): Problem der Überwindung großer Entfernungen in Flächenstaaten (sub)kontinentalen Ausmaßes. Der Bau und Ausbau der Verkehrsinfrastruktur erfordert erhebliche Geldmittel, ebenso der Betrieb des Personen- und vor allem des Güterverkehrs (→ Seite 104).

Regionalisierung: Generell die wissenschaftlich begründete Gliederung in klar abgegrenzte Regionen als wichtiges Analyseinstrument in der Geographie; in der Raumplanung die Abgrenzung von funktional zusammenhängenden Regionen, die bestimmte Entwicklungsmerkmale aufweisen (→ Seite 77).

Regionalpolitik der EU: siehe das Übersichtswissen (Kasten) auf → Seite 91

Reliefenergie: Ausdruck für das Gefälle auf einer bestimmten Längendistanz. Bei einer hohen Reliefenergie haben z. B. Flüsse ein starkes Gefälle und schneiden sich in das Gelände ein (Tiefenerosion) (→ Seite 125).

Reserven: Bekannte Rohstoffvorkommen, deren Abbau unter den aktuellen technologischen und ökonomischen Bedingungen mit Gewinn möglich wäre (→ Seite 106).

Ressourcen: Diese umfassen sowohl die → Reserven als auch die bekannten, derzeit noch nicht abbauwürdigen Rohstoffvorkommen sowie weitere, noch nicht näher erforschte, aufgrund bestimmter geologischer Strukturen aber für wahrscheinlich gehaltene Lagerstätten (→ Seite 106).

Rheinisches Schiefergebirge: In sich geschlossener Block der → Mittelgebirgsschwelle mit insgesamt einheitlichen geologischen Strukturen und Gesteinen, der eine mächtige → Barriere bildet, die durch die Flusstäler von Rhein und Mosel als Hauptverkehrsadern durchbrochen wird (→ Seite 54).

Rückzugsraum: Wirtschaftlicher Passivraum, aus dem sich die Bevölkerung zurückzieht, z. B. die Westalpen oder die Mittelgebirgsregionen (→ Seite 98).

Russländische Föderation: siehe die → Karte 103.1 (→ Seite 103)

Sahel-Syndrom: (→ Seite 40) Krankheitsbild der Erde, das durch die → Desertifikation entsteht und Bereich der Sahelzone besonders augenfällig ist.

Sahelzone: Vom arabischen Wort Sahel für „Ufer": In Afrika der Übergangsraum von der Wüste zur Savanne – im engeren Sinne die Dornsavanne und Teile der Trockensavanne mit hoher Niederschlagsvariabilität und mit starker Gefährdung des Ökosystems durch den wirtschaftenden Menschen. Zur Abgrenzung siehe → Abb. 40.2.

Sander (isländisch Sandur): Sandablagerungen durch Gletscherflüsse im Vorland der großen Gletscher als Teil der → glazialen Serie in den Eiszeiten bzw. aktuell in Island (→ Seite 54)

Satellitenstadt: Geplante Stadt in zumeist hoch verdichteter Bauweise außerhalb der Kernstadt, um deren Wohnungsmarkt zu entlasten und um preiswerten Wohnraum in der Stadtregion zu schaffen. Außerdem verringern Satellitenstädte den Flächenverbrauch, der normalerweise mit dem Prozess der → Suburbanisierung verbunden ist (→ Seiten 62, 139).

Satellitenstaat: Staat, der wirtschaftlich und politisch abhängig ist von einer regionalen oder globalen Großmacht (→ Seite 81)

Saurer Regen: Durch Schwefeldioxid-Emissionen v.a. aus Kohlekraftwerken entstandener, chemisch saurer und daher aggressiver Niederschlag, der weit entfernt vom Ursprungsort der Emissionen zur Schädigung von Wald- und Seeökosystemen sowie von Menschen und Gebäuden führen kann (→ Seite 141).

Savannen: Wechselfeuchte Ökozonen der Tropen, die sich vom tropischen Regenwald bis zu den Wendekreiswüsten erstreckt. Nach abnehmender Dauer der Regenzeit und nach abnehmender Niederschlagsmenge werden unterschieden: Feuchtsavanne – Trockensavanne – Dornsavanne (→ Seite 40)

Schalenbau der Erde: Siehe die Erläuterungen auf → Seite 12.

Schlüsselindustrien: Die für die Industrialisierung eines Staates bzw. als industrielle Basis strategisch wichtigen Branchen wie die Energiewirtschaft, die Schwerindustrie, die Rüstungsindustrie, die Luft- und Raumfahrtindustrie oder die High-Tech-Industrie (→ Seite 126).

Schwarzerdeböden: Nach dem mächtigen dunklen Humushorizont benannter → Bodentyp mit hoher natürlicher Fruchtbarkeit, meist auf Lössböden in Steppengebieten entstanden (→ Seite 108).

Schwellenland (englisch: Newly Industrializing Country NIC): Staat, der sich im Übergang vom Entwicklungsland zum Industrieland befindet. Nach der Modernisierungstheorie handelt es sich um eine sogenannte Startgesellschaft, die erst noch den Sprung zum reifen Industrieland schaffen muss. In den meisten Schwellenländern gibt es ausgeprägte räumliche Disparitäten zwischen einem Zentrum oder mehreren Zentren und einem nach wie vor unterentwickelten peripheren ländlichen Raum (→ Seite 154).

sea-floor spreading: Spreizung des Meeresbodens an den untermeerischen Rücken durch den Aufstieg (die Konvektion) und das Erkalten von Magma, die zugleich den neuen Ozeanboden bildet. Gilt als Motor aller plattentektonischen Prozesse (→ Seiten 7, 13).

Sedimentation: Ablagerung von unterschiedlich weit zerkleinertem Gesteinsmaterial und von organischem Material. Die Sedimentation ist ein wichtiger Teil des Kreislaufs der Gesteine (→ Seite 19).

Separatismus: Politische Bewegung, die die Loslösung einer Region aus einem Staatsgebilde fordert und aktiv betreibt durch politische und sogar durch terroristische und paramilitärische Aktionen (→ Seite 103).

Shareholder Value: Unternehmensprinzip, bei dem möglichst hohe Gewinne der Aktionäre (Shareholder: Anteilseigner) oberstes Ziel sind. Beschäftigungseffekte und langfristige Unternehmensstrategien stehen demgegenüber oftmals zurück. (→ Seite 119)

Shintoismus: siehe die Definition auf → Seite 126

Site and Service Schemes: Maßnahme der Stadtplanung in den Entwicklungsländern. Gemeint ist die Bereitstellung von vermessenen und mehr oder weniger gut erschlossenen Bauplätzen in zusammenhängenden Stadtteilen am Rande von Großstädten, um die Bildung völlig ungeplanter → Marginalsiedlungen zu vermeiden. Von den Bewohnern werden – je nach Ausstattung des zukünftigen Wohngebietes – bestimmte Boden- oder Pachtpreise verlangt, dazu kommen ggf. Abgaben für die Erschließung und für die laufende Versorgung mit Wasser und Elektrizität. Die Häuser müssen in Eigenleistung gebaut und können schrittweise ausgebaut werden. In solchen Gebieten werden von Spekulanten oftmals Häuser mit kleinen Zimmern zur Einzelvermietung an arme Zuwanderer gebaut. Wegen der verbreiteten Armut in den Entwicklungsländern liegen Kauf bzw. Pacht, laufende Kosten und dazu noch der Bau eines Hauses außerhalb der finanziellen Möglichkeiten der meisten Menschen (→ Seite 151).

Skanden: Der wichtigste Gebirgszug in Skandinavien, der die gesamte Halbinsel im Nordwesten durchzieht und Gipfelhöhen von knapp 2500 m erreicht (→ Seite 84).

Slum: Im engeren Sinne degradiertes (umgangssprachlich: heruntergekommenes) ehemaliges Wohngebiet der Mittel- und Oberschicht, das durch Neuaufteilung der Räume, Überbelegung und den Bau von provisorischen Hütten in den Hinterhöfen zum dicht besiedelten Problemgebiet mit hoher Kriminalitätsrate wurde. Im weiteren Sinne werden umgangssprachlich auch die → Marginalsiedlungen in den Entwicklungsländern als Slumgebiete bezeichnet (→ Seite 150).

Sonderwirtschaftszone: Verhältnismäßig kleine, vom übrigen Staatsgebiet klar abgegrenzte Gebiete an der Küste oder in der Nähe von Flughäfen in Entwicklungs- oder Schwellenländern. Sonderwirtschaftszonen besitzen eine gut ausgebaute Infrastruktur, Zollfreiheit und eine besondere Steuergesetzgebung. Bisweilen werden sogar die Gebäude zur Verpachtung bereitgestellt. Hier sollen ausländische Investoren Zweigwerke gründen und dadurch Beschäftigungs- und Ausbildungsmöglichkeiten für die Einheimischen schaffen. Außerdem sollen Sonderwirtschaftszonen als Ausgangspunkte für den Aufbau einer eigenen Industrie dienen. Daher wird auch von einer Strategie der Sonderwirtschaftszonen gesprochen (→ Seite 136).

Sowjetunion (Union der Sozialistischen Sowjetrepubliken – UdSSR): Eurasischer Vielvölkerstaat unter kommunistischer Herrschaft, dessen Grundlagen in der Oktoberrevolution von 1917 entstanden. Aufgrund politischer und wirtschaftlicher Fehlentwicklungen und Krisen zerfiel die Sowjetunion im Jahr 1991 (→ Seiten 81, 102 / Karte → Seite 103).

Soziale Erosion: Prozess der Abwanderung gerade der jungen, flexiblen, mobilen und gut ausgebildeten Bevölkerungsgruppen aus einem Passivraum mit der Folge, dass das ursprünglich vorhandene → Humankapital für die weitere Entwicklung dieser Region nicht mehr vorhanden ist (→ Seite 95).

Squatter Upgrading-Programm: Programm der Entwicklungspolitik mit dem Ziel der schrittweisen Aufwertung von → Marginalsiedlungen durch die Vergabe von Besitztiteln (Rechtssicherheit) und von Krediten für die Verbesserung der Bausubstanz, die durch die Bewohner selbst erfolgt. Daneben werden im Nachhinein Erschließungsstraßen angelegt sowie Wasser- und Abwasserleitungen zur Verbesserung der hygienischen Situation gelegt. Durch die entstehenden laufenden Kosten werden die ärmeren Bewohner der Marginalsiedlungen verdrängt und siedeln sich zum Teil in peripher gelegenen neu entstehenden Marginalsiedlungen an. Squatter Upgrading-Programme dienen demnach der schrittweisen Integration ganzer bis dahin illegaler Stadtteile und ihrer Bewohner in die jeweilige Großstadt der Dritten Welt, sind aber verbunden mit sozialen Verdrängungsprozessen und mit der Entstehung lukrativer Immobiliengeschäfte in den aufgewerteten ehemaligen Marginalsiedlungen (→ Seite 151).

Soziale Segregation: Freiwillige bzw. erzwungene Abschottung einer ethnischen, religiösen oder sozialen Gruppe gegenüber anderen Bevölkerungsgruppen in einer Großstadt. Bei einer erzwungenen Segregation entstehen oftmals → Ghettos (→ Seite 121).

Sozialräumliche Disparitäten: Unterschiede im durchschnittlichen Haushaltseinkommen und in der Wohnqualität zwischen verschiedenen Stadtteilen, die sich entscheidend auf die Lebenschancen und auf die Lebensqualität ihrer Bewohner auswirken (→ Seite 62; → Seite 66).

Stadientheorie: Entwicklungstheorie nach dem amerikanischen Wirtschaftswissenschaftler ROSTOW, der zufolge die wirtschaftliche und gesellschaftliche Entwicklung eines Staates in fünf Phasen verläuft:

1. Die traditionale Gesellschaft mit vormodernen Wirtschafts- und Sozialstrukturen
2. In der Übergangsgesellschaft haben sich bereits räumliche und sektorale Ansätze moderner Wirtschafts- und Gesellschaftsformen herausgebildet haben
3. Die Startgesellschaft gilt als Schlüsselphase bei der Entwicklung zur leistungsfähigen und modernen Gesellschaft, da hier ein selbsttragendes Wirtschaftswachstum (Take Off) gelingen muss.
4. Die reife Industriegesellschaft kämpft zunächst meist noch mit sozialen Gegensätzen. Die Arbeiterschaft will am erreichten Wohlstand teilhaben.
5. In der Massenkonsumgesellschaft ist der Wohlstand breiter Bevölkerungsschichten erreicht, allerdings oftmals auf Kosten der Umwelt.

In der Stadientheorie vereinen sich Wachstums- und Modernisierungstheorie, da es sowohl auf das wirtschaftliche Wachstum als auch auf den gesellschaftlichen Wandel ankommt, wenn die Entwicklung gelingen sowie wirtschaftlich und sozial nachhaltig sein soll. Entwicklungshemmnisse (Constraints) müssen beseitigt werden und der Teufelskreis der Armut muss durchbrochen werden. In der dritten Phase kommt der erhöhten Sparquote der einheimischen Bevölkerung eine ebenso große Bedeutung zu wie ausländischen Investitionen zur Anschubfinanzierung (als sogenannter Big Push) des wirtschaftlichen Wachstums (→ Seite 144).

Stadt: Rechtlich gesehen eine Verwaltungseinheit mit Stadtrecht. Statistisch gesehen werden folgende Größenklassen von Städten unterschieden:

- Landstadt: 2000 – 5000 Einwohner
- Kleinstadt: 5000 – 20 000 Einwohner
- Mittelstadt: 20 000 – 100 000 Einwohner
- Großstadt: mehr als 100 000 Einwohner
- Millionenstadt: mehr als 1 Mio. Einwohner

Aus geographischer Sicht haben Städte eine größere Einwohnerzahl, eine hohe Einwohner- und Arbeitsplatzdichte sowie wichtige Funktionen für ihren → Einzugsbereich. Fast alle Beschäftigten sind im Dienstleistungssektor bzw. in der Industrie tätig. Dazu kommen zahlreiche Einpendler aus dem Umland der Stadt. Durch die → Suburbanisierung sind die Städte weit in das Umland hinausgewachsen. Daher verschwimmt die ursprünglich sehr deutliche Abgrenzung zwischen Stadt und Land zugunsten eines Stadt-Land-Kontinuums. Städte in anderen → Kulturerdteilen oder in den → Entwicklungsländern weisen ganz andere Merkmale auf als Städte in den Industrieländern. So haben z. B. Städte in den Entwicklungsländern zumeist einen hohen Bevölkerungsanteil in → Marginalsiedlungen bzw. in → Slumgebieten.

Städtische Explosion: Anderer Begriff für die flächenhafte Expansion der Städte in das Umland (→ Suburbanisierung), der die dramatischen Ausmaße dieser Entwicklung besser unterstreicht (→ Seite 121).

Städtische Implosion: Das zeitliche Zusammenrücken der großen städtischen Zentren in einem Städtesystem aufgrund der verbesserten Verkehrssysteme wie z. B. durch den Bau und Betrieb von Hochgeschwindigkeitsstrecken und -zügen (→ Seite 92).

Standortfaktoren: Siehe die Abbildung auf → Seite 72.

Standortgemeinschaft: Räumliche Nähe von Betrieben derselben Branche in einer Region bzw. Stadt mit persönlichen Kontaktmöglichkeiten und einem hohen Innovationspotenzial (→ Seite 130).

Standortnachteile: Bedingungen, die die Ansiedlung von neuen Industriebetrieben und auch die Erhaltung alter Industriebetriebe in einer Region verhindern bzw. erschweren, wie z. B. Mängel in der Verkehrsinfrastruktur oder ein negatives Image der Region (→ Seite 96).

Stockwerk-Aufbau des Regenwaldes: Siehe die Abbildung auf → Seite 37.

Strategie der Entlastungszentren: Strategie der räumlichen Dekonzentration von zentralörtlichen Funktionen innerhalb einer Metropolregion, um die Kernstadt zu entlasten und um dadurch die nationale und internationale Wettbewerbsfähigkeit dieser Region zu sichern (→ Seite 131).

Strukturelle Überbevölkerung: Zustand, bei dem die ländliche → Tragfähigkeit auf rein agrarischer Basis überschritten ist. D. h., dass ein größerer Teil der Bevölkerung auf dem Lande kein Auskommen mehr findet und verelendet oder abwandern muss (→ Seite 133).

Strukturskizze: graphische Veranschaulichung komplexer Sachverhalte in einem Schema der Kausalzusammenhänge (→ Abb. 41.1)

Strukturwandel: Wandel der Wirtschaftsstruktur in einem Staat, in einer Region oder in einem Wirtschaftssektor. Damit verbunden ist auch der Wandel der Beschäftigtenstruktur (→ Seiten 71, 116).

Subduktion (wörtlich: Hinunterführung): Abtauchen einer spezifisch schwereren ozeanischen Platte unter eine spezifisch leichtere kontinentale Platte bei der Kollision zweier tektonischer Platten. Da die Subduktion nicht reibungslos verläuft, verhaken sich die Platten ineinander und lösen sich irgendwann ruckartig: Dann entstehen → Erdbeben (→ Seite 13).

Suburbanisierung (englisch Suburb: Vorort): Prozess der flächenhaften Expansion der Städte in ihr Umland. Er schließt die Dekonzentration sowohl von Bevölkerung und Produktion (Industrie-Suburbanisierung) als auch von Handel und Dienstleistungen (tertiäre Suburbanisierung) mit ein. Voraussetzung für die flächenhafte Suburbanisierung war die Massenmotorisierung. Sie ist daher verbunden mit einem erhöhten Verkehrsaufkommen und einer hohen Umweltbelastung innerhalb einer Stadtregion. Die Abwanderung vor allem der Mittel- und Oberschicht in die Vororte kann zur sozialen Erosion und den damit verbundenen Problemen (wie z. B. Arbeitslosigkeit und Armut) in der Kernstadt führen (→ Seiten 59, 87).

Suburbia-Syndrom: Bezeichnung für die weltweit zu beobachtende Fehlentwicklung des flächenhaften Ausuferns der großen Städte ins Umland mit hohem Flächenverbrauch (→ Bodenversiegelung) und hohem Verkehrsaufkommen (Umweltbelastung). Wird auch als Los-Angeles-Syndrom bezeichnet (→ Seite 123).

Subventionen: staatliche Zuschüsse für nach rein wirtschaftlichen Gesichtspunkten unrentable Wirtschaftssektoren bzw. Branchen mit dem Ziel der Erhaltung von Arbeitsplätzen (→ Seite 69)

Sukzession (wörtlich: Aufeinanderfolge): Natürliche Entwicklungsstufen der Vegetation bis hin zur sogenannten Klimaxvegetation, bei der ein vielseitiges und produktives Biotop entstanden ist.

Sunbelt: Gebiet mit einem wintermilden, zumeist subtropischen Klima in den USA südlich von 37° Nord, das durch eine hohe Zuwanderung besonders von Rentnern, durch den Tourismus sowie durch die Ansiedlung von Wachstumsindustrien gekennzeichnet ist (→ Seite 113).

Sunbelt Europas: Gebiet mit Wachstumsindustrien, Tourismus und Zuwanderung im nordwestlichen Mittelmeerraum (siehe Karte → Seite 91).

Sutur (wörtlich: Schweißnaht): Der Bereich, in dem zwei Platten der Erdkruste nach einer Kollision durch Gebirgsbildung fest miteinander verbunden werden. Ein bekanntes Beispiel ist der Ural, in dem die Europäische und die Sibirische Platte zur Eurasischen Platte verbunden wurden (→ Seite 84).

Syndrome des globalen Wandels: Krankheitsbilder der Erde, die durch menschliche Eingriffe in die natürlichen Ökosysteme entstehen (→ Seite 31).

Synthetische Karte: Thematische Karte, in der die wichtigsten räumlichen Strukturen und Entwicklungen in einem Staat bzw. in einem Großraum in anschaulicher Form zusammengefasst werden. Als Beispiel vergleiche die Karte auf → Seite 106.

Taiga (aus dem Jakutischen): Bezeichnung für den → borealen Nadelwald Russlands (→ Seiten 48/49)

Tageszeitenklima : Klima der inneren Tropen, in dem die Temperaturunterschiede im Verlauf eines Tages größer sind als die Temperaturunterschiede im Verlauf eines Jahres (→ Seite 37).

Technologietransfer: Übertragung von technologischem Wissen von einem Land in ein anderes, z.B. von Industrieländern in Entwicklungsländer. Dazu ist nicht nur die Ausbildung von entsprechenden Fachkräften aus dem Zielland bzw. im Zielland erforderlich, sondern auch der freie Zugang zum Know-how (→ Seite 138).

Technologie- und Gründerzentren: Staatlich geförderte Einrichtungen, in denen zunächst Innovationen entstehen sollen, also neuartige oder verbesserte Produkte bzw. Produktionsverfahren und anschließend auch neue Unternehmen, in denen diese Innovationen wirtschaftlich genutzt werden (→ Seite 71).

Temperaturamplitude: Schwankungsbreite der Temperatur zwischen dem wärmsten und dem kältesten Monat. In maritimen Klimaten ist die Temperaturamplitude gering, in kontinentalen Klimaten dagegen sehr hoch (über 20° C, in Sibirien teilweise bis über 50° C) (→ Seite 49).

Temperaturgradient: Das Absinken der Temperatur mit zunehmender Höhe, das bei feuchter Luft als feuchtadiabatischer Temperaturgradient bezeichnet wird und minus 0,5 °C pro 100 m beträgt und bei trockener Luft als trockenadiabatischer Temperaturgradient mit minus 1 °C pro 100 m (→ Abb. 21.1).

Terms of Trade: Aus dem Englischen stammende Bezeichnung für den Begriff „Austauschverhältnisse". Gemeint ist die Entwicklung des Preisindex für Ausfuhrgüter zum Preisindex für Einfuhrgüter, ausgehend von einem bestimmten Basisjahr (= 100). Sind die Terms of Trade gestiegen (> 100), so haben sich die Preise der wichtigsten Exportgüter positiv entwickelt und es konnten mehr Importgüter bezahlt werden als zuvor. Sind die Terms of Trade dagegen gesunken (< 100), so haben sich die Preise für die wichtigsten Exportgüter negativ entwickelt und es konnten relativ weniger Importgüter bezahlt werden als zuvor. Die Theorie der Terms of Trade geht von einer langfristigen (säkularen) Verschlechterung der Terms of Trade für die Entwicklungsländer aus, die somit unter neokolonialen globalen Handelsstrukturen litten. Diese würden die Rohstoffe exportierenden Entwicklungsländer gegenüber den Fertigwaren exportierenden Industrieländern weiterhin benachteiligen. Gefordert werden daher gerechte Rohstoffpreise im Rahmen einer neuen Weltwirtschaftsordnung (NWWO) → Seite 144.

Terrane (Mehrzahl: Terranes): Mikroplatten, z.B. Inselgruppen oder Kontinentalsplitter in Ozeanen, die bei der Kollision einer ozeanischen Platte mit einer kontinentalen Platte nicht mit abtauchen, sondern an den Kontinent angeschweißt werden (→ Seiten 17, 122).

Tertiärisierung: Bedeutungszunahme des tertiären Sektors in einer Volkswirtschaft, die gekennzeichnet ist durch den zunehmenden Anteil des tertiären Sektors am BNE bzw. am BIP sowie durch den zunehmenden Anteil der Beschäftigten im tertiären Sektor. Im Ergebnis entsteht eine sogenannte Dienstleistungsgesellschaft (→ Seite 71).

Thermoisoplethendiagramm: Sonderform eines Temperaturdiagramms und zugleich eines Flächendiagramms, in dem der Temperaturverlauf für alle Tageszeiten und Monate des Jahres gleichzeitig dargestellt wird (→ Seiten 37, 49).

Tigerstaaten-Syndrom: Krankheitsbild einer Region bzw. Großregion, das durch schnelles Wirtschaftswachstum ohne Rücksicht auf die natürliche Umwelt verursacht wird. Die Bezeichnung stammt von den ost- bzw. südostasiatischen Schwellenländern, den sogenannten „kleinen Tigern", und kann auch auf das umweltschädliche Wirtschaftswachstum in der VR China übertragen werden (→ Seite 141).

Tornado (Bezeichnung im amerikanischen Englisch: Twister): Kleinräumiger, aber sehr energiereicher Wirbelsturm auf dem Festland. Er entsteht an der planetarischen Frontalzone bei hohen Temperaturgegensätzen zwischen tropisch-warmen und feuchten sowie trockenkalten Luftmassen vor allem in den Inneren Ebenen der USA im Lee der Rocky Mountains unterhalb des → Jetstreams. Dort prallen besonders im Frühjahr und Frühsommer Luftmassen vom Golf von Mexiko auf subarktische Luftmassen aus Kanada. Ein Tornado entwickelt sehr hohe Rotationsgeschwindigkeiten und einen extrem niedrigen Luftdruck im typischen Thermikschlauch („Rüssel" des Tornados). Er hinterlässt bei seinem Durchzug eine Schneise der Verwüstung und ist als kleinräumiges Phänomen bislang nur schwer vorhersagbar (→ Seite 113).

Touristisches Potenzial einer Region: vergleiche die genaue Definition auf → Seite 75

Toyotismus: Flexible und spezialisierte industrielle Produktion in Teamarbeit und mit geringer Fertigungstiefe (schlanke Produktion – Lean Production). Benannt nach einem japanischen Automobilkonzern (→ Seite 119).

Trabantenstadt: Eine zumeist geplante neue Stadt in der Außenzone einer Stadtregion, die aufgrund ihrer zahlreichen Arbeitsplätze im tertiären bzw. sekundären Sektor eine größere Eigenständigkeit besitzt als die → Satellitenstadt. Kennzeichnend ist ein eigener Pendlereinzugsbereich ebenso wie die weiterhin bestehende Abhängigkeit von der Kernstadt, in die weiterhin viele Bewohner einer Satellitenstadt als Arbeitskräfte auspendeln. Typische Beispiele für Trabantenstädte sind die „Villes Nouvelles", die geplanten → Entlastungsstädte im Großraum Paris (→ Seite 63).

Tragfähigkeit: Bevölkerungszahl, die in einer Region bzw. in einem Staat auf einem bestimmten wirtschaftlich-technologischen Niveau und mit einem gewissen Lebensstandard existieren kann, ohne dass es Versorgungsprobleme oder gravierende Umweltschäden gibt (→ Seite 133).

Transformation: wirtschaftlich schwieriger und sozial schmerzlicher Prozess der Umwandlung einer ehemaligen → Planwirtschaft bzw. Zentralverwaltungswirtschaft in eine Marktwirtschaft (→ Seite 108)

Transformationsbruch: Grenzlinie zwischen den ehemaligen Staaten mit → Planwirtschaft (O) und den Staaten mit Marktwirtschaft (W) in Europa – diese verläuft trotz aller bisherigen Anstrengungen weiterhin auch mitten durch Deutschland. Das daraus resultierende West-Ost-Gefälle konnte inzwischen aber deutlich verringert werden. Mittlerweile hat sich ein neues Wohlstandsgefälle zwischen den EU-Beitrittsländern von 2004 und den Staaten Osteuropas entwickelt, z. B. zwischen Polen und der Ukraine (→ Seite 90).

Transportkostenminimalpunkt: rechnerisch ermittelter Standort mit den geringsten Transportkosten in einer bestimmten Industriebranche (→ Seite 70)

Treibhauseffekt: Vorgang der Erwärmung der Erdatmosphäre durch die sogenannten Treibhausgase, die eine Ausstrahlung langwelliger Wärmestrahlung vom Erdboden in den Weltraum verhindern. Die bekanntesten Treibhausgase sind Wasserdampf, Kohlendioxid und Methan. Während der natürliche Treibhauseffekt für die Existenz des Lebens auf der Erde entscheidend wichtig ist, bewirkt der anthropogene, also der vom Menschen verursachte Treibhauseffekt eine übermäßige Aufheizung der Atmosphäre und somit eine Zunahme von extremen Wetterlagen sowie von Naturkatastrophen (→ Seite 23).

Triade: Bezeichnung für die drei eng miteinander verflochtenen und zugleich in Konkurrenz zueinander stehenden wirtschaftlichen Kernräume der Erde: Nordamerika (→ NAFTA-Staaten), Westeuropa (EU) und Ostasien (Japan, Südkorea und die VR China) (→ Seite 156).

Tropischer Regenwald: Komplexes Ökosystem der immerfeuchten inneren Tropen mit hoher Biodiversität, also einem großen Artenreichtum in Bezug auf Flora und Fauna. Die tropischen Regenwälder der Erde binden in ihrer Biomasse große Mengen des Treibhausgases Kohlendioxid, das beim Abbrennen freigesetzt wird und den → Treibhauseffekt verstärkt (→ Seite 36).

Tsunami: Zerstörerische Welle, die bei rund zehn Prozent aller Seebeben durch die Schwingung der Wassersäule über dem Epizentrum entstehen kann, sich in konzentrischen Ringen ausbreitet und in den flacheren Küstengewässern zu großer Höhe auflaufen kann (→ Seite 124).

Tundra: Baumlose, subpolare Vegetationszone zwischen dem Nordpolarmeer und dem nördlichen Rand der → Taiga im → Hohen Norden (→ Seite 33).

Tyranny of Distance: → Raumschranke (→ Seite 104)

Überalterung: Phänomen eines hohen Anteils älterer Bevölkerungsgruppen in einer Region mit der Folge hoher Sterbe- und geringer Geburtenraten. Überalterung lässt sich beschreiben durch den Anteil der über 65-Jährigen im Verhältnis zum Anteil der unter 15-Jährigen (→ Seite 95).

Upgrading-Programme: Programme zur gezielten Aufwertung von Marginalsiedlungen durch Rechtssicherheit der Bewohner, Maßnahmen zur Verbesserung der Infrastruktur und Hilfe bei der schrittweisen Verbesserung der Bausubstanz und der allgemeinen Lebensbedingungen (→ Seite 150).

Urban Sprawl (wörtlich: Überschwappen der Städte): Amerikanischer Begriff für den flächenextensiven, also mit einem hohen Flächenverbrauch verbundenen Prozess der → Suburbanisierung bzw. der → städtischen Explosion, der auf der Massenmotorisierung beruht (→ Seite 121).

Urstromtäler: Breite Schmelzwasserrinnen der Eiszeiten, die aber nur in den Sommermonaten bzw. gegen Ende der Eiszeiten ganz gefüllt waren und heute einen besonderen Landschaftstyp bilden. Beispiel: Elbe-Urstromtal (→ Seite 54)

Verdopplungszeit: Zeitspanne, innerhalb derer sich die Bevölkerung vom gegenwärtigen Stand aus verdoppelt. Zur Berechnung der voraussichtlichen Verdopplungszeit ist die Wachstumsrate erforderlich (→ Seite 147).

Verflechtungsbereich: Das mit einem zentralen Ort durch wirtschaftliche Beziehungen sowie durch Arbeits-, Bildungs- und Einkaufspendler verflochtene Umland, das auch als → Einzugsbereich bezeichnet wird (→ Seite 65).

Verkarstung: Endzustand eines Prozesses der Zerstörung der Vegetation im Mittelmeerraum, durch den die Böden abgetragen wurden. Der felsige Untergrund – meist Kalkstein mit Lösungsverwitterung – liegt in verkarsteten Landschaften oft frei (→ Seite 44).

Verkehrsachse: wichtige Leitlinie des Verkehrs mit Autobahnen und schnellen Zugverbindungen sowie einem hohen Aufkommen im Personen- und Güterverkehr (→ Seite 90)

Verkehrsnetz: Die an Knotenpunkten miteinander verknüpften Verkehrslinien innerhalb einer Region, eines Staates bzw. auf einem Kontinent (→ Seite 104).

Versalzung: Durch den kapillaren Aufstieg von im Bodenwasser gelösten Salzen und die Bildung von Salzkrusten an der Oberfläche bei hoher Verdunstung in ariden und semiariden Räumen vor allem der Tropen und Subtropen mit Bewässerungslandwirtschaft kommt es zur unumkehrbaren (irreversiblen) Bodenschädigung und zum Verlust von Anbauflächen (→ Seite 134).

Verwitterung: die Zerkleinerung bzw. Zersetzung von Gesteinen und Mineralien durch physikalische, chemische und biologische Prozesse (→ Seite 18)

Vorranggebiete: Gebiete, in denen einer bestimmten Nutzung Vorrang vor anderen möglichen Nutzungen eingeräumt wird (→ Seite 77).

Vulkanismus: In erster Linie an den Plattengrenzen, manchmal als sogenannte → Hot Spots auch innerhalb von Platten auftretende Förderung von Magma aus dem oberen Erdmantel bis direkt an die Erdoberfläche und die damit verbundenen Naturerscheinungen sowie Naturkatastrophen (→ Seite 15).

Währungsparitäten: Wechselkurse zwischen verschiedenen Währungen mit gravierenden Auswirkungen auf die wirtschaftliche Konkurrenzfähigkeit im globalen Rahmen. Ein hoher Wechselkurs einer Währung verbilligt zwar Importe, verteuert aber Exporte und erschwert sie damit. Auf die Weltwirtschaft haben vor allem die Wechselkurse von US-$, Euro, Yen (Japan), Yuan (VR China) sowie von britischem Pfund und Schweizer Franken einen erheblichen Einfluss (→ Seite 112).

Wanderarbeiter: Aus dem ländlichen Raum stammende Bevölkerungsgruppen in der VR China, die zwar in der Stadt leben und arbeiten, aber weiterhin statistisch als Landbevölkerung geführt werden. Fraglich ist die immer noch angenommene Rückkehr in den ländlichen Herkunftsort im Alter (→ Seiten 133, 149).

Wanderungssaldo: Zuwanderung minus Abwanderung in einer bestimmten Region oder in einem Staat (→ Seiten 59, 87)

Warmfront: innerhalb einer → Zyklone ausgeprägte Grenzfläche eines auf kühlere Luftmassen aufgleitenden → Warmluftsektors (→ Seite 26)

Warmluftsektor: Ein Warmluftsektor bildet sich innerhalb einer → Zyklone heraus, wenn die Temperaturunterschiede an der → planetarischen Frontalzone zu groß werden und die thermische Energie in dynamische Energie umgewandelt und dann durch Verwirbelung unterschiedlich temperierter Luftmassen allmählich abgebaut werden (→ Seite 26).

Wasserkreislauf: Siehe dazu die Abbildung auf → Seite 20.

Waterfront Approach: Strategie der Stadtentwicklung, die auf die Renovierung bzw. den Neubau von Büro- und Wohnvierteln sowie touristischen Einrichtungen am Wasser (Hafen-, Ufer- oder Küstenbereiche) setzt, um die Attraktivität eines Standortes zu verbessern und um verfallene ehemalige Hafen- und Industriegebiete aufzuwerten. Ein bekanntes Beispiel ist die Hafencity in Hamburg (→ Seite 131).

Wattenmeer: Flache Meeresküste mit einem einzigartigen Ökosystem, die durch die Gezeiten abwechseln überflutet wird bzw. trocken fällt. Die Gezeiten als um die Erde rotierendes Ansteigen bzw. Absinken des Meeresspiegels werden ihrerseits verursacht durch die Anziehungskraft des Mondes (→ Seite 54).

Weltkulturerbe der UNESCO: Auch touristisch relevante Stätten des Weltkulturerbes unter dem Schutz dieser UN-Organisation mit Sitz in Paris – im Internet unter www.unesco.org; Stichwort „world heritage“ (mit ausführlichen Karten und Beschreibungen).

Weltmacht: Staat mit subkontinentalen Ausmaßen, der in der Lage ist, seine wirtschaftlichen und politischen Interessen weltweit auch gegen die Interessen anderer Staaten durchzusetzen, gegebenenfalls auch mit militärischen Mitteln (→ Seite 112).

Wertschöpfungskette: Alle mit einem Produkt bzw. mit einer Dienstleistung verbundenen Möglichkeiten von Einnahmen (Vermarktung und Finanzierung). Bei Reisen sind dies Beratung, Hotelvermittlung, Flugreservierung, ggf. Reisekredite und die Ausflüge und Reiseführung vor Ort am Reiseziel (→ Seite 72).

Westseitenklima: Winterfeuchtes und sommertrockenes Klima der Subtropen an den Westseiten der Kontinente, die im Winter Niederschläge durch die wandernden Tiefdruckgebiete der Westwindzone erhalten, im Sommer dagegen durch subtropische Hochdruckgebiete beeinflusst werden. Das Westseitenklima wird nach seinem größten Verbreitungsgebiet auch als Mittelmeerklima bezeichnet (→ Seite 32).

Wilson-Zyklus: Wissenschaftliche Theorie der wiederholten Bildung und des anschließenden Zerfalls von sogenannten Superkontinenten im Abstand von rund 500 Millionen Jahren. Der jüngste Superkontinent war demnach Pangäa (griechisch: die „All-Erde“), der vor ca. 180 Millionen Jahren zerfiel. Das Auseinanderbrechen der Superkontinente wird durch einen gewaltigen Hitzestau der Erdwärme unter den zusammenhängenden dickeren kontinentalen Lithosphäreplatten erklärt, der nach jeweils 100 Millionen Jahren auftritt. Die zwischen den auseinander driftenden kontinentalen Platten entstehenden Ozeane erreichen nach rund 200 Millionen Jahren ihre größte Ausdehnung, wenn die äußeren Ränder der ozeanischen Kruste so stark abgekühlt sind und durch Sedimente belastet werden, dass sie wieder in die darunter liegende Asthenosphäre einsinken. Beim heutigen Atlantik dürfte dieser Zustand in 20 bis 30 Millionen Jahren erreicht sein. Dann kehrt sich der Vorgang allmählich wieder um und alle Kontinente bewegen sich wieder aufeinander zu. In etwa 220 Millionen Jahren ist somit wieder ein Superkontinent zu erwarten und – parallel dazu – ein Supermeer Panthalassa (griechisch: „All-Meer"). Beide haben wiederum rund 100 Millionen Jahre Bestand (→ Seite 16).

Windgürtel: Breitengradparalleler Gürtel der Erde, in dem ganzjährig oder aber mit jahreszeitlichen Verschiebungen ganz bestimmte Windströmungen vorherrschen (→ Seite 28).

Wirkungsgefüge: Schema, in dem Ursachen und Folgen einer Entwicklung oder eines menschlichen Eingriffs in den Naturhaushalt dargestellt werden (→ Seite 140).

Wirtschaftssektoren: Gängige Einteilung der gesamten Volkswirtschaft in drei bzw. vier Sektoren: a. Primärer Sektor (Land- und Forstwirtschaft, Fischerei); b. Sekundärer Sektor (Bergbau, Energie und v.a. Industrie); c. Tertiärer Sektor (Handel und Dienstleistungen); d. Quartärer Sektor (seltener gebraucht: hochwertige Dienstleistungen mit hohem Wissensstand und hoher Wertschöpfung) (→ Seite 66).

Wüstungsprozesse: Verfall von Gebäuden und ganzen Siedlungen in Abwanderungsgebieten. Die zu den Siedlungen gehörenden, ehemals genutzten Ackerflächen verkrauten und verbuschen zunächst, später entwickeln sich Waldflächen mit der Folge des Überwucherns der ursprünglichen Kulturlandschaft (→ Seite 95).

Zenit: Gedachter Himmelsmittelpunkt, der sich genau senkrecht über einem Beobachter befindet. Nur innerhalb der mathematischen Tropen, also von 23,5° Nord bis 23,5° Süd, kann die Sonne über einem Beobachter im Zenit stehen (→ Seite 11).

Zentralität: Bedeutungsüberschuss einer Stadt, die über die eigene Bevölkerung hinaus auch die Bevölkerung ihres Umlandes, des sogenannten Einzugsbereichs, mit Gütern, Dienstleistungen und Arbeitsplätzen versorgt. Dazu kommen das Bildungs- und das Kulturangebot (→ Seite 65).

Zentralismus: Geschichtlich bedingte Konzentration von wirtschaftlicher und politischer Entscheidungskompetenz sowie von Bevölkerung, Kultur- und Bildungsangeboten in einer übermächtigen Hauptstadtregion, in der sich die wichtigsten Verkehrsachsen des Landes bündeln (→ Seite 92).

Zentralörtliche Hierarchie: Rangfolge aller zentralen Orte in einem Städtesystem, gestuft nach der Bedeutung. In der Regel wird unterschieden zwischen Global Cities, Städten mit internationaler bzw. nationaler Bedeutung, Oberzentren, Mittelzentren und Grundzentren sowie – an letzter Stelle – ländlichen Zentralorten (→ Seite 65).

Zentralverwaltungswirtschaft: Erläuterung siehe unter → Planwirtschaft (→ Seite 102)

Zentrifugale Kräfte (wörtlich: Kräfte, die vom Zentrum fliehen): Politische und/oder wirtschaftliche Bestrebungen, die die Autonomie oder sogar die Loslösung (Separatismus bzw. Sezessionsbestrebungen) einer oder sogar mehrerer Regionen aus einem Staatsverband betreiben (→ Seite 164).

Zentripetale Kräfte (wörtlich: Kräfte, die zum Zentrum hinstreben): Politische und/oder wirtschaftliche Faktoren, die den Zusammenhalt aller Regionen in einem Staatsverband sichern (→ Seite 164).

Zentrum-Peripherie-Modell: Siehe die Abbildungen und die Erläuterung auf → Seite 155.

Zivilisation: sozialer und kultureller, vor allem aber wirtschaftlicher und technologischer Entwicklungsstand einer bestimmten Gesellschaft (→ Seite 88)

Zungenbeckensee: See, der während der Eiszeiten im Bereich einer Gletscherzunge ausgetieft wurde und eine charakteristische, zumeist längliche Form in der ehemaligen Fließrichtung des Gletschers besitzt.

Zweischicht-Tonminerale: Tonminerale, die aus vielen Lagen von jeweils zwei zusammenhängenden Schichten von Silikaten (SiO_2-Verbindungen) bestehen. Sie besitzen nur eine geringe Kationenaustauschkapazität, können also nur wenige mineralische und organische Nährstoffe vorübergehend an sich binden und sind somit nur wenig fruchtbar (→ Seite 35).

Zyklone: Dynamisches Tiefdruckgebiet der Mittelbreiten mit konzentrischen Isobaren (Linien gleichen Luftdrucks) auf der Bodenwetterkarte. Eine Zyklone wandert mit der Westwindströmung unterhalb des → Jetstreams in der Regel nach Osten. Durch das Einströmen von Warm- und Kaltluft werden die Luftdruck- und Temperaturgegensätze an der → planetarischen Frontalzone abgebaut und die Zyklone „altert". Eine sogenannte Zyklonenfamilie zeigt in idealtypischer Weise alle Entwicklungsstadien einer Zyklone (→ Seite 26).

Stichwortverzeichnis

R

S

T

U

V

W

Z